F. Puente León / M. Heizmann (Hrsg.)

Forum Bildverarbeitung

Forum Bildverarbeitung

F. Puente León
M. Heizmann
(Hrsg.)

Impressum

Karlsruher Institut für Technologie (KIT)
KIT Scientific Publishing
Straße am Forum 2
D-76131 Karlsruhe
www.ksp.kit.edu

KIT – Universität des Landes Baden-Württemberg und nationales
Forschungszentrum in der Helmholtz-Gemeinschaft

KIT Scientific Publishing 2010
Print on Demand

ISBN 978-3-86644-578-9

Inhaltsverzeichnis

Robotik und Verkehrsanwendungen

Industrielle Anwendungen

Mustererkennung

Bildfusion und Aktives Sehen

Rekonstruktion

Landwirtschaftliche Anwendungen

Vorwort

Bildverarbeitung spielt in vielen Bereichen der Technik zur schnellen und berührungslosen Datenerfassung eine Schlüsselrolle. Etwa in der Qualitätssicherung industrieller Produktionsprozesse oder zur Fahrerassistenz haben sich Bildverarbeitungssysteme einen unverzichtbaren Platz erobert. Diese Entwicklung wird durch die Verfügbarkeit qualitativ hochwertiger und günstiger Sensorsysteme sowie durch die Zunahme der Leistungsfähigkeit von Rechnersystemen unterstützt.

Von besonderer Bedeutung ist dabei eine zielführende Verarbeitung der erfassten Bildsignale. Leistungsfähige Verfahren und effiziente Algorithmen sind Schwerpunkte aktueller Forschung und Entwicklung. Hier haben sich in den letzten Jahren wesentliche Neuerungen ergeben, etwa in den Bereichen der mathematischen Modellbildung, Bilderfassung, Mustererkennung oder Bildfusion.

Das „Forum Bildverabeitung" greift diese hochaktuelle Entwicklung sowohl hinsichtlich der theoretischen Grundlagen, Beschreibungsansätze und Werkzeuge als auch relevanter Anwendungen auf. Die inhaltliche Auswahl resultiert aus der Arbeit des Programmausschusses, welcher vom Fachausschuss 3.51 „Bildverarbeitung in der Mess- und Automatisierungstechnik" der VDI/VDE-Gesellschaft Mess- und Automatisierungstechnik (GMA) berufen wurde:

- Mathematische Verfahren,
- Robotik- und Verkehrsanwendungen,
- Industrielle Anwendungen,
- Mustererkennung,
- Bildfusion und Aktives Sehen,
- Rekonstruktion,
- Landwirtschaftliche Anwendungen.

Das Forum Bildverarbeitung möchte einen Beitrag zur Weiterentwicklung dieser wichtigen und zukunftsträchtigen Disziplin am Wirtschafts- und Forschungsstandort Deutschland leisten. Es richtet sich an Fachleute, die sich in der industriellen Entwicklung, in der Forschung oder der Lehre mit Bildverarbeitungssystemen befassen, und bietet eine Plattform für den Wissens- und Erfahrungsaustausch zwischen Wissenschaftlern und Anwendern.

Dezember 2010   F. Puente León
                                                        M. Heizmann

Wissenschaftliche Leitung

Prof. Dr.-Ing. F. Puente León   Karlsruher Institut für Technologie
Dr.-Ing. M. Heizmann   Fraunhofer IOSB Karlsruhe

Programmausschuss

Prof. Dr.-Ing. J. Beyerer   Fraunhofer IOSB Karlsruhe
Prof. Dr. K. Donner   Universität Passau
Dr.-Ing. T. Engelberg   Robert Bosch GmbH Hildesheim
Dr.-Ing. I. Gheţa   Karlsruher Institut für Technologie
Prof. Dr.-Ing. G. Goch   Universität Bremen
Dr.-Ing. M. Heizmann   Fraunhofer IOSB Karlsruhe
Dr.-Ing. M. Huber   Karlsruher Institut für Technologie
Dr. D. Imkamp   Zeiss Industrielle Messtechnik GmbH
Prof. Dr. B. Jähne   Universität Heidelberg
PD Dr.-Ing. T. Längle   Fraunhofer IOSB Karlsruhe
Dipl.-Ing. M. Maurer   Vitronic Dr.-Ing. Stein GmbH
Prof. Dr. W. Osten   Universität Stuttgart
Prof. Dr.-Ing. F. Puente León   Karlsruher Institut für Technologie
Prof. Dr.-Ing. R. Schmitt   RWTH Aachen
Dr.-Ing. D. Schupp   Robert Bosch GmbH Stuttgart
Prof. Dr.-Ing. C. Stiller   Karlsruher Institut für Technologie
Prof. Dr.-Ing. R. Tutsch   Technische Universität Braunschweig
Dipl.-Ing. S. Werling   Fraunhofer IOSB Karlsruhe
Dipl.-Ing. S. Wienand   ISRA VISION AG Darmstadt

Bildverarbeitende Vermessung unter Prüfteilverformung

Klaus Donner

Institut für Softwaresysteme in technischen Anwendungen der
Informatik (FORWISS),
Universität Passau, Innstr. 43,
D-94032 Passau, Germany

Zusammenfassung Bei vielen geometrischen Messprozessen
verformt oder verlagert sich das Prüfobjekt durch die Prüfbedingungen. Die Einspannung von Bauteilen, Temperaturausdehnungen, unkontrollierte Drehungen und Seitverschiebungen auf einem Rollenförderer zur Inline-Kontrolle mit Zeilenkameras usw.
führen zu stets wechselnden Messergebnissen. Darüber hinaus
gibt es Messobjekte, die von Natur aus bereits sehr flexibel sind
wie Gewebe, Gummischläuche oder menschliche Gliedmaßen, an
denen eine Messung scheinbar bestenfalls den momentanen Zustand des Prüfobjekts erfassen kann, obwohl eine zustandsunabhängige, standardisierte Formbestimmung gewünscht ist. Probleme dieser Art lassen sich sehr elegant durch Passung mit geeigneten Deformationen eines geometrischen Prüfteilmodells beherrschen, wobei die Konvergenz- und Performance-Probleme eine wichtige Rolle spielen. Die Allgemeingültigkeit und Präzision
solcher Methoden wird an mehreren Beispielen demonstriert.

1 Einleitung

Formvariabilität von Prüfteilen lässt sich zusammen mit den meist starren Lagetransformationen gut durch zulässige Abbildungen beschreiben,
die man auf die ideale Sollgeometrie (CAD-Entwurf) anwendet. In der
Praxis sind es meist polynomiale oder rationale Splines (NURBS), die
die Deformationen modellieren, wobei die Wahl der Knoten und Gewichte etwa durch FE-Simulation der Bauteilverformungen optimiert werden
kann. Während die Sollgeometrie in der Regel als Vereinigung M von

Grenzflächen (in 3D, dann $M \subset \mathbb{R}^3$) oder Randkurven (in 2D, dann $M \subset \mathbb{R}^2$) beschrieben werden kann, sind die zulässigen Transformationen $\mathcal{T}$ auf M definiert und bilden in $\mathbb{R}^3$ oder $\mathbb{R}^2$ ab. Je nach zulässiger Transformation $f \in \mathcal{T}$ erhält man die verlagerte oder deformierte Objektgeometrie als Bild $f[M]$ von M unter f. Im Idealfall sollten ermittelte Messpunkte p in $f[M]$ liegen, wobei $f \in \mathcal{T}$ in der Regel unbekannt ist. Hat man also die Messpunktmenge P durch einen Messprozess gewonnen, wird man eine zulässige Transformation $f_0 \in \mathcal{T}$ suchen, für die

$$f \longmapsto \sum_{p \in P} \operatorname{dist}(p, f[M])^2$$

minimal wird. Hierbei bezeichne dist die euklidische Distanz. Minimierungsaufgaben dieser Art heißen *Prototyp-Passprobleme*.

Das *Unähnlichkeitsmaß* (vergl. [1])

$$\Delta = \inf_{f \in \mathcal{T}} \sum_{p \in P} \operatorname{dist}(p, f[M])^2$$

wird also für f_0 angenommen. Die Existenz einer *optimalen* Transformation f_0 des Prototyp-Passproblems ist allerdings keineswegs klar und erfordert eine Vervollständigung von $\mathcal{T}$.

Ist f_0 umkehrbar (auf einer geeigneten Obermenge von M), kann man die Passpunkte p, bereinigt um Deformationen und Verlagerungen, zurücktransformieren zur standardisierten Passpunktmenge $f_0^{-1}[P]$, die direkt mit dem Original-CAD-Entwurf M verglichen werden kann.

In ähnlicher Weise kann diese Methodik auch zur nebenwissensgeführten Vordergrund-/Hintergrundtrennung bei unklaren Konturverläufen und zur Typerkennung deformierbarer Objekte herangezogen werden (siehe das folgende Beispiel 3).

Die Idee, zulässige Transformationen zur Geometrie-Passung zu verwenden, ist nicht neu. Vielmehr gibt es viele Veröffentlichungen, die dieses Konzept verfolgen (vergl. etwa [2–4]). Völlig ungeklärt sind allerdings meist die Konvergenzfragen vorgeschlagener Algorithmik, die volle Verallgemeinerung auch auf Nullstellenpassprobleme und ein verlässlicher Ausbau der Theorie. So existieren schon im einfachsten Kontext geforderte optimale Transformationen nicht (vergl. [1], Beispiel 3.2). Darüber hinaus werden die zulässigen Transformationen meist in Umkehrung der hier vorgeschlagenen Abbildungsrichtung gewählt. Sie bilden dann die

Passpunktmenge in $\mathbb{R}^n$ ab. Damit aber sind nicht umkehrbare Abbildungen des Prototyps M in $\mathbb{R}^m$ (etwa Zentralprojektionen) nicht erfasst.

2 Beispiele

1. Airbags bestehen in der Regel aus sehr reißfestem Gewebe mit speziellem Zuschnitt und funktionellen Perforationen (vergl. Abb. 1.1). In Anbetracht der beträchtlichen Länge des Schlauchgewebes im Verhältnis zur Breite ist es praktisch nicht möglich, einen Airbag ohne erheblichen Ausrichtungsaufwand geradlinig auf eine Scanfläche aufzulegen. Vielmehr wird jedes Scanbild im Vergleich zum CAD-Entwurf nicht-affine Deformationen aufweisen. Die Formabweichungen sind wegen der leichten Scherbarkeit der Gewebestruktur im Wesentlichen von der longitudinalen Position abhängige Querverschiebungen, die sich über zweimal stetig differenzierbare kubische Splines mit äquidistanten Knoten beschreiben lassen. Da der Airbag anschlagfrei auf die Scanfläche aufgelegt wird, sind natürlich auch planare Rotationen und Translationen des CAD-Entwurfs zur Lageermittlung nötig. Darüber hinaus können Dehnungen durch Skalierungstransformationen berücksichtigt werden. Die Menge $\mathcal{T}$ der zulässigen Transformationen besteht aus den Hintereinanderausführungen solcher Abbildungen, während M die gesamte CAD-Geometrie, d. h. die Vereinigung aller Ausschnitt- und Randbegrenzungskurven ist.

Abbildung 1.1: Konturbild eines Airbags mit Perforationen. Die x-Richtung ist gestaucht.

Die geforderte Genauigkeit der Formerfassung mit einer Messungenauigkeit von weniger als 0,5 mm bei Airbaglängen bis zu 3500 mm bezieht sich auf eine idealisierte Standardlage, bei der eine Referenzlinie geradlinig ausgerichtet wäre. Eine Prototyp-Passung mit zulässigen Transformationen aus $\mathcal{T}$ liefert hier Messwerte mit sehr guter Wiederholbarkeit trotz wechselnder Lagedeformationen.

2. Für eine physiotherapeutische Bewegungsanalyse soll der Winkel zwischen dem Unterarm und dem Oberarm eines Menschen möglichst genau aus einer visuellen Beobachtung ermittelt werden. Dabei ist der Winkel des Ellenknochens gegenüber dem Oberarmknochen maßgeblich, jedoch sollen diese Knochen nicht durch Röntgenaufnahmen sichtbar gemacht werden. Da sich insbesondere die Oberarmmuskulatur beim Biegen des Arms stark formverändert (Anschwellen des Bizeps) scheint diese Winkelermittlung aus den Oberflächenformdaten nicht zugänglich zu sein. Ausgehend von einem geometrischen Standardmodell des menschlichen Arms kann man jedoch die Drehung des Unterarms gegenüber dem Oberarm, kombiniert mit der als Freiformdeformation modellierten Muskelverformung in zulässigen Transformationen codieren. Darüber hinaus werden Skalierungen zur Größenanpassung und starre Bewegungen zur Ortslokalisierung des Arms im Raum einfließen. Eine Prototyp-Passung an eine Stereo-Bildfolge erlaubt dann eine Bestimmung des Unterarm-/Oberarmwinkels mit Genauigkeiten im Bereich von einem Winkelgrad.

3. Zur optischen Schadstellenprüfung der Dichtflächen von Zylinderkopfhauben benötigt man eine sehr genaue Maskierung der Dichtfläche gegenüber dem angrenzenden Aluminiumgusskörper der Zylinderkopfhaube. Konturextraktionen in entsprechendem Bildmaterial sind außerordentlich erschwert durch grobe Reflexionsanisotropien der gebürsteten Dichtflächen und dem sich teilweise kaum abhebenden Übergang zwischen der Dichtfläche und dem Aluminiumgusskörper (vergl. Abbildung 1.1).

Leider können die individuellen Dichtflächenberandungen bis zu einem Millimeter von der CAD-Geometrie abweichen. Es ist also nicht sinnvoll, einfach die CAD-definierte Berandungsgeometrie mit einer Rotations- und Translationspassung ausreichend kontur-

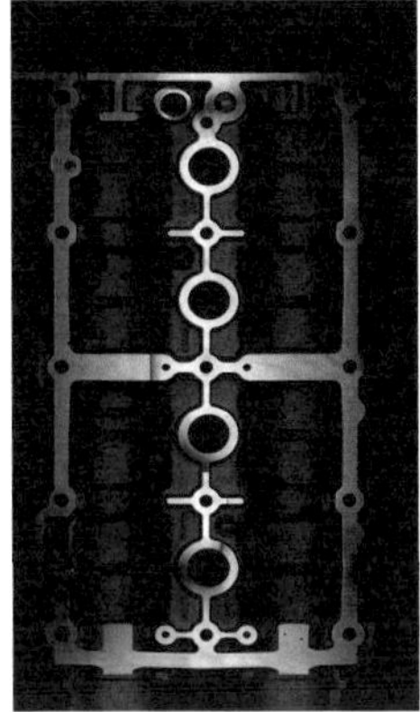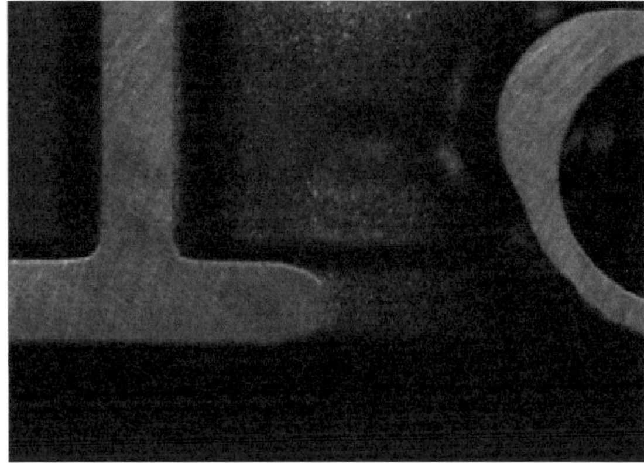

Abbildung 1.2: Dichtflächenbild einer Zylinderkopfhaube mit Detailausschnitt.

Abbildung 1.3: Segmentierungsresultat mit Prototyp-Passung.

genau auf das Dichtflächenbild zu passen und dadurch eine Dichtflächenmaskierung zu gewinnen.

Andererseits dürfen solche Abweichungen von der Ideal-Geometrie nicht über kurze Distanz, gemessen längs der Berandung, auftreten. Deshalb können Randdeformationen als Splines, die die lokalen Verschiebungen der CAD-Kontur abhängig von der Konturweglänge beschreiben, modelliert werden. Eine Prototyp-Passung mit Kompositionen von Rotationen, Translationen, Skalierungen und solchen Splines als zulässigen Transformationen liefert eine sehr akkurate Segmentierung der Dichtfläche gegenüber dem Aluminiumgusskörper (vergl. Abb. 1.2).

3 Grundlegendes über Prototyp-Passung

Um die Problemstellung zu formulieren und die Flexibilität des Ansatzes zu testen, soll zunächst die abzubildende Referenzmenge M, der *Prototyp*, als eine kompakte Teilmenge des $\mathbb{R}^n$ vorausgesetzt werden. In der Regel wird $n = 2$ oder $n = 3$ sein, wenn es sich um ebene oder räumliche Geometriebeschreibungen handelt. Aber bei Einbeziehung zeitlicher Veränderungen ist auch $n = 4$ möglich, und etwa in Polygonzugpassproblemen mit optimalen Anschlussstellen treten auch wesentlich höhere Dimensionen auf. Die Passpunktmenge P ist generell eine endliche Teilmenge von $\mathbb{R}^m$, wobei in den meisten Anwendungsproblemen $m = 2$ (Passpunkte in einer Bildebene) oder $m = 3$ (etwa bei 3D-Bildverarbeitung) sein wird. Die zulässigen Transformationen sind zunächst meist stetige Abbildungen von M in $\mathbb{R}^m$, die zu einer Zulässigkeitsmenge $\mathcal{T}$ zusammengefasst sind.

Die scheinbar offensichtliche Problemstellung

"Bestimme eine zulässige Transformation $f \in \mathcal{T}$, für die das Bild $f[M]$ möglichst wenig von P abweicht",

kann durch Wahl des euklidischen Abstands von Passpunkten und durch die Festlegung auf eine Quadratsummen-Zielfunktion als Minimierungsproblem für

$$f \longmapsto \sum_{p \in P} \mathrm{dist}(p, f[M])^2$$

bei Variation über $f \in \mathcal{T}$ formuliert werden.

Leider existieren in dieser Problemformulierung nicht immer Minimalstellen, sondern die Zielfunktion kann nicht als Minima angenommene Infima (vergl. [1]) besitzen. Man benötigt eine Relationenvervollständigung von $\mathcal{T}$ bzgl. der sogenannten LH-Topologie (lokale Hausdorff-Topologie) auf $M \times \mathbb{R}^m$ (siehe [1]). Dies bedeutet, dass man zur Absicherung von Konvergenzfragen den Kontext von Deformations- und Verlagerungsabbildungen verlassen muss, indem man allgemein abgeschlossene Relationen in $M \times \mathbb{R}^m$ zulässt. Man erhält damit Prototypsysteme als Tripel $(M, P, \mathcal{T})$ eines Prototyps M, einer Passpunktmenge P und einer

(LH-abgeschlossenen) Menge $\mathcal{T}$ von abgeschlossenen Relationen zwischen M und $\mathbb{R}^m$ (in [1] werden solche Prototyp-Passsysteme "adaptiert" genannt).

Da Nullstellenmengen stetiger Funktionen $f\colon \mathbb{R}^m \to \mathbb{R}^n$ Bilder der einelementigen Menge $\{0\}$ unter der Umkehrrelation f^{-1} sind, umfasst nun das Prototyp-Konzept auch alle Passprobleme mit Nullstellenmengen, also etwa Kreis- und Geradenpassprobleme, Kegelschnittpassungen usw. Entscheidend ist, dass für Prototyp-Passprobleme stets optimale Passrelationen R_0 in $\mathcal{T}$ existieren, d. h.

$$\sum_{p \in P} \mathrm{dist}(p, R_0[M])^2 = \min_{R \in \mathcal{T}} \sum_{p \in P} \mathrm{dist}(p, R[M])^2,$$

(vergl. [1], Satz 3.3).

Ist man zunächst nur von stetigen zulässigen Transformationen $f\colon M \to \mathbb{R}^m$ ausgegangen, ohne eine LH-Vervollständigung zu berücksichtigen, ist es wenigstens möglich, mit einer Folge zulässiger Transformationen dem Minimum über die LH-Vervollständigung beliebig nahe zu kommen.

4 Algorithmik

Wählt man für jeden Passpunkt $p \in P$ einen Originalpunkt $x_p \in M$ (dieser sollte im Optimalfall so sein, dass $f(x_p)$ dem Lotflußpunkt von p in $f[M]$ möglichst nahe kommt), erhält man eine endliche Familie $(x_p)_{p \in P}$ in M. Bezeichnet $\mathcal{F}(P, M)$ die Menge dieser endlichen Familien, kann man leicht zeigen, dass

$$\sum_{p \in P} \mathrm{dist}(p, f[M])^2 = \min_{(x_p)_{p \in P} \in \mathcal{F}(P,M)} \sum_{p \in P} \|p - f(x_p)\|^2,$$

wobei $\| \cdot \|$ die euklidische Norm auf $\mathbb{R}^n$ ist (vergl. [1], Kapitel 5). Das gilt in gleicher Weise für Relationen zwischen M und $\mathbb{R}^m$ statt für Funktionen.

Alle algorithmischen Optimierungsansätze gehen von dieser Gleichung aus. So ist klar, dass für ein Prototyp-System $(M, P, \mathcal{T})$ folgt

$$\Delta = \min_{R \in \mathcal{T}} \sum_{p \in P} \operatorname{dist}(p, R[M])^2$$

$$= \min_{(x_p)_{p \in P} \in \mathcal{F}(P,M)} \min_{R \in \mathcal{T}} \sum_{p \in P} \min_{(x_p, y) \in R} \|p - y\|^2 .$$

Hat man die LH-Vervollständigung der zulässigen Transformationen nicht durchgeführt, arbeitet man also nur auf der ursprünglichen in $\mathcal{T}$ LH-dichten Teilmenge $\mathcal{T}'$ zulässiger Transformationen $f : M \to \mathbb{R}^m$, gilt wenigstens noch

$$\Delta = \inf_{(x_p)_{p \in P} \in \mathcal{F}(P,M)} \inf_{f \in \mathcal{T}} \sum_{p \in P} \|p - f(x_p)\|^2 .$$

So aufwändig diese Darstellung der Zielfunktion aussieht, weist sie doch einen praktikablen Zugang zur Lösung des Optimierungsproblems. In der einfachsten Form führt sie auf eine Variante des so genannten ICP-Algorithmus (vergl. [2,4]) der allerdings die Gesamtproblematik nicht annähernd beleuchtet. Wesentlich effizientere Lösungsstrategien setzen auf modifizierten Formen des Gauß-Newton-Verfahrens auf (vergl. etwa [5], dort für NURBS-Approximation durchgeführt). Man beachte aber, dass insbesondere bei nicht-glatten Prototypen die Zielfunktion in der Regel Nichtdifferenzierbarkeitsstellen aufweist.

In vielen Anwendungen ist $\mathcal{T}'$, also die ursprüngliche, intuitiv angesetzte Menge zulässiger Transformationen, ein endlich-dimensionaler, linearer Unterraum stetiger Funkionen. Dann wird das innere Infimum der obigen Darstellung des Unähnlichkeitsmaßes angenommen, d. h.

$$\inf_{f \in \mathcal{T}'} \sum_{p \in P} \|p - f(x_p)\|^2 = \min_{f \in \mathcal{T}'} \sum_{p \in P} \|p - f(x_p)\|^2$$

und es handelt sich um ein lineares Ausgleichsproblem.

Bei vorgegebener Argumentfamilie $x = (x_p)_{p \in P}$ ist also eine zulässige Transformation f_x, die diese innere Zielfunktion minimiert, sehr effizient zu ermitteln.

Das äußere Infimum zur Optimierung der Argumentfamilien $(x_p)_{p \in P}$ wird ohne LH-Vervollständigung von $\mathcal{T}'$ nicht stets angenommen.

Darüber hinaus gelangt man durch Zielfunktionsabstieg nur zu sogenannten *separiert-globalen* Minimalstellen, die aber meist auch globale Minimalstellen sind.

Eine Argumentfamilie $x = (x_p)_{p \in P}$ heißt dabei separiert-globale Minimalstelle des Prototyp-Passproblems, wenn für jedes $p \in P$ $f_x(x_p)$ ein Punkt kürzesten euklidischen Abstands von p in $f_x[M]$ ist.

Die folgende algorithmische Skizze beschreibt eine Prozedur, um separiert-globale Minimalstellen von Prototyp-Passungsproblemen näherungsweise (d. h. iterativ) zu gewinnen:

Hierzu bezeichne $\Psi \colon \mathcal{F}(P, M) \to \mathbb{R}$ die Zielfunktion

$$\Psi(x) = \sum_{p \in P} \|p - f_x(x_p)\|^2$$

für $x = (x_p)_{p \in p}$.

Minimalstellen x von Ψ liefern optimale zulässige Transformation f_x.

a) Starte mit einer Familie $x^{(0)} = \left(x_p^{(0)}\right)_{p \in P}$ in $\mathcal{F}(P, M)$.

   Mit aufsteigendem Iterationsindex $i \in \mathbb{N}$ führe man nun die folgenden Schritte aus:

b) Bestimme $f_{x^{(i)}} \in \mathcal{T}'$ derart, dass

$$\sum_{p \in P} \left\| p - f_{x^{(i)}}\left(x_p^{(i)}\right) \right\|^2 = \min_{f \in \mathcal{T}'} \sum_{p \in P} \left\| p - f\left(x_p^{(i)}\right) \right\|^2 .$$

c) Ist $\left\| p - f_{x^{(i)}}\left(x_p^{(i)}\right) \right\| = \operatorname{dist}\left(p, f_{x^{(i)}}[M]\right)$ für alle $p \in P$, ist $x^{(i)}$ eine separiert-globale Minimalstelle des Prototyp-Passungsproblems und $f_{x^{(i)}}$ ist eine optimale Transformation, falls $x^{(i)}$ sogar eine globale Minimalstelle von Ψ ist.

   Ist

$$\left\| p - f_{x^{(i)}}\left(x_p^{(i)}\right) \right\| > \operatorname{dist}\left(p, f_{x^{(i)}}[M]\right)$$

für wenigstens ein $p \in P$, wähle man für jeden Punkt $p \in P$ einen Punkt $x_p^{(i+1)} \in M$, so dass

$$\left\| p - f_{x^{(i)}} \left(x_p^{(i+1)} \right) \right\| \leq$$

$$\min \left\{ \left\| p - f_{x^{(i)}} \left(x_p^{(i)} \right) \right\|, \ \operatorname{dist} \left(p, f_{x^{(i)}} [M] \right) + \frac{1}{i+1} \right\}.$$

Dann erfüllt die neue Familie $x^{(i+1)} = \left(x_p^{(i+1)} \right)_{p \in P}$ die *Abstiegsbedingung*:

$$\Psi \left(x^{(i+1)} \right) \leq \sum_{p \in P} \left\| p - f_{x^{(i)}} \left(x_p^{(i+1)} \right) \right\|^2$$

$$\leq \sum_{p \in P} \left\| p - f_{x^{(i)}} \left(x_p^{(i)} \right) \right\|^2 = \Psi \left(x^{(i)} \right).$$

d) Setze nun $i := i + 1$ und kehre zu Schritt *b* zurück!

Natürlich wird man ein zusätzliches *Abbruchskriterium* in Schritt (c) benötigen, damit der Algorithmus terminiert. Andererseits ist die Folge $\Psi(x^{(i)})_{i \in \mathbb{N}}$ reeller Zahlen monoton fallend und durch 0 nach unten beschränkt, also konvergent. Deshalb kann man Abbruchskriterien auf der Basis hinreichenden Abstiegs festlegen.

Ist $x^{(\infty)}$ ein Häufungspunkt von $\left(x^{(i)} \right)_{i \in \mathbb{N}}$. Dann gibt es eine Teilfolge $\left(x^{(i_j)} \right)_{j \in \mathbb{N}}$ von $\left(x^{(i)} \right)_{i \in \mathbb{N}}$ mit Limes $x^{(\infty)}$.

Ist $R_{x^{(\infty)}} \in \mathcal{T}$ der *LH*-Limes der Folge $(f_m(i_j))_{j \in \mathbb{N}}$, gibt es zu jedem $p \in P$ einen Lotfußpunkt $y_p \in R_{x^{(\infty)}}[M]$ mit $\left(x_p^{(\infty)}, y_p \right) \in R_{x^{(\infty)}}$. Diese Bedingung ist die natürliche Erweiterung der separiert-globalen Minimalstellen-Bedingung auf $\mathcal{T}$.

Analysiert man das Vorgehen in dieser algorithmischen Skizze genauer, wird klar, dass es nicht wesentlich ist, dass in Schritt (b) ein lineares Ausgleichsproblem zu lösen ist. Ist $\mathcal{T}'$ kein linearer Unterraum stetiger Funktionen, kann auch ein anderes Minimierungsverfahren zum Einsatz kommen. Damit werden allerdings in der Regel anspruchsvollere nichtlineare Optimierungsverfahren mit einer Verschränkung von Schritt (b) und dem Lotfußpunktabstieg in (c) notwendig. Die Details und die insbesondere erforderlichen Maßnahmen zur Konvergenzbeschleunigung sollen hier nicht mehr ausgeführt werden. Klar ist allerdings aus Schritt (c), dass die immer notwendigen Lotfußpunktsberechnungen wesentlich beschleunigt werden, wenn der Prototyp M die Bestimmung von Punkten kürzesten Abstands erleichtert. Im planaren Fall könnte dies etwa auf eine ausreichend genaue Approximation von M mit Kreisbogensplines hinauslaufen.

5 Erweiterungen auf Grauwertbilder

Sind Konturen und markante Punkte im Bild des Prüfobjekts nicht ausreichend extrahierbar, kann man Prototypen auch auf Grauwertbilder oder Farbbilder erweitern. Teilmengen M des $\mathbb{R}^n$ entsprechen ja ihren Indikatorfunktionen

$$\underline{1}_M(x) = \begin{cases} 1, \text{ falls } x \in M \\ 0, \text{ falls } x \in \mathbb{R}^n \setminus M. \end{cases}$$

Nun ist für eine umkehrbare Funktion f von M auf eine Teilmenge von $\mathbb{R}^m$

$$\underline{1}_M\left(f^{-1}(y)\right) = \underline{1}_{f[M]}(y).$$

Deshalb entspricht der Bildmenge $f[M]$ die Hintereinanderausführung $\underline{1}_M \circ f^{-1}$.

Hat man nicht nur eine Indikatorfunktion von Konturen, sondern ein Grauwertbild g als Originalvorlage, erhält man also $g \circ f^{-1}$ als deformiertes Grauwertbild. Ohne auf die Möglichkeiten der Interpretation für nicht umkehrbare Funktionen f einzugehen, wird man also die Funktion g als Prototyp bezeichnen und einen geeignet gewählten Abstand zwischen einem realen Bild h und $g \circ f^{-1}$ minimieren, wobei f eine Menge zulässiger Transformationen durchläuft. Linearisiert man die Zielfunktion durch Abbruch einer Taylor-Entwicklung, gelangt man zu Algorithmen, die etwa die zeitlichen Objektverfolgerungsalgorithmen von Lucas und Kanade umfassen (vergl. [6]).

Literatur

1. K. Donner, „Image interpretation based on local transform characterization", *Pattern Recognition and Image Analysis*, Vol. 7, S. 431–447, 1997.

2. P. Besl und N. McKay, „A method for registration of 3d shapes", in *IEEE Transaction on Pattern Analysis and Machine Intelligence, Vol. 12, pp. 239-256*, 1992.

3. V. Kovalevski, Hrsg., *Image Pattern Recognition.* Springer, Berlin, 1980.

4. B. Rosenhahn, T. Brox, D. Cremers und H.-P. Seidel, „A comparison of shape matching methods for contour based pose estimation", in *Combinatorial Image Analysis, Springer LNCS 4040, pp. 263-276*, 2006.

5. S. A. Schmälze, „New methods for nurbs surface approximation to scattered data", *A dissertation submitted to the Swiss Federal Institute of Technology Zürich*, Nr. Diss. ETH No. 4031, S. 1–87, 2001.

6. B. Lucas und T. Kanade, „An iterative image registration technique with an application to stereo vision", in *Proceedings of Imaging understanding workshop, pp. 121-130*, 1981.

6 DoF appearance-based object localization with local covariant features

Florian Haug[1] and Bernd Jähne[2]

[1] Robert Bosch GmbH, Corporate Sector Research,
Robert-Bosch-Str. 2, D-71701 Schwieberdingen
[2] University of Heidelberg, Heidelberg Collaboratory for Image Processing,
Speyerer Straße 4, D-69115 Heidelberg

Zusammenfassung A new approach to object detection and pose estimation is presented that uses the local deformations of corresponding *covariant* regions (e.g. MSER) to predict the 6 *degrees of freedom* (DoF) rigid transformation between a set of aligned model and camera views. Each *single* feature correspondence provides an independent 6 DoF pose hypothesis, given the depth and plane normal at the region center. Clusters of these local hypotheses are used as a coarse pose estimation and as a segmentation respectively outlier removal for a global pose refinement step. The approach allows an integrated handling of multiple camera and model images and different local covariant feature types, including features on depth images. The subsequent step determines globally the 6 DoF object pose which fits best to the local 3D-3D correspondences of the region centers within a cluster. The combination of local and global analysis allows an accurate localization even with local distortions, occlusion, ambiguities and cluttered scenes.

1 Introduction

In robotics a major task is the manipulating of objects in a three dimensional environment. Therefore a system is needed to acquire necessary data, recognize relevant objects and estimate their full 6 DoF pose. While this task is easily handled by men, it's a difficult problem for machines. The main challenges are the high-dimensional solution space, clutter, occlusion, uncertainty, local distortions and ambiguity in the data.

Object recognition approaches can be distinguished in appearance-based methods [1], which analyze a superposition of illumination and texture information (normally provided by a camera) and geometrical methods [2–4], which rely on the geometrical structure of objects (provided by various sensor systems, normally based either on the principle of runtime or triangulation). Another classification could be done in local and global approaches. Global methods [2] encode the complete information of the object or an object view in a single data structure, which will then be aligned to the current scene. Local or feature based methods [1, 3, 4] use on the contrary only small, but salient parts to establish correspondences between the object representation and the current scene. Though the global methods normally are less sensitive to noise, therefore providing a higher accuracy and being able to deal better with local ambiguities, they have a significant drawback. They rely on a segmentation of the image in relevant object information and background, which is in general as challenging as the object recognition itself. In contrast, feature based methods provide not only a solution to the segmentation problem, but also to the object classification and coarse pose estimation problem. Therefore our system is based on a hybrid local feature approach, that refines the returned coarse 6 DoF pose hypothesis with a global method.

The system is motivated from [1], which will be together with other feature based approaches briefly discussed in section 2. One problem is the handling of correspondences from different views/sensors in an integrated approach. Therefor we present in Section 3, 4 and 5 the main contribution of this article, the pose determination with a single covariant feature, which allows a universal representation of correspondences and a segmentation process independent of a specific view/sensor. The spatial relation between segmented correspondences of one object instance will be used in section 6 to determine globally the accurate full 6 DoF pose of the object. The whole system will be verified in an industrial environment with real objects in section 7. Section 8 provides a conclusion and potential future work.

2 Object detection with local features

To establish robust correspondences between data (either 2D appearance-based or 3D geometric) of a current sensor shoot (referred to as *search* data) and a trained model database three steps are essential. Local features approaches have to *detect* discriminative regions, *describe* them in a feature vector, invariant under various transformations and *match* them to a database.

The *detector* has to find regions which adapt *covariantly* to underlying salient data structures, so that corresponding regions cover the same scene part under different view points [5]. First coarse key points are calculated at salient structures, like extremal values in the intensity [6], in the local gradient distribution, of the (approx.) Hessian-matrix [1] or near maxima of curvature in 3D data [4]. Roughly centered at these points, regions are fitted to the underlying structure. In the 2D image domain the *transformations* to consider are *affine* (AT) or *similar* (ST) and in the 3D domain *rigid* (RT). Affine examples like MSER [6] can be found in [5], similar detectors like SIFT-DoG in [1] and rigid 3D ones in [4].

Because of their covariant construction the regions can be normalized to a canonical representation, which can then be encoded from the *descriptor* in a feature vector. The vector should further be highly discriminative and robust against illumination changes (for appearance-based data), noise and small constructions errors of the detector. Examples of 2D descriptors can be found in [7], including the most popular descriptor SIFT [1], a orientation histogram of local gradients. Descriptors based on 3D data can be found in [3, 4].

During the *matching process* correspondences between search data and model database are usually established with a nearest neighbor query [1, 3]. The similarity measure can be defined as the Euclidian distance [1,3] in the (sometimes compressed [3]) feature space. This process is very time consuming, but can be speeded up with efficient data structures [8], pattern recognition and parallelization technics.

Once correspondences are established they can be used for segmentation (all regions in an area corresponding to one model), for classification (counting for a special model type) and for pose estimation (using the spatial relation to estimate an AT or ST [1] in the image or a RT of 3D data [3] to align the model to the observed data). Once localized, the found transformation is often refined with a global iterative technique most notable the ICP [2] on 3D data.

Because of the local nature the matching process is sensitive to ambiguous data, resulting in a low *ratio of correct and false correspondences*

(RCF). Practical systems need therefore mechanism to remove outlier, like additional constrains, RANSAC or hough based grouping [1].

Appearance-based systems usually store the model as a set of views. The most popular approach [1] uses the difference of similar covariant SIFT regions to estimate for *each* correspondence the ST between a search and a model view. The 4 transformation parameters are utilized in a hough based approach to group coincident correspondences and remove outliers. At least three grouped region centers are then used to predict an accurate AT or ST which aligns model and search view. A major drawback of that approach is, that it cannot handle multiple search or model views in an integrated way. So it needs at least 3 *correct* correspondences from the *same* search/model view pair, which can result in a poor recognition rate for objects with a low RCF.

We propose in our approach to estimate the full 6 DoF RT of the image view points in the 3D space for a *single* corresponding covariant region instead of an AT or ST in the image domain. Section 3 introduces a mapping from a RT in the scene to its image transformation. Section 4 reverses this mapping, and allows the representation of correspondences in a universal way as RT's of the view points of the associated images. This enables the grouping of correspondences from multiple search and model views (section 5) and needs at least 3 *correct* correspondences from *arbitrary* search/model view pairs. This is especially important for search views lying between two model views. Instead of the image coordinates, the 3D coordinates of the region centers will be used in section 6 to predict a robust 6 DoF RT in the 3D space to align all model and search views in an integrated way. Furthermore this approach allows the handling of different feature types, including regions on 3D data.

3 Rigid transformation and its images

In the following small, serif letters x stand for scalars, bold letters $\mathbf{x}$ for vectors, bold capital letters $\mathbf{X}$ for matrices and calligraphic letters $\mathcal{X}$ for sets. An operation, e.g. $\mathcal{Y} = a\mathcal{X} + b$ on a set will be done separately for each element. $^A\mathbf{x}$ and $^B\mathbf{x}$ specifies the same vector in the coordinate systems A and B, $^A\mathbf{X}_B$ specifies a (general) transformation from B to A.

Let $\mathbf{p}+\mathbf{q} \in \mathcal{S}[\mathbf{p}] \subset \mathbb{R}^3$ be a rigid part of a 3D scene and $\mathbf{u}+\mathbf{v} \in \mathcal{R}[\mathbf{u}] \subset \mathbb{R}^2$ its projected 2D image of a camera with a local point of reference

$\mathbf{p} = (p_x, p_y, p_z)^{\mathrm{T}}$ and its projection $\mathbf{u}$ and the relative coordinates $\mathbf{q} = (q_x, q_y, q_z)$ and $\mathbf{v}$. This section shows the relation between the RT $\mathbf{r}$: $\mathbb{R}^3 \to \mathbb{R}^3$

$$^{\mathrm{B}}\mathcal{S}[\mathbf{p}] = \mathbf{r}(^{\mathrm{A}}\mathcal{S}[\mathbf{p}]) = {}^{\mathrm{B}}\mathbf{R}_{\mathrm{A}} {}^{\mathrm{A}}\mathcal{S}[\mathbf{p}] + {}^{\mathrm{B}}\mathbf{t} \tag{2.1}$$

of $\mathcal{S}$ in the Euclidian space and the transformation of $\mathcal{R}$ between the two images at A and B. $\mathbf{R} = (r_{ij})$ is a 3×3 rotation matrix and $\mathbf{t} \in \mathbb{R}^3$ a shifting vector. $\mathcal{R} = \mathbf{h}(\mathcal{S})$ is related to $\mathcal{S}$ by the pin hole camera model with distortions $\mathbf{h} : \mathbb{R}^3 \to \mathbb{R}^2$, which projects a point $\mathbf{x} = (x, y, z)^{\mathrm{T}}$ in camera coordinates to its image $\mathbf{w} = (u, v)^{\mathrm{T}}$:

$$\mathbf{w} = \mathbf{K}\mathbf{d}\left(\frac{1}{z}\begin{pmatrix} x \\ y \end{pmatrix}\right) + \mathbf{u}_c \tag{2.2}$$

The function $\mathbf{d} : \mathbb{R}^2 \to \mathbb{R}^2$ models the distortion of the normalized image coordinates $\frac{x}{z}$ and $\frac{y}{z}$, the 2×2 camera matrix $\mathbf{K}$ includes the focal length and the pixel size, and $\mathbf{u}_c$ specifies the principal point in the image plane. In the following we make three assumptions:

- Locally the perspective projection can be modeled as a scaled orthographic projection, thus for the projection $q_z \approx 0$.

- Locally the distortion function $\mathbf{d}(\,\cdot\,)$ can be linearly approximated with the first two elements of a taylor expansion $\mathbf{d}(\mathbf{u}+\mathbf{v}) \approx \mathbf{d}(\mathbf{u}) + \mathbf{D_u}\mathbf{v} + \dots$ at $\mathbf{u}$. Alternatively we can work on undistorted images with $\mathbf{d}(\mathbf{u}) = \mathbf{u}$ and $\mathbf{D_u} = \mathbf{I}_{2 \times 2}$.

- $\mathcal{S}[\mathbf{p}]$ can be approximated as a plane $\mathbf{m}^{\mathrm{T}}\mathbf{q} = 0$ through $\mathbf{p}$ with normal vector $\mathbf{m} = (m_x, m_y, 1)$.

With the first two approximations $\mathbf{u}+\mathbf{v} \in \mathcal{R}[\mathbf{u}]$ can be related to $\mathbf{p}+\mathbf{q} \in \mathcal{S}[\mathbf{p}]$:

$$\mathbf{u} + \mathbf{v} = \mathbf{h}(\mathbf{p}) + \frac{1}{p_z}\mathbf{K}\mathbf{D_u}\begin{pmatrix} q_x \\ q_y \end{pmatrix} \tag{2.3}$$

If now the RT is applied ($^{\mathrm{B}}\mathbf{p} = {}^{\mathrm{B}}\mathbf{R}_{\mathrm{A}} {}^{\mathrm{A}}\mathbf{p} + {}^{\mathrm{A}}\mathbf{t}$, $^{\mathrm{B}}\mathbf{q} = {}^{\mathrm{B}}\mathbf{R}_{\mathrm{A}} {}^{\mathrm{A}}\mathbf{q}$), the resulting coordinates $^{\mathrm{B}}\mathbf{u} + {}^{\mathrm{B}}\mathbf{v}$ of the region $^{\mathrm{B}}\mathcal{R}$ have the form

$$\mathbf{h}(^{\mathrm{B}}\mathbf{p}) + \frac{1}{^{\mathrm{B}}p_z} \, ^{\mathrm{B}}\mathbf{K}\,^{\mathrm{B}}\mathbf{D_u} \underbrace{\begin{pmatrix} r_{11} - m_x r_{13} & r_{12} - m_y r_{13} \\ r_{21} - m_x r_{23} & r_{22} - m_y r_{23} \end{pmatrix}}_{^{\mathrm{B}}\mathbf{A}_{\mathrm{A}}} \begin{pmatrix} ^{\mathrm{A}}q_x \\ ^{\mathrm{A}}q_y \end{pmatrix} \qquad (2.4)$$

under utilization of the last assumption $q_z = -m_x q_x - m_y q_y$. The matrix $^{\mathrm{B}}\mathbf{A}_{\mathrm{A}}$ morphs the region around the new reference point $^{\mathrm{B}}\mathbf{u} = \mathbf{h}(^{\mathrm{B}}\mathbf{p})$ and depends only on the rotation matrix $^{\mathrm{B}}\mathbf{R}_{\mathrm{A}}$ and the plane parameters m_x and m_y. If the part $\mathcal{S}$ of the scene undergoes a RT, the observed region $\mathcal{R}$ in the image undergoes therefore a related, very similar transformation

$$\begin{aligned} ^{\mathrm{B}}\mathcal{R}[\mathbf{u}] &= {}^{\mathrm{B}}\mathbf{u} + \frac{^{\mathrm{A}}p_z}{^{\mathrm{B}}p_z} \, ^{\mathrm{B}}\mathbf{K}\,^{\mathrm{B}}\mathbf{D_u}\,^{\mathrm{B}}\mathbf{A}_{\mathrm{A}}\,^{\mathrm{A}}\mathbf{D_u}^{-1}\,^{\mathrm{A}}\mathbf{K}^{-1}(^{\mathrm{A}}\mathcal{R}[\mathbf{u}] - {}^{\mathrm{A}}\mathbf{u}) \\ &= {}^{\mathrm{B}}\mathbf{A}'_{\mathrm{A}}\,^{\mathrm{A}}\mathcal{R}[\mathbf{u}] + {}^{\mathrm{B}}\mathbf{t}_u \end{aligned} \qquad (2.5)$$

4 Pose from corresponding covariant regions

Given a corresponding region $\mathcal{R}$ in images A and B, we want to reconstruct the underlying RT of the associated scene part $\mathcal{S}$. A covariant region can be specified with an affine matrix $^{\mathrm{V}}\mathbf{A}_{\mathrm{N}}$ and a reference point $^{\mathrm{V}}\mathbf{u}$, which transform the region from the current view V (e.g. A or B) to a normed patch $^{\mathrm{N}}\mathcal{R} = {}^{\mathrm{V}}\mathbf{A}_{\mathrm{N}}^{-1}(\mathcal{R} - {}^{\mathrm{V}}\mathbf{u})$. Note that for similar covariant regions like SIFT, $^{\mathrm{V}}\mathbf{A}_{\mathrm{N}}$ has only 2 DoF, the rotation and scale of the normed patch. For affine covariant regions (e.g. MSER) often an ellipse $(\mathcal{R} - {}^{\mathrm{V}}\mathbf{u})^{\mathrm{T}}(^{\mathrm{V}}\mathbf{A}_{\mathrm{N}}\,^{\mathrm{V}}\mathbf{A}_{\mathrm{N}}^{\mathrm{T}})^{-1}(\mathcal{R} - {}^{\mathrm{V}}\mathbf{u}) \leq 1$ is fitted to the image structure with only 5 DoF, because the rotation $\mathbf{R}$ of the normed patch $^{\mathrm{V}}\mathbf{A}_{\mathrm{N}}\mathbf{R}\mathbf{R}^{\mathrm{T}}\,^{\mathrm{V}}\mathbf{A}_{\mathrm{N}}^{\mathrm{T}} = {}^{\mathrm{V}}\mathbf{A}_{\mathrm{N}}\,^{\mathrm{V}}\mathbf{A}_{\mathrm{N}}^{\mathrm{T}}$ cancels out. One possibility to determine this last DoF $\mathbf{R}$ is an orientation histogram on the normed patch independent from the region type [1].

The difference of the covariant matrices of the corresponding regions in both images defines the matrix $^{\mathrm{B}}\mathbf{A}'_{\mathrm{A}} = {}^{\mathrm{B}}\mathbf{A}_{\mathrm{N}}\,^{\mathrm{A}}\mathbf{A}_{\mathrm{N}}^{-1}$ from eq. 2.5. Through the camera calibration the matrices $\mathbf{K}$ and $\mathbf{D}$ are known and hence the matrix $s\,^{\mathrm{B}}\mathbf{A}_{\mathrm{A}} = {}^{\mathrm{B}}\mathbf{D_u}^{-1}\,^{\mathrm{B}}\mathbf{K}^{-1}\,^{\mathrm{B}}\mathbf{A}'_{\mathrm{A}}\,^{\mathrm{A}}\mathbf{K}\,^{\mathrm{A}}\mathbf{D_u}$ (see eq. 2.4) with $s = {}^{\mathrm{A}}p_z\,^{\mathrm{B}}p_z^{-1}$ can be obtained. This matrix can now be used to determine the underlying rotation $^{\mathrm{B}}\mathbf{R}_{\mathrm{A}}$ of $\mathcal{S}$. [9] addresses a similar problem, but presents not an entirely closed solution. Furthermore it needs ortho-images with a perpendicular view of the approximated plane, whereas the presented approach deals with arbitrary views.

First we are rotating ${}^{\mathrm{A}}\mathcal{S}$ with ${}^{\mathrm{P}}\mathbf{R}_{\mathrm{A}}$ virtually in a way that its plane is parallel to the image plane and hence ${}^{\mathrm{P}}m_x = {}^{\mathrm{P}}m_y = 0$ for ${}^{\mathrm{P}}\mathcal{S} = {}^{\mathrm{P}}\mathbf{R}_{\mathrm{A}}{}^{\mathrm{A}}\mathcal{S}$. A possible rotation is

$$
{}^{\mathrm{P}}\mathbf{R}_{\mathrm{A}} = \begin{pmatrix} -r^{-1} & 0 & {}^{\mathrm{A}}m_x r^{-1} \\ -{}^{\mathrm{A}}m_x {}^{\mathrm{A}}m_y r^{-1} d^{-1} & r d^{-1} & -{}^{\mathrm{A}}m_y r^{-1} d^{-1} \\ -{}^{\mathrm{A}}m_x d^{-1} & -{}^{\mathrm{A}}m_y d^{-1} & -d^{-1} \end{pmatrix} \tag{2.6}
$$

with $r = \sqrt{{}^{\mathrm{A}}m_x^2 + 1}$ and $d = \sqrt{{}^{\mathrm{A}}m_y^2 + r^2}$ for the given plane parameters in the coordinate system A. The induced affine morph ${}^{\mathrm{P}}\mathbf{A}_{\mathrm{A}}$ of the region ${}^{\mathrm{A}}\mathbf{R}$ can be determined from ${}^{\mathrm{P}}\mathbf{R}_{\mathrm{A}}$ with eq. 2.4 and leads to $s^{\mathrm{B}}\mathbf{A}_{\mathrm{P}} = s^{\mathrm{B}}\mathbf{A}_{\mathrm{A}}{}^{\mathrm{P}}\mathbf{A}_{\mathrm{A}}^{-1}$. For the reconstruction of ${}^{\mathrm{B}}\mathbf{R}_{\mathrm{P}}$ we are splitting w.l.o.g the rotation in ${}^{\mathrm{B}}\mathbf{R}_{\mathrm{P}} = \mathbf{R}_z \mathbf{R}_{xy}$ given by

$$
\underbrace{\begin{pmatrix} \cos_\gamma & -\sin_\gamma & 0 \\ \sin_\gamma & \cos_\gamma & 0 \\ 0 & 0 & 1 \end{pmatrix}}_{\mathbf{R}_z(\gamma)} \quad \underbrace{\begin{pmatrix} \cos_\beta & 0 & \sin_\beta \\ \sin_\alpha \sin_\beta & \cos_\alpha & -\sin_\alpha \cos_\beta \\ -\cos_\alpha \sin_\beta & \sin_\alpha & \cos_\alpha \cos_\beta \end{pmatrix}}_{\mathbf{R}_{xy}(\alpha,\beta)} \tag{2.7}
$$

It can be proofed [10] (because ${}^{\mathrm{P}}m_x = {}^{\mathrm{P}}m_y = 0$) that $s^{\mathrm{B}}\mathbf{A}_{\mathrm{P}} = s\mathbf{A}_z\mathbf{A}_{xy}$ can be splitted up similarly. Utilizing eq. 2.4 one sees that $\mathbf{A}_z$ is a rotation matrix ($r_{13} = r_{23} = 0$ of $\mathbf{R}_z$) and $\mathbf{A}_{xy}$ is a lower triangle mat ($r_{12} = 0$ of $\mathbf{R}_{xy}$). Thus we can use a QL-decomposition to calculate the split of the form

$$
s^{\mathrm{B}}\mathbf{A}_{\mathrm{P}} = \begin{pmatrix} a & b \\ c & d \end{pmatrix} = \mathbf{A}_z s\mathbf{A}_{xy} = \begin{pmatrix} \cos_\gamma & -\sin_\gamma \\ \sin_\gamma & \cos_\gamma \end{pmatrix} \begin{pmatrix} s\cos_\beta & 0 \\ s\sin_\alpha \sin_\beta & s\cos_\alpha \end{pmatrix} \tag{2.8}
$$

with $r = \sqrt{b^2 + d^2}$, $\cos_\gamma = dr^{-1}$, $\sin_\gamma = -br^{-1}$, $s\cos_\beta = e = (ad-bc)r^{-1}$, $s\sin_\alpha \sin_\beta = f = (ab + cd)r^{-1}$ and $s\cos_\alpha = r$. Utilizing $\cos^2 + \sin^2 = 1$ we get a 4th degree polynomial equation in the scale s from $s\mathbf{A}_{xy}$. Only one solution [10] leads to a physical reasonable RT, which is given by

$$
s = \sqrt{\frac{e^2 + r^2 + f^2 + \sqrt{(e^2 + r^2 + f^2)^2 - 4e^2 r^2}}{2}} \tag{2.9}
$$

With known s we can reconstruct $\mathbf{R}_{xy}$, but we are getting two solutions $\pm$ in dependency of f, because we cannot reconstruct the sign of $\sin_\alpha$ or

$\sin_\beta$. The complete rotation matrix is then given by ${}^{\mathrm{B}}\mathbf{R}_{\mathrm{A}}^{\pm} = \mathbf{R}_z \mathbf{R}_{xy}^{\pm} {}^{\mathrm{P}}\mathbf{R}_{\mathrm{A}}$. With given depth ${}^{\mathrm{A}}p_z$ we can calculate ${}^{\mathrm{B}}p_z = s^{-1}{}^{\mathrm{A}}p_z$ and with the inverse camera model $\mathbf{h}^{-1}(\cdot)$ backproject the 2D image centers of the regions to the 3D reference points ${}^{\mathrm{A}}\mathbf{p} = \mathbf{h}^{-1}({}^{\mathrm{A}}\mathbf{u}, {}^{\mathrm{A}}p_z)$ and ${}^{\mathrm{B}}\mathbf{p} = \mathbf{h}^{-1}({}^{\mathrm{B}}\mathbf{u}, {}^{\mathrm{B}}p_z)$ of $\mathcal{S}$. Utilizing eq. 2.5, we get ${}^{\mathrm{B}}\mathbf{t}^{\pm} = {}^{\mathrm{B}}\mathbf{p} - {}^{\mathrm{B}}\mathbf{R}_{\mathrm{A}}^{\pm}{}^{\mathrm{A}}\mathbf{p}$ and the RT from A to B is up to the sign ambiguity complectly reconstructed.

Note that its much easier to recover the rotation matrix from 3D covariant regions. These regions can be described with a covariant rotation matrix ${}^{\mathrm{V}}\mathbf{R}_{\mathrm{N}}$, normally aligned to the normal at $\mathbf{p}$ and some normed angle around it, from which ${}^{\mathrm{B}}\mathbf{R}_{\mathrm{A}} = {}^{\mathrm{B}}\mathbf{R}_{\mathrm{N}}{}^{\mathrm{A}}\mathbf{R}_{\mathrm{N}}^{-1}$ can easily be obtained.

5 Clustering

This section shows how to group correspondences of one object instance from many camera and model images. For a short representation we are using the homogeneous 4×4 matrix ${}^{\mathrm{X}}\hat{\mathbf{H}}_{\mathrm{Y}}$ for a RT with ${}^{\mathrm{X}}\mathbf{R}_{\mathrm{Y}}$ in the top left 3×3 block and the homogeneous translation vector ${}^{\mathrm{X}}\hat{\mathbf{t}} = (t_x, t_y, t_z, 1)^{\mathrm{T}}$ in the last column.

The model database consists of a set of model views $\mathrm{M_i}$ with known transformation ${}^{\mathrm{M_i}}\hat{\mathbf{H}}_{\mathrm{O}}$ from a object reference system O and associated covariant regions with known depth and plane parameters. From each camera image $\mathrm{C_j}$, with known transformation ${}^{\mathrm{W}}\hat{\mathbf{H}}_{\mathrm{C_j}}$ to a common world coordinate system W, the covariant regions are extracted and matched against the database with a nearest neighbor query in the feature space. For *each* established correspondence the RT ${}^{\mathrm{C_j}}\hat{\mathbf{H}}_{\mathrm{M_i}}$ from the camera to the model view is predicted with the equations from sec. 4 and with that *an image independent* RT ${}^{\mathrm{W}}\hat{\mathbf{H}}_{\mathrm{O}} = {}^{\mathrm{W}}\hat{\mathbf{H}}_{\mathrm{C_j}}{}^{\mathrm{C_j}}\hat{\mathbf{H}}_{\mathrm{M_i}}{}^{\mathrm{M_i}}\hat{\mathbf{H}}_{\mathrm{O}}$ from the object to the world system. The two solutions $\pm$ are handled separately.

A single ${}^{\mathrm{W}}\hat{\mathbf{H}}_{\mathrm{O}}$ could be an outlier, but groups of these transformations give strong indication for an object of a specific pose (cf. Fig. 2.1). Because of the high dimensional 6D space of the RT parameters we cannot use a hough approach as in [1], instead we are clustering over all model and camera images directly on the set of the ${}^{\mathrm{W}}\hat{\mathbf{H}}_{\mathrm{O}}$. Note that the clustering is independent of the covariant region typ, so regions on images and 3D data could be handled integrated.

6 Global pose determination

Each single $^{\mathrm{W}}\hat{\mathbf{H}}_{\mathrm{O}}$ is an object pose hypotheses, but because it exploits only a local, very small area of the object its highly affected to noise and therefore of limited accuracy. This is mainly reflected in the scale parameter s to reconstruct the depth $^{\mathrm{C_j}}p_z$ during the pose calculation, which results in poor 3D estimate of the region center. Instead we are using the depth from a stereo image to get a accurate solution for $^{\mathrm{C_j}}\mathbf{p}$ and with the known $^{\mathrm{M_i}}\mathbf{p}$ from the model a 3D-3D point correspondence ($^{\mathrm{W}}\hat{\mathbf{H}}_{\mathrm{C_j}}{}^{\mathrm{C_j}}\hat{\mathbf{p}}$, $^{\mathrm{M_i}}\hat{\mathbf{H}}_{\mathrm{O}}^{-1}{}^{\mathrm{M_i}}\hat{\mathbf{p}}$) from the region centers in the world and the object reference system.

This gives us n 3D-3D point correspondences for all established region correspondences within a cluster, which can be used with the method from [11] to estimate a robust global RT $^{\mathrm{W}}\bar{\mathbf{H}}_{\mathrm{O}}$ for each cluster. We are using RANSAC to consider errors during the clustering. Alternatively a 2D-3D point correspondence (e.g. [12]) approach can be used.

7 Experiments

All experiments use a 6 DoF industrial robot with a calibrated stereo camera (768×512 image size and $4.5\,\mathrm{mm}$ optics) mounted on it.

As covariant feature detectors MSER (affine) or the SIFT-DoG (similar) are used in combination with the SIFT descriptor. The nearest neighbor query will be handled by a SSE3 assembler optimized brute force implementation, which is in our experiments faster (assuming 10^4 search features) than a GPU solution for less than $1.6 \cdot 10^5$ model features and intelligent data structures for approx. less than 10^6 model features [10]. The clustering will be handled by an approximate density estimator within a 6D sphere. Note that the query and the clustering are parallelized up to the numbers of search features and the global pose refinement up to the number of RANSAC cycles. This results in a detection and pose estimation time under $100\,\mathrm{ms}$, ignoring the feature and stereo depth calculation for 10^4 search features, 10^5 model features, one found cluster and 10^5 RANSAC cycles on a $3\,\mathrm{GHz}$ Quadcore PC.

The views $\mathrm{M_i}$ of an object are autonomously trained with the robot. For each view $^{\mathrm{M_i}}\hat{\mathbf{H}}_{\mathrm{O}}$ is calculated from the robot kinematics, the features are extracted and the depth and plane parameters are estimated from

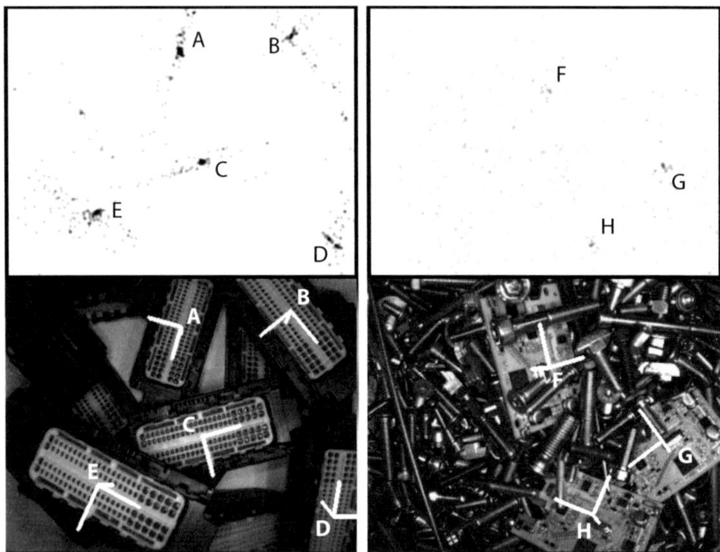

Abbildung 2.1: The used *plug* (left) and *card* (right) in two cluttered scenes. The top images show the projected origins of the estimated local 6 DoF poses from *each* correspondence. For each found cluster (A-H) the global poses are shown in the bottom images as white coordinate axes.

the dense depth image.

As objects we are using a *card* in combination with MSER and a *plug* in combination with SIFT. Both objects have their challenges, the card highly reflects and has therefore a lot of illumination spots and the plug consists of a large periodic textured area. Fig. 2.1 shows the capability of the proposed system in cluttered scenes with multiple objects. Note the uncertainty of the local hypotheses along the periodic texture and the tilting direction of the plugs. The first effect arises from false correspondences, the last from the 4 DoF SIFT-DoG detector which cannot model the tilting. The example with the cards shows the need of the RANSAC in the global pose refinement, because of a lot of noise in the local hypotheses resulting from the heavy cluttered scene.

Fig. 2.2 shows the integrated handling of multiple model views. The card is tilted around the longest axis (X) and watched from the camera,

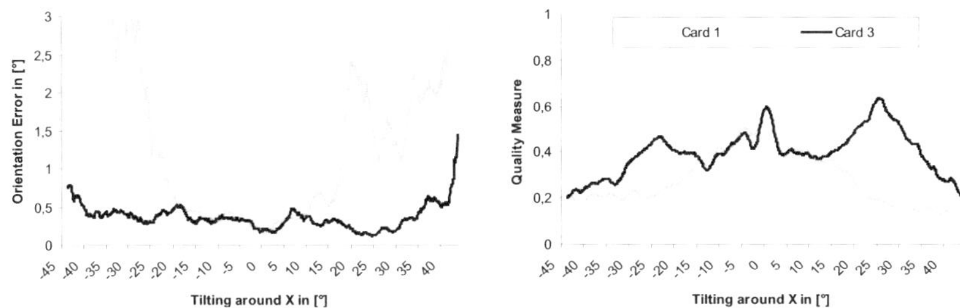

Abbildung 2.2: Integrated handling of multiple model views.

with $0°$ being the reference view from top. Two models were trained, *card1* with the single reference view and *card3* with two additional views at $\pm 25°$. The left diagram of Fig. 2.2 shows the absolute error e_o of the estimated global orientation and the right diagram the global quality measure $q = n^{-1} \sum_k (1 + \epsilon_k^2)^{-1}$, which is the normed sum of the inverted squared error $\epsilon = |{}^{W}\hat{\mathbf{H}}_{C_j} {}^{C_j}\hat{\mathbf{p}} - {}^{W}\bar{\mathbf{H}}_{O} {}^{M_i}\hat{\mathbf{H}}_{O}^{-1} {}^{M_i}\hat{\mathbf{p}}|$ of each correspondence (see section 6 and [11] for details) within a cluster. Note the restricted range of approx. $\pm 15°$ in e_o for the single view in card1 and the seamless expansion with the extra views in card3. This enhancement is also reflected in the increased quality q with two additional peaks at $\pm 25°$.

The last experiment shows the overall pose estimation error of the proposed system. For that, model views are generated from all sides within $\pm 45°$ tilting angle in $20°$ (card) or $10°$ (plug) steps and $170\,\text{mm}$ distance from the camera. The system is evaluated with over 500 arbitrary search views from all sides with at least 60% of the object visible. The mean translation error is $1.0\,\text{mm}$ (within the best 90%: $0.8\,\text{mm}$) for the card and $1.0\,\text{mm}$ ($0.6\,\text{mm}$) for the plug, the mean orientation error $3.0°$ ($1.6°$) and $2.1°$ ($1.3°$). 2.6% of the cards and 1.7% of the plugs were not found, mostly because of a stereo failure when the object is near the image borders. For more experiments see [10].

8 Conclusion

In this paper a realtime capable 6 DoF pose estimation system is presented, which uses covariant features to predict for each correspondence between an observed object and its model a local 6 DoF pose. Therefore a mapping and its reversion was introduced, which relates a scene RT to its image AT. The local poses can be grouped independently from the involved views and used as input for a robust and accurate global 6 DoF pose refinement.

Future work will expand the system to not only fuse spatial information, but also temporal ones with a statistical particle framework, which naturally fits to the local pose representation.

Literatur

1. D. G. Lowe, "Distinctive image features from scale-invariant keypoints." *IJVC*, vol. 60, pp. 91–110, 2004.

2. P. Besl and N. McKay, "A method for registration of 3-d shapes." *PAMI*, vol. 14(2), pp. 239 – 256, 1992.

3. A. Johnson and M. Hebert, "Using spin images for efficient object recognition in clutterded 3d scenes." *PAMI*, vol. 21(5), pp. 433 – 449, 1999.

4. S. M. Yamany, A. A. Fraag, and A. El-Bialy, "Free-form surface registration and object recognition using surface signatures." in *ICCV*, 1999.

5. K. Mikolajczyk, T. Tuytelaars, C. Schmid, A. Zisserman, J. Matas, F. Schaffalitzky, T. Kadir, and L. Van Gool, "A comparison of affine region detectors." in *IJCV 65*, 2005, pp. 43–72.

6. J. Matas, O. Chum, M. Urban, and T. Pajdla, "Robust wide-baseline stereo from maximally stable extremal regions," *Image and Vision Computing*, vol. 22, no. 10, pp. 761–767, 2004.

7. K. Mikolajczyk and C. Schmid, "A performance evaluation of local descriptors." in *PAMI 27*, 2005, pp. 1615–1630.

8. S. Nene and S. Nayar, "Closest point search in high dimensions." in *CVPR*, 1996, pp. 859 – 865.

9. K. Koeser and R. Koch, "Differential spatial resection-pose estimation using a single local image feature," *Computer Vision–ECCV 2008*, pp. 312–325, 2008.

10. F. Haug, "Ansichtsbasierte 6 DoF Objekterkennung mit lokalen kovarianten Regionen," Ph.D. dissertation, University of Heidelberg, 2010.

11. K. S. Arun, T. S. Huang, and S. D. Blostein, "Least-squares fitting of two 3-d point sets." *PAMI*, vol. 9, pp. 698–700, 1987.

12. C.-P. Lu, G. D. Hager, and E. Mjolsness, "Fast and globally convergent pose estimation from video images." *PAMI*, vol. 22:6, pp. 610–622, 2000.

Neuartige Strategie zur vollständigen Kalibrierung eines Sensorsystems zur automatischen Sichtprüfung spiegelnder Oberflächen

Sebastian Höfer[1], Stefan Werling[2] und Jürgen Beyerer[1,2]

[1] Karlsruher Institut für Technologie (KIT), Institut für Anthropomatik,
Lehrstuhl für Interaktive Echtzeitsysteme (IES),
Adenauerring 4, D-76131 Karlsruhe
[2] Fraunhofer-Institut für Optronik, Systemtechnik und Bildauswertung,
Fraunhoferstraße 1, D-76131 Karlsruhe

Zusammenfassung In dieser Arbeit präsentieren wir ein neues Verfahren zur Kalibrierung eines deflektometrischen Messaufbaus, bestehend aus einer robotergeführten Kombination von Kamera und Monitor. Bei bestehenden Verfahren sind mehrere Einzelkalibrierungen mit speziellen Mustern notwendig um eine solche Systemgeometrie vollständig zu vermessen. Unser Verfahren benötigt als Hilfsmittel nur einen Spiegel und bedient sich zusätzlich der Funktionalität des Aufbaus. Dadurch reduziert sich der Aufwand für den Sensor auf eine einzige Kalibrierung, wodurch zusätzlich das Akkumulieren von Messfehlern vermieden wird. Wir zeigen die Ergebnisse der Kalibrierung an realen Messdaten und erörtern die Möglichkeiten zur Erweiterung unseres Verfahrens.

1 Einleitung

Die Kalibrierung von Kameras ist ein grundlegendes Problem der Bildverarbeitung. Ohne Kenntnisse über die Geometrie der Kamera und ihrer Umgebung lassen sich die Bilddaten in vielen Anwendungen nur unzureichend auswerten. An Verfahren zur Kalibrierung von Ein- oder Multikamerasystemen haben sich mittlerweile einige Ansätze etabliert, die ohne aufwendige Kalibrierobjekte auskommen. Diese benutzen meist

Schachbrett- oder Punktmuster [1–3] als Referenzobjekt für den Kalibriervorgang. Dadurch wird bei der Kalibrierung ein Vorverarbeitungsschritt notwendig, bei dem die Merkmale der Kalibriermuster, wie z.B. die Ecken einer Schachbrettmusters, extrahiert werden. Unscharfe Kalibrieraufnahmen oder ungünstige Aufnahmepositionen können dabei schnell dazu führen, dass die Merkmale nicht vollständig oder nur ungenau erkannt werden. Darüber hinaus wird der Einsatz dieser Verfahren aufwendig, wenn nicht unmöglich, sobald neben Kameras die Geometrie zusätzlicher Komponenten kalibriert werden soll.

Das hier vorgestellte Kalibrierverfahren wurde gezielt für die Anwendung in einem deflektometrischen Messaufbau zur Sichtprüfung spiegelnder Oberflächen entwickelt, wie er in Abbildung (3.1) zu sehen ist. Die Herausforderung hierbei besteht darin, dass die Transformation zwischen LC-Display und Kamera zu ermitteln ist, wobei jedoch kein direkter Sichtkontakt zwischen beiden besteht. Es ist hierbei naheliegend bei der Kalibrierung einen Spiegel einzusetzen, was auch bereits in [4] umgesetzt wurde. Allerdings wird bei diesem Verfahren Kamera, Spiegelebene und Monitor nacheinander in separaten Schritten mit Kalibriermustern kalibriert, wodurch sich Messungenauigkeiten akkumulieren und mehrmals manuelles Eingreifen notwendig ist. Mit dem in dieser Arbeit präsentierten Verfahren greifen wir das Konzept der Kalibrierung über einen Spiegel wieder auf. Wir reduzieren jedoch die Kalibrierung von Kamera und Display auf eine einzige Serie von Aufnahmen und beschränken uns dabei auf einen planaren Spiegel als Hilfsmittel.

2 Aufbau

Die Abbildung (3.1) zeigt den von uns verwendeten deflektometrischen Aufbau (siehe auch [5,6]). Wichtigste Komponente ist der Sensorkopf, bestehend aus einer Industriekamera und einem LCD-Monitor. Zusätzlich wurde ein kompakter Auswerte- und Steuerrechner integriert, um einen flexiblen Aufbau zu ermöglichen und die Signalwege kurz zu halten. Die Kamera wird so ausgerichtet, dass sie die Reflexion des Monitors auf der zu untersuchenden Oberfläche betrachtet. Zur Registrierung wird ein mehrstufiges Phasenschiebeverfahren angewandt, das auf dem Monitor eine Serie von Sinusmustern anzeigt. Dadurch wird jedes Monitorpixel eindeutig codiert und lässt auf den Verlauf der Sichtstrahlen zwischen

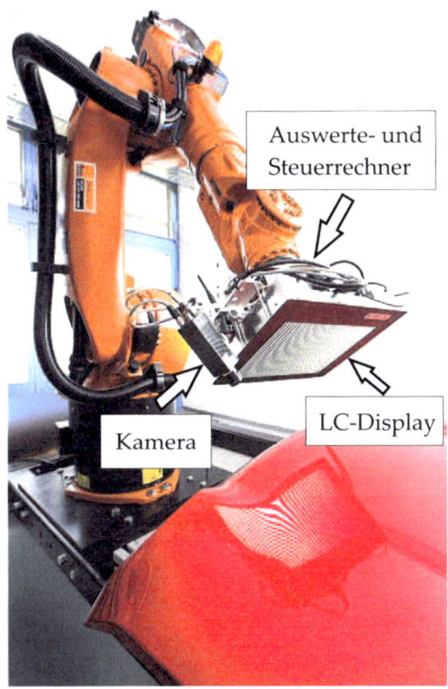

Abbildung 3.1: Deflektometrischer Messaufbau zur Vermessung spiegelnder Oberflächen. Die Positionierung durch einen Roboterarm ermöglicht auch die Vermessung großer und komplex geformter Prüfteile.

Kamera und Monitor schließen.

Mit einem solchen einfachen Aufbau lassen sich schon Oberflächendefekte anhand auffälliger Änderungen im Gradientenbild erkennen. Damit lassen sich jedoch nur Aussagen über den Ausschnitt der lokalen Messung treffen. Erst mit Hilfe des Industrieroboters in Abbildung (3.1) wird die Untersuchung größerer Objekte ermöglicht, da der Inspektionsbereich des Sensors bei einer hochauflösenden Aufnahme nur einen Bereich von etwa 100 Quadratzentimetern abdeckt. Durch Aneinanderreihung von Einzelaufnahmen, sogenannten Patches, lässt sich das Prüfobjekt als Ganzes rekonstruieren und ein 3D-Modell der Oberfläche erstellen.

Zur Realisierung des Verfahrens ist allerdings die genaue Kenntnis der Systemgeometrie notwendig. Durch den Roboterarm wird dem Gesamtsystem neben dem Sensorkopf noch eine zusätzliche Komponente hinzugefügt, wodurch das Modell der Systemgeometrie komplexer wird. Bei

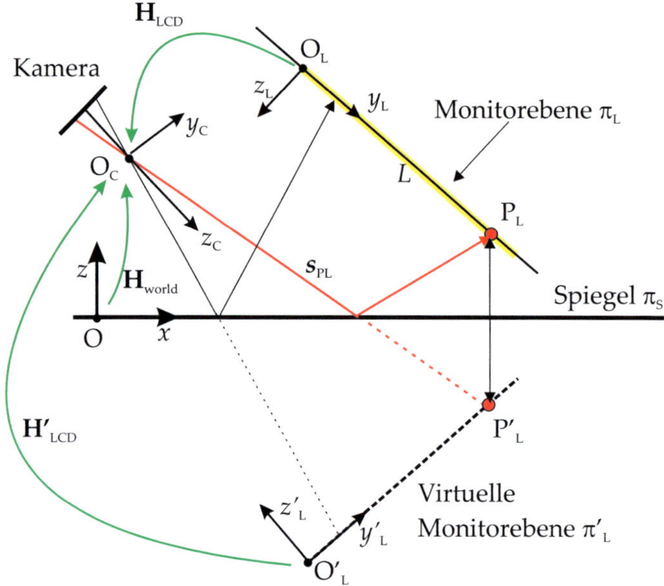

Abbildung 3.2: Geometrie des Sensorkopfs. Das Konzept des virtuellen Monitors ermöglicht die Kalibrierung über einen Spiegel.

der Kalibrierung gilt es nun die geometrischen Parameter dieser Komponenten zu ermitteln.

3 Kalibrierung

Die Zielsetzung für unser Verfahren zur Kalibrierung des oben beschriebenen Aufbaus war es, möglichst viele Einzelschritte der Kalibrierung zu integrieren und dabei ohne spezielle Hilfsmittel auszukommen. Abbildung (3.2) zeigt den schematischen Aufbau bei der Kalibrierung des Sensorkopfs. Grundlage für unser Verfahren sind die Arbeiten von Zhang [3] zur Kalibrierung einer Kamera aus mehreren Ansichten eines planaren Musters. Wir verzichten auf die dabei üblichen Schachbrettmuster und verwenden stattdessen den Monitor des Sensorkopfs. Entscheidender Vorteil bei dieser Vorgehensweise ist, dass die fehleranfällige Erkennung des Kalibriermusters wegfällt. Stattdessen wird die Positionscodierung verwendet, die auch bei der deflektometrischen Messung zum Einsatz kommt. Dadurch kann zu jedem Sichtstrahl $\mathbf{s}_{PL}$ der Kamera die Position des betrachteten Punkts P_L auf der Monitorebene π_L subpixelgenau bestimmt werden. Die Nutzung des Monitors bedingt, dass zur Kalibrierung ein Spiegel π_S benutzt wird, über den die Kamera die Monitorebene π_L betrachtet. Daher verwenden wir das Konzept des "virtuellen Monitors", da die Kalibrierung vorerst nur mit dem Spiegelbild π'_L der Monitorebene erfolgt. Insgesamt lässt sich der Kalibriervorgang in drei Schritte unterteilen, die wir hier nacheinander beschreiben werden:

1. Kalibrierung der Kamera,
2. Bestimmung der LCD/Kamera-Transformation,
3. Hand/Auge-Kalibrierung zwischen Roboter und Sensor.

Zunächst werden die intrinsischen Parameter der Kamera ermittelt. Dazu greifen wir auf die Methoden aus [7] zurück, die das Verfahren von Zhang [3] implementieren. Es werden N_{Pos} Aufnahmen aus unterschiedlichen Positionen gemacht. Die Algorithmen können unverändert angewandt werden und liefern den Hauptpunkt (u_0, v_0) die Brennweite α, β und eventuelle Verzeichnungsparameter der Kamera. Einziger Unterschied zum ursprünglichen Verfahren ist die Gewinnung der Kalibrierpunkte aus einer gleichmäßig verteilten Auswahl von Kamerapixel/LCD-Positionen über die Positionscodierung. Ein Nebenprodukt der Kalibrierung ist die Information über die extrinsische Lage des Kalibriermusters, was in unserem Fall der virtuellen Monitorebene π'_L entspricht. Zu jeder Aufnahme $k \in \{1, ..., N_{Pos}\}$ erhalten wir somit die zugehörige Ebene $\pi'_{L,k}$ in Relation zum Kamerasystem (O_C, x_C, y_C, z_C).

Im nächsten Schritt wird die Transformation $\mathbf{H}_{LCD}$ bestimmt. Ausgangspunkt sind die virtuellen Monitorebenen $\pi'_{L,k}$ aus der vorherigen Kamerakalibrierung. Jede dieser Ebenen

$$\pi'_L : \langle \hat{\mathbf{n}}'_L | \mathbf{x_C} \rangle - d'_L = 0 \tag{3.1}$$

liefert uns mit der Ebenennormalen $\hat{\mathbf{n}}'_L$ und dem Abstand zum Kameraursprung d'_L vier Parameter. Wir machen uns zu Nutze, dass die reale Monitorebene π_L einer Spiegelung der virtuellen Ebene π'_L entspricht:

$$\pi_{L,k} = \mathrm{Spgl}_{\pi_{S,k}}(\pi'_{L,k}), \tag{3.2}$$

wobei $\mathrm{Spgl}_{\pi_{S,k}}$ die Spiegelung an der Ebene $\pi_{S,k}$ bezeichnet. Für jede Prüfposition k hängt die Lage der Monitorebene $\pi_{L,k}$ also von der Lage des Spiegels

$$\pi_{S,k} : \langle \hat{\mathbf{n}}'_{S,k} | \mathbf{x_C} \rangle - d'_{S,k} = 0 \tag{3.3}$$

ab, dessen Position jedoch zunächst unbekannt ist. Da die reale Monitorebene durch die starre Fixierung relativ zum Kamerasystem invariant ist, entsprechen die Spiegelungen $\pi_{L,k}$ tatsächlich einer einzigen Ebene π_L. Es gilt also

$$\pi_L = \pi_{L,k} , \quad \forall k \in \{1, ..., N_{Pos}\}. \tag{3.4}$$

Zusammen mit Gleichung 3.2 lässt sich so ein Gleichungssystem zur Bestimmung der Spiegelebenen $\pi_{S,k}$ aufstellen:

$$\mathrm{Spgl}_{\pi_{S,j}} (\pi'_{L,j}) = \mathrm{Spgl}_{\pi_{S,k}} (\pi'_{L,k}), \tag{3.5}$$

mit $(j, k) \in \{1, ..., N_{Pos}\} \times \{1, ..., N_{Pos}\}$ und $j \neq k$. Aus dieser Gleichung erhalten wir für jedes Paar (j, k) vier Bedingungen aus den gegebenen Monitorebenen $\pi'_{L,j}$ und $\pi'_{L,k}$, mit jeweils acht Unbekannten aus den Parametern für die Spiegelebenen $\pi'_{S,j}$ und $\pi'_{S,k}$. Bei N_{Pos} Kalibrieraufnahmen ergeben sich so sich so insgesamt

$$N_{Gl} = 4 \binom{N_{Pos}}{2} = 2 \frac{N_{Pos}!}{(N_{Pos} - 2)!} \tag{3.6}$$

Gleichungen mit $4N_{Pos}$ Unbekannten. Für $N_{Pos} = 3$ erhalten wir so 12 Gleichungen und 12 Unbekannte. Also erhalten wir für $N_{Pos} \geq 3$ ein überbestimmtes Gleichungssystem, das sich mittels einer Least-Squares-Optimierung lösen lässt. Mit den nun bekannten Parametern der Spiegelebenen $\pi'_{S,j}$, kann die gesuchte reale Monitorebene aus dem Spiegelbild einer beliebigen virtuellen Monitorebene π'_{L,k_0} gewonnen werden:

$$\pi_L = \mathrm{Spgl}_{\pi_{S,k_0}} (\pi'_{L,k_0}). \tag{3.7}$$

Um die Transformation $\mathbf{H}_{LCD}$ zwischen LCD-Schirm und Kamera zu erhalten, wird noch das Monitorkoordinatensystem benötigt. Dazu wird ein Koordinatenursprung, vorzugsweise eine Ecke des Monitors, und zwei Koordinatenachsen $\hat{\mathbf{e}}_{xl}$ und $\hat{\mathbf{e}}_{yl}$ aus der Monitorebene π_L gewählt. Die z_L-Achse ergibt sich aus $\hat{\mathbf{e}}_{zl} = \hat{\mathbf{e}}_{xl} \times \hat{\mathbf{e}}_{yl}$.

Einen ähnlichen Ansatz, in einem anderen Anwendungsfeld, verfolgten Kumar et al. in [8], zur Kalibrierung eines Multikamerasystems mit nicht überlappenden Sichtfeldern. Die Entwicklung des oben dargestellten Verfahrens erfolgte jedoch unabhängig von diesem.

Im letzten Schritt wird die Transformation $\mathbf{H}_{world}$ mittels einer sogenannten Hand/Auge-Kalibrierung bestimmt und damit ein Bezug zwischen dem Handhabungssystem des Roboters und der Position des Sensorkopfs hergestellt. Tsai und Lenz beschreiben in [9] die Grundlagen dieser Kalibrierung. Dafür wird die exakte relative Bewegung des Roboters mit der dazugehörigen relativen Bewegung des Sensors benötigt. Während die Bewegungen des Roboters durch die integrierte Sensorik gegeben ist, lässt sich die Bewegung des Sensors bei der Kalibrierung über einen Spiegel nicht vollständig ermitteln. Da von dem Spiegel nur die Ebene π_S, jedoch nicht der Ursprung O in dieser Ebene bekannt ist, reichen die bekannten Parameter nicht aus, um auf die Transformation $\mathbf{H}_{world}$ schließen zu können. Daher benutzen wir das Kalibrierverfahren aus [10], dass ein zusätzliches Kalibriermuster benutzt. Mit diesem letzten Schritt sind nun alle Parameter des deflektometrischen Messaufbaus bekannt und wir erhalten eine vollständige Kalibrierung des Systems. Abschließend werden noch durch Minimierung des Rückprojektionsfehlers die gewonnenen Parameter der realen Monitorposition optimiert.

Unser Ziel einer vollständigen Kalibrierung unter alleinigem Einsatz eines Kalibrierspiegels, wurde damit nur für die ersten beiden Schritte erreicht. Allerdings lässt sich das Verfahren erweitern, indem zusätzliche Marker auf dem Spiegel angebracht werden. Damit könnte dann in jeder Kalibrieraufnahme ein Bezug zum Weltkoordinatensystem (O, x, y, z) hergestellt werden, wodurch sich die Hand/Auge-Kalibrierung ebenfalls integrieren ließe. So könnten alle oben aufgeführten Kalibrierschritte mit nur einer einzigen Aufnahmeserie durchgeführt werden.

4 Ergebnisse

Wir haben unser Verfahren an realen Aufnahmeserien mit unserem deflektometrischen Aufbau getestet. Dabei variierten wir die Konstellationen und die Anzahl der Aufnahmen. Zur Bewertung wurde der berechnete Rückprojektionsfehler aus dem letzten Schritt der Kalibrierung herangezogen. Abbildung (3.3) zeigt exemplarisch die Rückprojektionsfehler

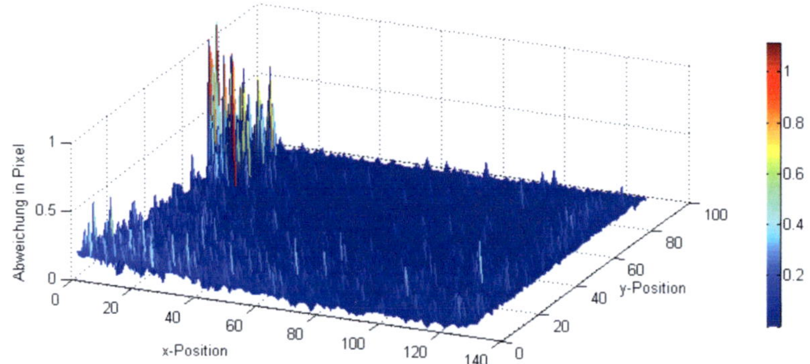

Abbildung 3.3: Rückprojektionsfehler für eine Aufnahme der vollständigen Kalibrierung. Die Grafik zeigt die Abweichung der Rückprojektion zu dem durch die Phasencodierung gemessenen Punkt für die jeweilige Bildschirmposition.

für eine Aufnahme einer Kalibrierserie. Vergleichbare Ergebnisse zeigen sich bei allen Aufnahmen und bis auf wenige Ausreißer liegt die Abweichung der Rückprojektion von der zuvor gemessenen Position unter einem Pixel.

Einzelne Kalibrierserien lieferten jedoch schon im ersten Schritt unbrauchbare Ergebnisse, was auf eine ungünstig gewählte Aufnahmekonstellation zurückzuführen war. Ursache hierfür ist die Bestimmung der virtuellen Monitorebene über die Spiegelung in der Ebene. Die Spiegelung des Monitors $\pi'_{L,k}$ ist invariant gegenüber Translation oder Drehung parallel zur Spiegelebene $\pi_{S,k}$. Dies führt zu einem Verlust von Freiheitsgeraden der gemessenen, virtuellen Position gegenüber der realen Position. Zusätzlich begrenzt die starre Verbindung von Monitor und Kamera die Möglichkeiten zur Variation der virtuellen Monitorpositionen. Dies kann dazu führen, dass die von Zhang in [3] gestellten Bedingungen an die Aufnahmepositionen nicht hinreichend erfüllt werden und die Kalibrierung dadurch ungenaue oder falsche Ergebnisse liefert. Es bleibt zu untersuchen, wie durch geeignete Wahl der Aufnahmepositionen ein solcher Fall degenerierter virtueller Positionen zu vermeiden ist.

5 Zusammenfassung

Wir haben ein Verfahren vorgestellt, dass eine vollständige Kalibrierung eines deflektometrischen Messsystems ermöglicht. Dabei werden etablierte Verfahren erweitert und die gegebenen Möglichkeiten des Systems soweit ausgenutzt, dass zur Kalibrierung des Sensorkopfs nur ein Spiegel als Hilfsmittel benötigt wird. Durch das Zusammenführen mehrerer Kalibrierungen wird der Aufwand erheblich reduziert und darüber hinaus vermieden, dass sich Messungenauigkeiten über mehrere Kalibrierschritte hinweg akkumulieren. Durch Einsatz des Phasenschiebeverfahrens lässt sich jedem Kamerasichtstrahl ein Punkt auf dem LCD-Monitor zuordnen. Dies ermöglicht zum einen den Verzicht auf spezielle Kalibriermuster und macht eine fehleranfällige Vorverarbeitung zur Mustererkennung obsolet. Außerdem wird so eine große Anzahl an Punktkorrespondenzen zwischen Kamera und LCD-Monitor gewonnen, was die Bestimmung der Monitorebene zusätzlich begünstigt. Einzig für die Hand/Auge-Kalibrierung muss auf ein herkömmliches Verfahren ausgewichen werden, wobei wir aufzeigen, wie diese sich in Zukunft auch in den Kalibriervorgang integrieren lässt.

Literatur

1. J. Bouguet, „Camera calibration toolbox for Matlab", Microprocessor Research Labs and Intel Corp., Tech. Rep., 2003.

2. J. W. Horbach und T. Dang, „Metric projector-camera calibration for measurement applications", in *Two- and Three-Dimensional Methods for Inspection and Metrology IV, edited by Peisen S. Huang, Proceedings of SPIE Vol. 6382*, 2006.

3. Z. Zhang, „Flexible camera calibration by viewing a plane from unknown orientations", *Proceedings of the 7th International Conference on Computer Vision*, S. 666–673, 1999.

4. J. Balzer, S. Werling und J. Beyerer, „Deflektometrische Rekonstruktion spiegelnder Freiformflächen", *tm - Technisches Messen*, Vol. 74, Nr. 11, S. 545–552, 2007.

5. S. Werling und J. Beyerer, „Smarter Sensorkopf für das Rapid-Prototyping von automatischen Sichtprüfungssystemen für spiegelnde Oberflächen", in *Bildverarbeitung in der Mess- und Automatisierungstechnik, VDI-Berichte*

Nr. 1981, F. Puente León und M. Heizmann, Hrsg.   VDI-Verlag, Düsseldorf, 2007, S. 237–246.

6. S. Werling, M. Mai, M. Heizmann und J. Beyerer, „Inspection of specular and partially specular surfaces", *Metrology and Measurement Systems*, Vol. 16, Nr. 3, S. 415–431, 2009.

7. G. Bradski und A. Kaehler, *Learning OpenCV*.   Sebastopol, CA: O'Reilly, 2008.

8. R. K. Kumar, A. Ilie, J.-M. Frahm und M. Pollefeys, „Simple calibration of non-overlapping cameras with a mirror", in *IEEE Conference on Computer Vision and Pattern Recognition, 2008. CVPR 2008*, 2008, S. 1–7.

9. R. Y. Tsai und R. K. Lenz, „A new technique for fully autonomous and efficient 3D robotics hand/eye calibration", *IEEE Transactions on Robotics and Automation*, Vol. 5, Nr. 3, S. 345–358, 1989.

10. K. H. Strobl und G. Hirzinger, „Optimal hand-eye calibration", in *International Conference on Intelligent Robots and Systems, Beijing*, 2006.

Kreisbogensplines für die Prototyp-Passung und Anwendungen im Automotive-Bereich

Georg Maier und Andreas Schindler

Universität Passau, FORWISS,
Innstr. 43, D-94032 Passau

Zusammenfassung Die geeignete Beschreibung eines prototypischen Objekts ist ein zentraler Schritt des Reverse Engineering und der geometrischen Mustererkennung. Für den Einsatz der prototypischen Passung ist eine effiziente Repräsentation des Musterobjektes entscheidend. Vorgestellt wird ein Lösungsansatz, der auf einer Darstellung mittels Kreisbogensplines basiert und eine möglichst praxisnahe Modellierung verfolgt. An Beispielen aus dem Automotive-Bereich wird dessen praktische Relevanz aufgezeigt.

1 Einleitung

Üblicherweise werden bei der Prototyp-Passung (vgl. [1]) eine Vielzahl von Abständen zwischen extrahierten Konturpunkten und einem Musterobjekt berechnet. Für eine effiziente Vorgehensweise ist es daher sinnvoll, die Beschreibung des Prototyps in Form einer Kurve anzustreben, die eine schnelle Berechnung von Punkt-Kurve-Distanzen erlaubt.

Ein Ansatz Musterobjekte zu modellieren, ist ihre Darstellung als *Kreisbogenspline*, also als stückweise aus Strecken und Kreisbögen bestehende Kurve, wobei meist zusätzlich tangentiale Glätte an den Anschlussstellen gefordert wird. Diese Klasse von Kurven bietet im Sinne der Prototyp-Passung mit zulässigen Transformationen gegenüber anderen Kurvendarstellungen mehrere Vorteile. Diese werden in Abschnitt 2 kurz behandelt und es wird eine kleine Einführung in die Grundlagen der Prototyp-Passung gegeben.

Die Vorgehensweise beim Vergleich eines Objekts mit einem Musterobjekt wird in Abschnitt 3 beleuchtet, bevor in Abschnitt 4 auf die Generierung eines Prototyps in Kreisbogenspline-Codierung eingegangen wird.

Abschließend wird die Tauglichkeit einer Prototyp-Passung an Kreisbogensplines exemplarisch an einer Anwendung im Fahrerassistenzbereich demonstriert.

2 Grundlegendes über Kreisbogensplines und Prototyp-Passung

Kreisbogensplines und deren Anwendungen in diversen Gebieten, wie CAD, Bildverarbeitung, Computergraphik und Robotik, werden seit nunmehr fast 20 Jahren intensiv erforscht (z. B. [2, 3]). Dabei hat sich die Forschung zuletzt besonders auf glatte Kreisbogensplines fokussiert. Je nach Kontext differiert die Definition eines Kreisbogensplines leicht. An dieser Stelle verstehen wir unter einem Kreisbogenspline eine einfache[1], ebene Kurve γ, die aus Kreisbögen und Strecken zusammengesetzt ist. Entsprechend heißt γ glatt, wenn γ an allen Anschlussstellen (Breakpoints) stetig differenzierbar ist (siehe Abb. 4.1).

Bedeutung haben Kreisbogensplines aufgrund ihrer Vorteile gegenüber anderen Kurvenklassen erfahren: So bieten sie etwa eine kompakte Repräsentationsmöglichkeit, da zur Speicherung eines Kreisbogensegments offenbar nur wenige Parameter benötigt werden. Ein weiterer Vorteil liegt darin, dass CNC-Fräsen und Roboter häufig mit Kreisbogensplines angesteuert werden. Ferner verhält sich diese Klasse von Kurven invariant gegenüber Offsetbildung, Rotationen, Translationen und Skalierungen, was entscheidend für Lageerkennungsalgorithmik ist.

Der wohl wichtigste Vorteil der Kreisbogenspline-Codierung gegenüber allen anderen gängigen Repräsentationsformen ist ihre schnelle *Lotfußpunktbestimmung*. Für NURBS, polynomiale Splines und viele weitere Kurventypen sind iterative Verfahren notwendig, die wesentlich zeitaufwendiger sind. Abstände von Punkten zu einem Kreisbogensegment lassen sich dagegen in einer geschlossenen Form und damit sehr schnell berechnen. Ist y ein beliebiger Punkt und c, r Zentrum und Radius eines Kreisbogens, so berechnet sich der Lotfußpunkt x für $y \neq c$ auf dem zugehörigen Kreis als

$$x = c + r \cdot \frac{y - c}{\|y - c\|}.$$

---

[1] Einfache Kurven sind injektiv parametrisierbar, d. h. sie besitzen keine Selbstüberschneidungen.

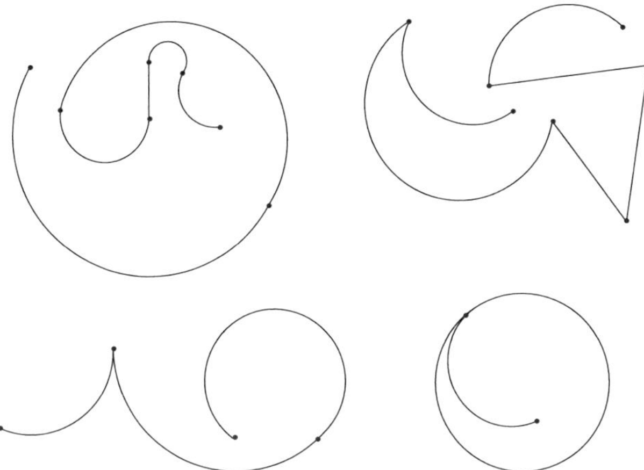

Abbildung 4.1: Links oben: Glatter Kreisbogenspline; rechts oben und links unten: Stetiger, aber nicht glatter Kreisbogenspline; rechts unten: Kein Kreisbogenspline.

Liegt nun x auf dem Kreisbogen, so ist dies bereits ein Punkt kürzesten Abstands, ansonsten ist einer der beiden Endpunkte der Lotfußpunkt.

Da wir uns im Folgenden mit dem Vorteil einer Codierung in Form eines Kreisbogensplines für die Prototyp-Passung beschäftigen, soll zunächst deren grundlegende Funktionsweise skizziert werden: Sind Musterpunkte $x_1, \ldots, x_n \in \mathbb{R}^2$ und extrahierte Punkte $y_1, \ldots, y_n \in \mathbb{R}^2$ eines beobachteten Objektes gegeben, so wird eine Abbildung Φ aus einer Menge zulässiger Transformationen gesucht, die das Musterobjekt möglichst gut auf das Beobachtete abbildet. Es soll also die Summe der Quadrate

$$\sum_{i=1}^{n} \|\Phi(x_i) - y_i\|^2$$

minimiert werden. Natürlich wird im Allgemeinen eine solche optimale Abbildung nur unter gewissen Einschränkungen existieren. Für die meisten Anwendungsfälle genügt es dabei als zulässige Transformationen Rotationen, Translationen und isotrope Skalierungen, d. h. Abbildungen der Form

$$T : \mathbb{R}^2 \to \mathbb{R}^2, \ x \mapsto \lambda \cdot R \cdot x + t$$

mit $\lambda \in \mathbb{R}$, Rotationsmatrix R und Translationsvektor t, zu betrachten. In diesem Fall kann die optimale Transformation in geschlossener Form direkt berechnet werden (vgl. etwa [4]). Selbst bei der Modellierung komplexerer Transformationen werden bei der nötigen Vorapproximation die zulässigen Abbildungen zunächst auch Rotationen, Translationen und Skalierungen beschränkt, bevor weitere Transformationen hinzugenommen werden. Daher werden wir uns im Folgenden besonders auch diese Menge zulässiger Abbildungen konzentrieren.

3 Iterative Passung

Da die Auflösung von Punktkorrespondenzen und ein punktweiser Vergleich aus Effizienzgründen ausscheidet, ist es sinnvoll den Prototypen als Kurve zu kodieren. Sei $G \subset \mathbb{R}^2$ das Bild dieser approximierenden Kurve und seien $y_1, \ldots, y_n$ Punkte, die aus einem Extraktionsprozess gewonnen wurden, um ein Objekt mit dem Prototypen zu vergleichen. Dann wird wie zuvor eine Bewegung Φ gesucht, so dass

$$\sum_{i=1}^{n} \text{dist}\left(\Phi(G), y_i\right)^2$$

minimal wird, wobei „dist" die euklidische Distanz bezeichnet, d. h. $\text{dist}(M, y) := \inf\left\{\|x - y\| \mid x \in M\right\}$ für kompakte Mengen $M \subset \mathbb{R}^2$ und Punkte $y \in \mathbb{R}^2$.

Dieses Problem kann sehr schnell mit Hilfe eines iterativen Verfahrens, das auf Prototyp-Passung zurückgreift, gelöst werden. Dabei wird zunächst eine initiale Transformation Φ_0 ermittelt, so dass der Prototyp und die Punkte $y_1, \ldots, y_n$ bereits relativ genau aufeinander passen. Wird diese nicht schon durch Einbringen von Nebenwissen gefunden, so kann man etwa im Falle eines rotierten und translierten Objektes wie folgt vorgehen: Die initiale Translation t_0 ergibt sich aus der Differenz des Schwerpunkts der extrahierten Punkte und des Schwerpunkts s der Kurve, also:

$$t_0 := \frac{1}{n} \sum_{i=1}^{n} y_i - s.$$

Entsprechend kann beispielsweise bei einer nicht geschlossenen Kontur eine Startdrehung durch den Match von Anfangs- und Endpunkten erreicht werden. Eine detaillierte Abhandlung, besonders für zyklische, also geschlossene Konturen, ist in [5] zu finden.

Nach der Ermittlung einer Starttransformation werden nun die Punkte x_i kürzesten Abstands (Lotfußpunkte) berechnet. Für diese gilt also

$$\|x_i - y_i\| = \operatorname{dist}(\Phi_0(G), y_i), \ i = 1, \ldots, n.$$

Mit der in Abschnitt 2 vorgestellten Methodik wird dann für das dort beschriebene Passproblem eine optimale Transformation Φ' errechnet. Justiert man nun das Musterobjekt nach, betrachtet man also $\Phi_1(G) := \Phi'(\Phi_0(G))$, können wieder Lotfußpunkte $x_1^{(2)}, \ldots, x_n^{(2)}$ bzgl. $\Phi_1(G)$ und $y_1 \ldots, y_n$ bestimmt und das zugehörige Prototyp-Passproblem gelöst werden.

Diese wechselseitige Optimierung garantiert nach [1] eine Verkleinerung des Approximationsfehlers

$$E_i = \sum_{i=1}^{n} \operatorname{dist}\left(\Phi_i(G), y_i\right)^2$$

in jedem Schritt i, wobei Φ_i die im i-ten Schritt ermittelte Transformation ist, d. h. $\Phi_i := \Phi' \circ \Phi_{i-1}$. Sie wird nun solange durchgeführt, bis E_i unterhalb eines gegebenen Schwellwertes C liegt oder E_i und E_{i-1} sich praktisch nicht mehr unterscheiden. Je nachdem, ob die *Passgüte* E_i größer oder kleiner als C ist, erfüllt das geprüfte Teil die Qualitätsvorgaben bzw. wurde das gesuchte Objekt erkannt. Ein Beispiel dazu ist in Abb. 4.2 visualisiert.

Insgesamt bleibt festzuhalten, dass diese Vorgehensweise genau dann effizient ist, falls in jedem Schritt die best-approximierenden Punkte $x_1^{(i)}, \ldots, x_n^{(i)}$ schnell berechnet werden können. Die Notwendigkeit einer schnellen Lotfußpunktbestimmung hängt dabei nicht von dem gewählten Vorgehen ab, sondern ist auch bei der Verwendung anderer nicht-linearen Optimierungsverfahren, wie etwa Gauß-Newton oder Levenberg-Marquardt (vgl. [6]) absolut entscheidend. Grundvoraussetzung für eine echtzeitfähige Realisierung ist also die Codierung des Prototypen in einer Kurvendarstellung, die schnelle Abstandsberechnungen erlaubt und sich invariant unter den zulässigen Transformationen Φ_i verhält. Letzteres gewährleistet so auch eine effiziente Lotfußpunktbestimmung der $y_1, \ldots, y_n$. bzgl. $\Phi_i(G)$.

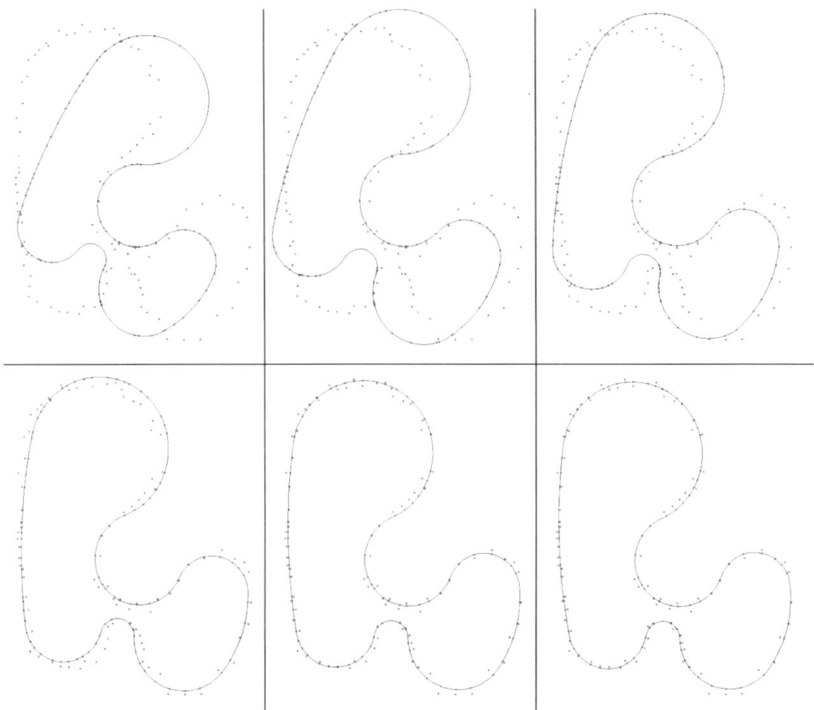

Abbildung 4.2: Die Abbildung zeigt die beschriebene wechselseitige Optimierung. Der Reihe nach sind die Startiteration, Iteration $i = 2$, $i = 5$, $i = 10$, $i = 15$ und $i = 20$ abgebildet. Dabei sind die Punkte y_i in grau und die zugehörigen Lotfußpunkte in rot eingezeichnet.

Beschränkt man etwa die zulässigen Abbildungen wieder auf Translationen, Rotationen und isotrope Skalierungen, erfüllen Kreisbogensplines hervorragend diese Vorgaben, wie in Abschnitt 2 aufgezeigt wurde. Allerdings stellt sich nun die Frage, wie eine solche Kurvenbeschreibung für den jeweiligen Prototypen erzeugt werden kann. In der Praxis kann der Prototyp entweder bereits als CAD-Zeichnung vorliegen oder aber nur als reales Objekt existieren. Für beide Fälle gilt es eine effiziente Methodik zu finden, die in einer Kreisbogenspline-Darstellung resultiert.

4 Prototypgenerierung mittels Kreisbogenspline-Approximation

Ist der Prototyp nicht ohnehin als Kreisbogenspline kodiert, so muss eine solche Repräsentation in einem Vorverarbeitungsschritt zunächst generiert werden. Falls das Suchobjekt lediglich als konkrete Realisierung, als *Masterpiece*, vorliegt, gilt es, dieses sensorisch, etwa durch eine Grauwertbildkamera, zu erfassen und die zugehörigen extrahierten Konturen mit einem Kreisbogenspline zu approximieren. Ist bereits ein CAD-Modell des Prototyps in einer anderen Kurvenkodierung vorhanden, so kann diese Kurve in geeigneten Abständen abgetastet werden. In beiden Fällen liegt also nach einem Vorverarbeitungsschritt eine endliche Liste von Punkten vor, die durch einen Kreisbogenspline approximiert werden soll. Wir gehen hier davon aus, dass die zu approximierenden Punktdaten zuverlässig und genau genug erzeugt wurden.

Bei der Approximation ist neben der Genauigkeit auch eine möglichst kompakte Darstellung, d. h. eine möglichst geringe Anzahl an Kreisbögen und Teilstrecken (Segmenten), wünschenswert, um eine schnelle Zuordnung von Punkten zu demjenigen Segment, auf dem der zugehörige Lotfußpunkt liegt, zu gewährleisten. So ergibt sich bei dem gewählten Ansatz ein Mehrzieloptimierungsproblem, bei dem der minimalen Segmentzahl das Optimierungskriterium Passgüte gegenübersteht: Je genauer die Konturpunkte approximiert werden sollen, desto mehr Segmente werden benötigt. Die in [4] angewendete Methodik minimiert daher die Anzahl der Segmente, unter Einhaltung eines zuvor festgelegten Maximalabstands. Diese ortsabhängige Toleranz wird durch einen so genannten Toleranzkanal charakterisiert, der sich durch eine Start- und eine Zielstrecke auszeichnet. Jeder glatte Kreisbogenspline, der innerhalb des Toleranzkanals die Start- und Zielstrecke miteinander verbindet und die kleinstmögliche Anzahl an Segmenten besitzt, löst die angegebene Fragestellung und liefert eine gewünschte Repräsentation des Musterobjekts (vgl. Abb. 4.3). Solch eine Lösung wird auch *smooth minimum arc path* genannt.

Zwar kann das angegebene Verfahren für beliebige Genauigkeit eine Lösung mit minimaler Anzahl an Segmenten erzeugen, erfüllt jedoch nicht die Anforderungen eines Algorithmus, der echtzeitfähig ist. Da solch eine Prototyp-Generierung offline geschieht, ist dies aber kaum von Bedeutung. Es gibt auch Verfahren unter sehr viel restriktiveren Nebenbedin-

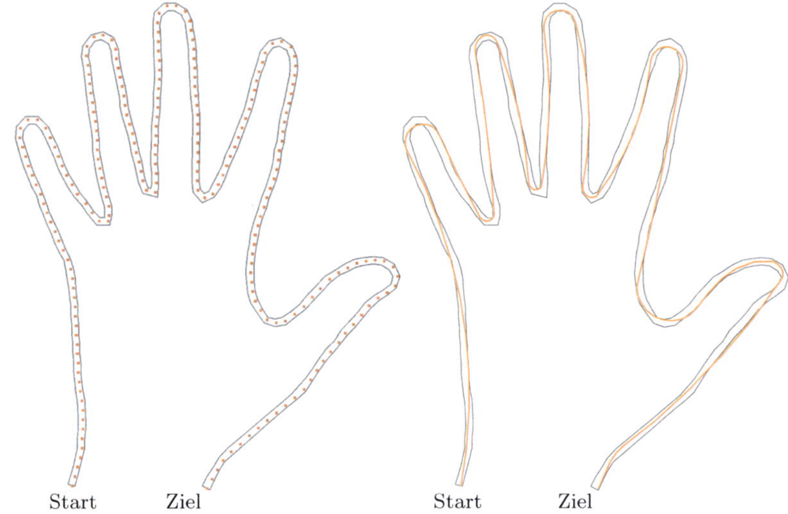

Abbildung 4.3:   Start-Ziel-Kanal, der Konturpunkte enthält (links) und smooth minimum arc path (rechts).

gungen, die wesentlich schneller funktionieren. Diese basieren meist auf Interpolation, statt Approximation (vgl. etwa [7]). Eine Garantie über eine möglichst geringe Anzahl resultierender Segmente kann diese Algorithmen nicht gewährleisten.

5 Anwendung im Automotive-Bereich

Abschließend demonstrieren wir die Tauglichkeit der vorgestellten Methodik exemplarisch an einer Anwendung im Fahrerassistenzbereich.

Die Interpretation von realen Verkehrsszenen zu Fahrerassistenzzwecken setzt die Wahrnehmung der lokalen Umgebung um ein Fahrzeug voraus. In diesem Zusammenhang ist die videobasierte Erkennung von Fahrspurmarkierungen wichtig, da sie Rückschlüsse auf den weiteren Straßenverlauf zulässt sowie Abbiege- und Ausweichmanöver unterstützt. Neben Markierungslinien befinden sich auf modernen Straßen oftmals Markierungen in Form von Richtungspfeilen in der Mitte der Fahrbahn, die

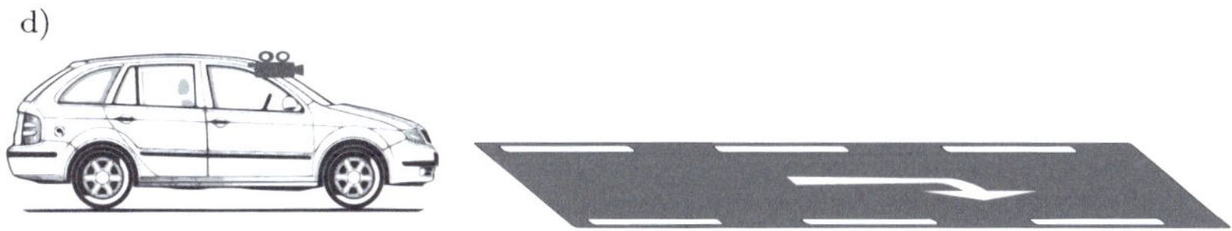

Abbildung 4.4: a) Kreisbogenspline eines Rechtsabbiegepfeils b) Reale Straßenszene mit Pfeilmarkierung und region of interest c) Prototypische Passung der reprojizierten Konturpunkte (schwarz) an das Kreisbogensplinemodell. Lotfußpunkte sind rot dargestellt. d) Schematische Darstellung der Umgebungsperzeption.

mögliche weiterführende Fahrtrichtungen aufzeigen. Die automatische Detektion und Klassifikation dieser Pfeile stellt für spurgenaue Navigationssysteme eine wertvolle Information bereit und kann zur Warnung vor Fahrfehlern herangezogen werden.

Die Geometrie von Richtungspfeilen auf deutschen Straßen ist in [8] detailliert spezifiziert. Aus diesen Daten lassen sich direkt Kreisbogensplines der Pfeilkonturen bestimmen, die weiterführend für die prototypische Passung verwendet werden (vgl. Abb. 4.4 a).

Nehmen wir an, dass ein Fahrzeug mit einer Kamera ausgestattet ist, die den Straßenbereich aufzeichnet (etwa wie in Abb. 4.4 d dargestellt).

Unter Verwendung einer geeigneten Aufmerksamkeitssteuerung (*region of interest*) und unter Zuhilfenahme von Standardverfahren zur Konturextraktion lassen sich Konturpunkte von auftretenden Pfeilmarkierungen im Kamerabild extrahieren. Sind weiterhin die Abbildungseigenschaften der Kamera bekannt, so können diese Punkte auf eine angenommene Straßenebene reprojiziert werden. Die reprojizierten Punkte werden daraufhin für die iterative Prototyppassung mit einem Kreisbogenspline verwendet, wie in Abschnitt 3. Die Klassifikation von Markierungspfeilen kann schließlich gelöst werden, indem die Passgüte bezüglich der Kreisbogensplines verschiedener Pfeilprototypen ausgewertet wird. Unter Einhaltung eines geeigneten Schwellwertes wird das Kreisbogensplinemodell mit der höchsten Passgüte dem beobachteten Pfeil zugeordnet. Diese Art der Klassifikation funktioniert aufgrund der schnellen Abstandsberechnung und einer geeigneten Starttransformation mittels Nebenwissen etwa aus Fahrzeugdaten sehr effizient.

6 Zusammenfassung

In dieser Arbeit wurde der Vorteil einer Kreisbogenspline-Codierung für die Prototyp-Passung aufgezeigt und ein effizientes Verfahren erläutert, das sich für Lageerkennungsalgorithmik und für die optische Qualitätskontrolle quasi planarer Bauteile eignet. Dessen praktische Relevanz wurde am Beispiel einer Anwendung im Fahrerassistenzbereich verifiziert.

Als zukünftige Arbeit wäre eine Beurteilung von Kurven höherer Ordnung, wie *konische Splines*[2], in diesem Kontext interessant. Zwar werden für konische Splines zur Abstandsberechnung iterative Methoden benötigt, welche aber sehr effizient sind. Weiterhin benötigen konische Splines aufgrund ihrer höheren Flexibilität weniger Segmente als Kreisbogensplines, um dieselbe Form mit gleicher Approximationsgüte zu beschreiben.

---

[2] Konische Splines sind Kurven, die aus Strecken, Ellipsen-, Hyperbel- und Parabelsegmenten bestehen.

Literatur

1. K. Donner, „Image interpretation based on local transform characterization", *Pattern Recognition and Image Analysis*, Vol. 7, Nr. 4, 1997.

2. D. J. Meek, D. S. und Walton, „Approximating smooth planar curves by arc splines." *Journal of Computational and Applied Mathematics*, Vol. 59, Nr. 1, S. 221–231, 1995.

3. R. Drysdale *et al.*, „Approximation of an open polygonal curve with a minimum number of circular ars and biarcs", *Computational Geometry*, Vol. 41, S. 31–47, 2008.

4. G. Maier, *Smooth Minimum Arc Paths. Contour Approximation with Smooth Arc Splines.* Aachen: Shaker, 2010.

5. G. Pisinger, *Lokale Stützstrukturen zur Transformationspassung von Bildern.* Aachen: Shaker, 2003.

6. J. Nocedal und S. J. Wright, *Numerical Optimization.* New York: Springer, 1999.

7. X. Yang, „Efficient circular arc interpolation based on active tolerance control", *Computer-Aided Design*, Vol. 34, S. 1037–1046, 2002.

8. Bundesministerium für Verkehr, „Richtlinien für die Markierung von Straßen", 1993.

Kombiniertes Verfahren zur In-Line Kornbandschätzung von Schüttgütern

Bettina Otten, Thomas Längle, Kai-Uwe Vieth, Robin Gruna
und Rüdiger Heintz

Fraunhofer-Institut für Optronik, Systemtechnik und Bildauswertung IOSB,
Fraunhoferstr. 1, D-76131 Karlsruhe

Zusammenfassung Dieser Artikel befasst sich mit der Bestimmung von Korngrößen in Schüttgütern. Innerhalb einer Probe variieren die Korngrößen und Proben verschiedener Fraktionen können sich überlappende Korngrößen-Bereiche aufweisen. Ziel dieser Arbeit ist es, die Größenverteilung der Partikel innerhalb der Probe zu bestimmen. Zu diesem Zweck werden ein objektbasiertes Verfahren zur Segmentierung von Partikeln sowie ein Verfahren aus der Texturanalyse untersucht. Die Eigenschaften und Ergebnisse dieser Verfahren sollen Aufschluss darüber geben, inwieweit sie sich in einem kombinierten Verfahren ergänzen könnten.

1 Einleitung

Die Qualität von Straßen ist unter anderem abhängig von der Homogenität der verwendeten Ausgangsmaterialien. Um eine Langlebigkeit zu erzielen, ist es notwendig, in den einzelnen Aufbauschichten ein möglichst gleiches Kornband einzusetzen, d. h. dass sich alle Steine in einem fest vorgegebenen Größenbereich befinden. Diese Fragestellung ist zudem im Hausbau interessant und hat demgemäß eine große wirtschaftliche Bedeutung.

Bereits in den 60er Jahren kam in der Gesteinskunde der Wunsch auf, die Größenverteilung von Erzgesteinen stochastisch zu modellieren und zu beschreiben, was schließlich 1964 zur Einführung der morphologischen Granulometrie durch den Geologen und Mathematiker Georges Matheron führte. Basierend auf diesen Vorüberlegungen stellte er schließlich 1964 zusammen mit Jean Serra das Konzept der mathematischen Morphologie vor, die heute einen eigenen Zweig der digitalen Bildverarbeitung darstellt [1].

Bei der morphologischen Granulometrie werden analog zum mechanischem Sieben durch Gitter mit steigender Größe, Binärbilder mit einem strukturierenden Element aufsteigender Größe morphologisch geöffnet. Aus der Anzahl der verbleibenden Partikel nach jedem morphologischen Öffnen kann dann eine Größenverteilung der Partikel bestimmt und ein sogenanntes Musterspektrum abgeleitet werden. Dieses Verfahren kann der Texturanalyse zugeordnet werden, wobei auf eine Segmentierung der einzelnen Partikel verzichtet wird.

Eine Erweiterung der morphologischen Granulometrie auf Grauwertbilder wird in [2] vorgestellt. Darüber hinaus werden in aktuelleren Studien Ansätze mit Tiefenbilden [3] beschrieben, die eine robustere Korngrößenanalyse erlauben, da einzelne Partikel besser identifiziert werden können. In [4] wird daher auf eine Bildtexturanalyse verzichtet und es werden einzelne Partikel in dem Tiefenbild segmentiert und für die Schätzung der Größenverteilung vermessen. Als Alternative zur Verwendung von Tiefenbildern wird in [5] ein aktives Beleuchtungsverfahren für die bessere Detektion der Tiefenkanten der Gesteinspartikel vorgestellt, wodurch einzelne Partikel ebenfalls besser segmentiert, und so die Größenverteilung robuster geschätzt werden kann. In [6] wird ein Verfahren zur Segmentierung von Gesteinsfragmenten verwendet, dass auf einer Wasserscheidentransformation auf Grauwertbildern mit automatischer Markerdetektion basiert. Mit Hilfe der segmentierten Regionen werden die Volumen der Steine geschätzt.

Auch am Fraunhofer IOSB kommen oben genannte Verfahren zum Einsatz. Zurzeit wird dort ein innovativer inline-fähiger Ansatz zur Korngrößenbestimmung erforscht, der im Gegensatz zu den bisher etabliertem stichprobenbehaftetem Online-Systemen eine 100 %-Kontrolle ermöglichen soll.

Dieses Verfahren stellt eine Kombination aus textur- und objektbasierter Bildanalyse dar, bei der zuerst eine heuristische Schätzung der Korngrößenverteilung berechnet wird, die als Ausgangspunkt für die Klassifikationsentscheidung dient. Ist keine eindeutige Zuordnung möglich, so werden mit Hilfe eines Segmentierungsverfahrens die lokalen Merkmale im Bild für die Messung herangezogen.

2 Bilddatengewinnung

Da für Korngrößenmessung nur die Form und nicht die Reflektanz der aufgeschütteten Steine von Bedeutung ist, wurde für die Bildaufnahme das Laserlichtschnittverfahren eingesetzt. Dabei wird mit Hilfe einer projizierten Laserline ein Lichtschnittprofil der Oberfläche erzeugt, das mit Hilfe einer Smart-Camera aufgenommen und direkt in der Kamera in ein Höhenprofil umgerechnet wird. Eine aufeinanderfolgende Aufnahme von Höhenprofilen liefert schließlich ein dichtes Höhenrelief der gescannten Oberfläche.

Die so erfassten Daten können Lücken enthalten an den Stellen, an denen aufgrund von Verdeckungen durch die Steine die projizierte Laserlinie bei der Aufnahme für die Kamera nicht sichtbar war.

Für die Untersuchungen im Rahmen dieser Arbeit stand Material aus 6 verschiedenen Größenverteilungen zur Verfügung. Innerhalb einer Gesteinsklasse variierten die Korngrößen um 3 bis 15 mm. Insgesamt wiesen die Proben Korngrößen zwischen 5 und 40 mm auf. Sie wurden für die Aufnahmen in einer Schale ausgebreitet, so dass mehrere Schichten von Partikeln übereinander lagen. Der Boden der Schale ist auf den Bildern nicht oder nur kaum zu sehen.

Abbildung 5.1:   Ausgangsdaten (Korngrößen 5–8 mm, 12–16 mm und 25–40 mm (v.l.)).

3 Verfahren

Mit Hilfe von Methoden der Bildverarbeitung ist es möglich, sowohl die Eigenschaften einzelner Partikel im Bild, als auch die des Gesamtbildes bzw. aller Partikel im Bild zu analysieren. Die untersuchten Verfahren werden entsprechend der zwei Phasen des vorgestellten Ansatzes in lokale und globale Verfahren kategorisiert. Mit Bezug auf die Art der Informationen die aus dem Bild gewonnen werden, bezeichnet „global" in diesem Zusammenhang die Verarbeitung eines Bildes im Ganzen, als Textur. Dabei wird auf das Identifizieren einzelner Objekte im Bild verzichtet. Oftmals ist ein globales Verfahren recht schnell und liefert heuristische Ergebnisse. Im Verhältnis dazu sind die mit „lokal" bezeichneten Verfahren häufig rechenintensiver aber wesentlich präziser. Verfahren dieser Kategorie beziehen sich auf einzelne Objekte im Bild, die für eine weitere Analyse segmentiert werden müssen.

Im Folgenden wird als Segmentierungsverfahren die Wasserscheidentransformation betrachtet. Für die Texturanalyse wurden Grauwert-Granulometrien der Daten untersucht.

3.1 Texturanalyse

Erosion und Dilatation sind die Basistransformationen der mathematischen Morphologie. Ursprünglich wurden sie auf Binärbilder angewendet, sie können aber auch für Grauwertbilder eingesetzt werden [7]. Bei der morphologischen Filterung kommt ein Strukturelement einer bestimmten Größe und Form zum Einsatz.

Durch eine Grauwert-Erosion wird jedem Pixel im Bild der minimale Grauwert zugewiesen, der sich innerhalb der Fläche des Strukurelements findet. Dadurch wird die Größe von hellen Objekten im Bild reduziert. Helle Objekte, die kleiner sind als das Strukturelement, werden bei einer solchen Filterung komplett entfernt. Die Grauwert-Dilatation ist die zur Erosion duale Operation. Helle Objekte im Bild werden vergrößert, während dunkle Objekte kleiner werden (vgl. Abb. 5.2). Die Anwendung einer Folge von Erosionen oder Dilatationen mit wachsenden konvexen Strukturelementen resultiert in einer granulometrischen Beschreibung des Bildes [8].

Die Bilddaten wurden in 30 Schritten gefiltert. Ein quadratisches Strukturelement wurde dabei in 4-Pixel-Schritten von 3 auf 119 vergrößert. Bei jedem Filterschritt wurde die Summe der Grauwerte des Ergebnisbildes analysiert. Die Entwicklung der Grauwert-Summen ist charakteristisch für die jeweilige morphologische Operation.

Die aus den Erosions- und Dilatationsschritten erhaltenen Daten lassen sich in einer Kurve abbilden [8], bei der zuerst die Ergebnisse der

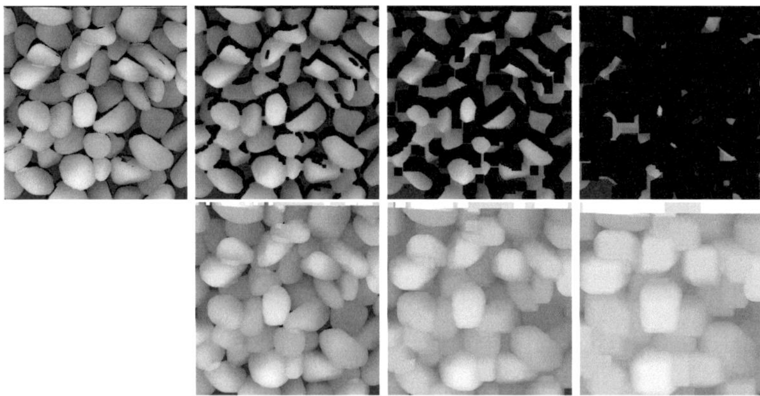

Abbildung 5.2: Sukzessive morphologische Filterungen bei Korngröße 25–40 mm (oben: Originalbild, Erosionen mit Strukturelementen der Größe 19, 51 und 99 (v.l.), unten: Dilatationen mit Strukturelementen der Größe 20, 50 und 100 (v.l)).

Dilatation in umgekehrter Reihenfolge, also von Schritt 30 bis Schritt 1 aufgeführt werden, gefolgt von der Summe der Grauwerte des Originalbildes und schließlich die Ergebnisse der Erosion beginnend bei Schritt 1. Diese Kurve ist von links nach rechts kontinuierlich absteigend. Die Daten werden anschließend normalisiert mit

$$g(i) = \frac{Vol(i) - Vol(i+1)}{(Vol(Original) - Vol(Final))}$$

wobei Vol der Summe der Grauwerte eines Bildes nach Filterschritt i entspricht. $Vol(Original)$ ist die Summe der Grauwerte im Ursprungsbild. Mit $Vol(final)$ wird die Grauwertsumme nach der lezten Filterung bezeichnet. Auf diese Weise erhält man eine Kurve g, die die Variation der Grauwerte zwischen den Filterschritten i und $i + 1$ abbildet (vgl. Abb. 5.5).

3.2 Wasserscheidentransformation

Die Wasserscheidentransformation ist ein morphologisches Verfahren zur Bildsegmentierung. Die Grauwerte eines Bildes werden als Höheninformationen interpretiert. Dunkle Grauwerte werden dabei als Täler betrachtet, helle als Berge. Bei der Transformation wird das Höhengebirge sukzessive geflutet. Ausgehend von den lokalen Minima im Bild enstehen so Regionen, die im weiteren Verlauf anwachsen. Solange der „Wasserpegel" ansteigt, werden die Regionen weiter gefüllt. Treffen zwei oder mehrere Regionen, die aus unterschiedlichen Minima entstanden sind, aufeinander, wird zwischen ihnen ein Damm errichtet, eine sogenannte Wasserscheide, um das Zusammenfließen von Regionen zu verhindern. Der Flutungsprozess ist dann beendet, wenn das Grauwertgebirge des Ursprungsbildes komplett überdeckt ist und die Wasserscheiden und die dazwischen liegenden Regionen an dessen Stelle getreten sind. Die berechneten Wasserscheiden entsprechen dann den Kanten im Bild [7].

Dieses Verfahren ist jedoch empfindlich gegenüber Rauschen und Artefakten im Bild, was zu einer erheblichen Übersegmentierung führen kann. Um dies zu vermeiden, ist die Ermittlung von geeigneten Markerpositionen unerlässlich, welche als Startpunkte für die Flutung verwendet werden. Die Identifizierung der Markerpositionen in den Gesteinsproben erfolgt durch eine Kombination von verschiedenen morphologischen Operatoren.

Für die Vorbereitung eines Ausgangsbildes für die eigentliche Berechnung der Markerpositionen dienen einzelne morphologische Filterungen und arithmetische Bildoperationen. Anschließend kommt die Distanztransformation zum Einsatz. Die Distanztransformation berechnet für jeden Punkt einer Region den Abstand zum Rand der Region und weist ihm einen entsprechenden Wert zu. Je größer der Abstand zum Rand, desto heller der Grauwert im Ergebnisbild (vgl. Abbildung 5.3). Interpretiert man die Grauwerte des Distanzbildes wie die des Ausgangsbildes als Höhenwerte, kann man die Punkte mit der größten Distanz als lokale Maxima im Bild bewerten. Diese Maxima bilden die Markerpunkte für die Wasserscheidentransformation. Sie markieren die jeweiligen zu segmentierenden Regionen. Die Maxima, die nur gering ausgeprägt sind, entsprechen relativ kleinen Regionen im Bild und können mit weiteren morphologischen Filterungen entfernt werden.

Die Wasserscheidentransformation wird anschließend basierend auf den zuvor berechneten Markerpunkten wie oben beschrieben ausgeführt (Ergebnisse vgl. Abb. 5.4).

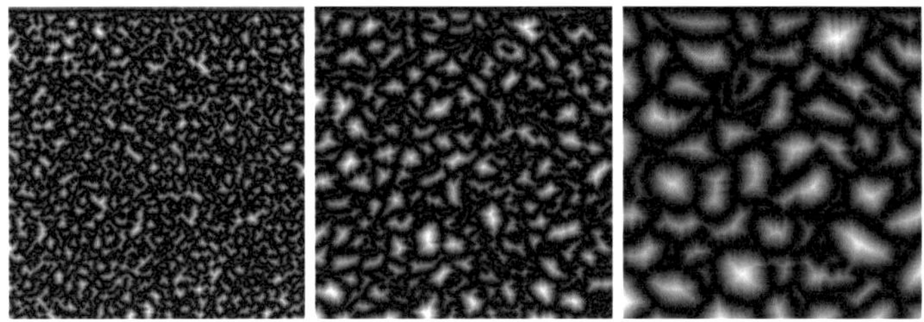

Abbildung 5.3: Ergebnis der Distanztransformation (Korngröße 5–8 mm, 12–16 mm und 25–40 mm (v.l.)).

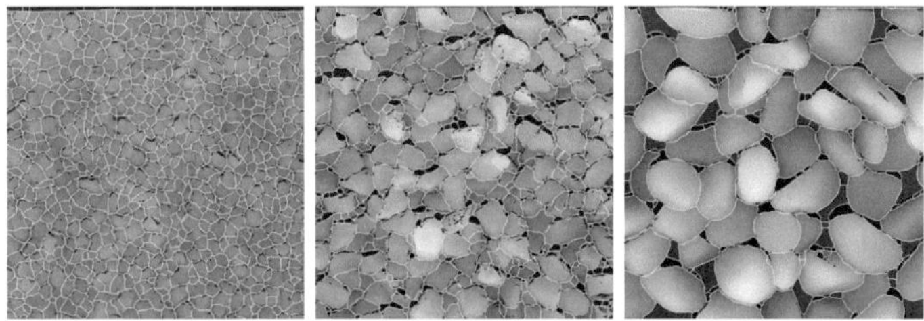

Abbildung 5.4: Ergebnis der Segmentierung (Korngrößen 5–8 mm, 12–16 mm und 25–40 mm (v.l.)).

4 Ergebnisse

4.1 Texturanalyse

Die granulometrischen Kurven der Texturanalyse (vgl. Abb. 5.5) sind charakteristisch für die jeweiligen zugrunde liegenden Daten. Die Abbildung zeigt die durchschnittlichen Kurven der jeweiligen Größenverteilungen als dicke, kräftige Farbe. Die zugehörige Varianz ist in der passenden halb-transparenten Farbe eingezeichnet.

Die Daten zeigen einen zentralen Peak, der darauf hinweist, dass die größten Änderungen in der Variation der Grauwerte in den ersten Filterungsschritten von Erosion und Dilatation erfolgen. Der linke Teil der Kurve entspricht der Dilatation während rechts vom Peak die Ergebnisse der Erosion abgebildet sind. Für die kleinste Größenverteilung (5–8 mm) ist die Ausprägung des Peaks am größten, während die Kurve für die größte Größenverteilung (25–40 mm) den niedrigsten Startwert hat. Der

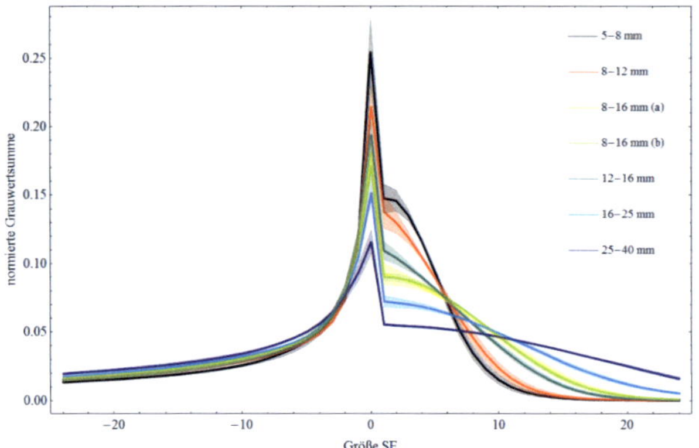

Abbildung 5.5: Granulometrische Kurven (Erosion-Dilatation).

Peak ist in diesem Fall auch breiter als bei einer geringen Größenverteilung. Während die Kuve der Dilatation recht gleichmäßig verläuft und kaum Unterschiede zwischen den Kornbändern enthüllt, bietet die Erosionskurve weit mehr Unterscheidungsmerkmale. Nach dem ersten Filterschritt verlaufen die Kurven nicht mehr gleichmäßig, sondern weisen jeweils für das zugehörige Kornband spezifische Verläufe auf. Der Graph zeigt, bei welcher Filtergröße die größten Elemente eines Kornbandes im Bild verschwinden. Dies geschieht für das kleinste getestete Kornband ungefähr bei Filtergröße 15, während für ein größeres Kornband für den gleichen Effekt ein größeres Strukturelement verwendet werden muss. Die Erosionskurve gibt also Aufschluss über Größe der größten Objekte in einem Bild (vgl. [9]).

Die Varianz ist für die kleineren Korngrößen recht ausgeprägt. Die Kurven für 5–8 mm und 8–12 mm überlappen sich. Gut zu erkennen ist, dass die beiden Kurven für jeweils 8–16 mm ((a) und (b)) sehr genau übereinander liegen und nur in der Streuung variieren.

Abhängig vom größten zu filternden Objekt müssen viele Filterschritte mit möglicherweise sehr großen Strukturelementen durchgeführt werden, bis sämtliche Objekte aus dem Bild entfernt worden sind. Für ein Echtzeit-Messsytem ist dies zu rechenintensiv. In weiteren Tests muss geprüft werden, wie sich die Berechnung der Filterungen reduzieren lässt und ob der Verlauf der Erosionskurve im Bereich der kleineren Strukturelemente aussagekräftig genug ist, dass die Verwendung großer Filter entfallen kann.

Für eine weitergehende Analyse der granulometrischen Kurven können statistische Analyseverfahren, wie zum Beispiel die Hauptkomponentenanalyse, zum Einsatz kommen [8, 9].

4.2 Wasserscheidentransformation

Die Wasserscheidentransformation liefert als Ergebnis die segmentierten Regionen eines Datensatzes. Für die Kornbandbestimmung ist die Größe der Regionen interessant. In Abbildung 5.6 ist die Verteilung der berechneten Regionengrößen innerhalb der Kornbänder in einer Kastengrafik dargestellt.

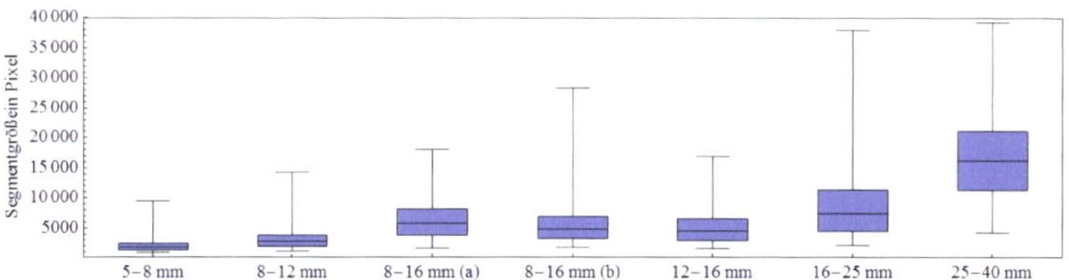

Abbildung 5.6: Ergebnis der Wasserscheidentransformation.

Die Boxen entsprechen jeweils den mittleren 50 % der gemessenen Regionengrößen. Die Länge einer Box entspricht dem Interquartilsabstand, ein Maß für die Streuung der Daten. Die Linie innerhalb einer Box repräsentiert den Median der Daten. An der Lage des Medians kann man erkennen, ob die Verteilung der Regionengrößen symmetrisch ist. Er beschreibt also das Verhältnis großer Regionen zu kleiner Regionen. Die senkrechten Linien ober- und unterhalb der Boxen werden als Whisker bezeichnet. Mit ihnen werden die Daten, die außerhalb einer Box liegen, dargestellt.

Die verschiedenen Größenverteilungen sind unterschiedlich stark ausgedehnt. Die Korngrößen innerhalb einer Gesteinsklasse variieren um 3 bis 15 mm. Dies lässt sich auch an den Interquartilsabständen ablesen. Je größer die Variation innerhalb einer Gesteinsklasse, desto höher ist die jeweilige Box. Die Ausdehnung der Daten im ersten und auch im vierten Quartil wächst ebenfalls mit der Streuung der Daten. Für die Gesteinsklassen 8–16 mm (b) und 16–25 mm fällt auf, dass der obere

Whisker sehr groß ist. Solche Auffälligkeiten deuten meist auf Ausreißer in den Daten, in diesem Fall einzelne besonders große Partikel an der Oberfläche der Probe, hin. Der Median der Größenverteilungen ist leicht nach unten versetzt, was darauf hindeutet, dass der Anteil von Regionen, die kleiner sind als der Median, größer ist, als die der größeren Regionen. Die Boxplots zeigen die charakteristische Verteilung der Regionengrößen innerhalb eines Kornbandes. Für gemischtkörnige Materialien, deren Größenintervalle sich überschneiden (wie hier im Beispiel die Kornbänder 8–12 mm, 8–16 mm und 12–16 mm) sind die Verteilungen nicht so eindeutig wie für die Kornbänder 5–8 mm, 16–25 mm und 25–40 mm. Sich überlappende Kornbänder werden als Sonderfall betrachtet und hier nicht weiter berücksichtig.

Der Interquartilsabstand ist im Verhältnis zur Gesamt-Variation der Daten relativ klein und der Median liegt immer unterhalb der mittleren Regionengröße. Das ist damit zu erklären, dass keine ausreichend großen Mengen der Testprodukte zur Verfügung standen. Eine weitere Ursache hierfür ist die Durchmischung der Gesteinspartikel unterschiedlicher Größe. Ist diese Durchmischung inhomogen, ist die Wahrscheinlichkeit, dass kleinere Partikel von größeren verdeckt werden, sehr hoch. Ebenso können kleine Partikel größere teilweise überlagern, so dass die Region eines größeren Partikels bei der Segmentierung in mehrere kleine zerfällt. Somit verschiebt sich das Segmentierungsergebnis [10]. Zur Optimierung der Messung sollte eine möglichst homogene Vermischung innerhalb eines Kornbandes gewährleistet sein.

Die Ergebnisse für die Kornbänder 8–16 mm (a) und (b) zeigen, dass verschiedene Gesteinsklassen, obwohl sie der gleichen Korngrößenverteilung zugeordnet werden, eine unterschiedliche Variation in den Daten aufweisen können. Für (b) lieferte die Segmentierung im Durchschnitt kleinere Regionen und auch der Interquartilsabstand ist kleiner.

Für die Kornbandbestimmung sind lediglich die Partikel ausschlaggebend, die sich oben auf der gescannten Materialschicht befinden und somit in Gänze erfasst werden können. Das Grauwertbild enthält viele Informationen, die das Ergebnis der Wasserscheidentransformation verfälschen bzw. schwächen. Dem hier betrachteten Verfahren liegt die Annahme zugrunde, dass der Fehler innerhalb eines Kornbandes für alle Proben ähnlich ist und wird daher vernachlässigt. Der Fehler ist jedoch abhängig von den Korngrößen und der Varianz der Korngrößen innerhalb einer Probe und kann sich negativ auf die Trennbarkeit der einzelnen

Klassen auswirken. Die Berechnung von Regionen nur teilweise sichtbarer Objekte ließe sich reduzieren durch das Absenken der Grauwerte des Bildes. Dadurch könnten tieferliegende Partikel von vornherein ignoriert werden. Des Weiteren wäre die Berücksichtigung der Form der Partikel denkbar. Betrachtet man das Tiefenbild als Grauwertbild, zeichnen sich die an der Oberfläche liegenden Partikel durch eine mehr oder weniger runde und konvexe Form aus, während teilverdeckte Partikel eher konkave Formen besitzen. Eine entsprechende Formprüfung könnte die Wasserscheidentransformation ergänzen.

5 Zusammenfassung

Während die granulometrischen Kurven der Texturanalyse zeigen, dass die Größenverteilungen sich recht gut trennen lassen, bleiben die Ergebnisse der Wasserscheidentransformation hinter den Erwartungen zurück. Die Segmentierung selbst ist, mit dem Auge betrachtet (vgl. Abb. 5.4), sehr gut. Die Regionengrößen stehen im direkten Bezug zu der Größe der Gesteinsfragmente. Die ermittelten Verteilungen haben aber noch keine ausreichend diskriminierende Aussage. Dies ist einerseits auf die vorliegenden Daten zurückzuführen. Wie bereits beschrieben, enthalten die Bilder viele Verdeckungen, da das Material in mehreren Schichten aufgebracht wurde. Um hier eine aussagekräftige Statistik zu erzeugen, lagen zum Zeitpunkt der Tests nicht genügend Materialien der verschiedenen Klassen vor. Da in einem Inline-Messsystem nicht mit einer Vereinzelung der Partikel gerechnet werden kann, ist die Bildaufnahme von nur einer Matrialschicht von vornherein ausgeschlossen worden. Auch ist zu Prüfen, ob die Größe der Regionen das passende Prüfkriterium ist. Andere Eigenschaften der Regionen sollten ebenfalls in Betracht gezogen werden, wie z.B. ihre Streckung. Ein verbessertes Aufnahmeverfahren mit zum Beispiel zwei Laserlinien könnte helfen, Lücken in den Daten zu vermeiden und die Analyseergebnisse zu verbessern.

Zukünftige Arbeiten werden sich damit befassen, die Segmentierung zu verbessern und aussagekräftigere Merkmale aus den Daten zu extrahieren. Für den kombinierten Einsatz von Texturanalyse und Segmentierung muss sichergestellt sein, dass die Segmentierung bessere Ergebnisse liefert als die Texturanalyse, da eine Kombination anderenfalls unnötig wäre.

Literatur

1. E. R. Dougherty und R. A. Lotufo, *Hands-on Morphological Image Processing*.   Bellingham,Washington: SPIE Publications, 2003.

2. L. Vincent, „Fast grayscale granulometry algorithms", *EURASIP Workshop ISMM*, Vol. 94, S. 265–272, 1994.

3. J. R. J. Lee und M. L. Smith, „A mathematical morphology approach to image based 3d particle shape analysis", *Machine Vision and Applications*, Vol. 16, Nr. 5, S. 282–288, 2005.

4. M. J. Thurley und T. Andersson, „An industrial 3d vision system for size measurement of iron ore green pellets using morphological image segmentation", *Minerals Engineering*, Vol. 21, Nr. 5, S. 405–415, 2008.

5. T. K. Koh und N. Miles, „Image segmentation using multi-coloured active illumination", *Journal of Multimedia*, Vol. 2, Nr. 6, S. 1–6, 2007.

6. R. A. Salinas, U. Raff und C. Farfan, „Automated estimation of rock fragment distributions using computer vision and its application in mining", in *IEE Proceedings - Vision, Image & Signal Processing*, Vol. 152, Nr. 1, 2005.

7. P. Soille, *Morphologische Bildverarbeitung*.   Berlin, Heidelberg: Springer Verlag, 1998.

8. M. F. Devaux, B. Bouchet, D. Legoland, F. Guillon und M. Lahaye, „Macro-vision and grey level granulometry for quantification of tomato pericarp structure", *Postharvest biology and technology*, Vol. 47, Nr. 2, S. 199–209, 2008.

9. M. F. Devaux, P. Robert, M. J. P. und F. Le Deschault de Monredon, „Particle size analysis of bulk powders using mathematical morphology", *Powder Technology*, Vol. 90, S. 141–147, 1996.

10. M. J. Thurley, „Three dimensional data analysis for the separation and sizing of rock piles in mining", Dissertation, Monash University, 2002.

11. J. Serra, *Image Analysis and Mathematical Morphology*.   Paris, France: Academic Press, 1982.

12. ——, „Introduction to mathematical morphology", *Computer Vision, Graphics and Image Processing*, Vol. 35, S. 283–305, 1986.

13. L. Vincent und E. R. Dougherty, *Digital Image Processing Methods*. Marcel-Dekker, 1994, Kap. 2, S. 43–102.

14. J. B. Roerding und A. Meijster, „The watershed transform: Definitions, algorithms and parallelization strategies", *Fundamenta Informaticae*, Vol. 41, S. 187–228, 2001.

Automatische Bestimmung von Faserradienverteilungen

Hellen Altendorf[1], Stephan Didas[1] und Till Batt[2]

[1] Fraunhofer-Institut für Techno- und Wirtschaftsmathematik,
Abteilungs Bildverarbeitung, Fraunhofer-Platz 1, D-67663 Kaiserslautern
{hellen.altendorf,stephan.didas}@itwm.fraunhofer.de
[2] Institut für Textil- und Verfahrenstechnik,
Abteilungs Vliesstofftechnologien, Körschtalstraße 26, D-73770 Denkendorf,
till.batt@itv-denkendorf.de

Zusammenfassung In diesem Artikel beschäftigen wir uns mit der automatisierten Bestimmung von Faserradien in rasterelektronenmikroskopischen Aufnahmen (*REM-Aufnahmen*). Wir stellen ein Verfahren vor, mit dem mittels einer gerichteten Distanztransformation und mit Trägheitsmomenten die Radienverteilungen von Fasern in Binär- und Grauwertbildern geschätzt werden können. Speziell wird dieses allgemeine Verfahren hier auf Aufnahmen von Vliesstoffen aus Polymer-Mikrofasern angewandt. Dazu wird eine Kette von Algorithmen zur Vorverarbeitung genutzt, um die Daten zu Entrauschen, die Grauwerte der Fasern zu homogenisieren und die Kanten am Rand der Fasern zu verstärken. Versuche zeigen, dass die Resultate der automatischen Vermessung im Bereich der Ergebnisse einer manuellen Auswertung liegen.

1 Einleitung

Zur Herstellung von Vliesstoffen aus Mikrofasern findet ein Heißluft-Blasspinnverfahren Anwendung, der sogenannte Meltblown-Prozess. Für die Qualität der Produkte ist von entscheidender Bedeutung, dass die Faserdurchmesser und deren Streuung innerhalb spezifizierter Bereiche liegt. Die zur Qualitätsbeurteilung mit Hilfe rasterelektronenmikroskopischer Aufnahmen in der Regel manuell durchgeführte Vermessung von Faserradien ist mühsam und fehleranfällig, insbesondere ist die Reproduzierbarkeit der Ergebnisse aufgrund subjektiver Faserauswahl nicht in gewünschtem Umfang vorhanden.

Ziel dieses Artikels ist die Vorstellung eines automatisierten Verfahrens zur Faserradienanalyse mit Bildverarbeitung, der qualitativ in der Lage ist, eine manuelle Analyse zu ersetzen.

Der Artikel ist wie folgt gegliedert: Zunächst erläutern wir in Abschnitt 2 die Herstellung von Vliesstoffen mit dem Meltblown-Prozess. In Abschnitt 3 beschreiben wir das generelle Vorgehen zum Schätzen von Faserradienverteilungen in Binär- und Grauwertbildern. Auf die im Falle der REM-Aufnahmen von Meltblown durchgeführte Vorverarbeitung der Bilddaten gehen wir speziell in Abschnitt 4 ein. Die Qualität der Resultate wird anhand praktischer Experimente in Abschnitt 5 diskutiert. Abschnitt 6 rundet den Artikel mit einer Zusammenfassung und einem Ausblick ab.

2   Vliesstoff-Herstellung und das Meltblow-Verfahren

In diesem Abschnitt beschreiben wir die Herstellung von Vliesstoffen mit dem Meltblow-Verfahren. Neben Grundlagen des Verfahrens zeigen wir die Bedeutung der so produzierten Stoffe und ihre breite Verwendung auf.

2.1 Grundlagen des Meltblown-Verfahrens

Beim MB-Prozess wird thermoplastisches Polymer in einem Extruder aufgeschmolzen und mit Hilfe einer Zahnradförderpumpe dem Spinnkopf zudosiert. Die Spinndüse besteht aus vielen aneinandergereihten Kapillarbohrungen, aus denen das Polymer austritt. Direkt nach dem Austritt wird das Polymer von zwei konvergierenden Luftströmen erfasst und dadurch zu sehr feinen Fasern verstreckt. Abbildung 6.1 zeigt eine Skizze des Verfahrens. Die Fasern werden direkt im Prozess bis zu ihrer Endfeinheit verzogen. Die Ablage der Fasern und damit die Vliesbildung erfolgt in der Regel auf einem Förderband oder einer Trommel. Unterstützend wirkt hier eine Ansaugung, die einen Unterdruck unterhalb der Ablage erzeugt. Die Vliesverfestigung entsteht durch eine Kombination aus Verwirbelung und Verklebung der Fasern. Prinzipiell kann jedes faserbildende thermoplastische Polymer mit geeigneter Viskosität eingesetzt werden. Als Prozessgas wird in der Regel erhitzte Luft eingesetzt, die in

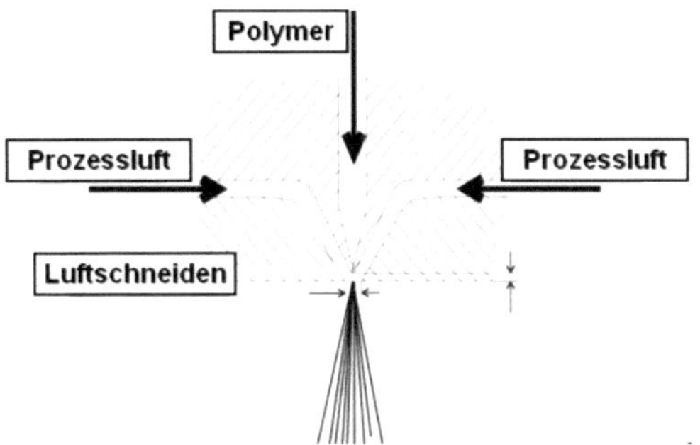

Abbildung 6.1: Exxon Prinzipskizze, Luft- und Polymerführung.

einem weiten Geschwindigkeitsbereich (Unter-/Überschall) dem Prozess angepasst werden kann. Die Luft muss dabei auf mindestens die Temperatur des Polymers erhitzt werden. Da sie durch den Spinnkopf geleitet wird, würde sie bei zu geringer Temperatur das Polymer abkühlen oder sogar zum Erstarren bringen. Die gebildeten Fasern erreichen nach heutigem Stand der Technik Größen unter 10 µm, bis in den Bereich von 1 µm und vereinzelt darunter. Die Haupteinsatzbereiche für MB-Materialien werden derzeit mit Fasern um die 3-5 µm Durchmesser versorgt.

2.2 Anwendungen

Für MB-Vliesstoffe gibt es eine Vielzahl von unterschiedlichsten Anwendungsgebieten. Die größten Bereiche sind dabei Wischtücher, Abdeckungsmaterialien, Windeln und medizinische Bekleidung. Materialunabhängig stellen der Bereich der Filtrationsmedien, die medizinischen Produkte sowie der Hygienesektor die größten Marktsegmente dar.

Der Bereich der Filtrationsmedien stellt die größte Einzelanwendung für MB-Vliesstoffe dar. Neben PP werden hier auch andere Polymere, v. a. PBT, eingesetzt. Der bekannteste Einsatz ist dabei der OP-Mundschutzfilter. MB-Vliesstoffe finden sowohl in der Flüssigkeits- als auch in der Gasfiltration Anwendung. Zusätzlich werden sie in Reinraumfiltern, Filterpatronen und anderen Filtermedien eingesetzt. MB-Vliesstoffe sollen zukünftig das Mikroglasfaserpapier, welches erhebliche Umwelt- und Gesundheitsrisiken birgt und nach längeren Standzeiten zur Versprödung

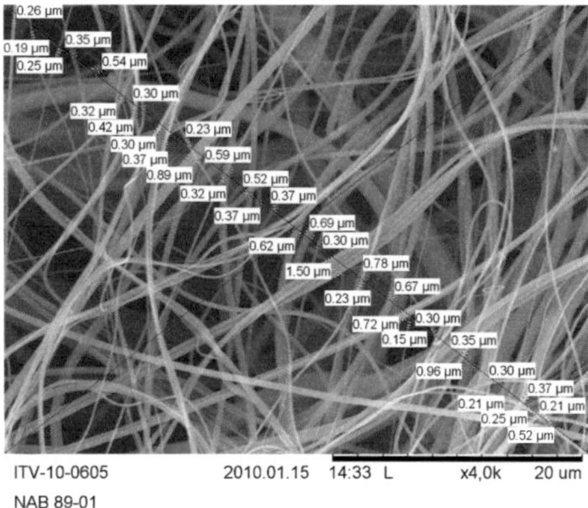

Abbildung 6.2: Manuelle Auswertung der Faserradienverteilung

neigt, im Filtrationsbereich ersetzen. Die Verteilung der Faserdurchmesser im Vliesstoff hat einen großen Einfluss auf die Filtereigenschaften des Vlieses und damit auf seine praktische Einsetzbarkeit. Zur Bestimmung der Faserdurchmesser arbeitet man mit REM-Aufnahmen, die durch Experten begutachtet und in der Regel manuell ausgewertet werden. Ein Beispiel für eine solche Auswertung zeigt Abb. 6.2.

3 Bestimmung der Faserradienverteilung

Nachdem wir im letzten Abschnitt das Meltblown-Verfahren erläutert haben, gehen wir nun auf die Bildverarbeitung ein.

3.1 Schätzung anhand eines Binärbildes

Zunächst erläutern wir das Vorgehen zur Schätzung der Faserradienverteilung anhand eines bereits segmentierten Binärbildes. In diesem Fall dienen die bereits markierten Fasern als Vordergrund, der Hintergrund wird ausgeblendet. Die Schätzung der Faserradien basiert auf einer gerichteten Distanztransformation und der Berechnung der Hauptträgheitsachse, die die Faserorientierung angibt. Eine detailliertere Beschreibung des Verfahren und Herleitungen der Formeln sind in [1] zu finden.

Sei $I \subset \mathbb{N}^2$ die Menge der Bildkoordinaten und $b : I \to \{0,1\}$ das Binärbild, so wird für jedes Vordergrundpixel $i \in I, b(i) = 1$ auf effiziente Weise die Distanz zum Hintergrund in den Richtungen der 8-er Nachbarschaft N_8 (Koordinaten- und Diagonalrichtungen) berechnet. Die Information der gerichteten Distanzen $d : I \times N_8 \to \mathbb{R}^+$ wird des weiteren genutzt, um die zentrierten Faserrandpunkte in den gewählten Richtungen zu identifizieren $e : I \times N_8 \to I$ mit $e(i,v) = \frac{1}{2}(d(i,v) + d(i,-v))v$.

Aus den 8 Faserrandpunkten werden für jedes Pixel die Trägheitsmomente $m_1(i), m_2(i) \in \mathbb{R}$ und die Hauptträgheitsachse bestimmt, die eine Annäherung der lokalen Faserrichtung darstellt. Die Hauptträgheitsachse (beschrieben durch den Winkel $\theta' \in [0, \pi)$) besitzt eine schwache Abweichung zur nächstgelegen Nachbarschafts-Richtung, die jedoch rechnerisch korrigiert werden kann. Die korrigierte Schätzung θ der lokalen Faserrichtung wird in der einer sogenannten Winkelkarte $\theta : I \to [0, \pi)$ gespeichert und leitet sich aus θ' wie folgt her:

$$\theta = \frac{1}{2} \arctan \left(\sqrt[3]{\tan(2(\theta' - i\frac{\pi}{4}))} \right) + i\frac{\pi}{4}, \tag{6.1}$$

mit $i\frac{\pi}{4} \leq \theta' < (i+1)\frac{\pi}{4}$, $i \in \mathbb{N}$. Der Faserradius berechnet sich aus den Trägheitsmomenten folgendermaßen:

$$r(i) = \sqrt{m_2(i)/f(\theta(i))} \tag{6.2}$$

mit

$$f(\theta(i)) = \begin{cases} \frac{2 - \sqrt{3 \cos^2(4(\pi/2 - \theta(i))) - 1}}{\sin^2(4(\pi/2 - \theta(i)))} & \text{, für } \sin^2(4(\pi/2 - \theta(i))) \neq 0 \\ \frac{3}{4} & \text{, sonst} \end{cases}.$$

Abbildung 6.3 zeigt eine Skizze der gerichteten Distanztransformation, der Faserrandpunkte und der Anpassung der Trägheitsachse.

3.2 Schätzung anhand eines Grauwertbildes

Das im vorherigen Abschnitt beschriebene Verfahren kann in leicht modifizierter Form auch unmittelbar auf den Grauwertdaten angewandt werden. In diesem Fall muss bei der für Binärbilder beschriebenen Methode die gerichtete Distanztransformation durch eine Grauwert-geeignete

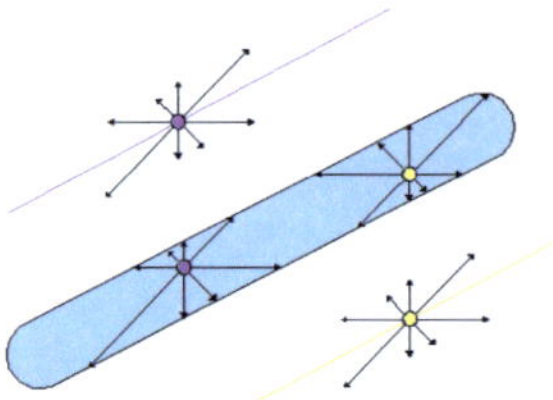

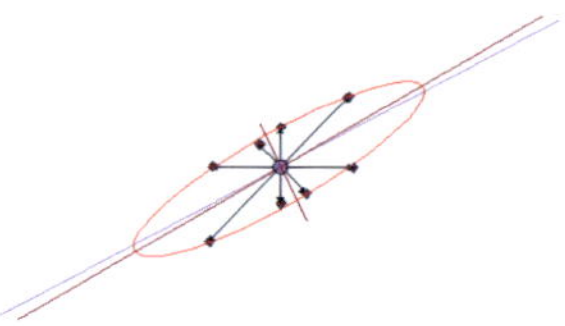

(a) gerichtete Distanzen und Faserrandpunkte

(b) Anpassung der Trägheitsachse an Faserrandpunkte

Abbildung 6.3: Richtungsanalyse anhand von gerichteter Distanztransformation und Hauptträgheitsachse.

Operation ersetzt werden. Hierzu dient ein angepasster Ansatz der sogenannten Quasi-Distanz. Die klassische Quasi-Distanz [2] berechnet für jedes Pixel die Grauwertdifferenz für Dilatationen δ und Erosionen ϵ mit steigender Größe. Die Quasi-Distanz ist dann diejenige Größe mit der höchsten Differenz. Für einen gegebenen Größenraum $S \subset \mathbb{N}^+$ ist Quasi-Distanz folgendermaßen definiert:

$$d_q = \mathrm{argmax}_{s \in S} \left(\epsilon_s - \epsilon_{s+1}, \delta_{s+1} - \delta_s \right) . \tag{6.3}$$

Die Methode wurde leicht modifiziert, indem ein Schwellwert gesetzt wird, ab dem die Grauwertänderung als signifikant eingestuft wird. Sobald eine Größe eine signifikante Grauwertänderung in der Dilatation oder Erosion aufweist, wird diese Größe als Quasi-Distanz festgehalten. Die angepasste Formel zur Quasi-Distanz mit Schwellwert f_0 ist

$$d_q'(f_0) = \mathrm{argmax}_{s \in S, s \leq s_{min}(f_0)} \left(\epsilon_s - \epsilon_{s+1}, \delta_{s+1} - \delta_s \right) \tag{6.4}$$

mit $s_{min}(f_0) = \mathrm{argmin}_{s \in S}(\epsilon_{s+1} - \epsilon_s \geq f_0 \vee \delta_s - \delta_{s+1} \geq f_0)$.

Das weitere Vorgehen zur Bestimmung der Faserrichtung und des Faserradius kann dann aus der Methode für Binärbilder übernommen werden. Für jedes Pixel und jede Richtung der N_8-Nachbarschaft erhalten wir aus der Quasi-Distanz außerdem die Information, ob die höchste Grauwertänderung durch eine Dilatation oder Erosion erreicht wurde. Je nachdem kann das Pixel als Vorder- bzw. Hintergrund eingestuft werden. Wir erhalten somit automatisch auch eine Klassifizierung

$c : I \to \{0, \ldots, 8\}$ des Grauwertbildes, die aus der Anzahl der Richtungen resultiert, in denen das Pixel als Vordergrund identifiziert wurde. Eine Segmentierung kann durch das Schwellwertverfahren auf das Klassifizierungs-Bild c erreicht werden. Wir stufen ein Pixel als Vordergrundpixel ein, falls es in mindestens sechs Richtungen als Vordergrundpixel identifiziert wurde $c(i) \geq 6$. Die Segmentierung dient dazu, nur Faserpixel in die Radienverteilung mit einzubeziehen. Weitere Details und eine Evaluierung der Methode sind in [1] zu finden.

4 Vorverarbeitung der Meltblown-Aufnahmen

Die Quasi-Distanz bevorzugt starke Kontraste in Kanten und einen homogenen Verlauf in der Faser, was bei den hier vorliegenden REM-Aufnahmen ein Vorverarbeitung verlangt. Zum Entrauschen der Daten und zur Kontrastverstärkung kommt zunächst nichtlineare Diffusion (siehe [3, 4]) zur Anwendung: Für das Eingabebild $f : \Omega \longmapsto \mathbb{R}$, $\Omega \subseteq \mathbb{R}^2$, wird das gefilterte Bild u hierbei als Lösung der nichtlinearen isotropen Wärmeleitungsgleichung

$$\partial_t u = \operatorname{div}\big(g(|\nabla u_\sigma|^2)\nabla u\big) \qquad (6.5)$$
$$\partial_\nu u = 0 \qquad \text{für alle } x \in \partial\Omega$$
$$u(\,\cdot\,,0) = f$$

berechnet [3, 5, 6]. Hierbei bezeichnet $u_\sigma := K_\sigma * u$ eine durch Faltung mit einem Gaußkern K_σ der Standardabweichung σ vorgeglättete Version der Bilddaten und ν den normierten Vektor in äußere Normalenrichtung. Der durch dieses Modell künstlich eingeführte Zeitparameter $t \in \mathbb{R}_0^+$ beschreibt die Stärke der Filterung oder Bildglättung. Die vereinfachten Versionen der Bilder bei variablem t bilden dabei einen Skalenraum mit mathematisch fundierten Vereinfachungseigenschaften [3, 6–9]. Typische Diffusivitätsfunktionen sind unter anderem [3]

$$g_1(s^2) := \frac{1}{1 + \frac{s^2}{\lambda^2}} \quad \text{oder } g_2(s^2) := \exp\left(-\frac{s^2}{2\lambda^2}\right) , \qquad (6.6)$$

wobei wir in diesem Kontext g_1 verwendet haben. Der Kontrastparameter $\lambda > 0$ ermöglicht es dabei, den Kantenerhalt und die Kantenverstärkung des Filters zu steuern: Kanten, an denen die Norm des Gradienten $|\nabla u|$

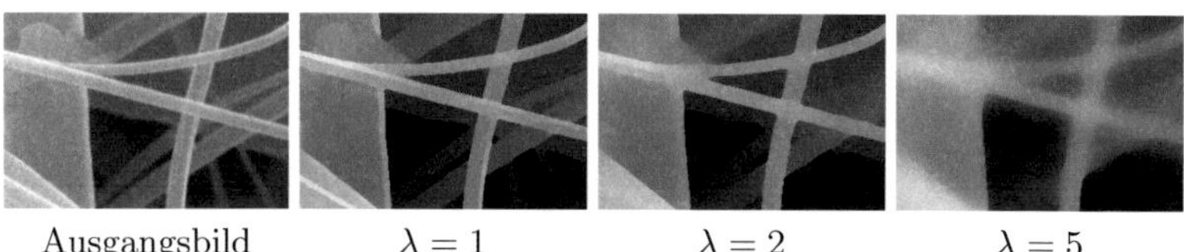

Ausgangsbild $\lambda = 1$ $\lambda = 2$ $\lambda = 5$

Abbildung 6.4: Einfluss des Kontrastparameters λ auf die Vorfilterung.

deutlich höher als der Wert von λ ist, werden bei der Filterung nicht nur erhalten, sondern sogar verstärkt. Dieses Verhalten zeigt Abb. 6.4, bei dem alle weiteren Parameter fest gewählt wurden und nur λ variiert. Im Rahmen der vorgestellten Anwendung wurden die Parameter wie folgt gewählt: $\sigma = 1$, $\lambda = 1$ und $t = 100$.

Diese Filterung ermöglicht einerseits eine Rauschunterdrückung in den Daten und andererseits ein selektives Ausblenden unscharfer Fasern im Hintergrund mit einem Kontrastparameter. Zur numerischen Umsetzung des Verfahrens nutzen wir ein additives Operatoren-Splitting [10], das eine hinreichend exakte und sehr effiziente Implementierung erlaubt.

Auch wenn die Filterung mit Hilfe von nichtlinearer Diffusion entscheidende Verbesserungen der Ausgangsdaten liefert, hat sich in der Praxis gezeigt, dass dieser Schritt allein die Kanten im Bild noch nicht hinreichend geschärft hat, um eine robuste Analyse zu liefern. Daher folgt auf die Diffusion ein morphologischer Operator, das sogenannte Toggle-Mapping [11, 12] auch morphologischer Schockfilter [13] genannt. Dabei wird jedem Pixel adaptiv der resultierende Grauwert der morphologischen Dilatation oder Erosion des Bildes zugeordnet, der dem ursprünglichen Pixel am nächsten liegt:

$$S_B(f) \ := \ \begin{cases} \delta_B(f) \,, & \text{für } \Delta_B f < 0 \\ \epsilon_B(f) \,, & \text{für } \Delta_B f > 0 \\ f & , \text{ für } \Delta_B f = 0 \,. \end{cases} \tag{6.7}$$

Hier bezeichnet B das Strukturelement der Dilatation $\delta_B(f)$ und Erosion $\epsilon_B(f)$ und des morphologischen Laplace-Operators

$$\Delta_B f \ := \ \delta_B(f) - 2f + \epsilon_B(f) \,. \tag{6.8}$$

In unserem Fall ist das Strukturelement ein Quadrat der Seitenlänge drei, d. h. man verwendet das zentrale Pixel und alle direkten Nachbarn in-

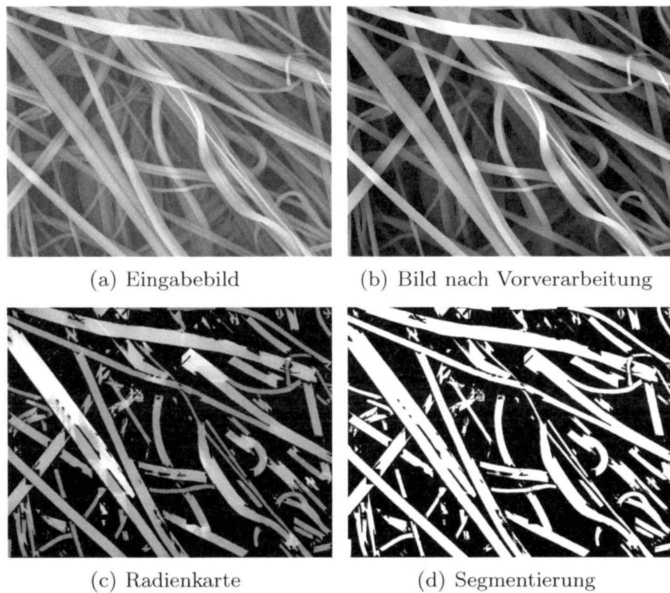

Abbildung 6.5: Schätzung von Faserradien anhand einer REM-Aufnahme eines MB-Vliesstoffes.

klusive der Diagonalnachbarn. Im Anschluss an die nichtlineare Diffusion bewirkt dieser Filter zusätzlich eine deutliche Schärfung der Faserkanten. Die mit diesem Verfahren vorgeglätteten Eingabedaten eignen sich zur Weiterverarbeitung durch die in Abschnitt 3 beschriebene Methode. Im folgenden Abschnitt gehen wir auf praktische Auswertungen und die Qualität der Resultate ein.

5 Resultate in der Praxis

Ein Beispiel für eine Faserradienschätzung wird in Abb. 6.5 gegeben. Hier sind auch viele Verklebungen der Fasern entlang ihrer Längsachse sichtbar, die sich jedoch lokal wieder voneinander lösen. In diesem Fall wird der Radius des verklebten Faserbündels berechnet, der den Faserradius deutlich übersteigt. Da sich ein verklebtes Faserbündel bei

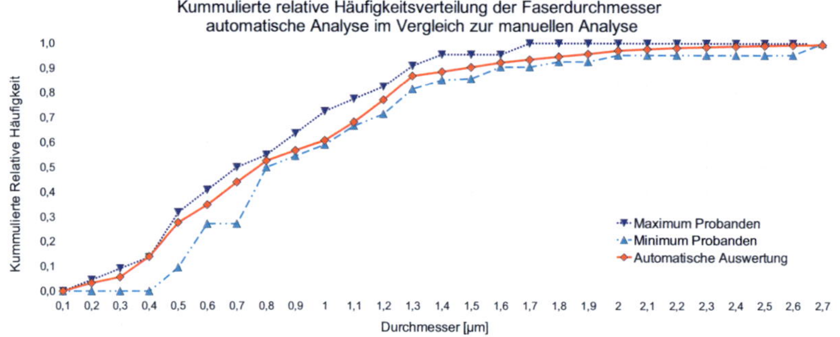

Abbildung 6.6: Beispielhafter Vergleich zwischen manueller und automatischer Auswertung.

Durchströmung ähnlich zu einer dickeren Faser verhält, liefert dieser Effekt jedoch in der Praxis plausible Ergebnisse. Man beachte auch dass die in Abb. 6.5 gezeigte Segmentierung keine Binarisierung im klassischen Sinne darstellt, sondern eine Auswahl an Pixeln, für die die Analyse sinnvolle Ergebnisse liefert. Ziel ist dabei, unscharfe Fasern im Hintergrund auszublenden, ebenso wie Grenzen in Faserüberlappungen, da in diesen Gebieten der Radius über- bzw. unterschätzt wird.

Für die Qualität der Analyse und um über die räumliche Homogenität des Vlieses zu urteilen, ist es sinnvoll, eine Vielzahl an Proben im gleichen Vlies zu untersuchen. Nach unseren Analysen wurde für die Faserradienverteilungen im MB-Prozess eine logarithmische Normalverteilung ermittelt, demnach können über die Analyse von wenigen, geeigneten REM-Aufnahmen bereits Rückschlüsse auf die Gesamtverteilung gezogen werden.

Um die Qualität und Relevanz der Resultate in der Praxis zu evaluieren, haben wir als Referenz die zurzeit verwendeten manuellen Auswertungen herangezogen. Einen beispielhaften Vergleich zwischen manueller und automatischer Auswertung findet man in Abb. 6.6. Man kann deutlich erkennen, dass die automatische Auswertung in der Regel innerhalb der Variabilität der manuellen Messungen liegt. In Abb. 6.7 wird gezeigt, wie das Verfahren verwendet werden kann, um die Faserradien unterschiedlicher Herstellungs-Verfahren zu vergleichen. Die Laufzeit der automatischen Auswertung ist dabei vom Bildgröße und -inhalt abhängig

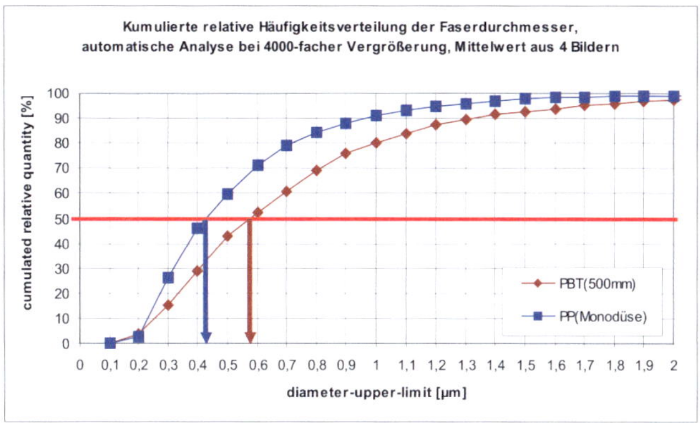

Abbildung 6.7: Vergleich der Faserdurchmesserverteilungen von PBT und PP-Meltblown mit Hilfe der automatischen Analyse.

und liegt auf einem Standard-PC unter einer Minute.

6 Zusammenfassung

In diesem Artikel haben wir uns mit der automatisierten Vermessung von Faserradien in REM-Aufnahmen von Vliesstoffen beschäftigt. Dieser für die Qualitätsbeurteilung von Vliesstoffen aus Mikrofasern wichtige Schritt bedurfte bisher eine manuellen Auswertung. Praktische Versuche haben gezeigt, dass die automatische Evaluation Ergebnisse liefert, die im Rahmen der Abweichungen einer manuellen Vermessung liegen. Eine Korrelation mit gängigen physikalischen Messmethoden an der Flächenware, wie Luftdurchlässigkeit, Porometrie und Filtrationseffizienz ist gegeben. Mit der hier vorgestellten automatisierten Bildanalyse wird es ermöglicht, eine echte Reproduzierbarkeit der Ergebnisse zu erreichen und die Analyse erheblich zu beschleunigen.

Literatur

1. H. Altendorf und D. Jeulin, „3D directional mathematical morphology for analysis of fiber orientations", *Image Analysis and Stereology*, Vol. 28, S. 143–153, Nov. 2009.

2. S. Beucher, „Numerical residues", *Image Vision Comput.*, Vol. 25, Nr. 4, S. 405–415, 2007.

3. P. Perona und J. Malik, „Scale space and edge detection using anisotropic diffusion", *IEEE Transactions on Pattern Analysis and Machine Intelligence*, Vol. 12, S. 629–639, 1990.

4. S. Didas, J. Weickert und B. Burgeth, „Properties of higher order nonlinear diffusion filtering", *Journal of Mathematical Imaging and Vision*, Vol. 35, Nr. 3, S. 208–226, 2009.

5. F. Catté, P.-L. Lions, J.-M. Morel und T. Coll, „Image selective smoothing and edge detection by nonlinear diffusion", *SIAM Journal on Numerical Analysis*, Vol. 29, Nr. 1, S. 182–193, Feb. 1992.

6. J. Weickert, *Anisotropic Diffusion in Image Processing.* B. G. Teubner, Stuttgart, 1998.

7. T. Iijima, „Basic theory on normalization of pattern (in case of typical one-dimensional pattern)", *Bulletin of the Electrotechnical Laboratory*, Vol. 26, S. 368–388, 1962, (In Japanese).

8. A. P. Witkin, „Scale-space filtering", in *Proc. Eighth International Joint Conference on Artificial Intelligence*, Vol. 2, Karlsruhe, Germany, August 1983, S. 945–951.

9. J. Weickert, S. Ishikawa und A. Imiya, „Linear scale-space has first been proposed in Japan", *Journal of Mathematical Imaging and Vision*, Vol. 10, S. 237–252, 1999.

10. J. Weickert, B. M. ter Haar Romeny und M. A. Viergever, „Efficient and reliable schemes for nonlinear diffusion filtering", *IEEE Transactions on Image Processing*, Vol. 7, Nr. 3, S. 398–410, Mar. 1998.

11. J. Serra, „Toggle mappings", in *From pixels to features*, J. C. Simon, Hrsg. North-Holland, Elsevier, 1989, S. 61–72.

12. J. Fabrizio, B. Marcotegui und M. Cord, „Text segmentation in natural scenes using toggle-mapping", in *Proc. 16th IEEE International Conference on Image Processing.* Cairo, Egypt: IEEE Signal Processing Society, 2009, S. 2373–2376.

13. S. Osher und L. I. Rudin, „Feature-oriented image enhancement using shock filters", *SIAM Journal on Numerical Analysis*, Vol. 27, Nr. 4, S. 919–940, Aug. 1990.

Freiheitsgrad-regularisierte Entfaltung mit multivariaten Bildmodellen

Rico Nestler[1,2], Torsten Machleidt[1],
Tim Kubertschak[2] und Karl-Heinz Franke[1,2]

[1] Technische Universität Ilmenau, FG Grafische Datenverarbeitung,
Postfach 100 565, D-98694 Ilmenau
[2] Zentrum für Bild- und Signalverarbeitung (ZBS) e.V.,
Werner-von-Siemens-Str. 10, D-98693 Ilmenau

Zusammenfassung Die Nutzbarkeit von Ergebnissen der Bildrestauration in der wissenschaftlichen Bildanalyse setzt voraus, dass die Lösungen weitestgehend artefaktfrei, dass heisst im Wesentlichen durch die Messdaten erklärt, sind. Der hier beschriebene Regularisationsansatz auf Grundlage freiheitsgradreduzierter Lösungsbeschreibungen ist ein besonders leistungsfähiger, flexibler und minimal restriktiver Weg zur Erreichung dieses Ziels. Er geht auf die Idee der Pixonenmethode [1] zurück, die bereits seit über 15 Jahren bekannt ist. Gegenstand des Beitrages ist in diesem Kontext ein erweitertes parametrisches Bildaufbaumodell mit Bildelementen, die in der Lage sind, nicht nur ihre Skalierung lokal zu adaptieren, sondern auch Vorzugsrichtungen in den Lösungsaufbau einzubringen. Es wird erwartet, dass ein derartiges Modell Unvollkommenheiten der Messung besser kompensieren und strukturelle Eigenschaften der zu restaurierenden Messdatenursache genauer beschreiben kann. Der Beitrag zeigt, in welcher Art und Weise dies erfolgen kann und wie sich das resultierende multivariate Bildaufbaumodell in einen vorhandenen Verfahrensablauf eingliedert. Daneben werden Ergebnisse dargestellt und einige Anwendungsaspekte diskutiert.

1 Einleitung

Bildrestauration oder Bildrekonstruktion bezeichnet den Prozess der rechnerischen Umkehrung einer mathematischen Abbildung, die den Entstehungsprozeß vorliegender bildhafter Messdaten M beschreibt. Das Ziel ist hierbei die Ermittlung der Ursache der gemessenen Daten und damit die Überwindung der durch das Messsystem oder Messprinzip gegebenen physikalischen Auflösungsgrenzen, Nichtlinearitäten und die Kompensation von Messunsicherheiten. Aus der Literatur ist gemeinhin bekannt, dass in den meisten Fällen zwischen Messdaten und deren Ursache keine injektive Beziehung besteht und die Umkehroperation aus mathematischer Sicht zur Klasse der schlecht gestellten Probleme gehört. Dies bedeutet, dass das Ergebnis der Umkehrung vor allem durch die unvermeidbare Gegenwart von Rauschen und Störungen der Messung in erheblichen Maße negativ beeinflusst werden kann. Insbesondere für die weitere wissenschaftliche Analyse von restaurierten Messdaten stellen die daraus resultierenden Artefakte ein großes Problem dar.

Der Ansatz zur Vermeidung von Restaurationsartefakten besteht im Einbringen von a priori bekannten oder erwarteten Lösungseigenschaften in den Restaurationsprozess, um die Lösungsauswahl bzw. den Aufbau der Lösung zielgerichtet zu beeinflussen. Die Art und Weise, wie diese *Regularisation* erfolgt, hängt dabei vom konkreten Restaurationsansatz und dem damit verbundenen Beschreibungsmodell der Lösung ab.

Ein besonders leistungsfähiger Vertreter dieser Verfahrensgruppe ist das hier vorgestellte Verfahren zur Regularisation inverser Probleme durch Beschränkung der Freiheitsgrade der Lösungsbeschreibung. Erstmals in [1] werden unbeschränkt bleibende Freiheitsgrade der Lösungsbeschreibung, die durch die Messdaten allein nicht fixiert werden können, für das Auftreten von Restaurationsartefakten verantwortlich gemacht. Als Lösung wird vorgeschlagen, die Komplexität der Lösungsbeschreibung messdatenadaptiv lokal so zu beschränken, dass diese nicht größer ist, als zum Erreichen einer datenkonsistenten Lösungshypothese unbedingt erforderlich. Grundlage für praktische Umsetzungen dieses Prinzips ist ein sogenanntes Fuzzy-*Bild*aufbaumodell bestehend aus Bildelementen unterschiedlicher Größe und Form (sogenannten *Pixonen* in [1]) einer zunächst beliebigen Bildelementebasis und diesen zugeordneten Signalbeiträgen. Der Lösungsaufbau erfolgt durch lokale Faltung dieser Lösungskomponenten im Definitionsbereich der Messdaten. Zur Parametrierung der Lösungsbestandteile werden für jedes Pixel Messdateninformationen aus einer durch das zugehörige Bildelement festgelegten lokalen Nachbarschaft ausgleichend einbezogen. Die Parametrierung ist somit bezogen auf das Einzelpixel freiheitsgradreduziert. Unter Berücksichtigung der regionalen Erfordernisse zur Rekonstruktion der Messdaten wird so die Auswahl der Lösung mit dem *einfachstem* Aufbau realisiert. Dieser Regularisierungsansatz ist sehr leistungsfähig und je nach Bildelementebasis in natürlichen Szenen trotzdem nur minimal restriktiv.

Mit einer auf diesem Regularisationsprinzip basierendenden eigenen Umsetzung konnten durch die Autoren bereits in verschiedenen anspruchsvollen Anwendungsfeldern sehr gute Ergebnisse erzielt werden [2] [3]. Eine Besonderheit ist hierbei, dass anstelle der bislang bekannten Brute-Force-Auswahl geeigneter Bildelemente die Elemente des Bildaufbaumodells gleichzeitig im Zuge von Bayes'schen Parameterschätzungen ermittelt werden.

Der Einsatz eines zunächst einfachen Bildmodells mit univariater parametrischer Bildelementebasis zur Restauration von bildhaft erfassten elektrischen Oberflächenpotentialen von Nanostrukturen war Gegenstand eines Beitrages zum letzten VDI-Expertenforum im Jahr 2007 [4]. Bereits hier wurde angedeutet, dass insbesondere für Anwendungsfälle mit nicht natürlichen Szenen, ein Bildmodell, dessen Elemente in der Lage sind, auch Anisotropien zu beschreiben, einem Bildmodell aus ausschließlich isotropen Bildelementen überlegen ist. Es wird erwartet, dass ein derartiges Aufbaumodell bei weiterer Reduktion der Freiheitsgrade, dass heißt vergrößerter Regularisationswirkung, bessere Datenanpassungsgüten erreichen kann. Damit können sowohl Unvollkommenheiten der Messung wirkungsvoller kompensiert als auch strukturelle Eigenschaften der restaurierten Messdatenursache wahrscheinlich genauer nachgebildet werden. Der Beitrag zeigt im Folgenden, in welcher Art und Weise dies geschehen kann und wie sich ein derartiges multivariates parametrisches Bildmodell in einen vorhandenen Verfahrensablauf eingliedert. Darüber hinaus sollen einige Ergebnisse und Anwendungsaspekte diskutiert und Überlegungen zur Erhöhung der Laufzeiteffizienz aufgezeigt werden.

2 Prinzip der freiheitsgrad-regularisierten Entfaltung mit parametrischen Bildmodellen

Die Grundlage der freiheitsgrad-regularisierten Entfaltung bildet ein parametrisches Bildaufbaumodell [2], das aus zwei Komponenten P und S mit einem durch die Messdaten festgelegten diskreten Definitionsbereich $\vec{i}^T = \{i_x, i_y\}, \vec{i} \in \mathbb{Z}^2$ besteht. Diese, im Rahmen der Lösungsschätzung zu bestimmende Modell-Signal-Paarung, fassen die *Parameter* der verwendeten Bildelementeklasse $\Delta : \{\underline{\delta}_{\vec{i}}\}$ und die zugehörigen *Signalbeiträge* für den Aufbau einer Lösungsschätzung zusammen. Die Lösungsschätzung $\Phi : \{\phi_{\vec{i}}\}$ ist am jeweils betrachteten Ort das Ergebnis einer lokalen Faltungsoperation der Signalbeiträge $S : \{s_{\vec{i}}\}$ mit einem jeweils parametrierten, normierten Bildelementekernel $p(\underline{\delta}_{\vec{i}})$ aus $P(\Delta)$.

$$\Phi = (S * P) : \{\phi_{\vec{i}} = (S * p(\underline{\delta}_{\vec{i}}))_{\vec{i}} = \sum_{\vec{j}} s_{\vec{j}} \cdot p(\underline{\delta}_{\vec{i}})_{\vec{i}-\vec{j}}\} \tag{7.1}$$

In Abhängigkeit vom Skalenparameter und der Gestalt kann jedem Bildelement ein Beitrag $eDOF(\delta_{\vec{i}})$ zum Gesamtfreiheitsgrad der Lösungsbeschreibung zugeordnet werden, der sich aus dem Gewicht des Bildelementekernels am betrachteten Aufpunkt $\vec{i}$, dass heisst aus $p(\underline{\delta}_{\vec{i}})_{\vec{0}} < 1.0$, ergibt [3].

Zusätzliche Flexibilität insbesondere bei kontrastreichen Szenen gewinnt das Bildmodell durch Einführen bildelementerelationaler Gewichtungen der Signalbeiträge $w(\underline{\delta}_{\vec{i}}, \underline{\delta}_{\vec{j}})$ beim Lösungsaufbau wie in [5] vorgeschlagen.

$$\phi_{\vec{i}} = (S^{w(\delta_{\vec{i}})} * p(\underline{\delta}_{\vec{i}}))_{\vec{i}} = \varphi_{\vec{i}} \cdot \sum_{\vec{j}} s_{\vec{j}} \cdot w(\underline{\delta}_{\vec{i}}, \underline{\delta}_{\vec{j}})_{\vec{j}} \cdot p(\underline{\delta}_{\vec{i}})_{\vec{i}-\vec{j}} \tag{7.2}$$

$$\varphi_{\vec{i}} = 1.0 / \sum_{\vec{j}} w(\underline{\delta}_{\vec{i}}, \underline{\delta}_{\vec{j}})_{\vec{j}} \cdot p(\underline{\delta}_{\vec{i}})_{\vec{i}-\vec{j}}$$

So können, falls $0.0 \leq w(\underline{\delta}_{\vec{i}}, \underline{\delta}_{\vec{j}}) < 1.0$ für $eDOF_{\vec{i}} < eDOF_{\vec{j}}$, lateral ausgedehnte Bildelemente, die sich vornehmlich in Regionen mit schlechtem Signal-Rausch-Verhältnis ausbilden, daran gehindert werden, Signalbeiträge aus angrenzenden signalstarken Regionen mit entsprechend kleinen Bildelementen beim Lösungsaufbau zu übernehmen. Eine wichtige Rolle spielt hier der neueingeführte pixelbezogene Normalisierungsterm $W(P) : \{\varphi_{\vec{i}}\}$, der das lokale Faltungsergebnis an jedem Ort $\vec{i}$ so korrigiert, dass es einem von der jeweiligen Bildelementekonfiguration abhängigen, neu gewichteten Bildelementekernel entspricht.

Für die meisten Anwendungsfälle mit natürlichen Inhalten, zum Beispiel in der Astronomie und Medizin, ist das vorstehend beschriebene Bildmodell mit Bildelementen einer einfachen isotropen (univariaten) Bildelementeklasse bereits sehr gut zur Beschreibung der Restaurationsergebnisse geeignet. Ein Vertreter dieser Klasse sind parametrische zweidimensionale gaussförmige Bildelemente mit nur einem Skalenparameter $\underline{\delta} = \delta = d$ und dem effektiven Freiheitsgrad $eDOF(d)$.

$$p(d)_{\vec{i}-\vec{j}} = eDOF(d) \cdot e^{\left(-\frac{\|\vec{i}-\vec{j}\|^2}{d^2}\right)} \quad \text{mit } eDOF(d) = \frac{1.0}{\pi \cdot d^2} \qquad (7.3)$$

2.1 Parametrische Bildaufbaumodelle mit anisotropen Bildelementen

In [4] wurde versucht, den spezifischen Eigenschaften des Kelvin-Force-Messprinzips und den erwarteten strukturellen Eigenschaften der zu restaurierenden Messdatenursache durch modifizierte univariate, anisotrope Bildelemente zu begegnen. Es wurde gezeigt, dass diese Vorgehensweise für den vorliegenden Fall prinzipiell zu besseren Ergebnissen führt. Die globale Vorfestlegung einer Vorzugsrichtung der Bildelementekernel ist allerdings, da für den gesamten Messdatenbereich nicht vorab bekannt, ungünstig. Besser ist es, die Anisotropieeigenschaft durch parametrische Erweiterung der Bildelementeklasse direkt in das Bildaufbaumodell zu übernehmen und diese Parameter ebenfalls im Rahmen einer Schätzung regional passend zu bestimmen. Damit können Unvollkommenheiten der Messung besser kompensiert werden, da die restaurierte Messdatenursache mit wahrscheinlich noch geringerem Gesamtfreiheitsgrad bei gleicher Güte der Datenanpassung beschreibbar ist.

Zur Realisierung einer anisotropen Bildelementeklasse wird vorgeschlagen, dem bildelementebezogenen Parametervektor $\underline{\delta}$ neben einem Skalenparameter d zusätzlich eine elliptische Verzerrung ϵ und eine Verdrehung α hinzuzufügen. Für ein Bildelement mit gaussförmiger Grundform ergibt sich damit folgende parametrische Beschreibung, welche die in 7.3 beschriebenen isotropen Bildelemente als Untermenge beinhaltet.

$$p(\underline{\delta} = [d, \alpha, \epsilon])_{\vec{i}-\vec{j}} = eDOF \cdot e^{-\frac{\left(\epsilon \cdot (\vec{i}-\vec{j})^T \cdot \begin{bmatrix} -sin(\alpha) \\ cos(\alpha) \end{bmatrix}\right)^2 + \left((\vec{i}-\vec{j})^T \cdot \begin{bmatrix} cos(\alpha) \\ sin(\alpha) \end{bmatrix}\right)^2}{d^2 \cdot \epsilon}} \qquad (7.4)$$

Der elliptische Verzerrungsparameter bestimmt dabei die gleichzeitige Streckung bzw. Stauchung der Hauptachsen der Ellipsenschnittfläche $p(\underline{\delta})_{\vec{i}-\vec{j}} = c \in (0, eDOF)$ des resultierenden Bildelementes. Der Fall $\epsilon = 1.0$ kennzeichnet dabei ein isotropes Bildelement, $\epsilon > 1.0$ ein anisotropes Bildelement mit unverdreht horizontaler Vorzugsrichtung. Der zyklische Lagewinkel $\alpha \in [0.0, \pi)$ bezeichnet die positive Verdrehung der großen Hauptachse. Die Parameter α und ϵ sind in dieser Form nicht freiheitsgradrelevant, so dass der effektive Freiheitsgrad des erweiterten Bildelementes gemäß 7.4 wie im Fall isotroper Bildelemente nur durch den Skalenparameter d allein bestimmt wird.

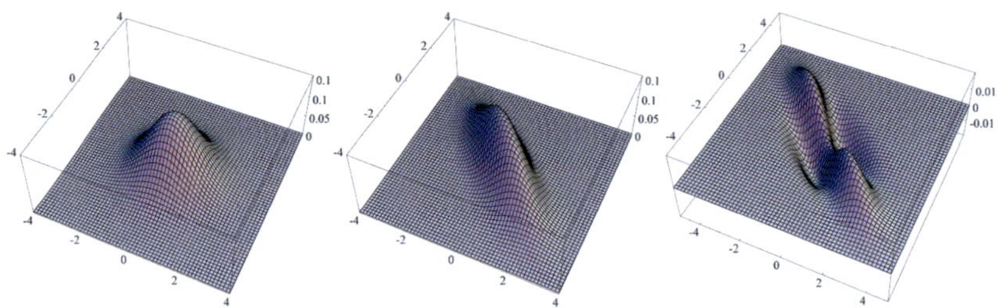

Abbildung 7.1: Isotroper Bildelementekernel mit $\delta = d = 1.44$ (links) und anisotroper Bildelementekernel mit Parametervektor $\underline{\delta} = [1.44, 3.0, 3/4 \cdot \pi]$ (Mitte) mit gaussförmiger Grundform und $eDOF(\underline{\delta}) = 0.153$, Faltungskernel der partiellen Ableitung des anisotropen Bildelementes nach dem Formparameter ϵ (rechts).

2.2 Modifiziertes Lösungsschema zur Modell-Signal-Paar-Schätzung

Im Gegensatz zur attributgesteuerten Brute-Force-Auswahl geeigneter Bildelemente mit nachfolgender ML-Schätzung der zugehörigen Signalbeiträge, wie in [6], werden in dem hier vorgeschlagenen Verfahren sowohl die Bildelementeparameter als auch die zugehörigen Signalbeiträge aufeinanderfolgend und simultan im Zuge von Bayes'schen MAP-Parameterschätzungen bestimmt. Abbildung 7.2 stellt ein mögliches Ablaufschema dar. Die Grundlage für die Einzelschritte bilden Randverteilungen des Posteriors $\mathbf{P}(P, S|M)$. Die Annäherung an eine optimale Lösungskonfiguration erfolgt zyklisch bis zur Konvergenz, dass heisst im Idealfall bis zum Erreichen einer bestimmten Datenanpassungsgüte. Bestandteil der aufwandsoptimierten Implementierung ist die Abbildung der kontinuierlichen Bildelementeparameter auf ein diskretes Set von Bildelementen. Innerhalb eines Zyklus werden Zwischenergebnisse der Lösungskomponenten zur Steuerung (Regularisierung) der Folgeschritte genutzt. Hervorzuheben ist, dass durch Einführen eines *DOF-*

Priors der Schätzschritt der Bildelementeparameter in Richtung einer Lösung mit minimalem Gesamtfreiheitsgrad beeinflusst wird [3]. Optional kann durch Hinzufügen eines Total-Variation(TV)-Priors [7], einem leistungsfähigen klassischen Ansatz zum Erhalt kontrastreicher Szeneneigenschaften, im Rahmen der Schätzung der Signalbeiträge Einfluss auf die Lösungsgestalt genommen werden. Im Kontext des Fuzzy-Bildmodells erfolgt dabei implizit eine lokale Steuerung durch den Bildelementefreiheitsgrad. Ausgehend von einer initialen Belegung der Bild-

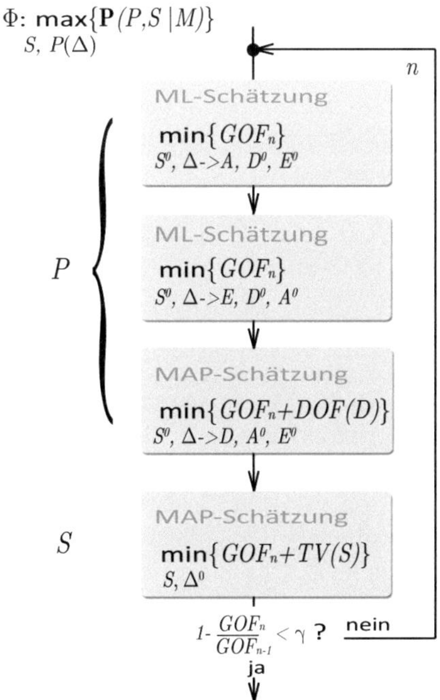

Abbildung 7.2: Vorgeschlagenes Ablaufschema zum Finden der optimalen Modell-Signal-Paarung für eine multivariate parametrische Bildelementebasis nach Abschnitt 2.1.

elementeparameter, die einer Lösung mit minimalem Gesamtfreiheitsgrad aus Bildelementen mit anisotroper Grundform $\alpha = (\alpha_{\max}+\alpha_{\min})/2$ und $\epsilon = \epsilon_{\max}$ entspricht, erfolgt zunächst eine aufeinanderfolgende separate Schätzung der Formparameter ϵ und α. Da die Veränderung dieser Parameter für den resultierenden Freiheitsgrad ohne Auswirkung sind, kann die Optimierung unregularisiert als ML-Parameterschätzung, dass heisst äquivalent nur durch die Vergrößerung der Datenanpassungsgüte $\min_{\Delta, S^0} (GOF)$ getrieben, durchgeführt werden. Die Funktionale zur Optimierung aller Lösungsparameter per Gradientenabstiegsverfahren lassen sich kompakt, wie in 7.5 und 7.6 exemplarisch für den Parameter ϵ ausgeführt, ermitteln. Es sei hierbei

$$GOF = \sum_{\vec{j}} \frac{(M - \Phi * PSF)^2_{\vec{j}}}{2.0 \cdot \sigma^2_{\vec{j}}} = \sum_{\vec{j}} \frac{(M - S * P * PSF)^2_{\vec{j}}}{2.0 \cdot \sigma^2_{\vec{j}}}. \tag{7.5}$$

Dabei sind $M : \{m_{\vec{i}}\}$ die Messdaten, PSF der ortsinvariante Verunschärfungsoperator sowie $\Sigma^2 : \{\sigma^2_{\vec{i}}\}$ die Varianz einer ortsvarianten, stochastischen Messunsicherheit die Komponenten eines einfachen linearen Bildentstehungsmodells.

$$\frac{\partial GOF}{\partial \epsilon_{\vec{i}}} = -\left(\frac{(M - \Phi * PSF)}{\Sigma^2} * PSF^*\right)_{\vec{i}} \cdot \left(\frac{\partial \Phi}{\partial \epsilon_{\vec{i}}}\right)_{\vec{i}} \tag{7.6}$$

$$\left(\frac{\partial \Phi}{\partial \epsilon_{\vec{i}}}\right)_{\vec{i}} = \varphi_{\vec{i}} \cdot \left[\left(S^{w(\delta_{\vec{i}})} * \frac{\partial P}{\partial \epsilon}\right)_{\vec{i}} + \left(\frac{\partial S^{w(\delta_{\vec{i}})}}{\partial \epsilon_{\vec{i}}} * P\right)_{\vec{i}}\right]$$

$\partial S^{w(\delta_{\vec{i}})}/\partial \epsilon_{\vec{i}}$ kennzeichnet die Änderung der gewichteten Signalbeiträge durch Änderung des Formparameters ϵ. Sie wird, wie auch die Signalgewichtung $S^{w(\delta_{\vec{i}})}$, bezogen auf eine konkrete Bildelementeparametrierung $\delta_{\vec{i}}$ in Relation zur übrigen Bildelementekonfiguration ermittelt.

Ausdruck der innewohnenden Regularisierungseigenschaften des Ansatzes ist die ausgleichende Bestimmung der Lösungsparameter sowie der Gradienten der Bildelementeparameter durch lokale Faltung mit Bildelementekerneln bzw. den ebenfalls in Kernelform formulierbaren partiellen Ableitungen nach dem jeweiligen Formparameter $\frac{\partial P}{\partial \epsilon} = \{(\partial p(\underline{\delta}_{\vec{i}})/\partial \epsilon)_{\vec{i}-\vec{j}}\}$ (Abbildung 7.1, rechts).

3 Test und Diskussion

Zur Demonstration der Eigenschaften des vorgeschlagenen Bildmodells dient das in Abbildung 7.3 dargestellte Fallbeispiel. Aus einer künstlichen Testszene Φ^{orig} der Dimension 108×108 Pixel wurden Messdaten durch Anwenden des folgenden nichtlinearen Bildentstehungsmodells generiert.

$$M = NL\{\Phi^{\mathrm{orig}} * PSF + N_{\mathrm{lineoff}}\} + N \tag{7.7}$$

Das Modell simuliert ein zeilenweise scannendes, bildgebendes Mess-prinzip mit ortsinvariantem unsymetrischen Unschärfeeinfluss *PSF* und nichtlinearem (logarithmischen) Aufzeichnungsmedium *NL*. Die Messun-sicherheit umfasst einen stochastisch auftretenden, additiven Zeilenoffset N_{lineoff} und einen additiven signalabhängigen Rauschterm $N(0, <M>)$, welche die determinierten Signalkomponenten jeweils vor bzw. nach der Aufzeichnungsoperation überlagern. Der Zeilenoffset ist Ergebnis eines Zufallsprozesses mit uniformer Verteilung zwischen 0 und 1/10 des maxi-malen Testsignals. Die Varianz des Rauschens beträgt maximal $\sigma^2 = 25.0$ im Signalhintergrund. Der Unschärfeoperator ist nicht parametrisch be-schreibbar und wird durch ein ikonisches Pixelmuster charakterisiert. Das zur Regularisation verwendete anisotrope Bildmodell (laut Ab-schnitt 2.1) umfasst eine diskrete Menge von 576 Bildelementen mit $\underline{\delta} = [d \in [4.6, 10.4], \epsilon \in [1.4, 2.7], \alpha \in [0.0, 5.0 \cdot \pi/6.0]]$ jeweils in 16, 6 bzw. 6 Abstufungen. Die bildelementerelationale Gewichtung wurde wie folgt festgelegt.

$$w(\underline{\delta}_{\vec{i}}, \underline{\delta}_{\vec{j}}) = \left(\frac{eDOF(\underline{\delta}_{\vec{i}})}{eDOF(\underline{\delta}_{\vec{j}})} \right)^{\kappa} \quad \text{mit } \kappa = \begin{bmatrix} 0.0 \text{ falls } d_{\vec{i}} < d_{\vec{j}} \\ 4.0 \text{ falls } d_{\vec{i}} > 6.0 \\ 0.5 \text{ sonst} \end{bmatrix}$$

Abbildung 7.4 zeigt die Restaurationsergebnisse mit dem anisotro-

Abbildung 7.3: Fallbeispiel: Künstliche Testszene (links), Unschärfeoperator (Mitte), Messdaten mit Auswahl anisotroper Bildelemente aus dem Schätz-ergebnis in Abbildung 7.4 (rechts).

pen Bildmodell und einem Bildmodell aus 16 nur isotropen Bildele-menten mit $\underline{\delta} = d \in [3.7, 9.8]$. Zusätzlich ist das Ergebnis bei Ver-wendung der freiheitsgradunbeschränkten TV-Regularisation dargestellt. Die Verfahrensvarianten wurden so parametriert, dass bei Abbruch nahezu ein identischer Wert des *GOF*-Kriteriums erreicht wird. Die nachfolgende Tabelle zeigt den Gesamtfreiheitsgrad der resultierenden Lösungsbeschreibungen.

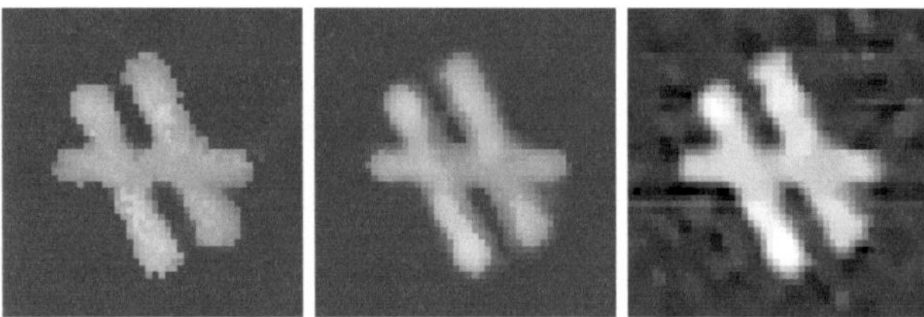

Abbildung 7.4: Ergebnis der freiheitsgradbeschränkten Regularisierung mit 202 Bildelementen des anisotropen Bildmodells (links) bzw. 16 Bildelementen des isotropen Bildmodells (Mitte) sowie der freiheitsgradunbeschränkten TV-Regularisierung (rechts).

Freiheitsgradreduziert, anisotrop	12.5
Freiheitsgradreduziert, isotrop	14.8
Freiheitsgradunbeschränkt, TV	2304.0

Man erkennt sehr deutlich den positiven Effekt der Freiheitsgradbeschränkung durch parametrische Bildmodelle, da diese eine Einbeziehung der Streifenstörungen in den Lösungsaufbau wirksam verhindern. Durch die datenadaptiv ausgerichteten Bildelemente des anisotropen Bildmodells ist ohne Einfluss auf die Restaurationsgüte eine weitere erhebliche Verringerung des Freiheitsgrades der Lösungsbeschreibung möglich. Dennoch bleibt das Bildmodell flexibel genug, um die im vorliegenden Fall hohen Kontraste in der Lösung zu beschreiben. Inhomogenitäten in der resultierenden Lösung, die in diesem Fall im unstrukturierten Hintergrund erkennbar sind, weisen auf das Bestreben und auch die Fähigkeit des Bildmodells hin, im Rauschen als determiniert eingeschätzte Signalreste zu entdecken und im Rahmen der Lösung zu beschreiben. Durch die erhöhte Flexibilität dieses Bildmodells besteht selbst bei großer Bildmodellausdehnung das Vermögen zu sehr guter Datenanpassung. Über einfache weitere Regularisationsmechanismen, wie zum Beispiel nach dem Maximum-Entropie-Prinzip, können Bildelemente mit isotropen Eigenschaften ab einer bestimmten Bildelementegröße favorisiert werden, sofern von Seiten der Datenreproduktion kein anderes Erfordernis besteht. Hier können die im jeweiligen Schätzschritt konstant gehaltenen Bildelementeparameter zur Steuerung eingesetzt werden. Die Ausrichtung und Gestalt der Bildelemente des anisotropen Bildmodells (siehe Abbildung 7.3, rechts) ist an einigen Stellen nicht wie intuitiv erwartet. Bei der Bewertung muss jedoch immer berücksichtigt werden, dass zwischen den

Komponenten S und P eine untrennbare Wechselwirkung besteht, die nur insgesamt beurteilt werden kann.

Die Gesamtlaufzeit des Restaurationsverfahrens wird neben dem dateninhaltsbezogenen Konvergenzverhalten wesentlich vom Umfang der Bildelementebasis bestimmt. Je nach Zahl der tatsächlich zum Bildaufbau verwendeten Bildelemente skaliert sich die Laufzeit nahezu linear. Der Aufwand resultiert im Wesentlichen aus der Vielzahl benötigter FFT-Operationen für die lokale Faltungsoperation zum Lösungsaufbau und zur Bestimmung der Funktionale für die Parameterschätzung. Bis zur Konvergenz sind im Fall eines anisotropen Bildmodells mit oben beschriebenem Umfang derzeit einige Hunderttausend FFT erforderlich. Bezogen auf die Gesamtlaufzeit werden ca. 50% für FFT-Operationen benötigt. Es leuchtet daher ein, dass die Effizienz der verwendeten FFT-Implementierung ein wesentlicher Ansatzpunkt ist, das Verfahren insgesamt zu beschleunigen. In [8] wurde in diesem Zusammenhang der Einsatz von freiprogrammierbaren GPU-Karten für zeitkritische Codeabschnitte untersucht und gezeigt, dass der erzielbare Geschwindigkeitszuwachs des Verfahrens für eine Bildgröße von 1024×1024 bis zu 700% beträgt. Weiteres Potential besteht auf CPU-Ebene durch Parkettierung und parallele Restauration der Messdaten. Die erreichbaren Ergebnisgüten mit dem anisotropen Bildmodell lassen den Aufwand dennoch vertretbar erscheinen. Zukünftig soll durch Finden von optimalen minimalen Konfigurationen anisotroper Bildelementebasen der Aufwand noch weiter reduziert werden.

4 Zusammenfassung

Der hier vorgestellte Ansatz zur Regularisierung mit freiheitsgradbeschränkten Lösungsbeschreibungen auf Basis erweiterter anisotroper Bildaufbaumodelle besitzt großes Potential, selbst bei stark gestörten Messdaten artefaktfreie, richtig interpretierbare Lösungen zu realisieren. Um den resultierenden Mehraufwand gegenüber einfacheren Modellen besser rechtfertigen und zukünftig den theoretisch erzielbaren Zugewinn an Restaurationsgüte praktisch nutzbar machen zu können, sind weitere Arbeiten erforderlich, die im Wesentlichen die Laufzeit betreffen. Dazu gehören der Einsatz von GPU-Hardware für kritische Codeabschnitte, ein auch in dieser Hinsicht weiter optimierter algorithmischer Ablauf und die Untersuchung alternativer, zum Beispiel meta-heuristischer Optimierungsansätze für die Parameter der Bildaufbaumodells.

Dieser Beitrag entstand im Rahmen eines Promotionsverfahrens in der Graduiertenschule "Bildverarbeitung und Bildinterpretation" der Technischen Universität Ilmenau.

Literatur

1. R. Piña und R. Puetter, „Bayesian image reconstruction - the pixon and optimal image modeling", *Pub. of the Astronomical Society of the Pacific*, Vol. 105, S. 630–637, Jun. 1993.

2. P. Hiltner, P. Kroll, R. Nestler und K.-H. Franke, „Restoration of digitized astronomical plates with the pixon method", *Astronomical Data Analysis Software and Systems XII*, Vol. 295, S. 407, 2003.

3. R. Nestler, T. Machleidt, E. Sparrer und K.-H. Franke, „DoF-restricted deconvolution of measured data from AFM special modes", *TM - Technisches Messen*, Vol. 75, Nr. 10, S. 547–554, 2008, ISNN: 0171-8096.

4. R. Nestler, T. Machleidt, K.-H. Franke und E. Sparrer, „Regularisierte Ansätze zur Restauration von Messdaten aus AFM-Sondermodi", in *Bildverarbeitung in der Mess- und Automatisierungstechnik*, Ser. VDI-Bericht, M. Heizmann und F. Puente León, Hrsg., Nr. 1981, November 2007, ISBN: 978-3-18-091981-2.

5. V. Eke, L. Teodoro und R. Elphic, „The spatial distribution of polar hydrogen deposits on the Moon", *Icarus*, Vol. 200, Nr. 1, S. 12–18, 2009, ISSN: 0019-1035.

6. R. Puetter und A. Yahil, „The pixon method of image reconstruction", in *Astronomical Data Analysis Software and Systems VIII*, Ser. ASP Conference Series, D.M. Mehringer, R.L. Plante und D.A. Roberts, Hrsg., Vol. 172, San Francisco: ASP, 1999, S. 307–316.

7. P. Charbonnier, L. Blanc-Féraud, G. Aubert und M. Barlaud, „Deterministic edge-preserving regularization in computed imaging", *IEEE Trans. Image Processing*, Vol. 6, S. 298–311, 1997.

8. T. Kubertschak, R. Nestler, T. Machleidt und K.-H. Franke, „Speeding up powerful state-of-the-art restoration methods with modern graphics processors", in *International Conference on Computer Vision and Graphics (ICCVG 2010), Part. II*, L. Bolc, R. Tadeusiewicz und L.J. Chmielewski, Hrsg. Springer, September 2010, S. 81–88, ISBN: 978-3-642-15909-1.

Effiziente Approximation des optischen Flusses für Über-Grund-Fahrzeuge

Michael Schweitzer, Alois Unterholzner und Hans-Joachim Wünsche

Institut für Technik Autonomer Systeme (LRT8/TAS),
Universität der Bundeswehr München, 85577 Neubiberg

Zusammenfassung Dieser Beitrag beschreibt, wie mittels affiner Projektion und daraus resultierender inverser Tiefenparametrierung der optische Fluss einer über Grund bewegten Kameraplattform approximiert werden kann. Anwendungsfälle speziell im automotiven Bereich sind visuelle Odometrieverfahren sowie Bewegungsstereo bzw. Bewegungssegmentierung.

1 Einleitung

Der optische Fluss und dessen Messung bzw. Interpretation ist ein wichtiges Themengebiet in der Bildverarbeitung. Dabei besteht die Aufgabe zwischen zwei Kamerabildern eine *Versatzkarte* der Pixel zu bestimmen. Meist werden nur die Bildintensitäten verwendet, was zu dem *Aperaturproblem* führt. Horn und Schunck [1] formulierten die Bestimmung als ein Minimierungsproblem zweier kombinierter Terme. Ein Term bestraft hohe Unterschiede in der Intensität (Daten Term), ein zweiter bestraft große Versatzwerte (Regularisierung, Smoothing). Das Horn/Schunck-Verfahren und davon abgeleitete werden für *dichte* Versatzkarten verwendet.

Eine andere, in diesem Beitrag verwendete Vorgehensweise ist der korrepondenzbasierte Ansatz, welcher *dünne* Versatzkarten liefert. Nach einer seperaten Ermittlung von Bildschlüsselpunkten (Keypoints) wird versucht, einzelne Korrespondenzen zwischen beiden Bildern auf Basis der Keypoints zu finden. Über Jahre intensiver Forschung haben sich eine Vielzahl leistungsstarker Korrepondenzverfahren entwickelt, wie etwa KLT [2], Harris [3], SIFT [4], SURF [5], FAST [6] und STAR (CenSurE) [7]. In dieser Arbeit wird das von den Autoren entwickelte *SidCell*-Verfahren [8] verwendet (Abb. 8.1), welches ähnlich wie SURF und

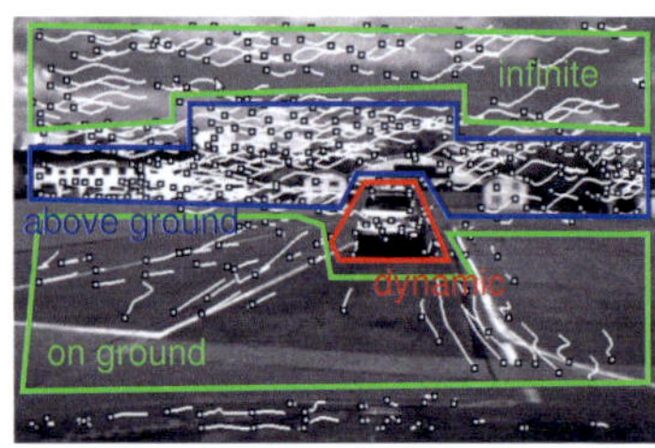

Abbildung 8.1: Links: Langzeitkorrespondenzen des SidCell-Verfahrens. Rechts: Angestrebte Klassifizierung der Korrespondenzen aufgrund der Bildtrajektorien.

STAR Haar Wavelets basierend auf Intergralbildern [9] einsetzt. Speziell für *skalierende* aber nicht um die Sichtachse *rotierende* Anwendungsfälle ist das komplett auf einer GPU implementierte SidCell-Verfahren mit einer Laufzeit von unter 3ms für 2000 Korrespondenzen für den Echtzeiteinsatz geeignet. Weiterhin sind die Korrespondenzen für eine parallele Weiterverarbeitung bereits auf der GPU vorhanden.

Dünne Flussberechnung hat gegenüber dichter Berechung Vorteile in der Rechengeschwindigkeit, sind also eher in der Robotik einsetzbar. Diese sind durch Hardwareimplementierung (z. B. durch FPGA's) eventuell ausgleichbar. Es ist jedoch durch Langzeitkorrespondenzen einfacher, eine Bildtrajektorie über *mehrere* Bilder zu beobachten. Noch bevor eine solche Trajektorie explizit 3D rekonstruiert wird, ist es möglich, eine Klassifikation als Vorstufe der Perzeption durchzuführen, siehe Abb. 8.1 rechts. Dichte Verfahren haben andererseits wieder Vorteile bei der Extraktion von Umrissen.

Dieser Beitrag beschreibt eine effiziente Vorgehensweise, den optischen Fluss einer sich über Grund bewegenden Kameraplattform zu modellieren, vorherzusagen und letztlich zu messen. Die bisherigen wissenschaftlichen Publikationen zu diesem Ansatz sind [8,10,11]. Betrachtet man den im Kamerabild erzeugten optischen Fluss von Über-Grund-Fahrzeugen genauer, so ergeben sich Eigenschaften, welche zur Vereinfachung der Flussgleichungen verwendet werden können. Weiterhin kann durch die Verwendung einer *inversen Tiefenparametrierung, IDP,* anstatt der euklidischen Tiefe eine numerisch sehr günstige Form der Flussgleichungen hergeleitet werden. Ausgehend von einer mittels IDP formulierten Disparitätengleichung $\widetilde{\mathbf{m}}_1 = \mathbf{ARA}^{-1} \cdot \widetilde{\mathbf{m}}_0 + X_0^{-1}\mathbf{At}$ werden alle wichtigen Schritte der Herleitung erklärt und die bestimmenden Terme herausgearbeitet.

Wir zeigen, dass eine daraus ableitbare *Lokalisierung* auf einzelne Bildkorrespondenzen und damit Vermeidung von Gleichungssystemen, sehr geeignet ist für eine parallelisierte Auswertung, z. B. mittels GPU. Damit bauen wir auf unsere GPU-basierte Korrespondenzberechnung [8] auf und erreichen Verarbeitungszeiten von weit unter 10 ms.

2 Inverse Tiefenparametrierung

Wendet man eine X-Skalierung auf euklidische Punkte im projektiven Raum $\mathbb{P}^3$ an, dann ergibt sich:

$$\widetilde{\underline{M}} = \begin{pmatrix} X \\ Y \\ Z \\ 1 \end{pmatrix} \overset{X \neq 0}{=} X \begin{pmatrix} 1 \\ Y/X \\ Z/X \\ 1/X \end{pmatrix} = X \begin{pmatrix} 1 \\ \tan\Psi \\ \tan\Theta \\ X^{-1} \end{pmatrix} = \begin{pmatrix} 1 \\ \tan\Psi \\ \tan\Theta \\ X^{-1} \end{pmatrix} = \begin{pmatrix} \widetilde{\underline{m}} \\ X^{-1} \end{pmatrix}$$

$$(8.1)$$

Diese sogenannte *inverse Tiefenparametrierung*, kurz *IDP*[1], hat erhebliche Vorteile bei der Verwendung von projektiven Kameras [12, 13]. Die Verwendung der *projektiven Strahlenkoordinaten* $(\tan\Psi \quad \tan\Theta \quad X^{-1})^\top$ anstelle der euklidschen Koordinaten $(X \quad Y \quad Z)^\top$ lässt die *direkte* Messung der einzelnen Komponenten zu. Der homogene Vektor der affinen Ebene $(f \quad y \quad z)^\top = (f \quad f\tan\Psi \quad f\tan\Theta)^\top = f\underline{\widetilde{m}}$ ist mit einer projektiven Kamera mit der Fokallänge $f \neq 0$ direkt durch die Bildspalte y und die Bildreihe z messbar. Die inverse Tiefenkomponente ist z. B. durch ein Stereosystem messbar. So gilt für ein rektifiziertes Stereosystem mit der Basis b und o.B.d.A $f = 1$, dass die inverse Tiefe X^{-1} direkt proportional zur Disparität ist, mit der inversen Basis b^{-1} als Proportionalitätsfaktor. Ein weiterer wichtiger Punkt ist, dass auch sehr weit entfernte, also quasi Punkte im Unendlichen, *keine* numerischen Probleme erzeugen, für sie gilt einfach

---

[1] Inverse Depth Parameterization

$X^{-1} = 0$. Gerade bei Außenszenarien (wie z. B. einer automotiven Szenerie) sind quasi unendliche Punkte die Regel und nicht die Ausnahme. Unter Anbetracht der Fehlererzeugung durch Linearisierung ist die Verwendung der inversen Tiefe besser konditioniert als die euklidische Tiefe. Für eine genickte Kamera über Grund kann man ein zeilenweises Modell für die inverse Tiefe austellen, wie in Abb. 8.2 gezeigt. Die numerischen Vorteile einer solchen IDP zeigt Abb. 8.3.

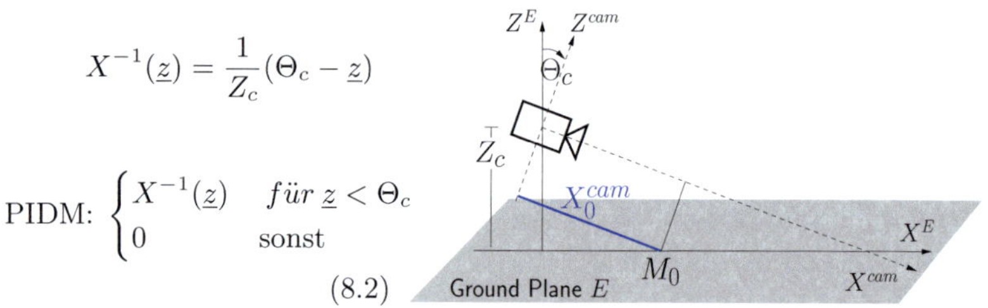

$$X^{-1}(\underline{z}) = \frac{1}{Z_c}(\Theta_c - \underline{z})$$

$$\text{PIDM:} \begin{cases} X^{-1}(\underline{z}) & f\ddot{u}r \ \underline{z} < \Theta_c \\ 0 & \text{sonst} \end{cases} \tag{8.2}$$

Abbildung 8.2: *Planar Inverse Depth Model (PIDM)* für eine Kamera über Grund. Aufgrund kleiner Nickwinkel Θ_c wurde eine Kleinwinkelnäherung angewendet.

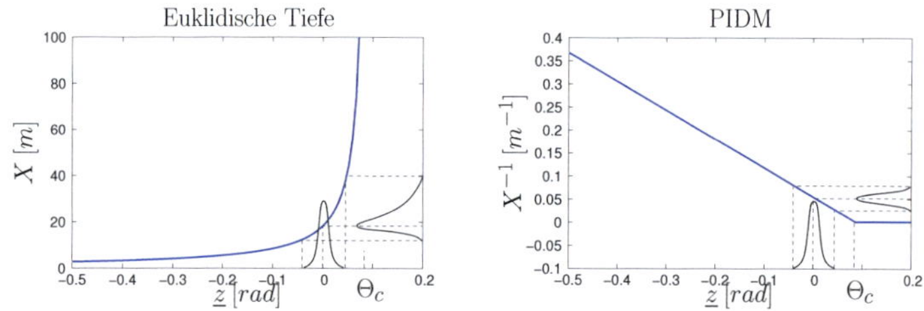

Abbildung 8.3: Bei Verwendung der euklidischen Tiefe (links) erkennt man, dass eine Messung mit gauss'schem Rauschen *nicht* in eine gaussverteilte Unsicherheit des Zustandes mündet. Es ergibt sich ein großer Linearisierungsfehler und daher eine schlechte Eignung für lineare Schätzer. Weiterhin wird die Varianz des Zustandes zu Θ_c hin immer größer (bis unendlich), bei ebenfalls größer werdenden Mittelwerten. Bei dem PIDM (rechts) ist dies nicht der Fall.

Abschließend sei noch einmal verdeutlicht, dass man mit einer inversen Tiefenparametrierung *nicht* genauer messen kann. Die Vorteile liegen in den besseren numerischen Eigenschaften und der einfachen Behandelbarkeit unendlicher Punkte zusammen mit der affinen Projektion. Es zeigt sich sogar, dass die Entdeckung unendlicher Punkte sehr wertvoll ist. Die Singularität unendlicher Punkte wird bildhaft gesprochen *umgekehrt* und in den Ursprung verlegt. Dort wird sie durch die Forderung einer Fokallänge ungleich Null nie erreicht.

3 Generalisierte Disparitätengleichung

Nachdem nun das Konzept der affinen Projektion und inversen Tiefenparametrierung (IDP) eingeführt wurde, kann man bestimmen, wie sich ein Bildpunkt der affinen Ebene verändert, wenn er einer Bewegung $[\mathbf{R}|\mathbf{t}]$, aufgeteilt in den Rotationsteil $\mathbf{R}$ und den Translationsteil $\mathbf{t}$, unterzogen wird. Es gilt:

$$\mathrm{M}_1 = \mathbf{R}\mathrm{M}_0 + \mathbf{t} = X_0\mathbf{R}\underline{\widetilde{\mathrm{m}}}_0 + \mathbf{t}$$
$$X_1\underline{\widetilde{\mathrm{m}}}_1 = X_0\mathbf{R}\underline{\widetilde{\mathrm{m}}}_0 + \mathbf{t}$$
$$X_0^{-1}X_1\underline{\widetilde{\mathrm{m}}}_1 = \mathbf{R}\underline{\widetilde{\mathrm{m}}}_0 + X_0^{-1}\mathbf{t}$$

$$\boxed{\underline{\widetilde{\mathrm{m}}}_1 = \mathbf{R}\underline{\widetilde{\mathrm{m}}}_0 + X_0^{-1}\mathbf{t}} \tag{8.3}$$

Dabei ist wiederum $\underline{\widetilde{\mathrm{m}}}_0$ die geometrische Deutung eines affinen Vektors, welche man mit einer monokularen Kamera messen kann. Diese Form der Beschreibung ist aus zwei Gründen für diesen Beitrag günstig: Erstens wird zwischen Rotationsteil und Translationsteil aufgetrennt und zweitens die inverse Tiefe verwendet. Es ist leicht zu erkennen, dass der Translationsanteil für unendliche Punkte mit $X^{-1} = 0$ verschwindet und nur noch der rotatorische Teil der Bewegung Einfluss nimmt.

Beispiel: Basisslinien Stereo. Verwendet man (8.3) für ein rektifiziertes Stereosystem, erhält man den schon erwähnten linearen Zusammenhang:

$$\underline{\widetilde{\mathrm{m}}}_1 \overset{X_0=X_1}{=} \underline{\widetilde{\mathrm{m}}}_1 = \mathbf{1}\underline{\widetilde{\mathrm{m}}}_0 + X^{-1}(0 \quad b \quad 0)^\top$$
$$\begin{pmatrix} 1 \\ \underline{y}_1 \\ \underline{z}_1 \end{pmatrix} = \begin{pmatrix} 1 \\ \underline{y}_0 + X^{-1}b \\ \underline{z}_0 \end{pmatrix} \tag{8.4}$$

$$\boxed{X^{-1} = \frac{\underline{y}_1 - \underline{y}_0}{b} = b^{-1}\underline{d}} \qquad (8.5)$$

4 Lokal zirkulare Bewegung

Zur Approximation des optischen Flusses ist es nötig, die Bewegung der Kamera über Grund zu modellieren. Dazu schlagen Scaramuzza et al. [14, 15] vor, eine lokal zirkulare Bewegung in der Grundfläche anzunehmen. Abbildung 8.4 zeigt, wie sich Rotation und Translation der Bewegung berechen.

$$\begin{aligned}
{}^1_0[\mathbf{R}|\mathbf{t}] &= \mathbf{R}_Z(\Psi) \cdot \mathbf{T}\begin{pmatrix} \rho\cos\frac{\Psi}{2} \\ \rho\sin\frac{\Psi}{2} \\ 0 \end{pmatrix} \\
&= \mathbf{T}\begin{pmatrix} \rho\cos\frac{\Psi}{2} \\ -\rho\sin\frac{\Psi}{2} \\ 0 \end{pmatrix} \cdot \mathbf{R}_Z(\Psi) \\
&= [\mathbf{R}_Z(\Psi)| \begin{pmatrix} \rho\cos\frac{\Psi}{2} \\ -\rho\sin\frac{\Psi}{2} \\ 0 \end{pmatrix}]
\end{aligned}$$

$$(8.6)$$

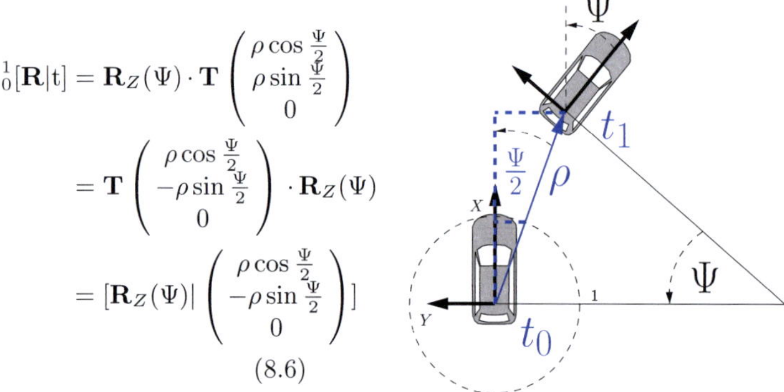

Abbildung 8.4: ρ-Skalierte zirkulare Bewegung. Der Gierwinkelparameter Ψ bestimmt die Bewegung zum Einheitskreis, welche dann mit ρ skaliert wird.

Was ist nun der Vorteil einer als skalierten Kreisbahn aufgefassten Bewegung? Setzt man die ρ-skalierte Bewegung aus Abbildung 8.4 in die verallgemeinerte Disparitätengleichung 8.3 ein, dann zeigt sich, dass für Punkte mit $X^{-1} \to 0$ der Gierwinkelparameter Ψ beobachtbar ist und für Punkte mit $X^{-1} > 0$ der Skalierungsparameter ρ. Scaramuzza et al. setzten die ρ-skalierte Bewegung in die Epipolargleichung ein: Es ergibt sich eine sogenannte *1-Punkt Beziehung*, d.h. dass aus *einer einzigen* Korrespondenz der Gierwinkel Ψ bestimmbar ist:

$$\Psi = -2\tan^{-1}\left(\frac{\underline{y}_1\underline{z}_0 - \underline{z}_1\underline{y}_0}{\underline{z}_0 - \underline{z}_1}\right) \qquad (8.7)$$

Eine 1-Punkt Beziehung hat erhebliche Vorteile für die parallelisierte Berechung. Das meist verwendete RANSAC-Verfahren für Ausreißerentfernung kann durch ein Histogramm ersetzt werden. RANSAC ist ein iteratives und damit sequentielles Verfahren, welches die benötigte Anzahl von Punkten auswählt, damit die Gleichungen löst und das Ergebnis wiederum für eine erneute Auswahl von Punkten anwendet. Die Auswahl der am besten geeigneten Punkte ist eine *globale* Aufgabe und damit schlecht parallelisierbar. Im Gegensatz dazu ist der Aufbau eines Histogramms bei gegebener 1-Punkt Beziehung stark parallelisierbar.

5 Approximation des Optischen Flusses

Die Approximation des optischen Flusses wird nun über die verallgemeinerte Disparitätengleichung 8.3 durch eine Approximation der Bewegung einer über Grund bewegten projektiven Kamera erreicht. Als Bewegungsmodell dient die ρ-skalierte Kreisbahn aus Abbildung 8.6, welche in dem Grundpunkt der genickten Kamera (Höhe Z_c, Nickwinkel Θ_c) aus Abbildung 8.2 angreift.

Da für die Lösung der generalisierten Disparität 8.3 die inverse Tiefeninformation benötigt wird, wird als Tiefenmodell das PIDM 8.2 verwendet. Um die Komplexität deutlich zu verringern wird die Rollkomponente Φ gleich Null gesetzt und für Gieren Ψ und Nicken Θ die Kleinwinkelnäherung angewendet. Durch eine Jacobi-Linearisierung wird der Einsatz in linearen Schätzern (z. B. EKF) vorbereitet [10]:

$$\widetilde{m}_1 = \mathbf{R}\widetilde{\underline{m}}_0 + X_0^{-1}\mathbf{t} = \mathbf{R}_\Theta \mathbf{R}_\Psi \begin{pmatrix} 1 \\ \underline{y}_0 \\ \underline{z}_0 \end{pmatrix} + X_0^{-1}\rho \begin{pmatrix} \cos \Psi/2 \\ -\sin \Psi/2 \\ 0 \end{pmatrix} \quad (8.8)$$

$$\widetilde{m}_1 = \begin{pmatrix} \lambda_R \\ y_R \\ z_R \end{pmatrix} + \lambda_t \begin{pmatrix} 1 \\ -\Psi/2 \\ 0 \end{pmatrix} = \begin{pmatrix} \lambda_R + \lambda_t \\ y_R - \lambda_t \Psi/2 \\ z_R \end{pmatrix}$$

$$\widetilde{\underline{m}}_1 = \begin{pmatrix} 1 \\ \lambda(y_R - \lambda_t \Psi/2) \\ \lambda z_R \end{pmatrix} = \begin{pmatrix} 1 \\ \underline{y}_1 \\ \underline{z}_1 \end{pmatrix} = \begin{pmatrix} 1 \\ \underline{m}_1 \end{pmatrix}, \quad \text{mit} \quad \lambda = \frac{1}{\lambda_R + \lambda_t}$$

$$(8.9)$$

Explizit nach Kleinwinkelnäherung:

$$\lambda_t = \rho X_0^{-1} \qquad\qquad \lambda_R = 1 + \Psi \underline{y}_0 - \Theta \underline{z}_0 \qquad (8.10a)$$

$$y_R = \underline{y}_0 - \Psi \qquad\qquad z_R = \underline{z}_0 + \Theta \qquad (8.10b)$$

Jacobi-Linearisierung:

$$\frac{\partial \underline{m}_1}{\partial \tau} = -\lambda^2 \left(\frac{\partial}{\partial \tau} \lambda_R + \frac{\partial}{\partial \tau} \lambda_t \right) \cdot \begin{pmatrix} y_R - \lambda_t \Psi/2 \\ z_R \end{pmatrix} + \lambda \cdot \begin{pmatrix} \frac{\partial}{\partial \tau} y_R - \Psi/2 \frac{\partial}{\partial \tau} \lambda_t \\ \frac{\partial}{\partial \tau} z_R \end{pmatrix}$$

$$(8.11)$$

6 Anwendungen

Abbildung 8.5 zeigt eine EKF-basierte visuelle Odometrie mittels Gleichung 8.11 und unter der Verwendung des PIDM aus Gleichung 8.2. Werden die Signale aus Abbildung 8.5 über der Zeit integriert und mit Langzeitkorrespondenzen mittel Gleichung 8.3 verglichen, so ergibt sich eine Disparität sofern die Korrespondenz nicht dem PIDM gehorcht, siehe Abbildung 8.6. Dies macht eine Kategorisierung wie in Abbildung 8.1 möglich. In [11] wurde die Approximation des optischen Flusses verwendet, um die Nickstabilisierung einer über einen beweglichen Spiegel geführte Telekamera zu kalibrieren, siehe Abbildung 8.7.

7 Fazit

Das hier vorgestellte Verfahren approximiert den optischen Fluss durch Kleinwinkelnäherung, lokal zirkulares Bewegungsmodell und Annahme eines planaren Tiefenmodells (PIDM). Sind die ersten beiden Voraussetzungen für relativ kurze Zeitintervalle zwischen zwei Bildern ($20 ms$) durchaus valide, bedeutet das (inverse) planare Tiefenmodell eine starke, nicht immer zutreffende Annahme. Wichtig ist, dass nicht das gesamte Bild dieser Annahme entsprechen muss. Durch Kategorisierung von Langzeitkorrespondenzen kann eine Filterung auf geeignete Korrespondenzen erfolgen. Da aber die Schätzung des Bewegungssignals und die Kategorisierung gekoppelt sind, kann das System abdriften. Es gibt mehrere Möglichkeiten, diese Drift zu verhindern, z. B. durch die Einspeisung eines Stützsignals. Experimente haben gezeigt, dass bereits ein

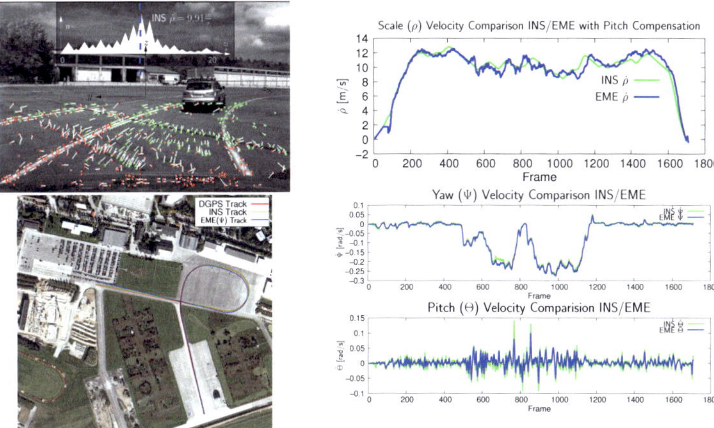

Abbildung 8.5: Links oben: Parallelisierte Auswahl von Korrespondenzen anhand Filterprädiktion und 1-Punkt Histogramm zur Schätzung der Eigengeschwindigkeit $\dot\rho$. Das Histogramm zeigt die Verteilung der Korrespondenzen über dem Eigengeschwindigkeitssignal. Die gestrichelte blaue Linie im Histogramm zeigt den INS Wert (Ground Truth). Ausreisser sind rot dargestellt. Rechts sind die geschätzten Signale für $\dot\rho$, $\dot\Psi$ und $\dot\Theta$ blau dargestellt, die Ground Truth durch INS grün.

ungenaues, rauschendes Lenkwinkelsignal die parallelisierte Ausreisserdetektion vereinfacht und die Drift stark verringert.

Der λ_t-Wert einer Korrespondenz gleich $\rho \cdot X^{-1}$ bestimmt die Beeinflussung durch die Translation. Ist er kleiner als eine Grenze ϵ_t, welche der Veränderung von einem Pixel entsprechen würde, ist das $(\dot\Psi, \dot\Theta)$-Signal durch eine 1-Punkt Beziehung gegeben. Damit ergibt sich die Möglichkeit, ein Stereosystem so einzustellen, dass alle Korrepondenzen mit einer Stereodisparität kleiner d_t bis zu einer Geschwindigkeit $\dot\rho_{max}$ diese Bedingung erfüllen, wodurch man die Forderung nach einem PIDM abmildern oder entfernen kann.

Aktuelle Arbeiten haben gezeigt, dass sich 1-Punkt Beziehungen für Ψ, Θ *und* λ_t gleichzeitig aufstellen lassen. Man ermittelt also *nicht* explizit die Tiefe (oder inverse Tiefe) einer Korrespondenz und auch *nicht* explizit eine Beziehung für ρ, sondern individuell für jede Korrespondenz das Produkt beider Parameter. Damit kann (Ψ, Θ) *unabhängig* vom Tie-

Abbildung 8.6: Bewegungsstereo durch Ermittlung des optischen Langzeit-flusses.

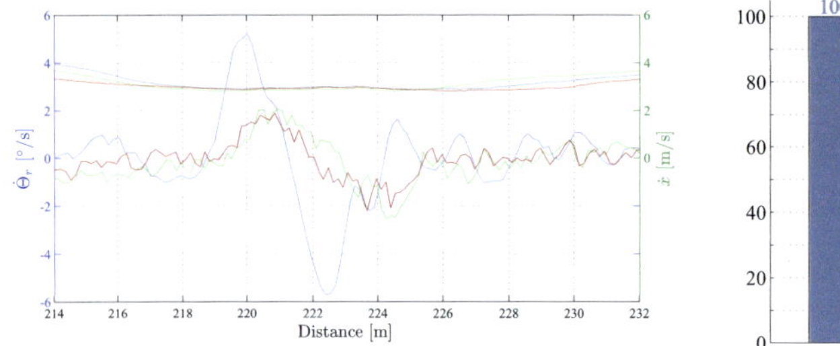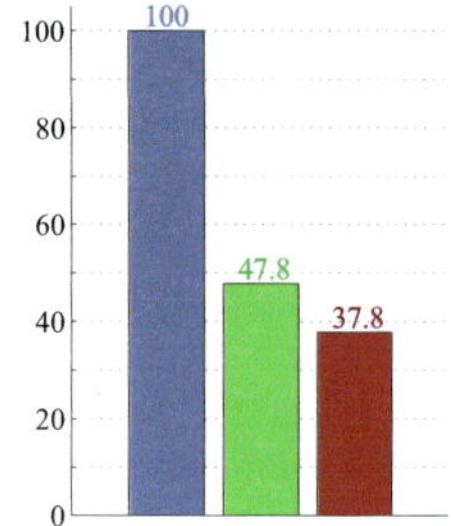

Abbildung 8.7: Links ist das Nicksignal $\dot\Theta$ für den nicht stabilisierten Fall (blau) und Stabilisation durch Kalibrierung mittels Datenblatt (grün) und optischen Fluss (rot) aufgetragen. Man erkennt, dass die Datenblattkalibrierung verbessert wurde, nimmt man das nicht stabilisierte Signal als volle Störung (100%, Balkendiagramm rechts) an.

fenmodell bestimmt werden und in Kurvenfahrten auch ρ, wodurch eine komplette monokulare 3D-Rekonstruktion der Korrespondenzen möglich wird.

Literatur

1. B. Horn und B. Schunck, „Determining optical flow", *Artificial Intelligence*, Vol. 17, S. 185–203, 1981.

2. J. Shi und C. Tomasi, „Good features to track", in *Proc. IEEE Conf. on Computer Vision and Pattern Recognition*, 1994.

3. C. Harris und M. Stephens, „A combined corner and edge detector", in *Proceedings of the Alvey Vision Conference*, 1988, S. 147–151.

4. M. Brown, R. Szeliski und S. Winder, „Multi-image matching using multi-

scale orientated patches", in *Proc. IEEE Conf. on Computer Vision and Pattern Recognition*, 2005.

5. H. Bay, T. Tuytelaars und L. V. Gool, „SURF: Speeded up Robust Features", in *Proc. European Conf. on Computer Vision*, 2006.

6. E. Rosten, R. Porter und T. Drummond, „Faster and Better: A Machine Learning Approach to Corner Detection", *IEEE Trans. on Pattern Analysis and Machine Intelligence*, Vol. 32, Nr. 1, S. 105–119, Jan. 2010.

7. M. Agrawal, K. Konolige und M. Blas, „CenSurE: Center Surround Extremas for Realtime Feature Detection and Matching", *LNCS*, Vol. 5305, Nr. ECCV(4), S. 102–115, 2008.

8. M. Schweitzer und H.-J. Wuensche, „Efficient Keypoint Matching for Robot Vision using GPUs", in *Proc. 12th IEEE Int'l Conf. on Computer Vision, 5th IEEE Workshop on Embedded Computer Vision*, Oct. 2009.

9. P. Viola und M. Jones, „Rapid object detection using a boosted cascade of simple features", in *Proc. IEEE Conf. on Computer Vision and Pattern Recognition*, 2001.

10. M. Schweitzer, A. Unterholzner und H.-J. Wuensche, „Real-Time Visual Odometry for Ground Moving Robots using GPUs", in *Proc. Int'l Conf. on Computer Vision Theory and Applications*, May 2010, *accepted, full paper*.

11. A. Unterholzner, M. Rohland, M. Schweitzer und H.-J. Wuensche, „Vision-Based Online-Calibration of Inertial Gaze Stabilization", in *Proc. IEEE Intelligent Vehicles Symposium*, Jun. 2010.

12. J. Civera, A. Davison und J. Montiel, „Inverse Depth Parametrization for Monocular SLAM", *IEEE Transactions on Robotics*, Vol. 24, Nr. 5, S. 932–945, Oct. 2008.

13. A. J. Davison, I. Reid, N. Molton und O. Stasse, „Monoslam: Real-time single camera slam", *IEEE Trans. on Pattern Analysis and Machine Intelligence*, Vol. 29, Nr. 6, S. 1052–1067, Jun. 2007.

14. D. Scaramuzza, F. Fraundorfer, M. Pollefeys und R. Siegwart, „Absolute Scale in Structure from Motion from a Single Vehicle Mounted Camera by Exploiting Nonholonomic Constraints", in *Proc. IEEE Int'l Conf. on Computer Vision*, Oct 2009.

15. D. Scaramuzza, F. Fraundorfer und R. Siegwart, „Real-Time Monocular Visual Odometry for On-Road Vehicles with 1-Point RANSAC", in *Proc. IEEE Int'l Conf. on Robotics and Automation*, May 2009.

Visuelle Information zur robusten Zuordnung von Landmarken für die Navigation mobiler Roboter

Thomas Emter[1,2] und Thomas Ulrich[1]

[1] Fraunhofer-Institut für Optronik, Systemtechnik und Bildverarbeitung (IOSB), Fraunhoferstr. 1, 76131 Karlsruhe
[2] Karlsruher Institut für Technologie (KIT), Lehrstuhl für Interaktive Echtzeitsysteme, Adenauerring 4, 76131 Karlsruhe

Zusammenfassung In diesem Artikel wird ein Algorithmus für die simultane Lokalisierung und Kartenerstellung (engl.: simultaneous localization and mapping – SLAM) für mobile Roboter vorgestellt, bei dem durch ein erweitertes Landmarkenmodell die Robustheit bei der Datenassoziation, d. h. die Zuordnung einer Beobachtung zu der entsprechenden Landmarke in der bereits aufgenommenen Karte, verbessert wird. Eine zuverlässige Zuordnung ist von großer Bedeutung, da Fehlzuordnungen zu inkonsistenten und damit falschen Karten führen können. Das vorgestellte Verfahren verwendet als Basis einen Partikelfilter-Algorithmus und ein probabilistisches Modell für die Landmarken. Durch die Likelihood-Betrachtung der Zuordnung zwischen Beobachtungen und Landmarken können sowohl die *importance weights* für das Partikelfilter als auch die Datenassoziation mittels Maximum-Likelihood-Schätzer bestimmt werden.

1 Einleitung

„Wo bin ich und wohin gehe ich?" ist eine der grundlegendsten Fragestellungen, die es in der mobilen Robotik zu lösen gilt. So ist es für die autonome Navigation erforderlich, dass sich der mobile Roboter in seiner Umgebung selbst lokalisieren kann. Hierfür stehen eine Vielzahl von unterschiedlichen Sensoren zur Verfügung. So kann die Position und Ausrichtung z. B. mit Radumdrehungssensoren (Odometrie), GNSS und Kompass bestimmt werden. Mittels Multi-Sensorfusion unter

Berücksichtigung der jeweiligen Sensorunsicherheiten können die Messungen und damit die Stärken der einzelnen Systeme kombiniert werden, wodurch die Lokalisierung verbessert wird [1, 2].

Mittels zusätzlicher Sensoren, welche die Umwelt wahrnehmen, wie Laserscanner (LIDAR) und Kameras, kann sich der mobile Roboter auch in einer Karte lokalisieren. Dies ist vor allem in Umgebungen mit sehr stark gestörten GNSS-Signalen oder in Gebäuden, wo kein GNSS empfangen werden kann, von großem Vorteil. Da die Karte zunächst mit den fehlerbehafteten Sensordaten des Roboters erstellt wird, resultiert folgende Problemstellung: Um eine genaue Karte aufzubauen, muss sich der Roboter simultan in der bisher aufgenommenen und fehlerbehafteten Karte lokalisieren und diese ständig aktualisieren und damit verbessern. Dabei besteht die Schwierigkeit darin, dass die Fehler in der Karte und die Unsicherheit in der Lokalisierung des Roboters voneinander abhängig sind. Um eine konsistente Karte zu erhalten, müssen bei der sogenannten simultanen Lokalisierung und Kartenerstellung (engl.: simltaneous localization and mapping – SLAM) diese Unsicherheiten und deren Abhängigkeiten berücksichtigt werden [3].

Die Karte kann aus individuellen Objekten in der Umgebung, sogenannten Landmarken, aufgebaut werden. Damit ein SLAM-Algorithmus zu einer konsistenten Karte konvergiert, ist es von hoher Wichtigkeit, dass neue Beobachtungen mit den korrekten bereits kartierten Landmarken assoziiert werden. Als Modell für die Landmarken wurden bisher meist Punktlandmarken verwendet, d. h. sie sind lediglich über ihren Ort beschrieben. Diese rein ortsabhängigen Merkmale sind jedoch anfällig für Fehlzuordnungen, da der mobile Roboter selbst eine Unsicherheit in seiner Position und Ausrichtung hat [4]. Um die Datenassoziation robuster zu gestalten, wurde das Punkt-Landmarkenmodell mit zusätzlichen ortsunabhängigen Merkmalen erweitert. Dabei wurde der Radius einer Landmarke und eine visuelle Signatur von ihr eingeführt. Als ortsunabhängige visuelle Signatur wurde auf SIFT verzichtet, da sich u.a. in [5] gezeigt hat, dass SIFT momentan noch nicht echtzeitfähig ist.

Im folgenden Kapitel wird der Partikelfilter-SLAM-Algorithmus vorgestellt. In Kapitel 3 wird das erweiterte Landmarkenmodell, die Datenassoziation und -fusion erläutert. In Kapitel 4 werden die Ergebnisse dargestellt und evaluiert. Am Ende des Artikels folgt die Zusammenfassung.

2 Partikelfilter-SLAM

Als zugrundeliegender SLAM-Algorithmus wurde ein Rao-Blackwellized-Partikelfilter gewählt, da dieser durch die bedingten Unabhängigkeiten eine einfache Gestaltung des Landmarkenmodells erlaubt. Ein Partikelfilter diskretisiert den Zustandsraum des Roboterpfades mit dessen Unsicherheiten durch eine feste Anzahl von Partikeln. Jedes Partikel beinhaltet eine eigene Pfadhypothese und eine eigene Karte mit den Landmarken. Unter der Annahme, dass jedes Partikel den wahren Pfad als Hypothese verfolgt, werden die Landmarken bedingt unabhängig voneinander, d. h. der SLAM-Posterior kann folgendermaßen faktorisiert werden [6]:

$$p(s^k, \Theta | z^k, u^k, n^k) = p(s^k | z^k, u^k, n^k) \prod_{n=1}^{N} p(\theta_n | s^k, z^k, u^k, n^k) \; . \quad (9.1)$$

Dabei ist der Pfad des Roboters s, während k die Zeitschritte bezeichnet. Die Messungen der Positionssensoren (z. B. Odometrie) sind als Eingangsgröße u bezeichnet. Die Messungen z sind von Sensoren, welche die Umwelt beobachten (exteriozeptive Sensoren). D. h. von diesen Sensoren werden die Landmarken θ in der Umgebung beobachtet. Die Datenassoziation wird als Zusatzbedingung mit n bezeichnet. Eine Variable mit der Zeit im Exponenten wie z. B. s^k bezeichnet das Set ihrer Werte bis zum Zeitpunkt k. Die Partikel repräsentieren durch die Rao-Blackwellization nur den Posterior des Pfades:

$$p(s^k | z^k, u^k, n^k) \; . \quad (9.2)$$

An jedes Partikel sind N bedingt unabhängige Landmarkenschätzer angehängt, d. h. jedes Partikel hat eine eigene Karte und auch eigene Datenassoziationshypothesen [7].

Die Partikel können nicht direkt von dem Posterior (*target distribution*) (9.2) gezogen werden, weshalb zum Ziehen der Partikel das Bewegungsmodell (*proposal distribution*) verwendet wird. Die Partikel werden zusätzlich mit sogenannten *importance weights* gewichtet, welche dem Quotienten aus der *target distribution* durch die *proposal distribution* entsprechen, sodass die gewichtete Partikelverteilung dem Pfadposterior entspricht. Führt man die Multiplikation mit den *importance weights* in jedem Zeitschritt fort, kann es zu einer Degeneration der Partikel kommen, d. h. die Gewichte der meisten Partikel tendieren gegen 0. Aus diesem Grund wird ein *resampling* durchgeführt, bei dem ein neues Set an Partikeln durch Ziehen mit Zurücklegen mit Wahrscheinlichkeit proportional zu den *importance weights* erzeugt wird.

Partikelfilter führen jedoch nur zu guten Ergenissen, wenn die *proposal distribution* und die *target distribution* ähnlich sind, was nicht gegeben ist, wenn die Umgebungssensoren sehr viel genauer sind als die Bewegungssensoren und auch bei den hier verwendeten Sensoren der Fall ist. Dabei erhalten sehr viele Partikel ein geringes *importance weight* und werden somit beim *resampling* sehr wahrscheinlich verworfen. Dies führt zu der sogenannten *particle depletion*, d. h. die Diversität der Partikel wird vermindert und damit auch die implizite Unabhängigkeit der Landmarken unterminiert [4]. Dies ist vor allem beim Schließen von Zyklen kritisch, d. h. wenn der mobile Roboter, nachdem er lange in zuvor unbekanntem Gebiete unterwegs war, an einen bereits kartierten Ort zurückkehrt.

Damit eine *proposal distribution* berechnet werden kann, welche besser an die *target distribution* angepasst ist, werden die aktuellen Beobachtungen der Umgebungssensoren mit einbezogen. Die Partikel $s_k^{[l]}$ werden somit proportional zu $p(s_k|s^{k-1,[l]}, z^k, u^k, n^{k,[l]})$ gezogen, dabei bezeichnet $[l]$ die ID des Partikels [4].

Zusammen mit dem Pfadposterior des vorherigen Zeitschritts, welcher näherungsweise nach $p(s^{k-1,[l]}|z^{k-1}, u^{k-1}, n^{k-1})$ verteilt ist, ergibt sich die folgende *proposal distribution*:

$$p(s_k^{[l]}|s^{k-1,[l]}, z^k, u^k, n^{k,[l]})p(s^{k-1,[l]}|z^{k-1}, u^{k-1}, n^{k-1,[l]}) \, . \qquad (9.3)$$

Die *importance weights* ergeben sich zu

$$w_k^{[l]} = \frac{\text{target distribution}}{\text{proposal distribution}}$$

$$= \frac{p(s^{k,[l]}|z^k, u^k, n^{k,[l]})}{p(s_k^{[l]}|s^{k-1,[l]}, z^k, u^k, n^{k,[l]})p(s^{k-1,[l]}|z^{k-1}, u^{k-1}, n^{k-1,[l]})}$$

$$\propto p(z_k|s^{k-1,[l]}, z^{k-1}, u^k, n^{k,[l]}) \cdot w_{k-1} \, . \qquad (9.4)$$

Diese *importance weights* werden über den Likelihood der aktuellen Beobachtungen zu den bereits gespeicherten Landmarken in der jeweiligen

Karte berechnet. Je höher das resultierende *importance weight* eines Partikels, desto höher ist die Wahrscheinlichkeit, dass dieses Partikel eine korrekte Karte beinhaltet. Dieser Algorithmus wurde von [8] vorgestellt und ist als FastSLAM 2.0 bekannt. Da die Beobachtungen auch in die *proposal distribution* mit eingehen, konnte gezeigt werden, dass der Algorithmus auch mit nur einem Partikel konvergiert.

3 Erweitertes Landmarkenmodell

Eine wichtige Voraussetzung für die korrekte Kartierung ist die Zuordnung einer Beobachtung zu der entsprechenden Landmarke in der bereits aufgenommenen Karte. Fehlzuordnungen können zu falschen Karten und zum Scheitern des Algorithmus führen, da sie die *particle depletion* verstärken. Wird eine Landmarke als Punktlandmarke modelliert, d. h. nur über ihre Lage definiert, so kann es vor allem in Situationen, bei dem die Pose des mobilen Roboters sehr unsicher ist, zu Fehlzuordnungen kommen. Werden zusätzliche Merkmale der Landmarke hinzugenommen, kann eine zuverlässigere Unterscheidung erreicht werden [9]. Eine Untersuchung mittels Simulationen mit einem zusätzlichen Signaturattribut haben gezeigt, dass dies die Datenassoziation verbessert [10].

3.1 Sensormodell

Für eine robuste Datenassoziation wurde ein erweitertes Landmarkenmodell entworfen, welches zusätzlich zu der Lage eine visuelle Signatur und den Radius der Landmarke enthält. Durch den Radius wird die horizontale Ausdehnung einer Landmarke beschrieben. Idealerweise ist die Signatur und der Radius ortsunabhängig, sodass sie auch bei großer Lokalisierungsunsicherheit des mobilen Roboters eine zuverlässige Zuordnung erlaubt. Als Landmarken werden vertikale zylindrische Objekte angesehen, deren visuelle Signatur zum größten Teil invariant gegenüber der Blickrichtungsänderung ist und somit nicht vom Ort der Beobachtung abhängt. Das Landmarkenmodell θ beschreibt ein vertikales zylindrisches Objekt, wie z. B. Baumstämme oder Laternenpfähle und hat den Merkmalsvektor $f(\theta) = (e, n, r, v)$, welcher sich aus metrischen Merkmalen (e, n, r für east, north und radius) und einer visuellen Signatur (v) zusammensetzt. Dadurch wird das einfache Punkt-Landmarkenmodell durch zwei ortunabhängige Landmarkenmerkmale erweitert.

Abbildung 9.1: Scan in das Kamerabild referenziert. Das grüne Rechteck bezeichnet den Ausschnitt, welcher zur Berechnung der visuellen Signatur verwendet wird.

Zur Detektion der Landmarken wird ein hierarchisches Extraktionsverfahren auf die fusionierten LIDAR- und Kamerabilddaten angewendet. Die Kombination dieser beiden Sensoren hat den Vorteil, dass die hohe Entfernungsgenauigkeit des LIDARs mit der überlegenen Winkelauflösung der Kamera verbunden wird (Abb. 9.1). Bei der Extraktion werden zuerst die LIDAR-Daten betrachtet, da sich die Landmarken in dem Scan deutlich als lokale Entfernungsminima abzeichnen, in der Abbildung durch größere farbige Quadrate gekennzeichnet. Da im Scan auch einige Objekte, wie z. B. Steine als Landmarkenkandidaten von dem LIDAR erkannt werden, wird im Kamerabild zusätzlich nach vertikalen Kanten gesucht, um solche Fehldetektionen auszuschließen. In Abb. 9.1 bezeichnet ein grünes Rechteck alle nach der Auswertung der vertikalen Kanten übrig gebliebenen Landmarkenkandidaten. Der Ort der Landmarke wird ebenfalls aus den Messungen des LIDARs bestimmt, da dessen Entfernungsmessungen eine hohe Genauigkeit aufweisen. Der Radius und die visuelle Signatur in Form eines normalisierten HSV-Histogramms werden über die Kamera bestimmt.

3.2 Datenassoziation

Für die Zuordnung einer Beobachtung zu einer Landmarke und für die *importance weights* wird ein statistisches Abstandsmaß benötigt. Dazu eignet sich der Likelihood. Zur Berechnung des Likelihoods über die Merkmale der Landmarke kann man sich die Unabhängigkeit der visuellen Signatur von der Pose des mobilen Roboters s und den metrischen Merkmalen zunutze machen. D. h. der Likelihood der Beobachtung der metrischen Merkmale $z_{m,k}$ lässt sich unabhängig von dem Likelihood der

Beobachtung der visuellen Signatur $z_{v,k}$ berechnen:

$$p(z_{ges,k}|s^{k-1,[l]}, z_{ges}^{k-1}, u^k, n^{k,[l]})$$
$$\propto p(z_{m,k}|s^{k-1,[l]}, z_m^{k-1}, u^k, n^{k,[l]}) \cdot p(z_{v,k}|z_v^{k-1}, n^{k,[l]}) \ . \tag{9.5}$$

Der Gesamtlikelihood ergibt sich somit aus der Multiplikation des Likelihoods für die metrischen Merkmale und den Likelihood für die visuelle Signatur. Während die kontinuierlichen metrischen Merkmale als normalverteilt angenommen werden:

$$e, n, r \sim \mathcal{N}(\mu_m, \Sigma_m) \ , \tag{9.6}$$

Somit lassen sich die metrischen Merkmale über den Likelihood für multivariate Gaussdichten berechnen:

$$p_m = \frac{1}{(2\pi)^{3/2}\sqrt{|Z_{n_k^{[l]},k}|}} \exp\left(-\frac{1}{2}(z_{m,k}-\hat{z}_{m,n_k^{[l]},k})^T Z_{n_k^{[l]},k}^{-1}(z_{m,k}-\hat{z}_{m,n_k^{[l]},k})\right),$$
$$\tag{9.7}$$

wobei $Z_{n_k^{[l]},k}$ die Innovationskovarianzmatrix ist:

$$Z_{n_k^{[l]},k} = H P_{n_k^{[l]},k-1}^{[l]} H^T + R \tag{9.8}$$

mit dem linearisierten Messmodell H, der Kovarianz der zugeordneten Landmarke $P_{n_k^{[l]}}$ und der Kovarianzmatrix des Messrauschens R [4].

Das diskrete multimodale Merkmal v ist durch ein 2D-Histogramm q definiert und der Likelihood wird berechnet durch:

$$p(z_{v,k}|z_v^{k-1}, n^{k,[l]}) = \exp\left\{-\lambda D(\hat{q}, q)\right\} = p_v \tag{9.9}$$

mit $D(\hat{q}, q) = 1 - \sum_{b=1}^{B}\sqrt{\hat{q}(b) \cdot q(b)}$. Dabei bezeichnet q das zu vergleichende Histogramm einer gerade beobachteten Landmarke mit dem Histogramm $\hat{q}$ einer schon in der Karte eingetragenen Landmarke. Die Distanz D wurde in [11] über die Bhattacharyya-Distanz hergeleitet und bewiesen, dass es sich bei D um eine Metrik handelt. Nach [12] lässt sich über Gleichung (9.9) der Likelihood berechnen, wobei der Parameter λ wie in [12] zu 20 gewählt wurde.

Dadurch kann der Likelihood für eine Beobachtung zu einer Landmarke über alle Merkmale des Landmarkenmodells geschlossen berechnet werden und somit direkt zur robusten Datenassoziation und als *importance weight* im Rao-Blackwellized-Partikelfilter verwendet werden.

Die Datenassoziation wird für jedes Partikel [l] mittels eines Maximum-Likelihood-Schätzers durchgeführt:

$$
\hat{n}_k^{[l]} = \underset{n_k^{[l]}}{\arg\max}\; p(z_{ges,k}|s^{k-1,[l]}, z_{ges}^{k-1}, u^k, n^{k,[l]})
$$

$$
= \underset{n_k^{[l]}}{\arg\max}\; p_m \cdot p_v \tag{9.10}
$$

mit p_v für die visuelle Signatur aus Gleichung (9.9) und p_m aus Gleichung (9.7) für die metrischen Daten.

3.3 Datenfusion

Um die bereits in der Karte aufgenommenen Landmarken mit den neuen zugeordneten Beobachtungen zu aktualisieren, müssen diese fusioniert werden. Die metrischen Daten sind als normalverteilt modelliert und lassen sich somit mit einer Fusion ähnlich dem EKF aktualisieren. Die visuelle Signatur v liegt in einem 2D-Histogramm vor und wird mittels eines diskreten Bayes-Filters berechnet [7].

Für alle Klassen b des Histogramms wird eine Prädiktion nach

$$
q_k^-(b) = \sum_i p(x(b)|u_k, x(i))q_{k-1}^+(i) \tag{9.11}
$$

durchgeführt. Dabei ist $p(x(b)|u_k, x(i))$ die Übergangswahrscheinlichkeit von der Klasse $x(i)$ nach $x(b)$. Im vorliegenden Fall wird diese für alle $i \neq b$ gleich 0 angenommen, da die Signatur ortsunabhängig ist und damit von der Bewegung u_k, womit $q_k^-(b) = q_{k-1}^+(b)$ gilt. Der Update-Schritt erfolgt durch die Multiplikation der jeweiligen Klassen der Histogramme der Beobachtung und der Landmarke:

$$
q_k^+(b) = \eta p(z_{v,k}|x(b))q_k^-(b), \tag{9.12}
$$

wobei η einen Normierungsfaktor bezeichnet, d. h. das Histogramm wird nach jeder Filterung normiert, sodass $\sum_{l=1}^{B} \hat{q}(b) = 1$ gilt.

4 Ergebnisse

Die folgenden Ergebnisse sind mit einer Implementierung des FastSLAM 2.0 Algorithmus durchgeführt worden. Zur Evaluierung wurden folgende vergleichende Szenarien mit und ohne Zusatzmerkmalen durchgeführt:

1. einem Partikel mit Zusatzmerkmalen

2. einem Partikel ohne Zusatzmerkmale

3. 25 Partikel mit Zusatzmerkmalen

4. 25 Partikel ohne Zusatzmerkmale

Die Abbildungen zeigen die Karten am Ende einer Strecke von ca. 100m, die von dem mobilen Roboter von links nach rechts und wieder zurück befahren wurde. In dem Gebiet befinden sich 12 Objekte, die als Landmarken erkannt werden. In den Abbildungen stellt der blaue Pfeil die mit den *importance weights* gewichtete gemittelte Pose des Roboters dar. In blau sind die Fehlerellipsen der Landmarken mit entsprechender Beschriftung eingezeichnet, wobei nur die Karte des besten Partikels angezeigt wird. Die Fehlerellipsen sind für das 3σ Intervall berechnet und sind ca. 300-fach vergrößert dargestellt. Die rote Linie symbolisiert die *ground truth*. In den beiden Abb. 9.5 und 9.4 sind die Partikel als rote Punkte dargestellt. In Abb. 9.5, dem Ergebnis des Szenario 1, ist zu erkennen, dass der Roboter am Ende der Fahrt das Ende der *ground truth* erreicht hat und dass die Karte mit 12 Landmarken korrekt ist. Es wurden zudem alle Landmarken richtig erkannt. Das Ergebnis des Szenarios ohne Zusatzmerkmale in Abb. 9.4 weicht deutlich von dem in Abb. 9.5 ab. Der Roboter befindet sich am Ende der Fahrt nicht am Ende der *ground truth* und nicht alle Landmarken wurden richtig erkannt, sondern es wurden fälschlicherweise Landmarken mehrfach instanziiert. So wurden z. B. die Landmarken Nr. 2 und Nr. 3 beim Schließen der ersten Schleife nicht wiedererkannt und als Nr. 9 und Nr. 10 doppelt instanziiert. Bei FastSLAM2.0 verbessern die Zusatzmerkmale die Datenassoziation, die Schleife kann zuverlässig geschlossen werden und der Algorithmus konvergiert. Das Ergebnis des Szenario 3 in Abb. 9.4 ist nahezu gleich mit dem Ergebnis aus Szenario 1, was auch zu erwarten war. Die Landmarken wurden korrekt erkannt und der Roboter konnte sich richtig lokalisieren. In Abb. 9.5 ist zu sehen, dass die Erkennung

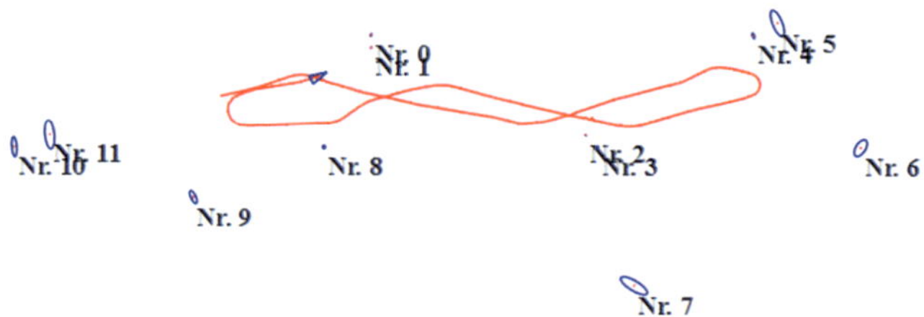

Abbildung 9.2: Karte mit einem Partikel mit Zusatzfeatures.

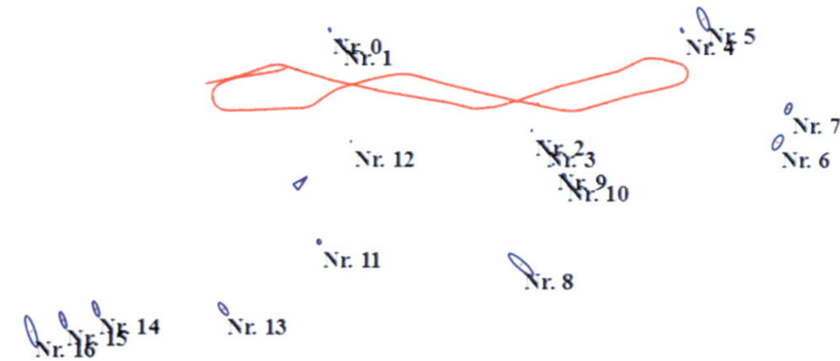

Abbildung 9.3: Karte mit einem Partikel ohne Zusatzfeatures.

der Landmarken im Vergleich zu Szenario 2 zwar erfolgreich ist, jedoch die Lokalisierung im Vergleich zu den Abb. 9.4 und 9.2 etwas schlechter ist. Der Roboter hat am Ende des Pfads einen Offset zu der *ground truth*. Somit können Zusatzmerkmale das Ergebnis auch bei Partikel-Filtern mit einer größeren Anzahl an Partikeln verbessern. Ein Grund für das schlechtere Abschneiden des Algorithmus ohne Zusatzmerkmale ist zum Beispiel, dass die Datenassoziation bereits am Anfang der Fahrt zwei Landmarken (Nr. 0 und Nr. 1) bei einigen Beobachtungen nicht unterscheiden kann, was das erfolgreiche Schließen der zweiten Schleife erschwert und somit auch eine schlechtere Lokalisierung des Roboters bedingt.

Durch den Vergleich der Szenarien wurde deutlich, dass Zusatzmerkmale die Qualität des Ergebnisses des FastSLAM 2.0 Algorithmus verbessern können. Insbesondere bei nur einem Partikel wurde erst durch die Zusatzmerkmale eine Konvergenz des Algorithmus erreicht. D.h. für das

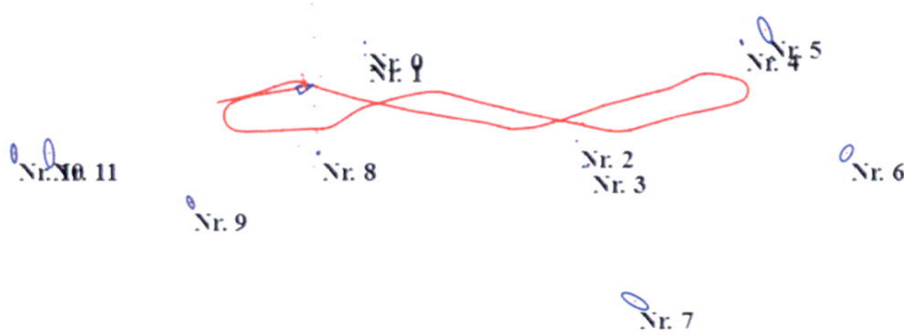

Abbildung 9.4: Karte mit 25 Partikeln mit Zusatzfeatures.

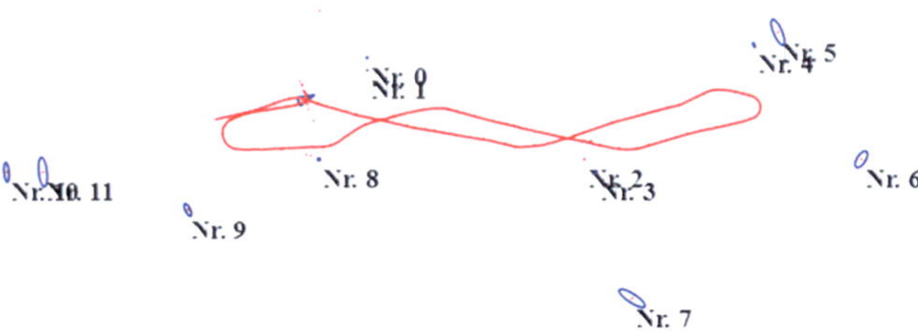

Abbildung 9.5: Karte mit 25 Partikeln ohne Zusatzfeatures.

robuste Schließen von Zyklen sind mit Zusatzmerkmalen weniger Partikel notwendig.

5 Zusammenfassung

Im Allgemeinen wird die Datenassoziation bei Auftreten des Problems der Zuordnungsmehrdeutigkeit in SLAM durch einen größeren Merkmalsvektor mit ortsunabhängigen Merkmalen wie visueller Signatur und Radius verbessert. Dadurch gelingt eine robustere Zuordnung der Landmarken zu den Beobachtungen, was die Konvergenz des SLAM-Algorithmus verbessert. Die Zusatzmerkmale führen dazu, dass der Algorithmus mit einer geringen Anzahl an Partikeln überhaupt konvergiert und dass die sich ergebende Karte bei höherer Anzahl an Partikeln genauer wird.

Literatur

1. T. Emter, C. Frey und H.-B. Kuntze, „Multisensorielle Überwachung von Liegenschaften durch mobile Roboter - Multi-Sensor Surveillance of Real Estates Based on Mobile Robots", *Robotik 2008: Leistungsstand - Anwendungen - Visionen - Trends*, June 2008.

2. T. Emter, A. Saltoğlu und J. Petereit, „Multi-Sensor Fusion for Localization of a Mobile Robot in Outdoor Environments." *In Proc. VDE-Verlag: ISR/Robotik 2010: Visions are Reality.*, June 2010.

3. H. Durrant-Whyte und T. Bailey, „Simultaneous localization and mapping: Part I", *IEEE Robotics & Automation Magazine*, Vol. 13, June 2006.

4. M. Michael und S. Thrun, *FastSLAM - A Scalable Method for the Simultaneous Localization and Mapping Problem in Robotics*, Ser. STAR - Springer Tracts in Advanced Robotics.   Berlin Heidelberg New York: Springer Verlag, 2007, Vol. 27.

5. R. Elinas, Pantelis; Sim und J. J. Little, „σslam: Stereo vision slam using the rao-blackwellised particle filter and a novel mixture proposal distribution", in *ICRA*, 2006, S. 1564–1570.

6. A. Doucet, N. de Freitas, K. Murphy und S. Russel, „Rao-Blackwellised Particle Filtering for Dynamic Bayesian Networks", *Proceedings of the Sixteenth Conference on Uncertainty in Artificial Intelligence*, 2000.

7. S. Thrun, W. Burgard und D. Fox, *Probabilistic Robotics.*   Cambridge, Massachusetts: The MIT Press, 2005.

8. M. Michael, S. Thrun, K. Daphne und B. Wegbreit, „FastSLAM 2.0: An Improved Particle Filtering Algorithm for Simultaneous Localization and Mapping that Provably Converges", *Proceedings of the Sixteenth International Joint Conference on Artificial Intelligence (IJCAI)*, 2003.

9. H. Durrant-Whyte und T. Bailey, „Simultaneous localization and mapping: Part II", *IEEE Robotics & Automation Magazine*, Vol. 13, September 2006.

10. T. Emter, „Probabilistic localization and mapping for mobile robots", *Proceedings of the 2009 Joint Workshop of Fraunhofer IOSB and Institute for Anthropomatics, Vision and Fusion Laboratory*, June 2009.

11. P. Pérez, C. Hue, J. Vermaak und M. Gangnet, „Color-based probabilistic tracking", in *ECCV '02: Proceedings of the 7th European Conference on Computer Vision-Part I.*   London, UK: Springer-Verlag, 2002, S. 661–675.

12. V. Comaniciu, D.; Ramesh und P. Meer, „Real-time tracking of non-rigid objects using mean shift", in *Computer Vision and Pattern Recognition, 2000. Proceedings. IEEE Conference*, Vol. 2, 2000, S. 142–149 vol.2.

Kollisionsvermeidung bei redundanten Manipulatoren mit Hilfe von Multi-Kamera Arrays

Bernhard Weber[1], Timo Fritzsch[1] und Kolja Kühnlenz[1,2]

[1] TU München, Institute of Automatic Control Engineering (LSR), Arcisstr. 21, D-80333 München
[2] TU München, Institute for Advanced Study (IAS), Arcisstr. 21, D-80333 München

Zusammenfassung Ein neues Konzept zur Bild basierten Kollisionsvermeidung bei redundanten Robotermanipulatoren sieht vor, die Oberfläche des Manipulators flächendeckend mit Miniaturkameras auszustatten. Diese Kameras ermöglichen es, die Umgebung des Manipulators vollständig zu beobachten, wodurch Nachteile bisheriger Systeme umgangen werden. Dabei liegt der Schwerpunkt dieser Arbeit einerseits auf Methoden zur Tiefenrekonstruktion aus zweidimensionalen Bilddaten, die sich zur Parallelisierung eignen und damit für eine Ausführung in Echtzeit. Andererseits werden Regelungsstrategien vorgestellt, die ein Ausweichen des Manipulators ermöglichen, lediglich durch Ausnutzung seiner Redundanz. Abschließend bestätigen wir diesen Ansatz mit experimentellen Ergebnissen.

1 Einleitung

Der Bedarf an Robotern, die in industrieller Umgebung aber auch im Hausgebrauch mit Menschen zusammen arbeiten, ist in den letzten Jahren stark gestiegen. Ein Roboter, der mit Menschen interagiert oder der sich in unbekannter Umgebung befindet, muss stets in der Lage sein, sein Umfeld wahrzunehmen. Dabei ist insbesondere das Erkennen von Hindernissen und das Vermeiden von Kollisionen von größter Bedeutung. Zu diesem Zweck muss der Roboter mit Sensoren ausgestattet sein, die ihm die notwendigen Informationen über seine Umgebung liefern. Dafür werden oft Ultraschall- oder Laser-basierte Sensoren verwendet, die jedoch teuer, unhandlich und begrenzt in der Fähigkeit sind, die Umgebung darzustellen.

Im Gegensatz dazu bieten Kamerasysteme ein wesentlich breiteres Spektrum an Möglichkeiten, da sie in der Lage sind, Tiefeninformationen und Bewegungsabläufe wiederzugeben und photorealistische 3D-Rekonstruktionen zu liefern. Manipulatoren sind daher oft mit einer festen Überkopf-Kamera ausgestattet, die die gesamte Szene von oben betrachtet [1, 2], oder der End-Effektor wird von einer Kamera überwacht, die auf dem Manipulator befestigt ist [3].

Jedoch kann keine dieser Konfigurationen eine omnidirektionale Wahrnehmung garantieren, bedingt durch begrenzte Sichtfelder und Selbst-Verdeckung. Daher wird hier ein neuer Ansatz vorgestellt, um diese Nachteile zu überwinden. Da Kameras seit einigen Jahren immer kleiner und preiswerter werden, können Minikameras dafür verwendet werden, einen Großteil der Manipulatoroberfläche dicht zu bedecken und damit den gesamten Raum um den Manipulator zu überwachen. Dadurch können Hindernisse in jeder Richtung erkannt und umfahren werden, wobei man hier die beiden entscheidenden Teilbereiche unterscheidet: die Bildverarbeitung und die Roboterregelung.

Bei der Bildverarbeitung ist zu beachten, dass für eine Regelung visuelle Daten in Echtzeit verarbeitet werden müssen, um die Tiefeninformationen zu extrahieren. Daher wird der Schwerpunkt bei der Wahl des Verfahrens auf Parallelisierbarkeit gelegt.

Für die Roboterregelung werden die Tiefeninformationen aus der Bildverarbeitung verwendet, um einem Hindernis auszuweichen und dennoch eine vorgegebene Aufgabe auszuführen. Dies ist möglich, da wir die Redundanz des Manipulators ausnutzen können.

Diese Arbeit ist wie folgt gegliedert: In Abschnitt 2 werden Grundlagen zu Bild basierten Tiefenrekonstruktion, insbesondere für beliebig viele Kameras, vorgestellt. In Abschnitt 3 werden Ansätze zu Kollisionsvermeidung unter Ausnutzung der Redundanz von Manipulatoren gezeigt. Die Implementierung der gesamten Regelung wird in Abschnitt 4 vorgestellt und in Abschnitt 5 durch Experimentelle Erfahrungen überprüft. Schließlich findet sich in Abschnitt 6 eine Zusammenfassung der Arbeit.

2 Bildbasierte Tiefenrekonstruktion

2.1 Stereo-Rekonstruktion

Das Ziel von Stereo-Rekonstruktion ist die Wiederherstellung der Tiefeninformation, die während des Abbildungsprozesses eines 3D-Punktes in den 2D-Bildraum verloren geht. Daraus ergibt sich das Korrespondenzproblem, Bildpunkte in den verschiedenen Bildern zu finden, die zu demselben Raumpunkt gehören. Die Disparität dieser Punkte – die Verschiebung der Koordinaten des linken Bildes im Vergleich zum rechten – hängt direkt mit der Tiefe – dem Abstand zur Bildebene – des Raumpunktes zusammen. Da wir eine echtzeitfähige Rekonstruktion in unbekannter Umgebung erreichen wollen, konzentriert sich diese Arbeit auf lokale Algorithmen (nur eine begrenzte Umgebung um jeden Pixel wird berücksichtigt), die eine dichte Disparitätskarte erstellen. Diese Intensitäts-basierten Algorithmen bestehen aus fünf Schritten [4], die im Folgenden erläutert werden.

1. Rektifizierung und koplanare Ausrichtung der Bilder, so dass die Suche nach korrespondierenden Pixeln auf eine Zeile beschränkt werden kann [5,6].

2. Berechnung der Matching-Kosten, für jedes Pixel (u,v) und jede Disparitätshypothese d ergeben sich Kosten [7]

$$
\begin{aligned}
C(u,v,d) = {} & |R(u,v) - R'(u+d,v)|^2 \\
& + |G(u,v) - G'(u+d,v)|^2 \\
& + |B(u,v) - B'(u+d,v)|^2,
\end{aligned}
\tag{10.1}
$$

   als Summe der quadrierten Differenzen der Farbwerte Rot (R für das linke, R' für das rechte Bild), Grün (G, G') und Blau (B, B'), welche kompakt im Disparitätsraum (disparity space image, DSI) dargestellt werden können [8].

3. Kostenaggregation, zur Verbesserung der Kosten-Schätzung durch Summieren über einen Trägerbereich. Dies kann als Faltung mit einer Gewichtsfunktion dargestellt werden:

$$
C_{Agg}(u,v,d) = w(u,v,d) * C_0(u,v,d).
\tag{10.2}
$$

Verschiedene Ansätze zur Kostenaggregation können in [7] nachgelesen werden.

4. Disparitäts-Optimierung, hier wird aus dem lokalen Ansatz ein globaler gemacht, indem eine Disparität d gefunden wird, die eine globale Energie $E(d)$ minimiert. Allerdings sind solche globale Optimierungen sehr kostenintensiv, deshalb wird bei echtzeitfähigen Algorithmen darauf verzichtet und stattdessen eine Winner-Takes-All-Strategie angewendet:

$$d(u,v) = \arg\min_d(C_{Agg}(u,v,d)), \tag{10.3}$$

wobei $d(u,v)$ die gewählte Disparität für Pixel (u,v) bezeichnet.

5. Disparitäts-Verfeinerung, da bei der Disparitäts-Berechnung keine globale Optimierung stattfindet, wird anschließend noch ein Medianfilter auf die Disparitätskarte angewendet, um die Karte zu glätten und Ausreißer zu entfernen [9]. Da die Bilder rektifiziert und koplanar sind, kann schließlich die Tiefe $Z(u,v)$ direkt aus der Disparität berechnet werden:

$$Z(u,v) = \frac{f \cdot B}{d(u,v) \cdot l_{pix}}, \tag{10.4}$$

mit der Brennweite f, Basisweite B und Kantenlänge l_{pix} eines quadratischen Pixels [10].

2.2 Multi-View Tiefenrekonstruktion

Die Verallgemeinerung des Ansatzes aus dem vorigen Abschnitt auf beliebig viele Kameras ist der plane-sweeping approach, der den Vorteil bietet, die zusätzlichen Bilder zur Verbesserung der Genauigkeit zu nutzen, da die Anzahl an Ausreißern minimiert wird. Dieser Algorithmus kann in drei Schritte unterteilt werden [11]:

1. Wahl einer Hauptansicht, deren optische Achse als Verschiebungsachse für die Vergleichsebene (sweeping-plane) verwendet wird

2. Warping, dabei wird jedes Bild auf die momentane Vergleichsebene projiziert

3. Bewertung, hier werden die Kosten für jedes Pixel der Hauptansicht berechnet, analog zum vorigen Abschnitt durch die Summe der quadrierten Differenzen der Farbwerte

4. Tiefenextraktion, durch Winner-Takes-All-Strategie

3 Kollisionsvermeidung basierend auf Redundanz

Die entscheidende Aufgabe bei der Roboterregelung ist die Transformation der Arbeitsraumkoordinaten in Gelenkraumkoordinaten, beschrieben durch die inverse Kinematik:

$$q = f^{-1}(x). \tag{10.5}$$

Falls die Jacobi-Matrix J von f regulär ist, so kann die inverse Kinematik dargestellt werden als

$$\dot{q} = J^{-1}(q)\dot{x}. \tag{10.6}$$

Da die Jacobi-Matrizen von redundanten Manipulatoren nicht regulär sind, kann die Inverse nicht gebildet werden. Stattdessen wird oft die Moore-Penrose-Pseudoinverse $J^+ = J^T(JJ^T)^{-1}$ verwendet. Eine allgemeine Lösung ist dann gegeben als

$$\dot{q} = J^+\dot{x} + (I - J^+J)\dot{q}_0, \tag{10.7}$$

wobei I die $n \times n$ Identität und $\dot{q}_0$ ein beliebiger Vektor im $\dot{q}$-Raum ist. Der zweite Term von Gleichung (10.7) ist eine homogene Lösung, wobei jedes $\dot{q}_0$ einer Nullraumbewegung entspricht, also einer reinen Gelenkbewegung ohne Arbeitsraumbewegung des Effektors.

Diese homogene Lösung kann nun genutzt werden um Performance-Kriterien, in unserem Ansatz die Kollisionsvermeidung, zu optimieren, ohne die eigentliche Aufgabe zu vernachlässigen. Eine Lösung dieses Problems mit Hilfe der Pseudoinversen ist möglich, hat jedoch den Nachteil, dass deren Berechnung sehr teuer werden kann, insbesondere falls mehrere Hindernisse berücksichtigt werden müssen. Eine günstigere Lösung bietet die Verwendung der Transponierten der Jacobi-Matrix [12].

Zur Kollsionsvermeidung wird zunächst ein kritischer Punkt definiert, welches der Punkt auf dem Manipulator ist, der dem Hindernis am nächsten ist. Anschließend wird eine gewünschte Fluchtgeschwindigkeit $\dot{x}_c$ hinzugefügt, welche in diesem kritischen Punkt ansetzt und direkt vom Hindernis weg zeigt. Berücksichtigt man mehrere Hindernisse, so ergibt sich diese Fluchtgeschwindigkeit im Gelenkraum zu:

$$\dot{q}_c = \sum_{i=1}^{k} J_{c,i}^{T}(q)\dot{x}_{c,i}, \tag{10.8}$$

wobei k die Anzahl der kritischen Punkte und $J_c^i(q)$ die Jacobi-Matrix des i-ten kritischen Punkts $x_{c,i}$ bezeichnet. Schließlich wird $\dot{q}_0$ in der allgemeinen Lösung (10.7) durch $\dot{q}_c$ ersetzt.

4 Implementierung

4.1 Systemübersicht

Ein entscheidender Punkt bei der Verwendung von visuellen Sensordaten zur Roboterregelung ist die Fusion der unterschiedlichen Taktfrequenzen. Während die Regelung des Manipulators mit einer Frequenz von mindestens 1 kHz arbeitet, werden Algorithmen in der Bildverarbeitung bereits bei einer Bildrate von mehr als 5 Bildern pro Sekunde (frames per second, fps) als echtzeitfähig bezeichnet.

Der große Vorteil unseres Ansatzes ist, dass das Sekundärziel der Kollisionsvermeidung als zusätzlicher Term in das Regelgesetz eingebaut ist. Folglich können die Ergebnisse der Bildverarbeitung als zusätzliche Eingangsgrößen in den Regelkreis gesehen werden. Sobald ein Hindernis erkannt wird, werden die Daten an den Regelkreis gesendet und dort verwendet bis neue Daten ankommen oder keine Hindernisse mehr in der Reichweite des Manipulators sind. Dieser Ablauf ist schematisch in Abbildung 10.1 dargestellt.

4.2 Bildverarbeitung in Echtzeit

Um die Tiefenrekonstruktion echtzeitfähig umzusetzen, wird die Rechenleistung des Grafikprozessors (graphics processing unit, GPU) ausgenutzt, wobei mehrere Vorgänge parallelisiert werden können. Als Schnittstelle wird dabei CUDA von NVIDIA [13] verwendet. Hier sind alle Schritte der Bildverarbeitung implementiert.

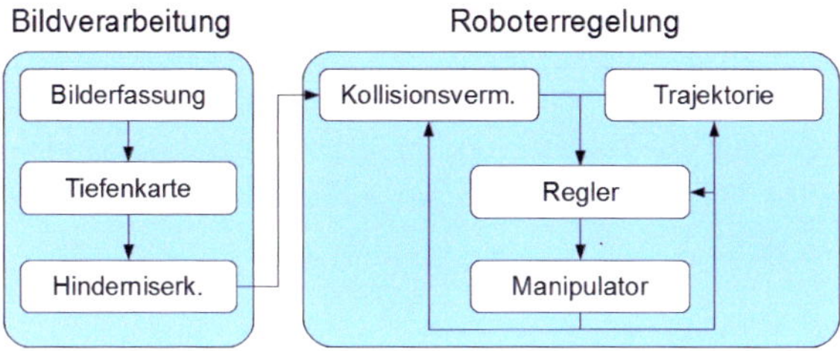

Abbildung 10.1: Schematische Darstellung des Systems.

4.3 Regelung zur Kollisionsvermeidung

Bei der Umsetzung der Kollisionsvermeidung sind noch die folgenden Probleme zu behandeln

Berechnung des Kritischen Punktes

Da der kritische Punkt durch den kürzesten Abstand zwischen Manipulator und Hindernis festgelegt ist, wird der Abstand für jedes Glied berechnet und der kürzeste ausgewählt. Die aktuellen Positionen der Gelenke in Basis-Koordinaten können berechnet werden, da sowohl der Gelenkwinkelvektor als auch die Transformationsmatrizen, die die Geometrie des Manipulators festlegen, bekannt sind. Nun kann ein Kandidat für den kritischen Punkt berechnet werden:

$$c_{cand} = j_i \frac{(o^T - j_i^T)l_{i,i+1}}{l_{i,i+1}^T l_{i,i+1}} l_{i,i+1}, \tag{10.9}$$

wobei j_i die Koordinaten des i-ten Gelenks, o die des nächsten Punktes auf dem erkannten Objekt und $l_{i,i+1}$ den Verbindungsvektor zwischen i-tem und $i+1$-tem Gelenk bezeichnet. Dabei ist zu beachten, dass der Kandidat auf dem Verbindungsglied und nicht auf der Verlängerung desselben liegt. Damit kann nun der Abstand zwischen diesem Glied und dem Objekt berechnet und schließlich der Kandidat mit dem kleinsten Abstand als kritischer Punkt ausgewählt werden.

Jacobi-Matrix zum kritischen Punkt

Da die Gelenkkoordinatensysteme stets so ausgerichtet sind, dass die y-Achse in Richtung des nachfolgenden Verbindungsglieds zeigt, kann der kritische Punkt abhängig von den aktuellen Gelenkwinkeln q dargestellt werden:

$$x_c = f_c(q) = {}^0T_i \begin{pmatrix} 0 \\ d \\ 0 \end{pmatrix}, \tag{10.10}$$

wobei ${}^0T_i$ die Transformationsmatrix vom Gelenkkoordinatensystem zu j_i in das Basissystem und d den Abstand des kritischen Punkts zum Gelenk j_i bezeichnet. Schließlich erhält man die Jacobi-Matrix

$$J_c(q) = \frac{\partial f_c(q)}{\partial q}. \tag{10.11}$$

Fluchtgeschwindigkeit

Die Fluchtgeschwindigkeit $\dot{x}_c$ wird folgendermaßen berechnet:

$$\dot{x}_c = \begin{cases} 0, & \text{falls } d > d_U \\ \frac{v_0}{2}[cos(\pi \frac{d-d_L}{d_U-d_L}) + 1]u, & \text{falls } d_L < d \leq d_U \\ v_0 u, & \text{falls } d \leq d_L, \end{cases} \tag{10.12}$$

wobei v_0 den Maximalwert der Geschwindigkeit, u den Einheitsvektor der Richtung $x_c - o$, d den Abstand vom Hindernis zum Manipulator und d_L, bzw. d_U eine untere, bzw. obere Schranke bezeichnen. Dadurch wird ein glatter Übergang zwischen dem gefahrfreien $(d > d_U)$ und dem kollisionsgefährdeten Bereich $(d \leq d_L)$ erreicht.

Plötzliches Auftauchen von Hindernissen

Um Diskontinuitäten in $\dot{q}$ zu verhindern, die auftreten können, wenn ein Objekt plötzlich erscheint oder durch Fehler in der Bildverarbeitung, wird ein Glättungsfaktor γ eingeführt

$$\gamma_k = 1 - \frac{1 + \cos(k\pi/n_t)}{2}, \tag{10.13}$$

wobei k ein Index ist, der mit $k = 1$ initiiert wird, sobald ein neues Objekt erscheint und mit jedem von n_t Zeitschritten um 1 erhöht wird.

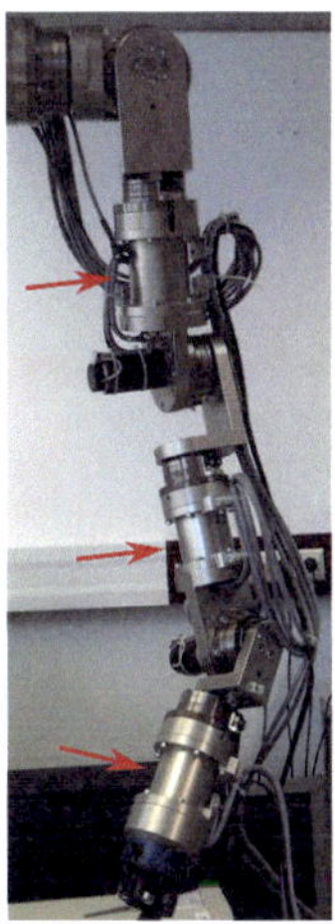

Abbildung 10.2: Verwendeter Manipulator mit 7 Freiheitsgraden.

5 Experimentelle Evaluierung

5.1 Versuchsaufbau

Da der Manipulator mit so vielen Kameras ausgestattet werden soll, dass der gesamte Raum um ihn beobachtet werden kann, aber andererseits die Gesamtanzahl der Kameras so gering wie möglich gehalten werden soll, haben wir uns für analoge CCIQ Mini-Farbkameras mit folgenden Spezifikationen entschieden.

Auflösung	648 × 488 Pixel
Bildsensor	1/4" Farb CCIQ II Kamera
Öffnungswinkel	D: 158.5°, H:109°, V:77.6°
Abmessungen	L: 16.5mm, ⌀:9mm
Bildrate	25 FPS bei voller Auflösung

Der für unseren Aufbau verwendete Manipulator besitzt 7 Freiheitsgrade und ist damit ähnlich zum menschlichen Arm aufgebaut. Die Kameras können mit Hilfe einer Manschette an Oberarm, Unterarm und Hand angebracht werden, siehe Abbildung 10.2.

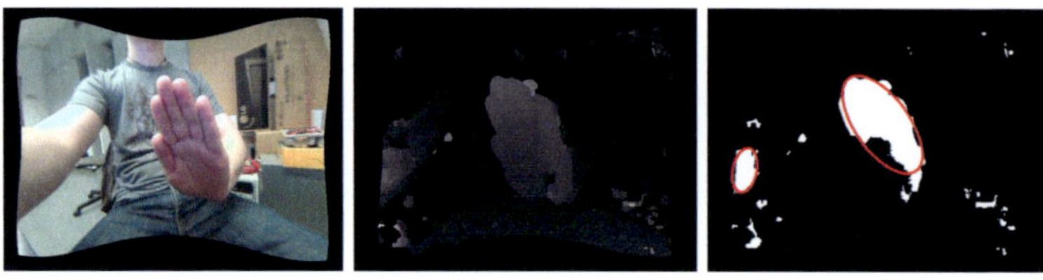

Abbildung 10.3: Tiefenrekonstruktion: a) Rektifiziertes Originalbild b) Disparitätskarte c) erkannte Hindernisse.

5.2 Ergebnisse

Ergebnisse der Stereobildverarbeitung sind in Abbildung 10.3 dargestellt. Hier erkennt man, wie aus den Originalbildern die Tiefeninformationen rekonstruiert werden und Objekte, die eine bestimmte Größe über- und Entfernung unterschreiten als potenzielle Hindernisse erkannt werden.

Folgendes Szenario wurde gewählt, um das Verhalten des realen Manipulators beim Auftreten eines simulierten Hindernisses zu überprüfen: eine gewünschte EEF-Position und Orientierung wird vorgegeben als Eingang für den Regler. Zum Zeitpunkt $t = 30s$ erscheint das Hindernis an einer vordefinierten Position, skizziert in Abbildung 10.4 a).

Da der Abstand zum Objekt unter der definierten unteren Schranke liegt, wird die Redundanz des Manipulators ausgenutzt um den Abstand zu erhöhen ohne Position und Orientierung des EEF zu verändern. Zum Zeitpunkt $t = 32s$ hat sich der „Ellbogen" des Manipulators nach innen gedreht um den Abstand zu vergrößern. In Abbildung 10.4 b) und c) ist zu erkennen, dass der Abstand zum Objekt maximiert wird, während die Position des EEF erhalten bleibt.

6 Zusammenfassung

In dieser Arbeit wurde ein neues Konzept zur Kollisionsvermeidung bei kinematisch redundanten Manipulatoren vorgeschlagen, das eine Vielzahl von Miniatur-Kameras, angebracht auf der Oberfläche des Manipulators, zur Tiefenrekonstruktion verwendet. Mit diesen Kameras kann die gesamte Umgebung des Manipulators überwacht werden, was die Nachteile von gewöhnlichen Kamerasystemen behebt, die unter anderem durch Überdeckungen und beschränkten Sichtfeldern entstehen.

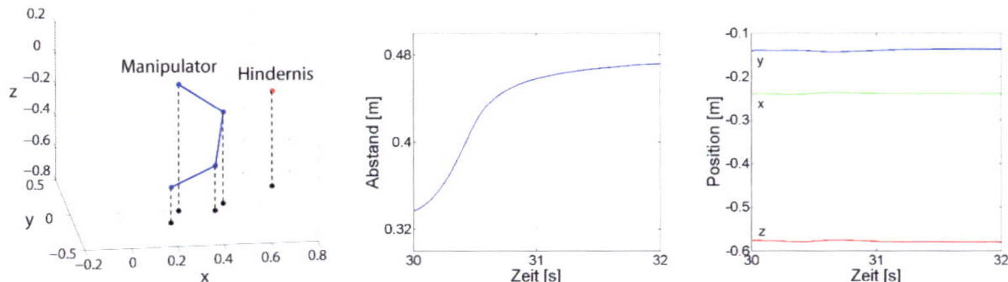

Abbildung 10.4: Kollisionsvermeidung: a) Anfangskonfiguration b) Abstandsmaximierung c) Erhaltung der EEF-Position.

Um einen detaillierten Eindruck der Umgebung zu erhalten, müssen die Tiefeninformationen rekonstruiert werden, die während des Abbildungsprozesses verloren gehen. Da Echtzeitfähigkeit notwendig ist für jede Regelung, wurden Bild-basierte Tiefenrekonstruktionsverfahren vorgestellt, die auf GPUs parallelisierbar sind. Diese lokalen Intensitäts-basierten Algorithmen vergleichen Pixel-Paare in rektifizierten Bildern, um Disparitätshypothesen für jedes Pixel-Paar aufzustellen. Nach einem Optimierungsprozess repräsentieren die Disparitätswerte jedes Pixels die inverse Tiefe und mögliche Hindernisse können identifiziert werden.

Zur Kollisionsvermeidung bei redundanten Manipulatoren wird der homogene Anteil der kinematischen Rückwärtslösung verwendet, um ein Sekundärziel zu definieren. Dafür werden kritische Punkte berechnet, die auf dem Manipulator liegen und dem Hindernis am nächsten sind. Schließlich wird eine Fluchtgeschwindigkeit hinzugefügt, die in den Nullraum abgebildet wird, der die Redundanz der aktuellen Konfiguration repräsentiert.

Abschließend wurden Resultate der experimentellen Evaluation vorgestellt, die belegen, dass sowohl die Objekterkennung, als auch die Kollisionsvermeidung durchgeführt werden können.

Literatur

1. N. Mansard und F. Chaumette, „A new redundancy formalism for avoidance in visual servoing", in *Intelligent Robots and Systems, 2005. (IROS 2005). 2005 IEEE/RSJ International Conference on*, Aug. 2005, S. 468 – 474.

2. K. Hosoda, K. Sakamoto und M. Asada, „Trajectory generation for obstacle avoidance of uncalibrated stereo visual servoing without 3d reconstruction", in *Intelligent Robots and Systems 95. 'Human Robot Interaction and Cooperative Robots', Proceedings. 1995 IEEE/RSJ International Conference on*, Vol. 1, aug. 1995, S. 29 –34.

3. S. Morikawa, T. Senoo, A. Namiki und M. Ishikawa, „Realtime collision avoidance using a robot manipulator with light-weight small high-speed vision systems", in *Robotics and Automation, 2007 IEEE International Conference on*, Apr. 2007, S. 794 –799.

4. D. Scharstein und R. Szeliski, „A taxonomy and evaluation of dense two-frame stereo correspondence algorithms", *International Journal of Computer Vision*, Vol. 47, S. 7–42, 2002.

5. A. Fusiello, E. Trucco und A. Verri, „A compact algorithm for rectification of stereo pairs", *Machine Vision and Applications*, Vol. 12, S. 16–22, 2000.

6. R. I. Hartley und A. Zisserman, Hrsg., *Multiple View Geometry in Computer Vision*.   Cambridge University Press, 2004.

7. M. Gong, R. Yang, L. Wang und M. Gong, „A performance study on different cost aggregation approaches used in real-time stereo matching", *International Journal of Computer Vision*, Vol. 75, S. 283–296, 2007.

8. Y. Yang, A. Yuille und J. Lu, „Local, global, and multilevel stereo matching", in *Computer Vision and Pattern Recognition, 1993. Proceedings CVPR '93., 1993 IEEE Computer Society Conference on*, jun. 1993, S. 274 –279.

9. S. Birchfield und C. Tomasi, „A pixel dissimilarity measure that is insensitive to image sampling", *IEEE Transactions on Pattern Analysis and Machine Intelligence*, Vol. 20, S. 401–406, 1998.

10. M. Okutomi und T. Kanade, „A multiple-baseline stereo", *IEEE Transactions on Pattern Analysis and Machine Intelligence*, Vol. 15, S. 353–363, 1993.

11. C. Zach, M. Sormann und K. Karner, „High-performance multi-view reconstruction", in *3D Data Processing, Visualization, and Transmission, Third International Symposium on*, jun. 2006, S. 113 –120.

12. K.-K. Lee und M. Buss, „Obstacle avoidance for redundant robots using jacobian transpose method", in *Intelligent Robots and Systems, 2007. IROS 2007. IEEE/RSJ International Conference on*, oct. 2007, S. 3509 –3514.

13. NVIDIA. Cuda zone. [Online]. Available: http://www.nvidia.com/object/cuda_home_new.html

Pedestrian classification based on multiscale information

Vadim Frolov and Fernando Puente León

Karlsruher Institut für Technologie,
Institut für Industrielle Informationstechnik,
Hertzstr. 16, D-76187 Karlsruhe

Zusammenfassung This paper presents an approach to pedestrian recognition based on 2D translation-invariant features gathered at different scales. This is done by introducing scale-space kernels to extract the features. To attain invariance against translation, features should be integrated over the transformation group. To achieve higher distances between the patterns in the feature space, the integration is omitted and histograms of values from the local features are used instead. Results obtained on the labelled dataset of real traffic scenes demonstrate very good classification rates.

1 Introduction

The ability to recognize pedestrians based on visual information can be applied to a variety of systems. The final recognition result is based on a choice of features and statistical techniques used to learn patterns out of those features. The choice of features affects results more than the choice of the classifier. In this work, the classification is based on integral invariant features [1, 2]. To extract such features, one needs to define suitable kernel functions. Different kernel functions are used to capture various properties of a pattern. This work presents specifically designed multiscale kernel functions, which are able to capture relevant information from both pedestrian appearance and related context. Each component of a multiscale feature is a monomial matrix of a certain size. Such a multiscale feature is then extracted from a pattern image.

It is important to mention the difference between two different types of approaches for constructing features using the scale information. Both alternatives use a 3D representation of an image (the variables are the spatial dimensions x and y and the scale). Methods based on the first approach search for maxima in a filtered 3D image representation. These methods automatically determine both the location and the scale of the features. Common methods of that kind are Difference-of-Gaussians (DoG) [3], Harris-Laplace and Hessian-Laplace detectors [4] as well as the scale-invariant feature transform (SIFT) [5]. The size of the features adapts to the scale, and the resulting features are invariant against the scale. In the second approach, the size of the features is fixed for all scales. This allows to achieve the following: in the first place, the information about image maxima in 3D can still be captured and, secondly, the features are constructed using information from the object itself and its surroundings.

A fixed size of the features is used in this work. The principal goal is to improve pedestrian classification accuracy by using features at different image resolutions. Section 2 extends the invariant features presented in [2] and introduces new scale-space kernels that can be used to construct these features. In Section 3, histograms are built from the invariants and classified with a support vector machine (SVM).

2 Extraction of invariants

Signals from an infrared (IR) camera and a lidar sensor are used as a source to generate hypotheses about the presence of pedestrians in a traffic scene. The result of the data preprocessing [2, 6] is a set of regions of interest (ROIs) $r\,(\mathbf{m})$, where $\mathbf{m} = (m\Delta x, n\Delta y)^{\mathrm{T}}$ with $m \in \{0, \ldots, M-1\}$ and $n \in \{0, \ldots, N-1\}$. The ROIs are grayscale images that represent the object to classify. The variables Δx, Δy are parameters of the camera. For simplicity, these parameters are omitted and a ROI is referred to as $r(m, n) = \{r_m, r_n\}$. The classification is based on a system of invariant features extracted from each r. The following subsection presents an approach to construct such invariants by integration.

2.1 Invariant features through integration

The objects in real world undergo certain transformations, like changes in their positions, sizes, etc. This induces a transformation in the pattern space. All transformed versions of an object belong to the same equivalence class. In other words, transformations in the real world should not alter the classification result. In a pattern space different patterns are considered equivalent if they convey to each other through an *induced transformation*. The induced transformation $\mathcal{T}(t)$ on a pattern r can be defined as a bijective map:

$$\mathcal{T} : (r,t) \mapsto \mathcal{T}(t)r \quad \forall\, t \in \mathcal{T}\,, \tag{11.1}$$

where $\mathcal{T}$ is the set of all transformation parameters t. The set of all transformations is denoted by $T(\mathcal{T}) = \{\mathcal{T}(t)\,|\,t \in \mathcal{T}\}$ and is called a transformation group. The transformation group $T(\mathcal{T})$ defines an equivalence relation in pattern space, where $r \equiv \mathcal{T}(t)r$ for all $t \in \mathcal{T}$ [7].

It is possible to construct features that are insensitive to the transformations $\mathcal{T}(t)$. This kind of features denoted by f are called invariants. A feature is an invariant under a transformation group $T(\mathcal{T})$ if it remains constant for all equivalent patterns:

$$f^{l}(r) = f(\mathcal{T}(t)r) \quad \forall\, t \in \mathcal{T}\,. \tag{11.2}$$

If the group $T(\mathcal{T})$ is a topological locally compact group, then an invariant $f^{l}(r)$ is constructed by integrating over this group:

$$f^{l}(r) = \frac{1}{|T(\mathcal{T})|} \int_{\mathcal{T}} f^{l}\left(\mathcal{T}(t)r\right)\, \mathrm{d}t\,. \tag{11.3}$$

The real function $f^{l}(\,\cdot\,)$ is called kernel function. The kernel function depends not only on the pattern r, but also on a parameter vector $\mathbf{w}_{l}$. The factor $|\mathrm{T}(\mathcal{T})|$ is added to normalize the result by the volume of the transformation group.

The ROI r is a discrete signal. The transformation group must be discretized by defining $\mathcal{T} = \{t^{0}, \ldots, t^{(T-1)}\}$. To consider the discrete nature of pattern and transformation group, the integral in Eq. (11.3) is replaced by a summation:

$$f^{l}(r) = \frac{1}{|T(\mathcal{T})|} \sum_{\mathcal{T}} f^{l}\left(\mathcal{T}(t)r\right)\,. \tag{11.4}$$

It is computationally intensive to calculate the transformed pattern $\mathcal{T}(t)$

r for each value $t \in \mathcal{T}$. A more efficient solution is to perform the transformation $\mathcal{T}(t)$ not on the pattern, but on the kernel function:

$$\mathcal{T}(t)\left\{f^l\left(r\right)\right\} = f^l\left(\mathcal{T}(t^{-1})r\right) = f^l_t\left(r\right),\tag{11.5}$$

where f^l_t denotes the transformed kernel function. According to this, Eq. (11.4) is rewritten as follows:

$$f^l(r) = \frac{1}{|T(\mathcal{T})|}\sum_{\mathcal{T}} f^l_t\left(r\right).\tag{11.6}$$

2.2 Transformation group for two-dimensional translations

Pedestrians move in the real world, and their representation on the image can be affected by a rigid two-dimensional (2D) motion, which should not alter their classification. This motion is characterized by a translation: pedestrians can appear at different locations within the image. The transformation parameter is given by a translation vector $\mathbf{t} := (i\Delta x, j\Delta y)$, where $i \in \{0, \ldots, M-1\}$ and $j \in \{0, \ldots, N-1\}$. The ROI affected by a translation by $\mathbf{t}$ is denoted as follows:

$$\mathcal{T}(\mathbf{t})r = \{r_{m+i},\, r_{n+j}\}.\tag{11.7}$$

Based on the defined transformation group Eq. (11.4) can be written as follows:

$$f^l(r) = \frac{1}{MN}\sum_{i=0}^{M-1}\sum_{j=0}^{N-1} f^l\left(\mathcal{T}(\mathbf{t}_{ij})r\right).\tag{11.8}$$

2.3 Kernel function

The kernel function is constructed to extract all relevant information from the patterns. The parameter vector of the selected kernel function is denoted by:

$$\mathbf{w}_l := (U_l, V_l, h(u_l, v_l)),\tag{11.9}$$

where $U_l,\, V_l \in \mathbb{N}$ are interpreted as the kernel size. The last element of $\mathbf{w}_l$ is a function of the variables $u_l \in \{0, \ldots, U_l-1\}$ and $v_l \in \{0, \ldots, V_l-1\}$, where $h(u_l, v_l) \in \mathbb{N}_0$.

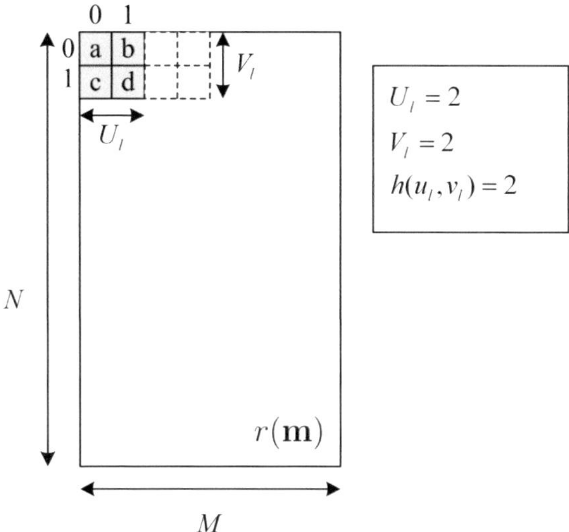

Abbildung 11.1: Example of a kernel function.

The kernel function f^l is a monomial defined using vector $\mathbf{w}_l$ as follows:

$$f^l\left(r\right) = \prod_{v_l=0}^{V_l-1} \prod_{u_l=0}^{U_l-1} r(u_l\,,\,v_l)^{h(u_l,v_l)}\,. \tag{11.10}$$

Figure 11.1 shows an example of a kernel function $f^l\left(r\right)$ for $U_l = 2$, $V_l = 2$, $h(u_l,v_l) = 2$ as well as letters representing the intensity values. The kernel function is calculated as follows:

$$f^l\left(r\right) = r(0\,,\,0)^2 \cdot r(1\,,\,0)^2 \cdot r(0\,,\,1)^2 \cdot r(1\,,\,1)^2 = (\mathrm{abcd})^2\,.$$

As introduced in Eq. (11.5), the transformation $\mathcal{T}(t)$ can be induced on the kernel function. From Eq. (11.10) and considering 2D translation, the transformed kernel function can be written as follows:

$$f_{ij}^l(r) = \prod_{u_l=0}^{U_l-1} \prod_{v_l=0}^{V_l-1} r(u_{l+i}\,,\,v_{l+j})^{h(u_l+i\,,\,v_l+j)}\,.$$

Substitution of the transformed kernel function in Eq. (11.8) yields:

$$f^l(r) = \frac{1}{MN} \sum_{i=0}^{M-1} \sum_{j=0}^{N-1} f_{ij}^l(r) \,. \tag{11.11}$$

By defining different kernel parameters $\mathbf{w}_l$, a vector of invariants can be constructed for each ROI $\mathbf{f}(r) = (f^1(r), \ldots, f^L(r))$, with $L \in \mathbb{N}$.

2.4 A multiscale approach

Koenderink [8] and Lindeberg [9] showed that, under a variety of reasonable assumptions, the only possible scale-space kernel to create a multiscale representation of an image is the Gaussian function. The scale-space representation of an image is defined as a function $r(m, n, \sigma)$ that is obtained by convolving a variable-scale Gaussian $g(m, n, \sigma)$ with an input image $r(m, n)$:

$$r_\sigma := r(m, n, \sigma) = g(m, n, \sigma) * r(m, n) \,, \tag{11.12}$$

where $*$ is the 2D convolution operation in m and n, and

$$g(m, n, \sigma) = \frac{1}{2\pi\sigma^2} \, \mathrm{e}^{-\frac{m^2+n^2}{2\sigma^2}} \,. \tag{11.13}$$

The parameter σ is discretized by defining $\sigma = \{0, \ldots, S-1\}$. Then, a pyramid representation is built from r using the r_σ function. The bottom level r_0 is the original image, see Fig. 11.2.

Using the above information, we modify Eq. (11.10) and apply the kernel function to the levels of the pyramid r_σ:

$$f_\sigma^l(r) = \prod_{\sigma=0}^{S-1} \prod_{v_l=0}^{V_l-1} \prod_{u_l=0}^{U_l-1} r_\sigma(u_l, v_l)^{h(u_l, v_l)} \,. \tag{11.14}$$

Thus, the invariant feature in Eq. (11.11) can be written as follows:

$$f^l(r) = \frac{1}{MN} \sum_{i=0}^{M-1} \sum_{j=0}^{N-1} f_{ij\sigma}^l(r) \,. \tag{11.15}$$

When using certain kernel parameters $\mathbf{w}_l$ (see Eq. (11.9)), the size of r_{S-1} can be smaller than the size of the kernel. In such a case, we only process pixels that are present in r_{S-1}.

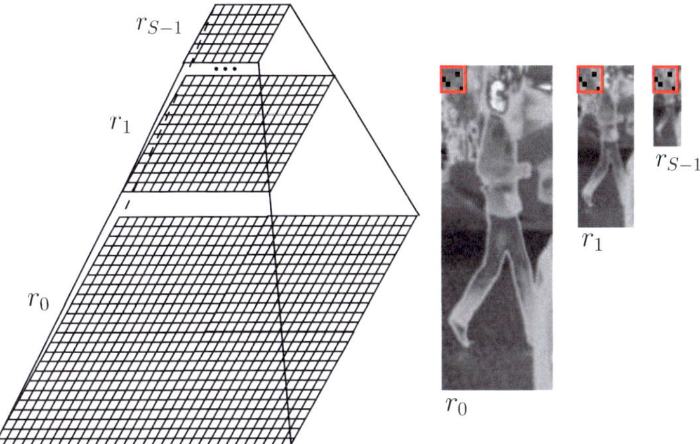

Abbildung 11.2: Example of a pyramid representation. The red rectangles represent the kernel function.

3 Results

3.1 Improving the separability of patterns in the feature space

To achieve invariance against translation, we perform a summation over m and n in Eq. (11.11). However, due to the summation, part of the information is lost. To avoid this, summations can be replaced by histograms, which are intrinsically invariant against translation. Thus, features generated based on histograms can improve the separability of patterns in the feature space, which leads to a better characterization of different classes. The combination of integral invariants and feature histograms is extensively used in pattern recognition [10–12].

All sums in Eq. (11.15) can be replaced by a histogram operation:

$$f^l(r) := \mathrm{hist}_B \left\{ f^l_{ij\sigma}(r) \right\} , \tag{11.16}$$

where B defines the number of bins.

3.2 Classification

An SVM is used for the classification of the invariant vectors $\mathbf{f}(r)$. This classifier has proved to be very adaptable to various machine learning tasks, and in [13] it is shown that it typically performs better than competing methods. The set of all classes $c \in \mathcal{C}$ is defined as $\mathcal{C} = \{0, 1\}$. The class $c = 0$ corresponds to the objects that are not persons, but are warm enough to be extracted from the IR images. The class $c = 1$ corresponds to the pedestrians. The set of all ROIs collected for the classification is denoted by $\mathcal{R}$. The set of invariant vectors calculated for all ROIs in $\mathcal{R}$ is represented by $\mathcal{F}$. Each instance in $\mathcal{F}$ is represented by a vector $\mathbf{h} \in \mathbb{R}^{B \times L}$. We are using a two-class SVM classifier, which solves a classification problem by finding a maximum-margin hyperplane that separates the training instances.

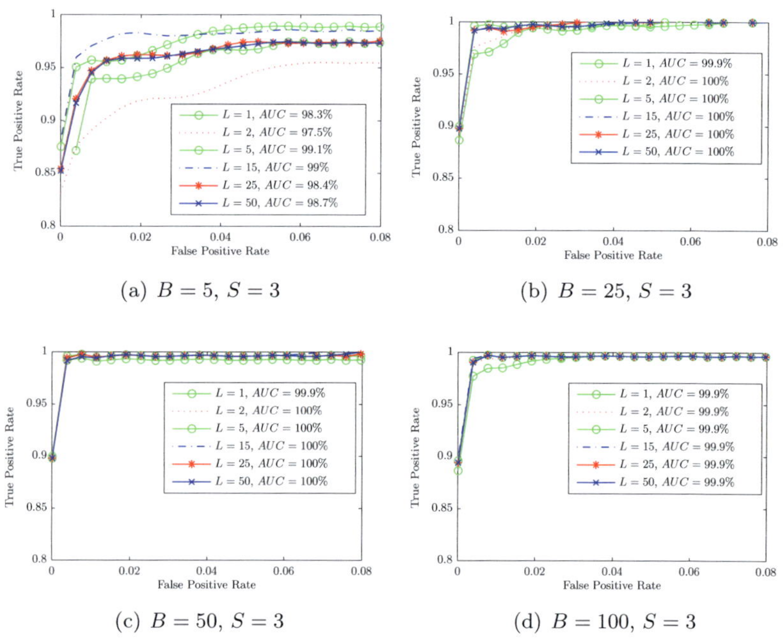

(a) $B = 5,\ S = 3$

(b) $B = 25,\ S = 3$

(c) $B = 50,\ S = 3$

(d) $B = 100,\ S = 3$

Abbildung 11.3: Results of the classification with different parameters.

The presented results are obtained by a K-fold cross validation. The original set $\mathcal{R}$ is partitioned into K disjoint sets. A single set is retained as validation data, and the remaining $K-1$ sets are used as training data. This process is repeated K times (the "folds"). Finally, the classification results of all folds are averaged. The average classification results are presented by means of *receiver operating characteristic* (ROC curve), which shows the sensitivity of a classifier. The numerical value of the area under the ROC curve (AUC) is used to compare the influence of different parameters values on the results. The SVM used in this work is the LIBSVM [14]. We use SVM with a radial kernel function and optimize the SVM parameters according to the training sets.

The kernel function parameters are given by $U_l, V_l \in \{3, \ldots, 20\}$ for all experiments. We define the number of bins of a histogram $B \in \{5, 25, 50, 100\}$ and the scale parameter $S = 3$. The number of used kernels is variable: $L \in \{1, 2, 5, 15, 25, 50\}$. The set $\mathcal{R}$ consists of 528 ROIs, where one half of instances represents the $c = 0$ class and the other represents class $c = 1$. Figure 11.3 presents the ROC curves for different L and B parameters. It can be seen that $AUC = 100\%$ for parameter values $L = 2$ and $B = 25$. These parameters are used for further experiments.

We compare the performance of proposed method with a method based on the extraction of "Pyramid Histogram of visual Words" (PHOW) features [15]. These features are a variant of dense scale-invariant feature transform (SIFT) descriptors, extracted at multiple scales. The implementation from [16] is used to compute PHOW features at $S = 3$ scales. Figure 11.4 presents the resulting ROC curves.

By processing images at a single scale, the best accuracy is achieved with the parameters $L = 15, B = 25$ and $AUC = 89.9\%$. Though this rate is high, it is not sufficient to be used in real applications.

The developed features can be applied to any grayscale image. We use the Daimler Pedestrian Classification Benchmark [17] to calculate features with the parameters $L = 2$, $B = 25$ and $S = 3$. This database consists of labelled grayscale images representing pedestrian and non-pedestrian classes. From this database, 1000 images of each class are used into K-fold cross validation process. Figure 11.5 presents the resulting ROC curve.

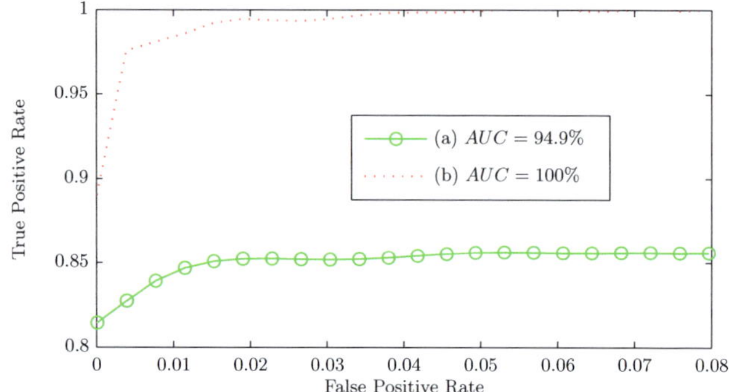

Abbildung 11.4: Comparison of the methods: (a) method based on PHOW features; (b) method based on the proposed features.

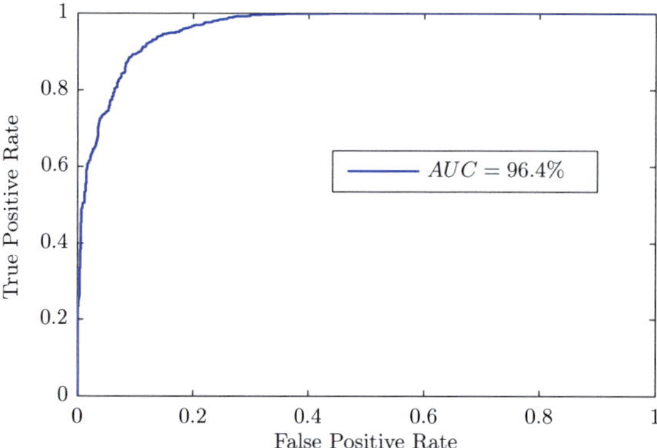

Abbildung 11.5: Classification of pedestrians based on the Daimler Pedestrian Classification Benchmark.

4 Conclusions and Outlook

We have presented a new approach to construct scale-space kernels for use with invariant feature histograms. The proposed method achieves a classification accuracy rate of 96.4 % estimated on a database with a large number of entries. This result demonstrates the potential of the method for the problem of pedestrian classification. The results also show that fusing information from different scales is more important than fusing information from different features at a single scale.

Acknowledgements

The authors gratefully acknowledge partial support of this work by the Deutsche Forschungsgemeinschaft (German Research Foundation) within the Transregional Collaborative Research Centre 28 "Cognitive Automobiles."

Literatur

1. A. Halawani und H. Tamimi, *Retrieving Objects Using Local Integral Invariants.*   Springer Berlin / Heidelberg, 2006, S. 251–260.

2. A. Pérez Grassi, V. A. Frolov und F. Puente León, „Information fusion to detect and classify pedestrians using invariant features", *Information Fusion*, 2010.

3. D. G. Lowe, „Distinctive image features from scale-invariant keypoints", *Int. J. Comput. Vision*, Vol. 60, Nr. 2, S. 91–110, 2004.

4. K. Mikolajczyk und C. Schmid, „An affine invariant interest point detector", in *In Proceedings of the 7th European Conference on Computer Vision*, 2002.

5. D. Lowe, „Object recognition from local scale-invariant features", in *Computer Vision, 1999. The Proceedings of the Seventh IEEE International Conference on*, 1999.

6. V. A. Frolov und F. Puente León, „Pedestrian detection based on maximally stable extremal regions", in *Intelligent Vehicles Symposium (IV), 2010 IEEE*, June 2010, S. 910–914.

7. R. Lenz, *Group Theoretical Methods in Image Processing*, Springer, Hrsg. Lecture Notes in Computer Science, 1990.

8. J. J. Koenderink, „The structure of images", *Biological Cybernetics*, Vol. 50, Nr. 5, S. 363–370, August 1984.

9. T. Lindeberg, „Detecting salient blob-like image structures and their scales with a scale-space primal sketch: A method for focus-of-attention", *International Journal of Computer Vision*, Vol. 11, S. 283–318, 1993.

10. S. Siggelkow, „Feature histograms for content-based image retrieval", Dissertation, Albert-Ludwigs-Universität Freiburg, Fakultät für Angewandte Wissenschaften, Germany, December 2002.

11. L. Setia, J. Ick und H. Burkhardt, „SVM-based relevance feedback in image retrieval using invariant feature histograms", in *Proceedings of the IAPR Conference on Machine Vision Applications*, May 2005, S. 542–545.

12. F. Zhao, L. Kong und X. Li, „LSRII feature based particle filter localization for mobile robot", in *Intelligent Control and Automation, 2008. WCICA 2008. 7th World Congress on*, June 2008, S. 2350–2354.

13. C. J. Burges, „A tutorial on support vector machines for pattern recognition", *Data Mining and Knowledge Discovery*, Vol. 2, S. 121–167, 1998.

14. C.-C. Chang und C.-J. Lin, *LIBSVM: a library for support vector machines*, 2001.

15. A. Bosch, A. Zisserman und X. Muoz, „Image classification using random forests and ferns", in *Computer Vision, 2007. ICCV 2007. IEEE 11th International Conference on*, 2007.

16. A. Vedaldi und B. Fulkerson, „VLFeat: An open and portable library of computer vision algorithms", http://www.vlfeat.org/, 2008.

17. S. Munder und D. M. Gavrila, „An experimental study on pedestrian classification", *IEEE Trans. on Pattern Analysis and Machine Intelligence*, Vol. 28, S. 1863–1868, 2006.

Spektrale Bandselektion beim Entwurf automatischer Sortieranlagen

Matthias Michelsburg[1], Robin Gruna[2], Kai-Uwe Vieth[2]
und Fernando Puente León[1]

[1] Karlsruher Institut für Technologie, Institut für Industrielle
Informationstechnik, Hertzstr. 16, D-76187 Karlsruhe
[2] Fraunhofer-Institut für Optronik, Systemtechnik und Bildauswertung
IOSB, Fraunhoferstr. 1, D-76131 Karlsruhe

Zusammenfassung Die automatische Sortierung von Schüttgütern mithilfe verschiedener Methoden der Bildverarbeitung wird in vielen Bereichen – beispielsweise in der Nahrungsmittelindustrie – eingesetzt, um die gewünschte Qualität eines Produkts zu gewährleisten. Für besonders anspruchsvolle Sortieraufgaben reicht das Signal einer einzelnen Graustufen- oder RGB-Kamera nicht aus, um ein zufriedenstellendes Sortierergebnis zu erreichen. Durch Hinzunahme von Spektralbereichen außerhalb des sichtbaren Wellenlängenbereichs kann eine Klassifikation verbessert werden. Eine wichtige Rolle spielt hierbei der Nahinfrarotbereich, welcher in der Spektroskopie seit vielen Jahren zur Qualitätskontrolle und Analytik genutzt wird. Hyperspektrale Bildaufnahmen liefern zu jedem Bildpunkt ein hoch aufgelöstes Spektrum, finden jedoch in Sortieranlagen aufgrund der hohen Kosten, der aufwändigen Signalverarbeitung und der begrenzten Geschwindigkeit weniger Anwendung. Durch Reduktion der Messung auf diejenigen spektralen Bereiche, mit welchen eine gute Klassifikation möglich ist, kann ein einfacheres und schnelleres Sortiersystem entworfen werden. An einem Beispiel wird ein Ansatz zur Selektion dieser Bänder aus hyperspektralen Bildern vorgestellt und bewertet.

1 Einleitung

Die automatische Sortierung von Schüttgütern findet in verschiedenen Bereichen Anwendung. Ein wichtiger Bereich ist die Sortierung von

Kunststoffen. Durch die Verknappung von Ressourcen muss mit Rohstoffen sehr effizient umgegangen werden und Ausgangsstoffe durch Recyclingprozesse rückgewonnen werden, was nicht zuletzt durch aktuelle Umweltauflagen und Verordnungen motiviert wird [1]. Um diese Anforderungen zu erfüllen, muss beispielsweise der Hausmüll durch aufwändige Sortiervorgänge in seine verschiedenen Stoffklassen aufgeteilt werden.

Ein anderer Bereich, in dem Sortieranlagen zunehmend eingesetzt werden, ist die Nahrungsmittelindustrie. Nahrungsmittel müssen frei von schädlichen Stoffen oder Objekten sein; außerdem wünscht der Kunde ein optimales und reines Produkt. Daher müssen bei der Qualitätskontrolle des Herstellungsprozesses Fremdkörper wie z. B. Verpackungsmaterialien entfernt werden. Des Weiteren spielt bei Nahrungsmitteln die Güte und das Aussehen eine wichtige Rolle, weshalb auch Produkte mit niedriger Qualität erkannt und aussortiert werden.

Einige der genannten Sortieraufgaben werden händisch durchgeführt, wodurch hohe Kosten entstehen und nur eine geringe Prozessgeschwindigkeit erreicht wird. Werden automatische Sortieranlagen eingesetzt, bringen diese den Vorteil, dass sie rund um die Uhr betrieben werden können und eine konstante Qualität liefern. Dadurch lassen sich die Kosten des Sortierprozesses verringern.

Bei der automatischen Sortierung von Schüttgütern bewegt sich das zu sortierende Material beispielsweise auf einem Förderband unter einer Zeilenkamera hindurch (vgl. Abb. 12.1). Das Signal der Kamera wird verarbeitet und die einzelnen Objekte klassifiziert. Anschließend wird mit dem

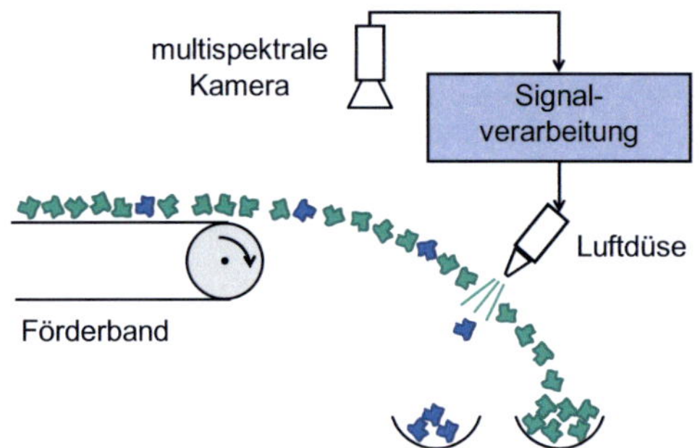

Abbildung 12.1: Automatische Sortieranlage.

Ergebnis eine Ausblaseinheit angesteuert und die unerwünschten Objekte ausgestoßen. Bei einfachen Systemen wird meistens eine Graustufen- oder RGB-Kamera eingesetzt. Diese liefert bei anspruchsvollen Aufgabenstellungen jedoch nicht genügend Information, um ein zufriedenstellendes Sortierergebnis zu erreichen. Durch Hinzunahme eines nichtsichtbaren Spektralbereichs kann die Erkennungsrate erhöht werden.

1.1 Infrarotspektroskopie

Die IR-Spektroskopie wird seit vielen Jahren in der Analytik von Nahrungsmitteln, Kunststoffen und Mineralien eingesetzt [2]. Dabei wird die Lichtabsorption von Materialien untersucht, welche von Atom- und Molekülschwingungen verursacht wird. Diese ist für jedes Material spezifisch, wodurch eine stoffliche Zuordnung des Absorptionsspektrums ermöglicht wird. Besondere Bedeutung hat dabei das Spektrum im Nahinfrarotbereich (NIR), d. h. bei einer Wellenlänge zwischen 800 nm und 2500 nm. In diesem Bereich liegen die Oberton- und Kombinationsschwingungen von Molekülen. Die einzelnen NIR-Absorptionsbanden sind jedoch schwächer ausgeprägt als die Banden der Grundschwingungen, was die Interpretation erschwert. Dafür ist eine Messung im NIR im Vergleich zum mittleren Infrarot schneller durchführbar und unempfindlicher gegenüber Verunreinigungen.

Während bei der klassischen Spektroskopie das Absorptionsspektrum an einem einzigen Ort untersucht wird, erlaubt die hyperspektrale Bildaufnahme eine exakte Zuordnung der räumlichen und spektralen Information. Somit können die Methoden der Spektroskopie auch in Sortieranlagen eingesetzt werden, da hier zu jedem Bildpunkt ein eng abgetastetes Spektrum aufgenommen wird. Hyperspektrale Bildaufnahmen werden seit vielen Jahren in der Fernerkundung zur Klassifikation von Böden, Vegetation und Bebauung genutzt [3]. Außerdem spielen sie in der Agrarwirtschaft eine wichtige Rolle bei der Kontrolle des Pflanzenwachstums und der Ernte [4]. Andere Anwendungen liegen in der Laboranalytik und auch bereits in der Analyse von Produkten auf dem Fließband [5–7].

1.2 Problemstellung

Für den Einsatz hyperspektraler Bilder in Sortieranlagen müssen diese die Anforderungen an Auflösung und Geschwindigkeit erfüllen. Mit aktuellen hyperspektralen Systemen können diese Bedingungen nicht erreicht werden (vgl. Abschnitt 1.3). Durch Reduktion der Messung auf die spektralen Bereiche, welche zur Lösung des Sortierproblems notwendig sind, können die Messung beschleunigt und die Anforderungen erfüllt werden. Eine solche Lösung mit wenigen Infrarot-Zeilenkameras ist günstiger als ein komplettes hyperspektrales System und ermöglicht gleichzeitig eine höhere Bildrate und Auflösung. Eine weitere Möglichkeit zur Verbesserung eines Sortiersystems bietet die Kombination aus herkömmlicher günstiger RGB-Kamera und der Aufnahme von einzelnen Bändern im Infrarotbereich. Es stellt sich nun die Frage, wie diejenigen spektralen Bereiche gefunden werden können, welche zu einer optimalen Trennbarkeit der unterschiedlichen Stoffklassen führen. Dafür gibt es verschiedene Bandselektionsverfahren, die in Abschnitt 2 näher beschrieben werden. Für ein bestimmtes Sortierproblem muss darüber hinaus untersucht werden, wie viele spektrale Bänder, d. h. wie viele Merkmale, für die Sortierung nötig sind.

1.3 Stand der Technik

In aktuellen Sortieranlagen wird das Schüttgut mit einer Geschwindigkeit von $3-6$ m/s unter einer Zeilenkamera hindurchgeführt. Mit der Bildrate des Kamerasystems lässt sich daraus die Größe eines Bildpunktes bestimmen. Beispielsweise hat ein aktuelles hyperspektrales System, welches im Nahinfrarotbereich eingesetzt wird, eine Bildrate von 120 Hz und liefert dabei Spektren für 256 Bildpunkte. Daraus ergibt sich eine Pixellänge von $2,5-5$ cm, was bedeutet, dass nur ausgedehnte Objekte richtig klassifiziert werden können. Eine zusätzliche Bildverarbeitung, wie z. B. eine Texturanalyse, ist mit einer solch groben Auflösung nicht durchführbar. In vielen Bereichen wäre diese jedoch von großem Nutzen.

Einen großen Einfluss auf die Auflösung und Geschwindigkeit einer hyperspektralen Bildaufnahme hat auch die Art, wie diese durchgeführt wird. Beim Einsatz einer Zeilenkamera kann zwischen einer Scanner-Apparatur und einem Flächensensor unterschieden werden. Durch einen Scanner wird die Bildzeile abgetastet und das zurückgestreute Licht zeitlich versetzt durch Multiplexer verteilt und in seine spektralen Anteile zerlegt. Dagegen wird bei einem Flächensensor das Licht einer ganzen Zeile durch ein Prisma geleitet und mit dem Flächensensor gleichzeitig die spektrale und räumliche Information der gesamten Zeile gewonnen.

2 Methoden der Merkmalsextraktion

Die Klassifikation von Materialien erfolgt in einem Merkmalsraum, der aus einigen wenigen Merkmalen gebildet wird. In diesem Fall sollen die Signale der optischen Sensoren direkt als Merkmal verwendet werden. Für die Merkmalsextraktion aus hyperspektralen Bildern gibt es eine Vielzahl an Methoden, welche grundsätzlich in zwei Arten unterschieden werden können.

Zum Einen können alle spektralen Bänder (Variablen) verwendet und daraus Merkmale generiert werden, indem Linearkombinationen der Bänder gebildet werden. Ein Überblick und Vergleich verschiedener Algorithmen zu dieser Art von Merkmalsextraktion aus hyperspektralen Daten findet sich in [8]. Das bekannteste Beispiel ist die Karhunen-Loéve-Transformation, welche auch Hauptkomponentenanalyse (PCA) genannt wird. Eine einzelne Hauptkomponente bei der PCA setzt sich als Linearkombination aus allen spektralen Bändern zusammen und kann daher nicht physikalisch sinnvoll interpretiert werden. Für den Einsatz in automatischen Sortieranlagen kommt diese Art von Merkmalsextraktion nicht in Frage, da dazu alle Bänder nötig sind und aus in Abschnitt 1.2 genannten Gründen nur einzelne Bereiche aufgenommen werden sollen.

Bei einem anderen Ansatz wird das hyperspektrale Bild genutzt, um bestimmte spektrale Bereiche auszuwählen, welche sich aus benachbarten einzelnen Bändern zusammensetzen. Dieser Vorgang wird als Bandselektion bezeichnet und kann einfach in Hardware implementiert werden, da ein spektraler Bereich durch ein angepasstes optisches Bandpassfilter extrahiert werden kann. Die Bandselektion kann auf verschiedene Arten durchgeführt werden. Das Spektrum kann entweder iterativ aufgeteilt werden [9] oder benachbarte Bänder können verschmolzen werden [10]. Eine weitere Möglichkeit ist die Extraktion der Bänder durch Gewichtungsfunktionen [11]. Diese Gewichtungsfunktionen können als Transmissionsfunktionen der optischen Filter, welche im richtigen Systemaufbau eingesetzt werden, aufgefasst werden und sind daher für die beschriebene Problemstellung vielversprechend. Das Verfahren soll hier näher beschrieben werden.

Die Merkmalsextraktion geschieht durch die Nachbildung optischer Filter mit einer Transmissionsfunktion

$$f(\lambda; c_i, w_i) = \exp \frac{(c_i - \lambda)^2}{2w_i^2} \qquad \text{für } i = 1, \ldots, d \,.$$

c_i bezeichnet dabei die mittlere Wellenlänge und w_i bestimmt die Breite der optischen Bandpassfilter. Für jedes Pixel können die d neuen Merkmale aus dem Spektrum $s(\lambda)$ mit der Transformation

$$m_i = \int s(\lambda)\, q(\lambda)\, f(\lambda; c_i, w_i)\, \mathrm{d}\lambda \qquad \text{für } i = 1, \ldots, d$$

berechnet werden. Das Integral bildet die Aufnahme mit einem Sensor mit der Quantenausbeute $q(\lambda)$ und einem davor angebrachten optischen Filter $f(\lambda; c_i, w_i)$ nach. Das heißt, dass die Größe m_i der Intensität entspricht, welche von einem Sensor gemessen werden würde. Der Einfachheit halber wird der Einfluss der Beleuchtung vernachlässigt und von einer über den gesamten Wellenlängenbereich konstanten Beleuchtung ausgegangen. Die Wahl von d passenden Bandpassfiltern kann nun für dieses spezielle Sortierproblem auf die Wahl der Parameter c_i und w_i und die Auswertung der neuen Variablen m_i zurückgeführt werden. Um eine optimale Trennung zu erhalten, müssen die Parameter der Filterfunktion $f(\lambda; c_i, w_i)$ so gewählt werden, dass die Merkmale m_i eine möglichst gute Unterscheidung ermöglichen. Gleichzeitig sollte die Anzahl der Filter d klein gehalten werden, um die Dimensionalität des Klassifizierungsproblems zu begrenzen.

Alle Verfahren haben gemeinsam, dass die Wahl der spektralen Bereiche anhand der Trennbarkeit der Klassen bewertet werden muss. Aus theoretischer Sicht bildet der Bayes-Fehler die untere Grenze des zu erwartenden Klassifikationsfehlers und wäre damit das beste Kriterium, um die Parameterwahl zu bewerten. Der Bayes-Fehler kann allerdings nicht direkt berechnet werden, weshalb andere statistische Werte, wie die Bhattacharyya-Distanz [11] oder die Mahalanobis-Distanz [10] verwendet werden, mit denen sich eine Gütefunktion für die Trennbarkeit zweier Klassen definieren lässt, welche sich auch auf Mehrklassen-Probleme erweitern lässt [12]. Eine andere Möglichkeit ist, die Daten anhand der neuen Merkmale zu klassifizieren und das Ergebnis des Klassifikators z. B. mithilfe des Kreuzvalidierungsverfahrens oder anhand eines Validierungsdatensatzes zu bewerten. Da eine globale Suche nach dem Optimum der Gütefunktion nicht realistisch durchführbar ist, muss auf heuristische Algorithmen, wie z. B. genetische Algorithmen, zurückgegriffen werden.

3 Experimentelle Ergebnisse

Die in Abschnitt 2 beschriebenen Methoden können anhand eines Beispiels aus der Nahrungsmittelsortierung verdeutlicht und bewertet werden. In diesem Fall sollen getrocknete Zwiebeln von Fremdmaterialien wie Steinen oder Verpackungsmaterial getrennt werden. Zunächst wird ein hyperspektrales Bild von den verschiedenen Materialklassen aufgenommen. Abbildung 12.2 zeigt ein RGB-Bild der Materialien und die zugehörigen Spektren im Nahinfrarotbereich. Die hyperspektrale Bild-

(a) RGB-Bild   (b) Spektrum

Abbildung 12.2: Getrocknete Zwiebeln und verschiedenes Fremdmaterial (Papier, Kork, Schnur, Plastik, Steine, Papier).

aufnahme wurde mit einem System der Firma Specim im Wellenlängenbereich von 1000 nm bis 2500 nm gewonnen. Die Proben wurden mit einer Halogenlampe beleuchtet. Um die Abhängigkeit des Reflektanzspektrums eines Pixels von der Beleuchtung und der Sensitivität des Sensors zu korrigieren, wurde ein Weißabgleich durchgeführt. Dazu wird eine Aufnahme eines Referenzmaterials, in diesem Fall Polytetrafluorethylen, welches eine gleichmäßige Reflektanz im untersuchten Wellenlängenbereich aufweist, gewonnen. Außerdem wird der Dunkelstrom des Sensorarrays gemessen. Eine zusätzliche Kalibrierung des Spektrographen ist nicht notwendig, da dieser bereits vom Hersteller kalibriert wurde.

Zuletzt werden die einzelnen Pixel den verschiedenen Materialien zugeordnet und diese in unterschiedliche Klassen eingeteilt. Es werden zwei Szenarien untersucht. In einem ersten Versuch bilden die Spektren der Zwiebeln eine Klasse und eine zweite Klasse setzt sich zu gleichen Teilen aus den Spektren der Fremdmaterialien zusammen. Es handelt sich also

um ein Zwei-Klassen-Problem, bei dem nur zwischen Gut- und Schlecht-
material unterschieden werden soll. In einem anderen Versuch werden
fünf gleich große Gruppen von Zwiebel, Kork, Papier, Stein und Papier
gebildet und versucht, durch einen Klassifikator die einzelnen Stoffklassen zu erkennen. Für beide Szenarien wird sowohl ein Trainingsdatensatz
sowie ein Testdatensatz gebildet.

Mit diesen sortierten Trainingsdatensätzen kann ein überwachtes
Bandselektionsverfahren angewandt werden, um einzelne Spektralbereiche auszuwählen, welche eine gute Unterscheidung zwischen den Materialklassen zulassen.

Durch das Verfahren mit parametrisierten Filterfunktionen lassen sich
die optischen Filterparameter direkt bestimmen. Da nur eine niedrige
Anzahl an Filtern im endgültigen System realisierbar ist, werden im
Folgenden genauere Untersuchungen nur für ein, zwei und drei Filter
durchgeführt. Als Optimierungsverfahren wird die differentielle Evolu-
tion gewählt. Im Zwei-Klassen-Fall dient die Bhattacharyya-Distanz als
Gütekriterium, bei mehreren Klassen entsprechend die Jeffreys-Matusita-
Distanz [12].

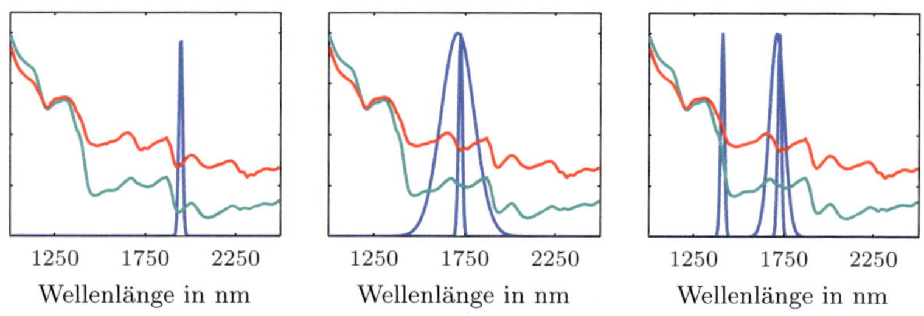

Abbildung 12.3: Filterfunktionen bei zwei Klassen.

Abbildung 12.3 zeigt für das Zwei-Klassen-Szenario die gewonnenen
Filterfunktionen, welche die zugehörige Gütefunktion maximieren. Zusätzlich sind die durchschnittlichen Verläufe der Spektren beider Klassen
dargestellt.

Zur Evaluation der ausgewählten Filter wird der Testdatensatz mithilfe der quadratischen Diskriminanzanalyse (QDA) klassifiziert [13]. Die
erreichten Erkennungsraten sind in Tabelle 12.1 aufgeführt. Bei der Pa-
rametersuche kann anstelle der Bhattacharyya- bzw. Jeffreys-Matusita-

Gütekriterium	Klassen-anzahl	Erkennungsrate mit		
		1 Filter	2 Filtern	3 Filtern
Bhattacharyya-Distanz	2	0,79	0,85	0,92
Klassifikations-Fehler (QDA)	2	0,79	0,91	0,91
Jeffreys-Matusita-Distanz	5	0,53	0,97	0,99
Klassifikations-Fehler (QDA)	5	0,57	0,96	0,99

Tabelle 12.1: Erreichte Erkennungsraten bei zwei und fünf Klassen und unterschiedlichen Gütekriterien.

Distanz auch der Klassifikationsfehler der QDA als Gütekriterium herangezogen werden. Die daraus resultierenden Erkennungsraten sind ebenfalls in Tabelle 12.1 zu sehen. Die Ergebnisse mit verschiedenen Gütekriterien sind sehr ähnlich, was bedeutet, dass bei der Optimierung die Bhattacharyya-Distanz verwendet werden kann.

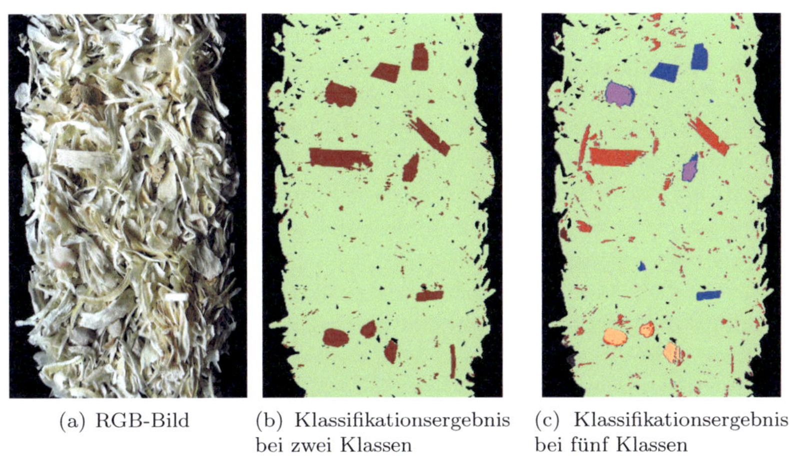

(a) RGB-Bild   (b) Klassifikationsergebnis bei zwei Klassen   (c) Klassifikationsergebnis bei fünf Klassen

Abbildung 12.4: Klassifikationsergebnis bei einem Testbild mit drei Filtern.

Das Ergebnis der Bandselektion kann an einem weiteren hyperspektralen Testbild von getrockneten Zwiebeln und Fremdmaterialien dargestellt werden. Abbildung 12.4 zeigt ein RGB-Bild der Materialien und die simulierten Sortierergebnisse, die für eine NIR-Zeilenkamera und drei verschiedene optische Filter zu erwarten sind. In diesem Bild werden alle Fremdstoffe erkannt, doch werden auch einige Pixel, bei denen es sich um Zwiebeln handelt, fälschlicherweise als Fremdmaterial klassifiziert. Um das Ergebnis zu verbessern, können herkömmliche Techniken der Bildverarbeitung eingesetzt werden, welche kleine falsch klassifizierte Bereiche entfernen.

4 Zusammenfassung

Hyperspektrale Bildaufnahmen ermöglichen es, herkömmliche Spektroskopie aus der Analytik mit der Bildverarbeitung, welche in der Automatisierungstechnik eingesetzt wird, zu verknüpfen. Es wurde gezeigt, wie mithilfe der Methoden der Bandselektion die Messdaten auf die notwendige Menge reduziert und dadurch die Anforderungen für den Einsatz in automatischen Sortieranlagen erfüllt werden können.

Die Bhattacharyya-Distanz hat sich dabei als hilfreiches Mittel erwiesen, die Trennbarkeit zweier Klassen zu bewerten. Durch die Erweiterung auf das Mehrklassenproblem mithilfe der Jeffreys-Matusita-Distanz kann eine stoffspezifische Klassifikation durchgeführt werden. Mit der quadratischen Diskriminanzanalyse können gute Erkennungsraten erzielt werden, wobei die Ergebnisse bei einer Klassifikation mit drei Filtern besser sind als bei einem Einsatz von nur zwei Filtern. Eine Klassifikation mit nur einem Filter liefert keine zufriedenstellenden Erkennungsraten.

Durch die vorgestellte Bandselektionsmethode werden in der Regel schmalbandige Bänder bevorzugt ausgewählt. Um auch eine Sortierung von dunklen, stark absorbierenden Stoffen zu ermöglichen, sollten die ausgewählten Spektralbereiche möglichst breit sein, damit viel Licht vom Sensor aufgenommen und ein besseres Signal-zu-Rausch-Verhältnis erreicht wird. Wie die Methode angepasst werden kann, sodass breitere Filter ausgewählt werden und gleichzeitig ein gutes Klassifikationsergebnis ermöglicht wird, ist Gegenstand weiterer Untersuchungen.

Literatur

1. „Richtlinie 2008/98/EG des Europäischen Parlaments und des Rates vom 19. November 2008 über Abfälle und zur Aufhebung bestimmter Richtlinien", *Amtsblatt der Europäischen Union*, Vol. L 312, Nr. 1, S. 3–30, 2008.

2. P. Williams, *Near-Infrared Technology: In the Agricultural and Food Industries*, 2. Aufl.   Amer Assn of Cereal Chemists, 11 2001.

3. A. Goetz, „Three decades of hyperspectral remote sensing of the Earth: A personal view", *Remote Sensing of Environment*, Vol. 113, S. S5–S16, 2009.

4. M. Zude, Hrsg., *Optical Monitoring of Fresh and Processed Agricultural Crops (Contemporary Food Engineering)*, 1. Aufl.   CRC Press, 10 2008.

5. P. Mehl, Y. Chen, M. Kim und D. Chan, „Development of hyperspectral imaging technique for the detection of apple surface defects and contaminations", *Journal of Food Engineering*, Vol. 61, Nr. 1, S. 67–81, 2004.

6. A. Gomez, Y. He und A. Pereira, „Non-destructive measurement of acidity, soluble solids and firmness of Satsuma mandarin using Vis/NIR-spectroscopy techniques", *Journal of food engineering*, Vol. 77, Nr. 2, S. 313–319, 2006.

7. D. Ariana, R. Lu und D. Guyer, „Near-infrared hyperspectral reflectance imaging for detection of bruises on pickling cucumbers", *Computers and electronics in agriculture*, Vol. 53, Nr. 1, S. 60–70, 2006.

8. P. Paclik, R. Leitner und R. Duin, „A study on design of object sorting algorithms in the industrial application using hyperspectral imaging", *Journal of Real-Time Image Processing*, Vol. 1, Nr. 2, S. 101–108, 2006.

9. S. Serpico und G. Moser, „Extraction of spectral channels from hyperspectral images for classification purposes", *IEEE Transactions on Geoscience and Remote Sensing*, Vol. 45, Nr. 2, S. 484–495, 2007.

10. P. Withagen, E. den Breejen, E. Franken, A. de Jong und H. Winkel, „Band selection from a hyperspectral data-cube for a real-time multispectral 3CCD camera", 2001, S. 84–93.

11. S. De Backer, P. Kempeneers, W. Debruyn und P. Scheunders, „A band selection technique for spectral classification", *IEEE Geoscience and Remote Sensing Letters*, Vol. 2, Nr. 3, S. 319–323, 2005.

12. L. Bruzzone, F. Roli und S. Serpico, „An extension of the Jeffreys-Matusita distance to multiclass cases for feature selection", *IEEE Transactions on Geoscience and Remote Sensing*, Vol. 33, Nr. 6, S. 1318 –1321, nov. 1995.

13. T. Hastie, R. Tibshirani, J. Friedman und J. Franklin, „The elements of statistical learning: data mining, inference and prediction", *The Mathematical Intelligencer*, Vol. 27, Nr. 2, S. 83–85, 2005.

Automatische Sichtprüfung strukturierter transparenter Materialien

Wolfgang Melchert, Thomas Längle, Philipp Pätzold, Robin Gruna
und Michael Palmer

Fraunhofer-Institut für Optronik, Systemtechnik und Bildauswertung IOSB,
Fraunhoferstraße 1, D-76131 Karlsruhe

Zusammenfassung In vielen Anwendungsgebieten werden transparente Materialien, z. B. Glasscheiben, mit einer Strukturierung versehen, die eine Streuung des optischen Strahlengangs bewirkt. Beispiele hierfür sind die sogenannten Diffussionselemente, die im Automobilbereich für Innenleuchten eingesetzt werden, um eine möglichst gleichmäßige Ausleuchtung der Fahrerkabine bei gleichzeitigem Blendschutz zu erreichen. Auch im Sanitärbereich wird strukturiertes Glas verwendet, z. B. als Sichtschutz für Duschkabinen. Mit der in diesem Artikel beschriebene Aufnahmetechnik "Purity" ist es inzwischen möglich, diese strukturierten Gläser vollständig, robust und schritthaltend mit dem Produktionsprozess zu prüfen.

1 Einleitung

Strukturiertes transparentes Glas oder Kunststoff kommt in vielen Anwendungsgebieten zum Einsatz. Es wird beispielsweise für Streulinsen, Reflektoren oder als Sichtschutz im Sanitärbereich verwendet. Im Material können während der Produktion verschiedene Arten von Defekten entstehen, die von einem automatischen Inspektionssystem erkannt werden sollen:

- Eingelagerte Partikel aus Fremdmaterial,
- Luftblasen,
- Eintrübungen.

Die Erkennungsaufgabe wird erschwert durch die optisch wirksame Struktur des Glases, die keinen Fehler darstellt, sondern toleriert werden muss.

2 Stand der Technik

Herkömmliche Inspektionssysteme mit einer Durchlicht-Anordnung, bei der die Kamera durch den Prüfling auf die Beleuchtung blickt, sind nicht in der Lage, zwischen Partikeln, Luftblasen und den schrägen Flächen der Glasstruktur zu unterscheiden, da alle diese Elemente im Bild dunkel erscheinen. Abbildung 13.1 zeigt dies an einigen Aufnahmen von Strukturglas. Die Partikel im dritten Teilbild können beispielsweise anhand ihres Grauwerts nicht von den Struktur-Elementen im linken Teilbild unterschieden werden.

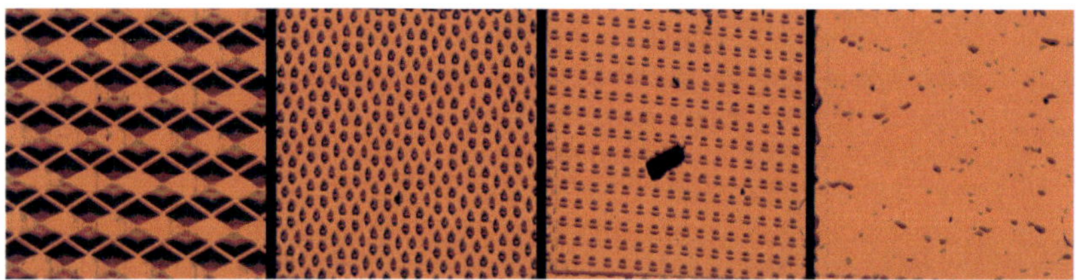

Abbildung 13.1: Strukturgläser in herkömmlicher Bildaufnahmetechnik.

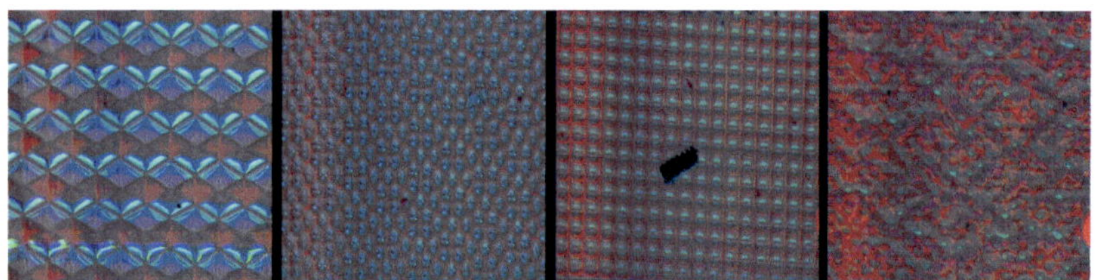

Abbildung 13.2: Strukturgläser aufgenommen mit "Purity".

Im Gegensatz dazu ermöglicht die patentierte Bildaufnahmetechnik "Purity" eine zuverlässige Detektion und Unterscheidung der verschiedenen Defekte. Abbildung 13.2 zeigt das gleiche Strukturglas, aufgenommen mit dem "Purity"-System. Der Partikel im dritten Teilbild erscheint zwar weiterhin dunkel, die Strukturelemente sind jedoch andersfarbig, so dass jetzt eine Unterscheidung möglich ist.

3 Bildaufnahme

Zur Inspektion von transparenten Materialien wurde am Fraunhofer-Institut IOSB die spezielle Bildaufnahmetechnik "Purity" entwickelt. Hier werden in drei Kanälen parallel Aufnahmen mit unterschiedlichen Beleuchtungsrichtungen gewonnen, wobei für zwei Kanäle eine spezielle Retro-Reflexfolie unter dem Prüfling wirksam ist. Die drei Kanäle werden rot/grün/blau-codiert und von einer Farb-Kamera synchron aufgenommen. Dies ermöglicht eine Bildpunkt-genaue Verknüpfung zwischen den Kanälen. Abbildung 13.3 zeigt die Bildaufnahmetechnik. Sie benutzt folgende Aufnahmekanäle:

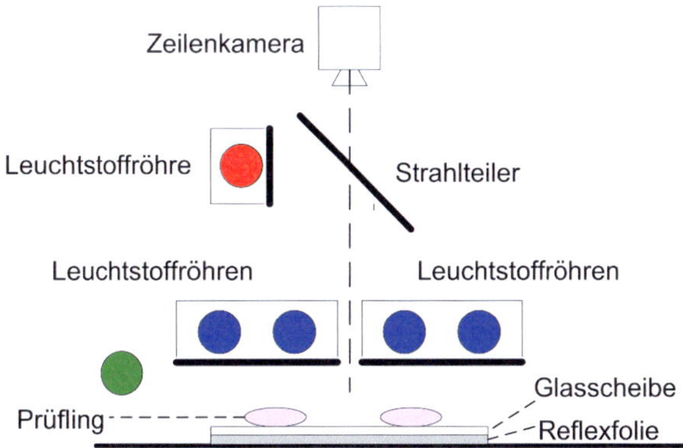

Abbildung 13.3: Bildaufnahmetechnik "Purity".

Hellfeld (Rot-Kanal): In diesem Transmissionskanal strahlt das Licht senkrecht durch den Prüfling auf die Reflexfolie, von dort ein zweites mal durch den Prüfling, und wieder zurück zur Kamera. Anders als bei einer Durchlicht-Anordnung geht hier das durch schräge Flächen der Struktur gebrochene Licht nicht verloren, sondern kommt über den Reflektor wieder zurück, was eine Unterscheidung zu Partikeln ermöglicht, welche das Licht absorbieren.

Dunkelfeld mit Reflektor (Blau-Kanal): Hier strahlt das Licht in einem wählbaren Winkel schräg auf den Prüfling, wobei unter dem Prüfling im Bereich der Lampen die Reflexfolie wirksam ist.

Dunkelfeld ohne Reflektor (Grün-Kanal): Hier strahlt das Licht ebenfalls in einem wählbaren Winkel schräg auf den Prüfling, jedoch außerhalb des Bereichs der Reflexfolie.

Die Abbildungen 13.4, 13.5, 13.6 zeigen für ein typisches Strukturglas, das als Diffusor in der Fahrzeugindustrie eingesetzt wird, wie die Glasstruktur und die verschiedenen Defekt-Typen von den drei Kanälen des "Purity"-Systems erfasst werden.

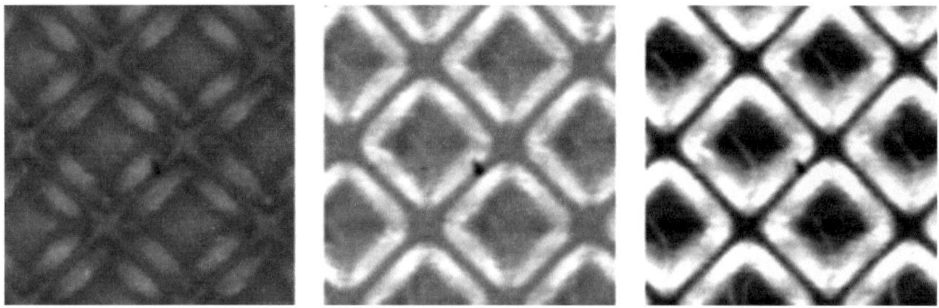

Abbildung 13.4: Defekttyp "Partikel" im Hellfeld (links), Dunkelfeld mit Reflektor (Mitte), Dunkelfeld ohne Reflektor (rechts).

Abbildung 13.5: Defekttyp "Blase" im Hellfeld (links), Dunkelfeld mit Reflektor (Mitte), Dunkelfeld ohne Reflektor (rechts).

Tabelle 13.1 fasst die Sichtbarkeit der verschiedenen Defekttypen in den drei Kanälen zusammen: *Partikel* erscheinen in allen drei Kanälen dunkel, am deutlichsten im Dunkelfeld mit Reflektor. *Blasen* erscheinen nur im Hellfeld dunkel, in den beiden Dunkelfeldern jedoch hell, wobei

Abbildung 13.6: Defekttyp "Eintrübung" im Hellfeld (links), Dunkelfeld mit Refl. (Mitte), Dunkelfeld ohne Refl. (rechts).

sie dort nicht heller sind als die hellen Teile der umgebenden Glasstruktur. *Eintrübungen* sind im Hellfeld fast unsichtbar, sie erscheinen aber als Gebiete mit reduziertem Kontrast in den beiden Dunkelfeldern, am deutlichsten im Dunkelfeld ohne Reflektor.

Defekte	Hellfeld	Dunkelfeld mit Reflektor	Dunkelfeld ohne Reflektor
Partikel	dunkel	dunkel	dunkel (schwächer als Struktur)
Luftblase	dunkel	hell (schwächer als Struktur)	hell (schwächer als Struktur)
Eintrübung	—	weniger Kontrast	weniger Kontrast

Tabelle 13.1: Sichtbarkeit der Defekttypen in den drei Kanälen.

4 Bildauswertung

Die Signale von *Partikeln* und *Blasen* unterscheiden sich in mindestens einem Kanal deutlich von den Signalen der Glasstruktur und können deshalb mit Schwellen abgetrennt werden. Zur Unterscheidung benötigt man allerdings mehrere Schwellen, wie in Abb. 13.7 dargestellt: Je eine Schwelle liegt knapp oberhalb und knapp unterhalb der Amplitude der Glasstruktur. Die Höhe dieser Schwellen wird in einem Einlernvorgang automatisch ermittelt, sie werden im Falle von Drift-Einflüssen bei der Beleuchtung automatisch nachgeführt. Zusätzlich gibt es noch eine mittlere Schwelle auf Höhe des Mittelwerts des Bildes.

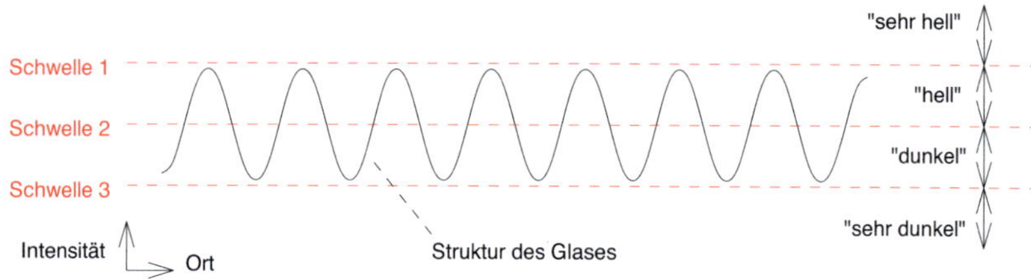

Abbildung 13.7: Schwellen für die Erkennung von Partikeln und Blasen.

Partikel werden dadurch eindeutig detektiert, dass sie im Dunkelfeld mit Reflektor unter der "dunklen" Schwelle liegen.

Blasen werden gemäß Abb. 13.8 durch eine Kombination von Hellfeld und Dunkelfeld detektiert. Sie sind dunkler als die "dunkle" Schwelle im Hellfeld (was auch für Partikel zutrifft), zugleich aber auch heller als die "mittlere" Schwelle im Dunkelfeld.

Abbildung 13.8: Detektion einer Blase: Dunkel im Hellfeld (links), heller als mittlere Schwelle im Dunkelfeld mit Reflektor (Mitte), Kombination der beiden Kanäle (rechts).

Eintrübungen bewirken anders als Partikel und Blasen keine aus der Glasstruktur herausragende Detektion, sondern sie reduzieren über eine größere Fläche den Kontrast der Glasstruktur. Abb. 13.9 zeigt einen Zeilenplot durch einen eingetrübten Bereich. Physikalisch kann man diesen Effekt dadurch erklären, dass eine zusätzliche Streuung des Lichts auftritt.

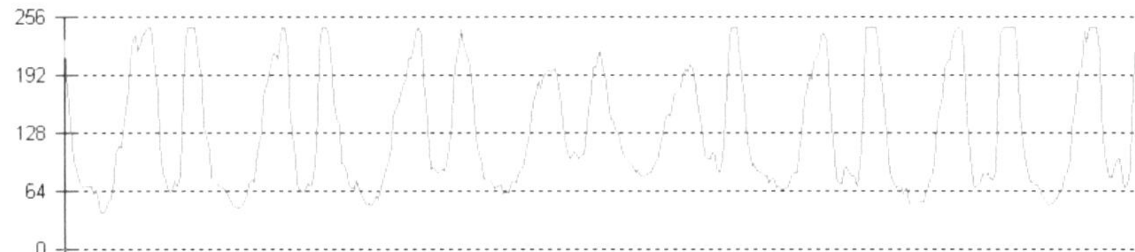

Abbildung 13.9: Zeilenplot durch den Bereich einer Eintrübung (in der Bildmitte), im Dunkelfeld mit Reflektor.

Zur Erkennung des eingetrübten Bereiches kann man für jeden Bildpunkt des Bildes gemäß Formel 13.1 den Kontrast in der lokalen Umgebung des Bildpunkts messen. Abb. 13.10 zeigt die entsprechende Implementierung als Verarbeitungskette. "TP" ist hier ein Tiefpass-Filter, der in einer lokalen Umgebung (Filter-Kern) eine Mittelung der Intensitätswerte durchführt.

$$Kontrast = TP\Big(\,|Bild - TP(Bild)|\,\Big) \tag{13.1}$$

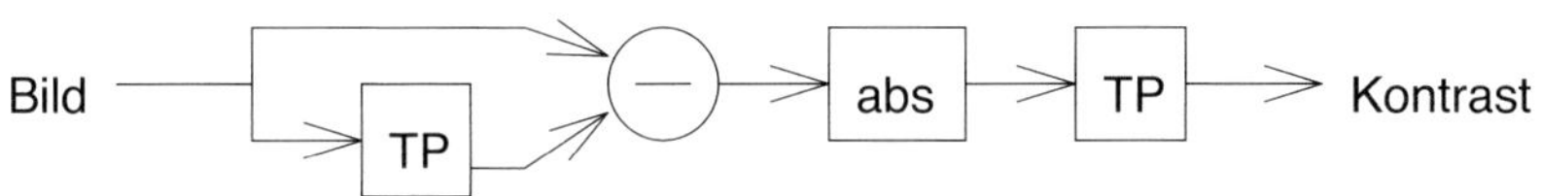

Abbildung 13.10: Verarbeitungskette zur Ermittlung des lokalen Kontrasts eines Bildes.

Damit im so berechneten Kontrastbild die Glasstruktur unterdrückt wird, muss der Filter-Kern genau an die Glasstruktur angepasst werden. Für regelmäßige Strukturen mit rechteckiger Grundform, deren Symmetrieachsen in x- und y-Koordinatenrichtung des Bildes verlaufen, wie im hier verwendeten Beispiel, ist die Anpassung einfach: Der Kern des Tiefpassfilters muss in x- und y-Größe genau gleich groß sein wie die x- und y-Periodenlängen der Bildstruktur. Weicht man von diesem optimalen Wert nach oben oder unten ab, so wird die Glasstruktur im Kontrastbild wieder sichtbar, wie Abb. 13.11 zeigt. Bei optimaler Einstellung kann anschließend über eine Schwelle im Kontrastbild der in Abb. 13.12 Bereich eindeutig als eingetrübt markiert werden.

Abbildung 13.11: Ermittelter örtlicher Kontrast bei zu kleiner Tiefpass-Größe (links, x=46/y=45), optimaler Tiefpass-Größe (Mitte, x=56/y=55), und zu großer Tiefpass-Größe (rechts, x=66/y=65).

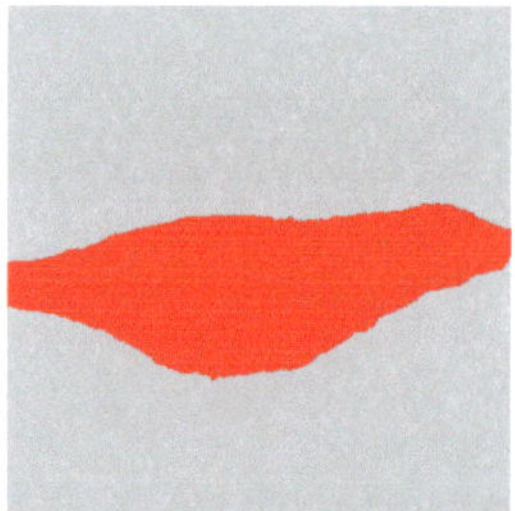

Abbildung 13.12: Detektion der Eintrübung, basierend auf der optimal angepassten Tiefpass-Größe.

Nicht jede regelmäßige Glasstruktur lässt sich in x- und y-Koordinatenrichtung einfach jeweils nur durch eine Periodenlänge beschreiben. Ist die Grundform der Struktur beispielsweise ein allgemeines Parallelogramm mit beliebigem Seitenverhältnis, beliebigem Winkel und beliebiger Orientierung, so gibt es in x- und y-Koordinatenrichtung jeweils *zwei* Periodenlängen. Um diese zu unterdrücken, kann man zwei passend dimensionierte Tiefpassfilter hintereinanderschalten. Für die Ermittlung des Kontrastes ergibt sich dann die in Abb. 13.10 gezeigte Verarbeitungskette.

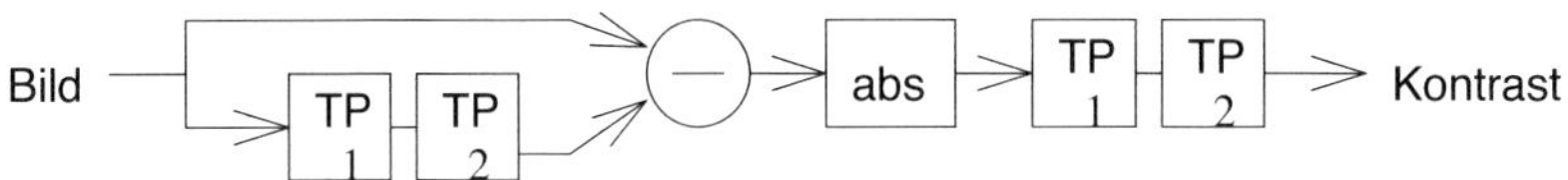

Abbildung 13.13: Verarbeitungskette zur Ermittlung des lokalen Kontrasts eines Bildes mit allgemeiner Parallelogramm-Struktur.

Entsprechend treten bei dreieckigen Strukturen im allgemeinen Fall jeweils *drei* Periodenlängen in x- und y-Koordinatenrichtung auf, die unterdrückt werden müssen. Alternativ zum Einsatz mehrerer klassischer Tiefpassfilter könnte man natürlich auch den Filter-Kern selbst an die Form des Strukturelements anpassen, ihn also beispielsweise dreieckig gestalten. Hierfür sind allerdings Echtzeit-fähige Implementierungen kaum realisierbar.

Für die Filterung ist eine genaue Kenntnis der Periodenlängen der Struktur erforderlich, deren manuelle Ermittlung ist jedoch sehr mühsam. Deshalb wurde ein automatisches Einlern-Werkzeug entwickelt, das aus einem vorgegebenen Muster-Bild alle Periodenlängen der Glasstruktur ermittelt und danach die Filter-Parameter passend einstellt.

5 Ergebnisse und Ausblick

Die vorgestellte Aufnahme- und Auswertungstechnik wurde an mehreren 100 Aufnahmen von verschiedenen Typen von Strukturgläsern aus den Bereichen Fahrzeugbeleuchtung, Solarzellen und Ornamentgläser erprobt, deren Hersteller eine automatische Inspektion ihrer Produkte anstreben.

Es zeigte sich, dass *Partikel* und *Eintrübungen* überall zuverlässig erkannt wurden.

Bei den *Blasen* war dagegen in einigen Glas-Typen keine sichere Erkennung möglich, da sich die Blasen hier in keinem der Kanäle ausreichend von der Glasstruktur abhoben. Zur Verbesserung der Erkennung kann man deshalb zusätzlich eine Prüfung lokaler statistischer Merkmale durchführen, ähnlich wie bei den Eintrübungen, da die Anwesenheit einer Blase solche Merkmale in bestimmter Weise verändert. Auch Beschädigungen der Glasstruktur können auf diese Weise gefunden werden.

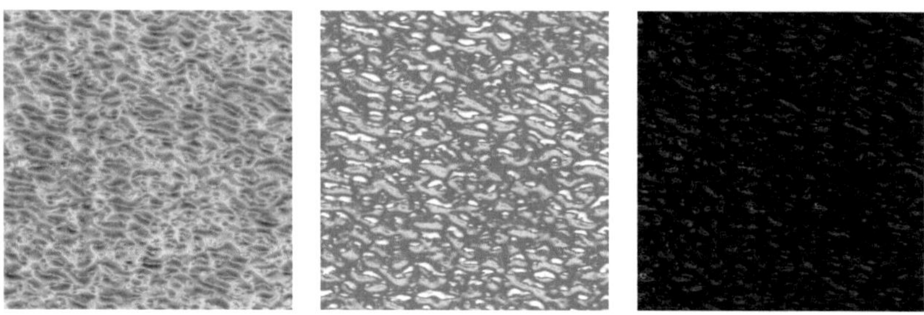

Abbildung 13.14: Glas mit statistischer Struktur, im Hellfeld (links), Dunkelfeld mit Reflektor (Mitte), Dunkelfeld ohne Reflektor (rechts).

Abbildung 13.15: Glas mit zwei überlagerten Strukturen mit sehr verschiedenen Strukturlängen, im Hellfeld (links), Dunkelfeld mit Reflektor (Mitte), Dunkelfeld ohne Reflektor (rechts).

Bisher wurden hauptsächlich Gläser mit einer regelmäßigen Struktur untersucht, bei denen sich die Struktur durch eine angepasste Filterung leicht unterdrücken lässt. Zukünftig sollen aber auch Gläser geprüft werden, die eine unregelmäßige, statistische Struktur aufweisen, wie in Abb. 13.14. Hierfür müssen ebenso Lösungen gefunden werden wie für Gläser, bei denen sich zwei Strukturen mit sehr stark verschiedenen Periodenlängen überlagern. Abbildung 13.15 zeigt ein Beispiel mit zwei regelmäßigen Strukturen, Abb. 13.16 ein Beispiel mit zwei unregelmäßigen, statistischen Strukturen. Diese Gläser stellen eine besondere Herausforderung dar, weil bei ihnen weder eine einheitliche Filterung noch eine einheitliche Schwellen-Anwendung über das ganze Bild möglich ist.

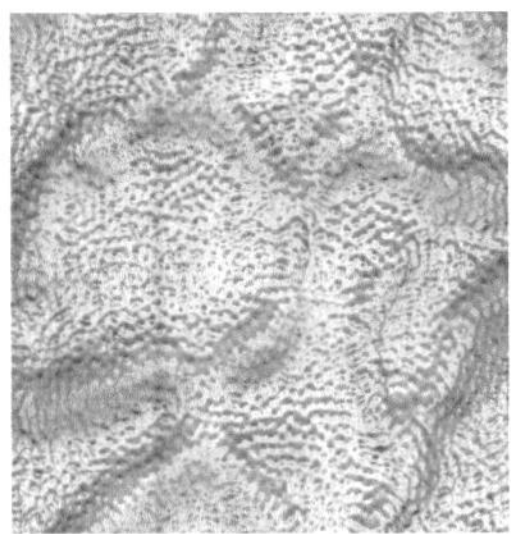 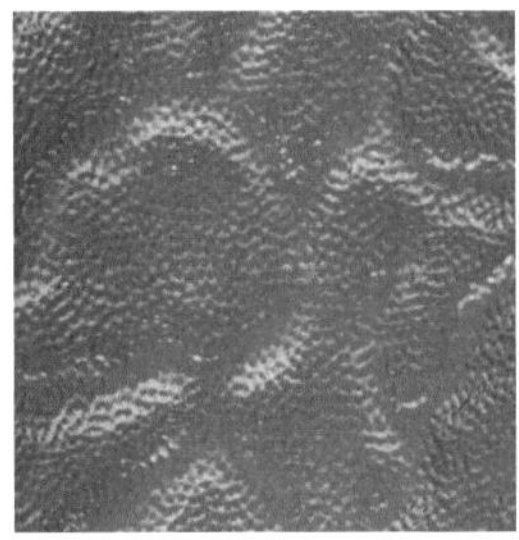 

Abbildung 13.16: Glas mit zwei überlagerten statistischen Strukturen, im Hellfeld (links), Dunkelfeld mit Reflektor (Mitte), Dunkelfeld ohne Reflektor (rechts).

Literatur

1. T. Längle, M. Hartrumpf, K.-U. Vieth, R. Heintz und G. Struck, „Verfahren zur Inspektion und Sortierung farblicher und transparenter Materialien", in *Konferenz "Sensorgestützte Sortierung"*, Aachen, Germany, 2010.

2. K.-U. Vieth, G. Struck, M. Hartrumpf, T. Längle und R. Heintz, „Neues Verfahren zur Sichtprüfung transparenter Materialien", in *Konferenz "Sensorgestützte Sortierung"*, Aachen, Germany, 2008.

3. T. Laengle, „Quality control of bulk material in factories of the future", in *23rd International Conference on CAD/CAM Robotics and Factories of the Future*, Bogota, Colombia, 2007.

4. M. Palmer und M. Hartrumpf, „Mit großer Schärfentiefe", *QZ Qualität und Zuverlässigkeit*, Vol. 55, Nr. 10, S. 59–61, 2010.

5. M. Petrou und P. García-Sevilla, Hrsg., *Image Processing: Dealing with Texture.* Chichester: John Wiley & Sons, 2006.

6. M. Heizmann, „Texturanalyse", in *Handbuch zur industriellen Bildverarbeitung*, N. Bauer, Hrsg. Stuttgart: Fraunhofer IRB Verlag, 2008, S. 132–141.

Optimierte Kameraauswahl für maschinelles Sehen durch standardisierte Charakterisierung der bildgebenden Systeme

Michael Erz und Bernd Jähne

Universität Heidelberg, IWR,
Speyerer Straße 6, D-69115 Heidelberg

Zusammenfassung In diesem Beitrag wird der neue EMVA Standard 1288 zur einheitlichen Charakterisierung von Sensoren bzw. Kameras vorgestellt und analysiert. Das theoretische Modell, auf dem der Standard basiert, zeigt, dass neben den Inhomogenitätsparametern das Signal-Rausch-Verhältnis als wichtigste Größe für die Sensorqualität nur von der Quantenausbeute und dem Dunkelrauschen abhängt, wenn das Quantisierungsrauschen vernachlässigt werden kann. Anschließend werden zwei einfache Messapparaturen vorgestellt, mit denen sich alle Kameraparameter nach dem EMVA Standard 1288 messen lassen. Im Ausblick wird schließlich aufgezeigt, wie der Standard auf nicht-lineare Sensoren, z.B. logarithmische und stückweise lineare Sensoren, und auf Time-of-Flight (ToF) Kameras erweitert werden könnte und welche Probleme dabei zu lösen sind.

1 Einleitung

Für das maschinelle Sehen ist neben der Fragestellung, ob eine Messaufgabe bzw. Problemstellung mit einem gegebenen Sensortyp gelöst werden kann, auch die Sensorauswahl eine wichtige Größe. Die genaue Kenntnis des Rauschverhaltens eines Sensors und die räumlichen Inhomogenitäten stehen am Beginn einer Fehlerfortpflanzungskette, die es erlaubt die statistische Unsicherheit und die systematischen Fehler der aus den nachfolgenden Bildverarbeitungsoperationen bestimmten Parameter abzuschätzen.

Die Auswahl der geeigneten Kamera für eine gegebene Anwendung basierend auf den Datenblättern der Herstellerfirmen ist nicht möglich, da die Angaben zu den Eigenschaften der Kameras oft nicht miteinander vergleichbar bzw. unvollständig sind. Deshalb ergriff die European Machine Vision Association (EMVA) die Initiative zur Definition einer einheitlichen Methode, Sensoren bzw. Kameras zu vermessen, ihre Kenngrößen zu berechnen und zu präsentieren. Der EMVA Standard 1288 definiert eine zuverlässige und exakte Messprozedur und Richtlinien zur Präsentation von Messergebnisse und macht den Vergleich der Kameras und Bildsensoren deutlich einfacher. Der modular aufgebaute Standard wurde in einem Konsortium, bestehend aus führenden industriellen Sensor- und Kameraherstellern, Vertriebsunternehmen und Zulieferfirmen, ausgearbeitet. Das erste Modul wurde bereits im August 2005 und die dritte, erweiterte Version des Standards in diesem Jahr veröffentlicht [1].

Im nachfolgenden Kapitel wird das theoretische Modell, auf dem der EMVA Standard 1288 basiert, analysiert.

2 Das theoretische Modell des EMVA Standards 1288

Der EMVA Standard 1288 deckt digitale Kameras mit einer linearen Kennlinie ab und beinhaltet Spezifikationen zur Empfindlichkeit, Linearität, zum Rauschverhalten, Dunkelstrom und zu den räumlichen Inhomogenitäten der Sensoren einschließlich der Statistik über defekte Pixel. Der Standard ist modular aufgebaut. Im Folgenden werden mathematische Grundlagen zu jedem Modul des Standards vorgestellt.

2.1 Sensitivität, Linearität und Rauschverhalten

Die mittlere Anzahl der Photonen μ_p, die während einer Belichtungszeit t_{exp} auf einen Sensorelement (Pixel) mit der Fläche A fallen, kann aus dem Zusammenhang der Bestrahlungsstärke E [W/m^2] mit der Photonenflussdichte E_p [Photonen/s m^2] nach der folgenden Gleichung berechnet werden:

$$E_p = \frac{\mu_p}{At_{exp}} = \frac{E}{hc/\lambda} \quad \text{oder} \quad \mu_p = \frac{\lambda At_{exp}}{hc}E \, , \tag{14.1}$$

mit der Lichtgeschwindigkeit c, dem planckschen Wirkungsquantum h und der Wellenlänge λ des Lichtes. Der Sensorelement mit der zugehörigen Elektronik konvertiert die einfallenden Photonen in einen mittleren Digitalwert μ_y (im Nachfolgenden als Grauwert mit der Einheit DN bezeichnet). Dieser Prozess wird als linear angenommen.

Das lineare Sensormodell

Die mittlere Anzahl der einfallenden Photonen μ_p interagiert mit dem Halbleiter und erzeugt eine mittlere Anzahl an Ladungsträgern μ_e (stellvertretend durch Elektronen), die anschließend akkumuliert werden. Wie effizient dieser Prozess abläuft, wird durch die Quantenausbeute

$$\eta(\lambda) = \frac{\mu_e}{\mu_p} \tag{14.2}$$

beschrieben. Dabei wird angenommen, dass pro einfallenden Photon ein Elektron erzeugt wird. Außer den photoinduzierten Elektronen existiert eine gewisse Anzahl an so genannten Dunkelelektronen μ_d, die i.A. von der Belichtungszeit und der Umgebungstemperatur abhängt.

In der Kameraelektronik wird die gesamte akkumulierte Ladung $\mu_e + \mu_d$ in eine Spannung konvertiert, verstärkt und mit einem Analog-Digital-Konverter (ADC) in einen mittleren Grauwert μ_y konvertiert. Dieser Prozess wird ebenfalls als linear angenommen und der Proportionalitätsfaktor ist der Gesamtsystem-Verstärkungsfaktor K [DN/Elektronen]. Schließlich ergibt sich für die lineare Relation zwischen dem mittleren Grauwert im Bild und der mittleren Anzahl der Photonen, die während der Belichtung auf einen Pixel treffen, zu:

$$\mu_y = K(\mu_e + \mu_d) = K\eta(\lambda)\mu_p + \mu_{y,dark} \ , \tag{14.3}$$

mit dem mittleren Dunkelsignal $\mu_{y,dark} = K\mu_d$ in den Einheiten DN. Die spezifische Empfindlichkeit $K\eta(\lambda)$ kann also durch eine Messung der mittleren Grauwerte μ_y in Abhängigkeit von der mittleren Anzahl an einfallenden Photonen μ_p abgeschätzt werden. Dabei kann μ_p aus der Bestrahlungsstärke nach der Gleichung 14.1 berechnet werden. Außerdem kann anhand dieser Messdaten die Linearität des Sensors verifiziert werden.

Für das Modellieren des Rauschverhaltens wurde angenommen, dass es sich bei den Rauschquellen um (zeitlich und räumlich) weißes und im weitesten Sinne stationäres Rauschen handelt. Nach den Gesetzen der Quantenmechanik fluktuiert die Anzahl der Elektronen gemäß der Poissonverteilung. Somit ist die Varianz der Fluktuationen gleich der mittleren Anzahl der akkumulierten Elektronen

$$\sigma_e^2 = \mu_e \ . \tag{14.4}$$

Dies ist das sog. Schrotrauschen. Andere Rauschquellen, wie das Auslese- und Verstärkerrauschen, hängen von dem Design der Sensor- bzw. Kameraelektronik ab und werden zum Dunkelrauschen σ_d^2, das signalunabhängig und normalverteilt ist, zusammengefasst. Das Quantisierungsrauschen des ADC ist dagegen stetig gleichverteilt und beträgt $\sigma_q^2 = 1/12\,\mathrm{DN}^2$ [2]. Nach der Voraussetzung eines linearen Sensormodells und gemäß dem gaußschen Gesetz der Fehlerfortpflanzung addieren sich die einzelnen Rauschquellen (Varianzen) zu dem Grauwertrauschen σ_y^2. Zusammen mit den Gleichungen 14.3 und 14.4 ergibt sich hierfür die Relation

$$\sigma_y^2 = K^2(\sigma_e^2 + \sigma_d^2) + \sigma_q^2 = K(\mu_y - \mu_{y,dark}) + K^2\sigma_d^2 + \sigma_q^2 \ . \tag{14.5}$$

Der Gesamtsystem-Verstärkungsfaktor K kann also aus der Messung des Grauwertrauschens σ_y^2 in Abhängigkeit von dem mittleren Grauwert $(\mu_y - \mu_{y,dark})$ als Steigung in der linearen Relation bestimmt werden. Das Dunkelrauschen σ_d^2 kann aus dem Schnittpunkt mit der Ordinate bestimmt werden. Anschließend kann aus der spezifischen Empfindlichkeit und dem hier bestimmten K die Quantenausbeute berechnet werden. Diese Methode wird als Photon-Transfer-Methode [3,4] bezeichnet.

Die Qualität des Signals wird durch das Signal-Rausch-Verhältnis $\mathrm{SNR} = (\mu_y - \mu_{y,dark})/\sigma_y$ quantifiziert. Aus den Gleichungen 14.3 und 14.5 ergibt sich für das SNR der folgende Zusammenhang:

$$\mathrm{SNR} = \frac{\eta(\lambda)\mu_p}{\sqrt{\eta(\lambda)\mu_p + \sigma_d^2 + \sigma_q^2/K^2}} \ . \tag{14.6}$$

Unter Vernachlässigung des Quantisierungsrauschens gilt, dass bei kleinen Bestrahlungsstärken $\eta(\lambda)\mu_p \ll \sigma_d^2$ das SNR linear mit der Anzahl der Photonen ansteigt, bei höheren Bestrahlungsstärken $\eta(\lambda)\mu_p \gg \sigma_d^2$ geht der Kurvenverlauf in eine Wurzelfunktion über. Das maximal erreichbare SNR würde bei einem idealen Sensor mit der Quantenausbeute $\eta(\lambda) = 1$ und ohne Dunkelrauschen $\mathrm{SNR}_{ideal} = \sqrt{\mu_p}$ ergeben.

Analog zu der allgemein bekannten Full-Well-Kapazität ist in dem EMVA Standard 1288 die Sättigungskapazität $\mu_{e,sat} = \eta(\lambda)\mu_{p,sat}$ definiert, für die die Bedingung $\sigma_y^2(\mu_{e,sat}) = max.$ gilt. Eine solche Definition wird damit begründet, dass für die Berechnung der Full-Well-Kapazität eine Messung bei dem maximalen erreichbaren Grauwert $2^{N\mathrm{bit}} - 1$ nötig ist. In der Realität wird er gewöhnlich nicht erreicht, so dass für die Berechnung extrapoliert werden muss. Dies ist jedoch bei den von dem linearen Modell abweichenden Sensoren nicht eindeutig. Die absolute Sensitivitätsschwelle $\mu_{p,min}$ ist die mittlere Anzahl der Photonen bei SNR = 1. Es wird im Standard gezeigt, dass für die Berechnung dieser Schwelle die Näherung

$$\mu_{p,min} \approx \frac{1}{\eta(\lambda)} \left(\frac{\sigma_{y,dark}}{K} + \frac{1}{2} \right) \tag{14.7}$$

verwendet werden kann. Der effektive Dynamikbereich (DR) wird schließlich als DR $= \mu_{p,sat}/\mu_{p,min}$ definiert.

2.2 Dunkelstrom

Wie bereits im vorherigen Kapitel erwähnt, hängt die mittlere Anzahl an Dunkelelektronen μ_d von der Belichtungszeit und der Umgebungstemperatur T ab. Genau genommen, setzt sich μ_d aus einer konstanten Größe $\mu_{d,0}$ und dem temperaturabhängigen Dunkelstrom $\mu_I(T)$ multipliziert mit der Belichtungszeit:

$$\mu_d = \mu_{d,0} + \mu_{therm} = \mu_{d,0} + \mu_I(T)t_{exp} \ . \tag{14.8}$$

Der Dunkelstrom ist die mittlere Anzahl der vor allem thermisch induzierten Elektronen pro Pixel und Zeit. Aus der Messung des Dunkelsignals $\mu_{y,dark}$ in Abhängigkeit von der Belichtungszeit (und bei konstanter Temperatur) kann der Dunkelstrom als Steigung im linearen Zusammenhang 14.8 berechnet werden. Die Spezifikation zur Temperaturabhängigkeit des Dunkelstroms ist ein freiwilliges Modul und wird in diesem Beitrag nicht behandelt. Die Anzahl der thermischen Elektronen ist ebenfalls eine poissonverteilte Größe, so dass analog zu der Gleichung 14.5 die Zusammensetzung des Dunkelrauschens definiert werden kann.

2.3 Räumliche Inhomogenitäten und defekte Pixel

Alle in den vorherigen Kapiteln beschriebenen Parameter gelten nur für einen Pixel bzw. sind über alle Pixel gemittelte Größen. In dem EMVA Standard 1288 werden zwei Arten der Parametervariationen von Pixel zu Pixel eingeführt. Das sind die Variation des Dunkelsignals $\mu_{y,dark}$ (DSNU[1]) und die der spezifischen Sensitivität $K\eta(\lambda)$ (PRNU[2]). Diese räumlichen Inhomogenitäten werden durch die räumliche Varianz $\tilde{\sigma}^2_{y,dark}$ der Grauwerte quantifiziert

$$\mathrm{DSNU}_{1288} = \frac{\tilde{\sigma}_{y,dark}}{K} \; , \qquad [\text{Elektronen}] \qquad (14.9)$$

$$\mathrm{PRNU}_{1288} = \frac{\sqrt{\tilde{\sigma}^2_y - \tilde{\sigma}^2_{y,dark}}}{\mu_y - \mu_{y,dark}} \; . \qquad [\text{Prozent}] \qquad (14.10)$$

Zusätzlich erlaubt ein Spektrogramm periodische Grauwertveränderungen auf dem Sensor zu analysieren. Schließlich liefert ein Histogramm statistische Informationen zur Charakterisierung von defekten Pixeln. Der Anwender kann anhand dieses Histogramms die Anzahl der defekten Pixel nach seinen eigenen Auswahlkriterien abschätzen. Dabei stehen zwei im Standard vorgeschriebenen Histogrammarten: logarithmische und akkumulative, zur Verfügung.

3 Messapparaturen zur Bestimmung der Kameraparameter

Für die Charakterisierung nach dem EMVA Standard 1288 werden zwei[3] Apparaturen benötigt.

3.1 Die radiometrische Vermessung

Der erste Aufbau beinhaltet eine scheibenförmige, monochromatische Lichtquelle und wird für die Charakterisierung der Sensitivität, Linearität und der räumlichen Inhomogenitäten benötigt. Der Bildsensor wird

---

[1] engl.: **D**ark **S**ignal **N**on-**U**niformity.
[2] engl.: **P**hoto **R**esponse **N**on-**U**niformity.
[3] Der dritte Aufbau ist zur Charakterisierung der Temperaturabhängigkeit des Dunkelstroms notwendig, wird aber in diesem Beitrag nicht behandelt.

dabei ohne Optik homogen und diffus so beleuchtet, dass das Licht unter einem vordefinierten maximalen Winkel auf einen Pixel fällt. Im EMVA Standard 1288 wird dieser Winkel anhand der Blendenzahl

$$f_\sharp = \frac{d}{D} \overset{!}{=} 8 \,, \tag{14.11}$$

mit dem Durchmesser der Lichtquelle D und der Entfernung des Sensors zur Lichtquelle d, festgelegt. Die Variation der Lichtintensität auf der scheibenförmigen Fläche sollte nicht größer als 3 % betragen. Nach dem heutigen Stand der Technik erfüllt eine Ulbrichkugel die Voraussetzungen am besten. Für monochrome Kameras soll gemäß dem Standard eine Lichtquelle mit einer spektralen Halbwertsbreite (FWHM) weniger als 50 nm verwendet werden. Für Farbkameras erfolgt die Charakterisierung für jeden Farbkanal getrennt. Hierfür sollte eine passende Wellenlänge im Bereich der maximalen Quantenausbeute des jeweiligen Farbkanals gewählt werden. Aus diesem Grund wurden in die Ulbrichkugel blaue (470 nm), grüne (529 nm) und rote (629 nm) LEDs mit FWHM = 20 nm eingebaut (siehe Abb. 14.1 a).

Die Photonenflussdichte kann durch die Variation der Lichtquellenparameter (z.B. LED-Strom) bei konstanter Belichtungszeit, oder durch die Variation der Belichtungszeit der Kamera bei konstanter Beleuchtung erfolgen. Eine dritte Möglichkeit ist die Beleuchtung gepulst zu betreiben (bei konstanter Belichtungszeit) und durch die Pulsbreite die Anzahl der Photonen zu variieren. Dabei muss die Lichtquelle mit der Kamera anhand des „integrate enable"- oder „strobe out"-Signals synchronisiert werden. Alle drei Methoden sind äquivalent, da die Photonenflussdichte proportional zum Produkt aus der Bestrahlungsstärke und der Belichtungszeit ist. Alle drei Möglichkeiten wurden in der LED-Steuerungselektronik realisiert. Der LED-Strom kann im Bereich zw. 0 mA und 100 mA mit einer Auflösung von 4000 Stufen variiert werden. Die Variation der Pulsbreite ist im Bereich 3.13 µs bis 6.40 ms mit einer Auflösung von 11 bit möglich. Die Bestrahlungsstärke wird mithilfe einer absolut kalibrierten Photodiode PD-9306 ($1 \, cm^2$), die anstelle des Sensors ($d = 8D$) platziert wird, in Verbindung mit einem Optometer P-9710-2 der Gigahertz-Optik GmbH kalibriert. Die Genauigkeit der absoluten Kalibrierung betrug 4 %. Zu beachten ist, dass die absolute Kalibrierung der Photonenflussdichte E_p zusätzlich von der Einstellgenauigkeit der Kamerabelichtungszeit abhängt. Die Umgebungstemperatur während der Ver-

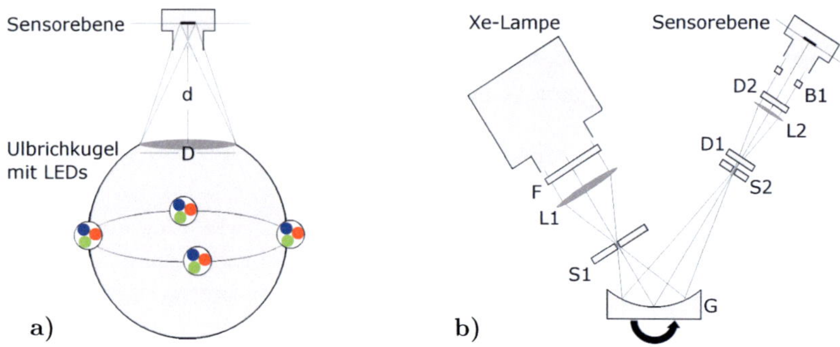

Abbildung 14.1: Messapparaturen zur Kamera- bzw. Sensorcharakterisierung nach dem EMVA Standard 1288: **a)** der radiometrische Aufbau mit einer Ulbrichkugel und eingebauten blauen (470 nm), grünen (529 nm) und roten (629 nm) LEDs; **b)** Spektrometer mit einer Xe-Lichtbogenlampe und einem Beugungsgitter (G) als Monochromator, Linsen (L1 & L2), Spalte (S1 & S2), Diffusoren (D1 & D2), einer Blende (B1) und einem Kantenfilter (F). Für eine genauere Beschreibung siehe Text.

messung wird mit einem Hochpräzisions-Thermometer GMH3710 (mit einem Thermoelementfühler) der Newport Electronics GmbH gemessen.

3.2 Spektrale Vermessung

Für die Bestimmung der Quantenausbeute $\eta(\lambda)$ in Abhängigkeit von der Wellenlänge wird eine weitere Apparatur benötigt, die es erlaubt über einen bestimmten Wellenlängenbereich zu scannen. Unsere Realisierung beinhaltet eine 75 W Xenon-Lichtbogenlampe (75-Xe-OF, LSH102 mit LSN150) der Fa. LOT als breitbandige Lichtquelle. Als Monochromator wurde ein konkaves Beugungsgitter der Fa. ZEISS auf einem Drehtisch verwendet. Durch die Einstellung des Winkels (am Drehtisch) zur optischen Achse kann die Wellenlänge λ gescannt werden (siehe Abb. 14.1 b). Mit einem Linsensystem (L1 mit einer Brennweite von 150 mm und L2 mit 100 mm) wird gewährleistet, dass die Bedingungen $d \gtrsim 8D$ und $D' \leq D$ erfüllt sind, wobei D' die Diagonale des Sensors ist. Die im Lampengehäuse eingebaute Optik wurde auf Unendlich gestellt. Durch den Austrittsspalt (S1, 1 mm) wird der fokussierte Strahl begrenzt. Die Entfernung des Beugungsgitters G zum Spalt S1 wird so eingestellt, dass das gesamte Beugungsgitter ausgeleuchtet ist. Der zweite Spalt (S2, 1 mm), der die spektrale Bandbreite beschränkt, wird so positioniert, dass der Spalt S1 in etwa auf die ganze Fläche des Spalts S2 abgebildet wird. Die zweite Linse L2 und die Kamera bzw. der Sensor werden so eingestellt, dass die oben beschriebenen Bedingungen erfüllt sind. Die Blende B1 (18 mm) definiert dabei den Durchmesser D. Diffusoren D1 und D2 im Strahlengang sorgen für eine homogenere Beleuchtung.

Die Wellenlängenkalibrierung wurde mit einem Spektrometer Maya 2000 Pro der Fa. Ocean Optics mit einem Auflösungsvermögen von weniger als 1 nm durchgeführt. Die Wellenlänge konnte im Bereich von 350 nm bis 1100 nm mit einer gemessenen Auflösung kleiner als 10 nm am Drehtisch eingestellt werden. Anschließend wurde die Photonenflussdichte $\mu_p(\lambda)$ bei jeder Wellenlänge mithilfe der (oben beschriebenen) absolut kalibrierten Photodiode, die anstelle des Sensors platziert wurde, kalibriert.

Die Bestrahlungsstärke wurde für die Bestimmung der spezifischen Sensitivität anhand der Kamerabelichtungszeit variiert.

4 Auswertung und Darstellung von Ergebnissen

Eine Messreihe zur Charakterisierung der Sensitivität und Linearität beinhaltet 200 Datenpunkte/Beleuchtungsstufen. Dabei sollten die Belichtungzeit der Kamera bzw. die LED-Stromstärke so angepasst werden, dass nur einige wenige Messpunkte die Sättigung erreichen.

Die Messung zur Charakterisierung der Inhomogenitäten beinhaltet eine Mittelung über 400 Aufnahmen (laut Standard mind. 16), um das zeitliche Rauschen zu unterdrücken.

Bei der spektralen Vermessung befindet sich die Kamera bzw. der Sensor in der selben Konfiguration, die für die radiometrische Vermessung verwendet wurde. Eine Messung bei einer Wellenlänge beinhaltet 10 Beleuchtungsstufen. Die maximale verwendete Belichtungszeit wurde so eingestellt, dass möglichst viele Punkte unterhalb der Sättigung liegen.

Die einzelnen Auswerteschritte und die Darstellung von Ergebnissen sind in dem EMVA Standard 1288 [1] detailliert beschrieben und werden hier deshalb nicht erläutert.

5 Zusammenfassung und Ausblick

Wir konnten bereits viel Erfahrung bei der Charakterisierung von CCD- und CMOS-Kameras sammeln [5–9]. Zur Zeit bauen wir im Rahmen unserer Initiative zur Performanzanalyse der gesamten Bildverarbeitungskette eine umfangreiche, öffentlich zugängliche Datenbank am HCI auf, in der die Messergebnisse aller von uns vermessenen Kameras verfügbar sein werden. In den vorherigen Kapiteln wurden das lineare Sensormodell des EMVA Standards 1288 und die mathematischen Grundlagen analysiert und es konnte gezeigt werden, dass neben den Inhomogenitätsparametern das Signal-Rausch-Verhältnis als wichtigste Größe für die Sensorqualität nur von der Quantenausbeute η und dem Dunkelrauschen σ_d abhängt, wenn das Quantisierungsrauschen vernachlässigt werden kann. Die zwei vorgestellten Apparaturen eignen sich zur radiometrischen und spektralen Vermessungen der Bildsensoren bzw. Kameras.

5.1 Erweiterung auf nicht-lineare Sensoren

Gängige nicht-lineare Sensoren weisen entweder eine logarithmische, linear-logarithmische oder stückweise lineare Kennlinie auf. Die in dem EMVA Standard 1288 definierten Algorithmen könnten auf die linearisierte spezifische Empfindlichkeit angewandt werden und alle nachfolgend bestimmten Spezifikationen würden sich auf den linearisierten Sensor beziehen. Hierzu könnte ein Nicht-Linearitäts-Modul, in dem der mittlere Grauwert μ_y nicht linear modifiziert wird, zum linearen Sensormodell hinzugefügt werden: $\mu_y' = f(\mu_y)$. Dieses Verfahren ist aber nur dann anwendbar, wenn sich die nicht-linearen Kennlinien nicht zu sehr von Pixel zu Pixel unterscheiden. Daher muss erst detailiert untersucht werden, ob die Methoden des EMVA Standards 1288 auf einen linearisierten Sensor anwendbar sind. Der Dynamikbereich müsste in den Eingangs- IDR und den Ausgangs-Dynamikbereich ODR unterschieden werden. Unklar ist noch, wie die Photon-Transfer-Methode bei logarithmischen Sensoren mit intensitätsabhängiger Integrationszeit angewendet werden kann [10].

5.2 Erweiterung auf ToF-Kamerasysteme

Bei einer ToF-Kamera handelt es sich um ein System, bestehend aus einer Laufzeitkamera (mit Objektiv) und einer Lichtquelle. Eine standardisierten Charakterisierung kann also entweder sensor- oder systembasiert definiert werden. Eine mögliche Erweiterung des Standards für Systeme, die Entfernungsbilder gewinnen, sollte alle bildgebenden Verfahren für die Entfernungsmessung umfassen, um einen objektiven Vergleich zu ermöglichen.

Bei systembasierten Charakterisierung sind zusätzliche Spezifikationen für die verwendete Lichtquelle notwendig. Die Vermessung der mittleren Entfernung μ_r und des Rauschens σ_r^2 muss in der Abhängigkeit von der realen Entfernung zu einem planaren Target durchgeführt werden. Dabei ist das Verwenden eines Standardtargets erforderlich, z.B. mit einer Reflektivität von 18 % (Standard in der Photographie). Die Auswertung der Entfernungsinformation würde dabei analog zu den Grauwerten in dem EMVA Standard 1288 erfolgen. Die Linearität kann hierbei ebenfalls verifiziert werden. Es existieren aber Kamerasysteme, bei denen die Nicht-Linearität des Entfernungssignals von vorne herein gegeben ist [11]. Hier könnte die Erweiterung des Standards auf nicht lineare Sensoren erneut eine wichtige Rolle spielen. Das Rauschverhalten würde als Varianz der Entfernung wieder in Abhängigkeit von der realen Entfernung untersucht werden. Einige der Kamerasysteme verfügen über Methoden das Gleichlichtanteil zu unterdrücken, deren Qualität ebenfalls charakterisiert werden sollte. Eine Schwierigkeit stellt hier die Spezifikation der Hintergrundbeleuchtung dar. Eine Charakterisierung der Inhomogenitäten in der Entfernungsinformation und Statistiken zu den „Ausreißern" könnten analog zu dem EMVA Standard 1288 durchgeführt werden.

Optional könnte die Spezifikation nach dem existierenden EMVA Standard 1288 für die einzelnen Rohkanäle (Grauwerte) durchgeführt werden. Solche Spezifikationen sind essentiell für die Entwicklung von ToF-Sensoren und deren Modellierung [12] und wurden in [13] mit phasenbasierten Kamerasystemen durchgeführt.

Literatur

1. EMVA, *Standard 1288 - Standard for Characterization of Image Sensors and Cameras*, release 3.0 Aufl.   European Machine Vision Association, Mai 2010, Vol. Release 3.0c. [Online]. Available: www.emva.org

2. B. Jähne, *Digital Image Processing*, 6. Aufl.   Berlin: Springer, 2005.

3. J. R. Janesick, „CCD characterization using the photon transfer techni-

que." in *Solid State Imaging Arrays*, K. Prettyjohns und E. Derenlak, Hrsg. SPIE Proc., 1985, Vol. 570, S. 7–19.

4. ——, *Photo Transfer*.   Bellingham, Washington, USA: Society of Photo-Opticak Instrumentation Engineers SPIE Press, 2007.

5. B. Jähne, „Vergeichende Analyse moderner Bildsensoren für die optische Messtechnik", in *Sensoren und Messsysteme 2004*, Ser. VDI-Berichte, Vol. 1829, 2004, S. 317–324.

6. ——, „Kameraauswahl nach objektiven Kriterien - Der EMVA1288 Kamerastandard", Inspekt Nr. 4, 18–21, 2008. [Online]. Available: http://www.gitverlag.com/de/print/4/18/issues/2008/3039.html

7. ——, „Objektive Kriterien unterstützen die anwendungsorientierte Auswahl einer Kamera", Intelligenter Produzieren Nr. 5, 8–10, 2009, vDMA, Frankfurt. [Online]. Available: http://www.vdma-verlag.com/home/p464.html

8. B. Jähne und P. Schwarzkopf, „Transparancy for industrial cameras and sensors", Inspect, vol. 10, issue 12, pp. 20–21, 2009. [Online]. Available: http://www.gitverlag.com/de/print/4/18/issues/2009/3381.html

9. B. Jähne, „Emva 1288 standard for machine vision – objective specification of vital camera data", *Optik & Photonik*, Vol. 1, S. 53–54, 2010.

10. A. Darmont, 2009, presentation, EMVA Meeting.

11. M. Erz, Dissertation, IWR, Fakultät für Physik und Astronomie, Univ. Heidelberg, 2011, in preparation.

12. M. Schmidt und B. Jähne, „A physical model of time-of-flight 3d imaging systems, inclding suppression of ambient light", in *3rd Workshop on Dynamic 3-D Imaging*, Ser. Lecture Notes in Computer Science, R. Koch und A. Kolb, Hrsg., Vol. 5742.   Springer, 2009, S. 1–15.

13. M. Erz und B. Jähne, „Radiometric and Spectrometric Calibrations, and Distance Noise Measurement of ToF Cameras", in *3rd Workshop on Dynamic 3-D Imaging*, Ser. Lecture Notes in Computer Science, R. Koch und A. Kolb, Hrsg., Vol. 5742.   Springer, 2009, S. 28–41.

Detektion und Auffindwahrscheinlichkeit (POD) von Oberflächenfehlern

Markus Rauhut, Martin Spies und Kai Taeubner

Fraunhofer-Institut für Techno- und Wirtschaftsmathematik (ITWM), Fraunhofer Platz 1, D-67663 Kaiserslautern

Zusammenfassung Neben den klassischen ZfP-Verfahren zur Oberflächenprüfung setzen sich verstärkt optische Verfahren durch, da sie berührungslos arbeiten und vielfältige Möglichkeiten zur Online-Fehlererkennung und -klassifikation mittels geeigneter Algorithmen bieten. Abhängig von der Güte und der Komplexität des Beleuchtungs- und (Video-) Kamerasystems werden unterschiedliche Auflösungen im Hinblick auf die Fehlergröße erreicht. Um verschiedene, in der Praxis eingesetzte Systeme quantitativ bewerten zu können, haben wir eine â versus a-Analyse zur Bestimmung der Fehlerauffindwahrscheinlichkeit (POD) an ebenen Testkörpern mit Bohrungen und Nuten unterschiedlicher Dimensionierung und Orientierung durchgeführt. Wir zeigen, dass die Anwendung komplexerer Sensorik und Algorithmik zu einer erheblichen Verbesserung der POD führt und den Einsatz optischer Oberflächeninspektionsverfahren zur quantitativen ZfP im Bereich der automatischen Qualitätskontrolle unterstützt.

1 Einleitung

In vielen Bereichen hängt die Güte eines Produkts mit der Qualität seiner Oberfläche zusammen. Bei Erzeugnissen wie beispielsweise beschichteten Metall-Dichtungen oder Triebswerkskomponenten muss die Unversehrtheit der Oberfläche überprüft werden, um das bestimmungsgemäße Betriebsverhalten des jeweiligen Bauteils zu gewährleisten. Neben den klassischen ZfP-Verfahren zur Oberflächenprüfung setzen sich verstärkt optische Verfahren durch, da sie berührungslos arbeiten und vielfältige Möglichkeiten zur Online-Fehlererkennung und -klassifikation mittels geeigneter Algorithmen bieten. Abhängig von der Güte und der Komplexität des Beleuchtungs- und (Video-) Kamerasystems werden unterschiedliche Auflösungen im Hinblick auf die Fehlergröße erreicht. Um verschiedene, in der Praxis eingesetzte Systeme quantitativ bewerten zu können, haben wir eine â versus a-Analyse zur Bestimmung der Fehlerauffindwahrscheinlichkeit (englisch: Probability of Detection, POD) an ebenen Testkörpern mit Bohrungen und Nuten unterschiedlicher Dimensionierung und Orientierung durchgeführt. Dem internationalen Standard MIL-HDBK-1823 in der aktuellen Version von 2007 [1] folgend haben wir aus den digitalisierten und algorithmisch verarbeiteten Daten POD-Kurven ermittelt. Wir zeigen, dass die Anwendung komplexerer Sensorik und Algorithmik zu einer erheblichen Verbesserung der POD führt und den Einsatz optischer Oberflächeninspektionsverfahren zur quantitativen ZfP im Bereich der automatischen Qualitätskontrolle beispielsweise von Stanzteilen oder bei der Produktion von Bandstahl unterstützt. Ein nicht zu unterschätzender Aspekt ist dabei auch die Objektivierung der Qualitätskriterien und die Reduktion des sogenannten menschlichen Faktors. In dem folgenden Text zeigen wir, dass die POD-Analyse, auf Basis einer einfachen Metrik, die Bestimmung quantitativer Werte für die von einem optischen Prüfsystem detektierbaren Fehlergrößen, ermöglicht.

2 Probability of Detection

Das Konzept der Fehlerauffindwahrscheinlichkeit POD stellt einen wichtigen Teil der Untersuchung und Evaluierung der Integrität eines Bauteils dar [1–3]. Die POD bezeichnet die Wahrscheinlichkeit, einen Fehler im Bauteil zu finden; sie wird in diesem Beitrag als Funktion der Fehlergröße a bestimmt. Die resultierende POD-Kurve liefert zusammen mit den auferlegten Konfidenzintervallen die Fehlergröße, die mit einer „vernünftigen" Wahrscheinlichkeit detektiert werden kann. Diese Fehlergröße wird dann mit den Anforderungen an die Bauteilintegrität verglichen.

Der prinzipielle Verlauf der POD-Kurve zeigt, dass mit zunehmender Fehlergröße auch die Detektionswahrscheinlichkeit ansteigt. An der Größe $a_{90/95}$ schneidet die untere 95 % Konfidenzgrenze das 90 % POD-Niveau. Diese Größe wird üblicherweise als die Fehlergröße betrachtet, die sicher zu detektieren ist. Um experimentell POD-Kurven zu ermitteln, müssen wohl definierte Inspektionen an geeigneten Testkörpern durchgeführt werden. Die Vorgehensweise, eine POD mittels einer â versus a-Analyse zu bestimmen, ist wie folgt: ein Fehler der Größe a erzeugt ein Signal der Amplitude (in unserem Fall einer Metrik) $\hat{a}$. Üblicherweise wird ein Schwellwert $\hat{a}_{th}$ definiert, der die kleinste vom Prüfsystem aufgezeichnete Amplitude darstellt, d. h. unterhalb dieses Wertes ist das Signal nicht mehr vom Rauschen zu unterscheiden. Die zweite Schwelle ist der Entscheidungsschwellwert $\hat{a}_{dec}$, oberhalb dessen das Signal als "Treffer" interpretiert wird. Die Schwellwert $\hat{a}_{th}$ ist immer kleiner oder gleich dem Schwellwert $\hat{a}_{dec}$. Unter der Annahme, dass die Signalamplituden/Metriken statistisch normalverteilt sind, kann das â versus a-Diagramm in eine POD-Kurve überführt werden. Eine detaillierte mathematische Beschreibung dieser Prozedur ist in [1, Appendix G] zu finden.

3 Optische Inspektionsverfahren

Hintergrund und Problemstellung Bei optischen Inspektionssystemen, vor allem bei Oberflächeninspektionssystemen, entscheidet hauptsächlich das Erreichen der vom Endanwender vorgegebenen Detektionsrate und Auffindwahrscheinlichkeit darüber, ob ein solches System in der Praxis einsetzbar ist. Typischerweise werden diese Parameter in Form einer Vorstudie empirisch festgestellt, d. h. anhand von Musterteilen wird mehr oder weniger subjektiv entschieden, ob die Kundenanforderungen erfüllbar sind [3]. Die Detektionsqualität wird in der Bildverarbeitung hauptsächlich als Eigenschaft von Bildsensor (Kamera) und Beleuchtung gesehen. Durch die Wahl der Beleuchtung und dem Aufnahmewinkel zwischen Kamera und Lampe können bestimmte Arten von Defekten auf einer Oberfläche stärker sichtbar und somit detektierbar gemacht werden.

Prinzipiell kann man zwischen homogener und strukturierter Beleuchtung unterscheiden. Mittels homogener Beleuchtung sind Texturfehler wie matte Stellen sehr gut detektierbar. Strukturierte Beleuchtungen zum Beispiel durch Streifenmusterprojektionen ermöglichen die Hervorhebung beispielsweise des Höhenprofils einer Oberfläche. Vereinfacht dargestellt gibt es zwei Möglichkeiten, den Winkel zwischen Kamera und Beleuchtung einzustellen: wenn die Beleuchtung aus Richtung der Kamera kommt und vom Prüfobjekt zurück in die Beobachtungsrichtung reflektiert wird, spricht man von einer Hellfeldaufnahme. Es ergibt sich ein gleichmäßig helles, gut kontrastiertes Bild. Bei der Dunkelfeldaufnahme geht die Beleuchtung am optischen System vorbei, nur die Streuung durch Defekte an der Oberfläche ist im Kamerabild sichtbar, d. h. Defekte erscheinen hell.

Neben der Beleuchtung ist die Bildqualität (Signal-Rausch-Verhältnis, Pixelgröße, Auflösung) ein weiter wichtiger Parameter bei der Konzeption eines Inspektionssystems. In den letzten Jahren sind die Bildsensoren von digitalen CCD- und CMOS-Kameras immer kleiner geworden. Hinzu kommen immer höhere Auflösungen der Kameras, die dazu führen, dass die Fläche eines Pixels immer kleiner wird. Durch die immer kleineren Pixelflächen sinkt auch die sog. Full-Well-Kapazität von Pixeln. Die Full-Well-Kapazität beschreibt die Anzahl von Elektronen, die ein Pixelelement aufnehmen kann. Je kleiner die Full-Well-Kapazität, desto schlechter ist jedoch das maximale Signal-Rausch-Verhältnis. D.h. bei einer hohen Pixelauflösung kann die Bildqualität sinken. Deshalb ist es wichtig, Kameras mit unterschiedlichen Sensor- und Pixelgrößen bei gleicher Auflösung zu vergleichen. Ein größerer Sensor mit größeren Pixeln ist in fast allen Fällen technisch gesehen immer die bessere Wahl, aber auch stets teurer.

Die Konfiguration von Beleuchtung und Kameratechnik ist in der Bildverarbeitung ausreichend bekannt und wird dementsprechend systematisch konzipiert (siehe dazu auch [4]). Es ist sicherlich auch wahr, dass die eigentliche Algorithmik, die Detektionsqualität nur bedingt verbessern kann. Wichtig für die Anwendung ist aber auch die Detektionswahrscheinlichkeit von verschiedensten Algorithmen in der Bildverarbeitung, abhängig von Bildeigenschaften wie Kontrast, Bildauflösung und Ausprägung der Defekte. Hier fehlt es jedoch an Verfahren die quantitative Werte liefern. Dementsprechend hoch ist für den Bildverarbeiter das Risiko, ein praxistaugliches Inspektionssystem realisieren zu können.

Objektivierungsansatz Die POD-Analyse stellt nun eine Möglichkeit dar, die minimalen Fehlergrößen zu einer hohen Detektionswahrscheinlichkeit quantitativ zu berechnen. Als Eingabeparameter für die POD-Analyse musste eine Metrik entwickelt werden, die die Detektionswahrscheinlichkeit eines Defektes erfasst. Diese Metrik sollte dabei folgende Eigenschaften haben:

- Die Metrik soll einfach zu berechnen sein, damit schon in der (einer

Entwicklung vorgeschalteten) Vorstudie eine quantitative Aussage zur Detektions-wahrscheinlichkeit ermittelt werden kann.

- Weiterhin muss die Metrik möglichst unabhängig von den verwendeten Bildverarbeitungsalgorithmen sein, aber dennoch die Eigenschaften typischer Analyseverfahren berücksichtigen.

Für diese Arbeit haben wir uns auf zwei Defekttypen konzentriert: Risse und Löcher, die durch Nuten und Bohrungen simuliert werden.

Detektionsverfahren   Das einfachste Verfahren zur Detektion von Defekten (eigentlich zur Segmentierung) ist das Schwellwertverfahren. Hier werden alle Pixel innerhalb eines vorgegebenen Intervalls auf einen konstanten Wert gesetzt. Danach folgt dann eine Regionenerkennung durch ein Labeling-Verfahren auf dem entstandenen Binärbild. Unterscheiden sich die Pixelwerte der Defekte stark von der Oberfläche, dann ist das Verfahren sehr stabil, d. h. es gibt keine Fehldetektionen und es werden alle Defekte gefunden. Ausschlaggebend ist also der Kontrast zwischen Defekt und Nicht-Defekt. Aber in der Praxis wird dieses einfache Verfahren nur in Teilen einer Gesamtalgorithmik eingesetzt, da es gerade auf texturierten Oberflächen nur bei ganz speziellen Beleuchtungs-Setups funktioniert.

Bessere Verfahren zur Kantendetektion (Risserkennung) sind lokale Verfahren wie der Sobel- oder Laplace-Operator [5]. Der Sobel-Operator berechnet die 1. Ableitung der Pixelwerte entweder in x- oder in y-Richtung, die jeweils andere Richtung wird geglättet. Die 1. Ableitung (oder auch Gradient) wird durch eine Maske approximiert und dann mittels einer Faltung auf das Bild angewandt. Die Masken dazu sind
$Ix_{out} = \begin{pmatrix} 1 & 0 & -1 \\ 2 & 0 & -2 \\ 1 & 0 & -1 \end{pmatrix} * I_{in}$ und $Iy_{out} = \begin{pmatrix} 1 & 2 & 1 \\ 0 & 0 & 0 \\ -1 & -2 & -1 \end{pmatrix} * I_{in}$, wobei das Gesamtkantenbild durch $I_{xy}(x,y) = \sqrt{Ix_{out}^2 + Iy_{out}^2}$ berechnet wird. Der Laplace-Operator approximiert zur Kantendetektion die 2. Ableitung $\Delta f(x,y) = \frac{\partial^2 f}{\partial^2 x} + \frac{\partial^2 f}{\partial^2 y}$ durch eine Faltung mit der Maske $\begin{pmatrix} 0 & 1 & 0 \\ 1 & -4 & 1 \\ 0 & 1 & 0 \end{pmatrix}$, wobei diese Maske nur eine Variante ist.

Schaut man sich nun die ausformulierte Faltung an einer Stelle $I(x,y)$ an gemäß $\nabla^2 I = [I(x+1,y) + I(x-1,y) + I(x,y+1) + I(x,y-1)] -$

$4 * I(x, y)$ dann ist leicht zu sehen, dass das Antwortsignal des Laplace-Operators umso stärker ist, je größer der Abstand zwischen benachbarten Pixelwerten ist. Je höher also der lokale Kontrast ist, desto besser lassen sich Kanten im Bild detektieren.

Gleiches kann man auch für den Sobel-Operator feststellen. Nun gibt es natürlich viele lokale Kantendetektoren, die stabiler arbeiten – ein bekanntes Verfahren ist z.B. der Canny-Algorithmus. Aber alle diese Verfahren arbeiten mit Gradienten oder verwenden in einem Teilschritt Sobel (so im Canny-Algorithmus), Laplace oder ähnliche Approximationen für die Kantendetektion. Häufig werden auch Glättungsverfahren mit einfachen Faltungsmasken kombiniert (z.B. Gauß-Filterung und Laplace). Letztendlich gilt für diese Algorithmen, dass ein hoher lokaler Kontrast auch zu einer erhöhten Detektionswahrscheinlichkeit führt. Häufig wird den Kantendetektoren ein Schwellwertverfahren nachgeschaltet, das natürlich bei einem hohem Antwortsignal des Kantendetektors stabiler arbeitet.

Neben den lokalen Verfahren gibt es globale Algorithmen zur Kantendetektion wie zum Beispiel die Hough-Transformation, Fourier- und Wavelet-Transformationen sowie Bildpyramiden [5]. Letztendlich gilt aber auch für diese Algorithmen, dass ein lokaler Kontrast zu einem stabilen Antwortsignal führt.

Morpholgische Verfahren ermöglichen die Erkennung von anderen Defekttypen wie z.B. Löchern. Basisoperationen sind die Erosion und die Dilatation. Beide Operationen nutzen sogenannte Strukturmasken, die dazu verwendet werden, das Eingabebild zu analysieren. Die Erosion trägt dabei Bildregionen ab, während die Dilatation Bildregionen verbreitert. Mit einer kreisförmigen Strukturmaske einer bestimmten Größe können kreisrunde Regionen detektiert oder auch entfernt werden. Es gilt wieder, dass je höher der lokale Gradient eines Defektes ist, desto sicherer können Defekte erkannt werden. Somit ist auch hier der lokale Kontrast eine gute Approximation für die Detektionswahrscheinlichkeit.

Ausgewähltes Verfahren   Aus diesen Beobachtungen lässt sich eine einfache Metrik zumindest für die Detektionswahrscheinlichkeit von Kratzern, Lunkern, Beulen, Dellen und Löchern ableiten, komplexere Fehler wie Texturabweichungen lassen sich nicht so einfach quantifizieren [6]. Wir definieren den lokalen Kontrast als $K = Abs(Avg_D - Avg_E)$, der

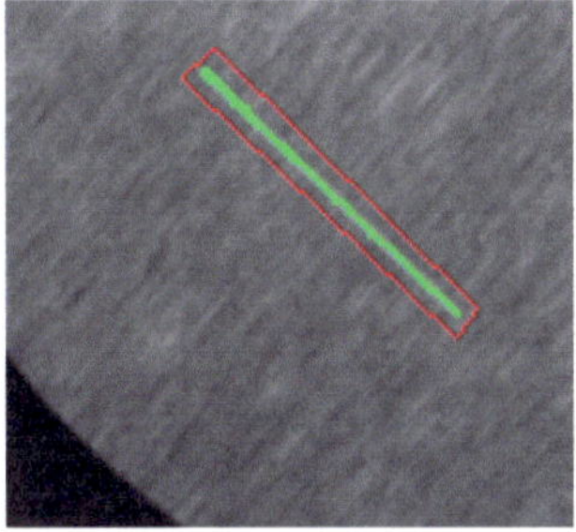

Abbildung 15.1: Defektregion (grün) und lokale Umgebung (rot).

Absolutdifferenz des Mittelwertes der Pixel in der Defektregion Avg_D und des Mittelwertes der Pixel in der näheren Umgebung Avg_E, z.B. einer Region in der Breite von vier Pixeln um den Defekt (siehe Abb. 15.1).

Da mit steigender Größe von Defekten im Bild auch die Detektionwahrscheinlichkeit steigt, muss die Dimension mit in die Gesamtmetrik eingehen. Wir multiplizieren den lokalen Kontrast mit der Breite der gefunden Nutenregionen bzw. mit dem Durchmesser der gefunden Bohrungsregionen, also $M = K * Breite$ bzw. $M = K * Durchmesser$. Hier wäre es auch möglich, jeweils die Fläche der Defektregion zu verwenden. Die so berechnete Metrik ist sicherlich nur eine Approximation, aber schnell und einfach zu berechnen. Der Parameter M wird nun als Eingabeparameter a für die POD-Analyse verwendet (siehe Kapitel 4).

Inspektions-Setup und Durchführung der Messungen   Zur Detektion von Rissen und Bohrungen wurden folgende Komponenten verwendet:

- Kamera Prosilica GC1600M (1620 x 1220 Pixel), Pixelgröße 4.4μm;
- Objektive (Schneider Bad Kreuznach):
    - Cinegon 1.4/8mm Pixelauflösung 0.28 mm,
    - Xenoplan 1.4/17mm Pixelauflösung 0.14 mm,
    - Xenoplan 1.4/23mm Pixelauflösung 0.10 mm;
- Beleuchtung:
    - Seitenlicht mit Planistar Lichthaube (rote LEDs),
    - koaxiales Auflicht mit Volpi ILP ACIS (weiße LEDs).

Für die Detektion von Nuten kam ein Messing-Testkörper zum Einsatz, für die Detektion von Bohrungen ein Testkörper aus Titan-6Al-4V (Abb. 15.2). Der Messing-Testkörper mit den eingebrachten Nuten wurde mit jedem Objektiv fünf mal mit jeweils einer anderen Beleuchtung aufgenommen, d. h. vier Seitenlichtbeleuchtungen (links, rechts, oben, unten) und einem Auflicht. Es wurden drei Objektive verwendet um verschiedene Pixelgrößen einzustellen: 0.28 mm, 0.14 mm und 0.10 mm.

Weiterhin wurde der Testkörper jeweils einmal so aufgenommen, dass die Nuten rechtwinklig zur X-Achse der Kamera verlaufen und ein weiteres Mal mit einen Nutenverlauf von 45°. Der mit Bohrungen versehene Titan-Messkörper wurde mit jedem Objektiv einmal im Auflicht fotografiert.

Durch die beiden Winkel im Nutenverlauf können zwei Situationen bei der Defekterkennung simuliert werden. Bei einem Winkel von 90° gibt es mindestens eine Beleuchtung, die optimal für die Nut/Risserkennung ist. Dies simuliert den Fall, das die Vorzugsrichtung von Rissen bekannt ist (z.B. bei Extruderprozessen). Bei einem Winkel von 45° gibt es keine „optimale" Seitenlichtbeleuchtung. In der Praxis würde dies bedeuten, dass keine Vorzugsrichtung bekannt ist. Bohrungen lassen sich sehr gut im Auflicht detektieren, deshalb wurde der Titan-Messkörper nur im Auflicht aufgenommen. Beispielaufnahmen sind in Abbildung 15.3 und 15.4 gezeigt.

Ein einfacher Detektionsalgorithmus detektierte in den insgesamt 33 erzeugten Bildern jeweils die vier „Defekte" (Bohrungen, Nuten). Durch einen gradientenbasierten Region-Growing-Algorithmus mit nachfolgendem Labeling wurde die Metrik zur Detektionswahrscheinlichkeit berechnet. Nachfolgend wird dann diese Metrik für die POD-Analyse eingesetzt.

4 POD Berechnung

Die derart verarbeiteten Datensätze haben wir mit der mh1823 POD-Software (Version 2.5, 2007 Update des MIL-HDBK-1823 unter http://StatisticalEngineering.com) analysiert. Bei der Anwendung der Software ist folgendes zu beachten: (1) das eingesetzte ZfP-Verfahren/-System muss ein quantitatives Signal â liefern; (2) die Testkörper müssen „Ziele" mit messbaren Charakteristiken haben, in unserem Fall als „Größe" die Nutbreite bzw. den Bohrungsdurchmesser; (3) die Soft-

Abbildung 15.2: Oben: Prüfkörper 50 mm Durchmesser, Nuten mit Breiten 0.3 mm, 0.25 mm, 0.2 mm, 0.12 mm. Unten: Prüfkörper 55 mm × 40 mm, Bohrungen mit Durchmessern 0.8 mm, 0.6 mm, 0.4 mm, 0.2 mm.

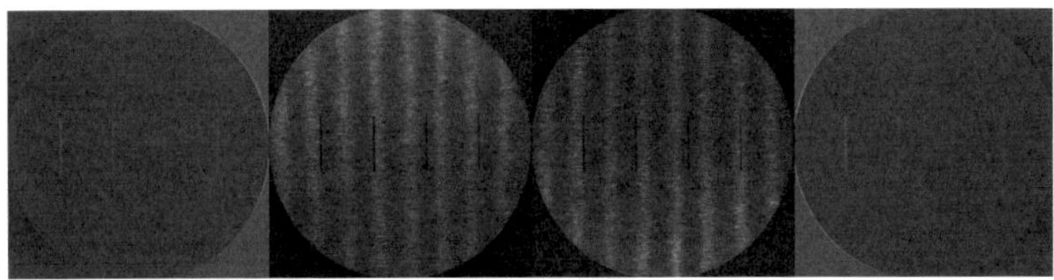

Abbildung 15.3: Aufnahmesequenz mit Seitenlicht. Licht von rechts, oben, unten und links.

ware geht davon aus, dass die Input-Daten korrekt sind, also dass die angegebene Größe die korrekte Größe ist und die zugehörige Response die korrekte Response – ist dies nicht der Fall, liefert die Software „nur" Näherungsergebnisse. Punkt 2 bedeutet für unseren Fall, dass wir auf Modellfehler mit eindeutig zuzuordnenden Größen für die POD-Bestimmung zurückgegriffen haben.

Der erste Schritt in der POD-Analyse ist die Darstellung der Daten in der Form von **â vs a-, â vs log(a)-, log(â) vs a- und log(â) vs log(a)**-Plots und der Auswahl des einen linearen Zusammenhang am Besten annähernden Modells. Abbildung 15.5 zeigt an einem Beispiel die verschiedenen Plots.

Die mh1823 POD-Software stellt die linearen Approximationen der Daten zur Auswahl dar. Die entsprechenden POD-Kurven werden dann

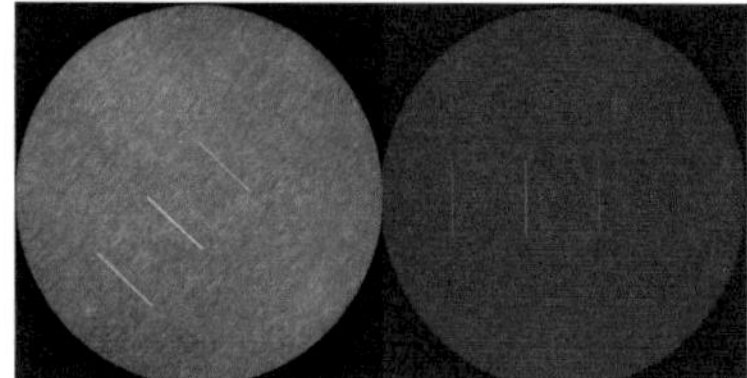

Abbildung 15.4: Aufnahmesequenz mit Auflicht. Nuten in 45° und 90°.

mit den wichtigen Informationen des angewandten Modells dargestellt, nämlich: die Modellparameter und ihre Kovarianzmatrix; die Fehlergröße $a : 50$, die Größe mit 50% POD; a_{90}, die Größe mit 90% POD; $a_{90/95}$, die 95% Konfidenzgrenze für die a_{90}-Schätzung; die Gleichung für das POD-Modell wird auch angegeben. Wir haben hier das **log(â) vs log(a)**-Modell ausgewählt.

Die Abbildungen 15.6 bis 15.8 zeigen repräsentative Ergebnisse unserer Auswertung. In den Abbildungen 15.6 und 15.7 haben wir die POD-Kurven für die unter 45° und 90° zum Seiten-licht orientierten Nuten denjenigen mit 90° Orientierung jeweils für die Auflösungen 0.28 mm und 0.14 mm gegenübergestellt. Erwartungsgemäß lassen sich bei Beleuchtung unter 90° Nuten geringerer Breite nachweisen: die Größe $a_{90/95}$ beträgt ca. 0.19 mm für die Auflösung von 0.28 mm und ca. 0.13 mm bei 0.14 mm Auflösung. Auch der steilere Verlauf der POD-Kurve spiegelt die verbesserte Detektion wieder. Bei Verwendung des Systems mit der Auflösung 0.10 mm wurde keine weitere Verbesserung in der POD erzielt, was aufgrund der untersuchten Fehlergrößen nicht überrascht.

Abbildung 15.8 bestätigt, dass Beleuchtung mit Seitenlicht generell besser für den Nachweis von Rissen geeignet ist als Auflicht, das wiederum zum Nachweis von Löchern zu bevorzugen ist. Die am Titan-Testkörper erzielten Ergebnisse zeigen, dass wir kleinere Durchmesser als 0.2 mm nachweisen können. Diesbezügliche Messungen an einem weiteren Testkörper mit kleineren Bohrungen werden wir zu einem späteren Zeitpunkt präsentieren.

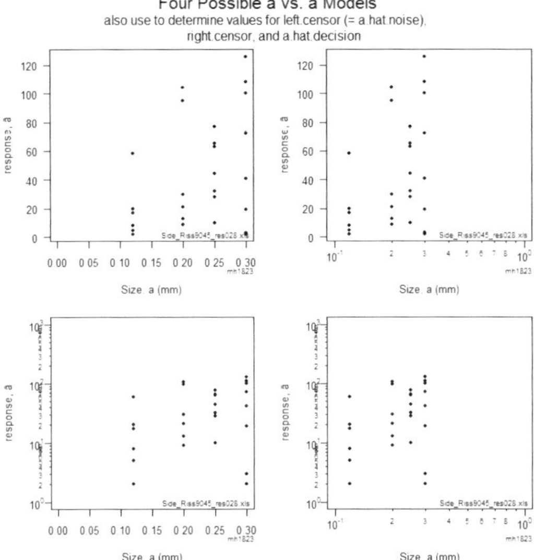

Abbildung 15.5: Darstellung der verschiedenen Modelle für die POD-Berechnung. Sowohl Antwortsignal (â) wie auch Fehlergröße (a) können linear oder logaritmisch aufgetragen werden. Aus den sich daraus ergebenden vier Möglichkeiten wählt der Nutzer das passende Modell aus. In diesem Fall wurde das log(â) vs log(a)-Modell (rechts unten) gewählt.

5 Zusammenfassung

Die durchgeführten Versuche zeigen, dass die POD-Analyse ein hilfreiches Verfahren zum Entwurf und zur Validierung von optischen Inspektionssystemen ist. Neben der wichtigen Aussage, ob eine bestimmte Fehlergröße sicher detektiert werden kann, liefert die POD-Analyse vor allem quantitative Werte für die sicher detektierbaren Fehlergrößen zu einem gegebenen Beleuchtungs- und Kamera-Setup. Aufgrund der Einfachheit der vorgeschlagenen Metrik, kann diese Analyse bereits in Vorstudien durchgeführt werden und so das Risiko bei der praxisnahen Realisierung von komplexen optischen Inspektionssystemen stark minimieren. Ein Großteil der in Produktionsanlagen auftretenden Defekte ist mit dieser Metrik abgedeckt. Allerdings ist sie noch nicht für alle Fehlerarten

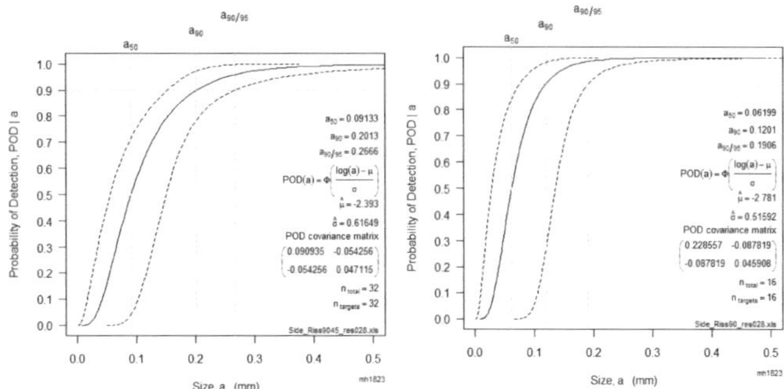

Abbildung 15.6: POD-Kurven: Seitenlicht, Auflösung 0.28 mm. Links der Plot für Nuten in 45° und 90°, rechts nur Nuten in 90°. Die Detektionswahrscheinlichkeit $a_{90/95}$ liegt links bei 0.2666 und rechts bei 0.1906. Der linke Plot simuliert den Fall, dass die Richtung von Kratzern/Rissen nicht bekannt ist, während rechts die Beleuchtung an die Vorzugsrichtung der Defekte angepasst wurde.

einsetzbar, insbesondere für Texturabweichungen und Oberflächenprofile müssen noch Anpassungen bzw. Erweiterungen stattfinden.

Literatur

1. Department of Defense, *Department of Defense Handbook Draft 2007, Nondestructive Evaluation System Reliability Assessment.* Department of Defense, 2007.

2. W. D. Rummel, „NDE procedure validation and use in NDE system calibration for NDE applications", *AIP Conference Proceedings*, Vol. 760, Nr. 1, S. 1982–1986, 2005. [Online]. Available: http://link.aip.org/link/?APC/760/1982/1

3. M. Rauhut, „Typischer Aufbau eines Online-Oberflächeninspektionssystems", in *Materialien zum Fraunhofer Vision Seminar, Inspektion und Charakterisierung von Oberflächen mit Bildverarbeitung*, Erlangen, 2009.

4. J. Beyerer und T. Längle, „Bildgewinnung bei der Oberflächenprüfung", in *Materialien zum Praktikum der Allianz Vision zur Oberflächeninspektion*, Erlangen, 2009.

5. R. C. Gonzalez und R. E. Woods, *Digital Image Processing, Second Edition.*

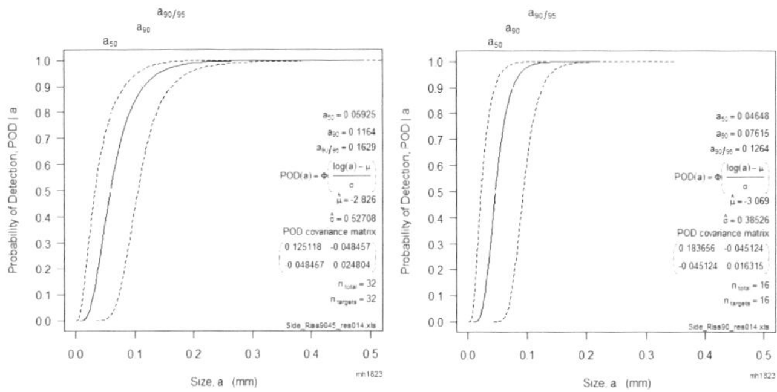

Abbildung 15.7: POD-Kurven: Seitenlicht, Auflösung 0.14 mm (links Nuten $45°/90°$ mit $a_{90/95} = 0.1629$, rechts Nuten $90°$ mit $a_{90/95} = 0.1264$).

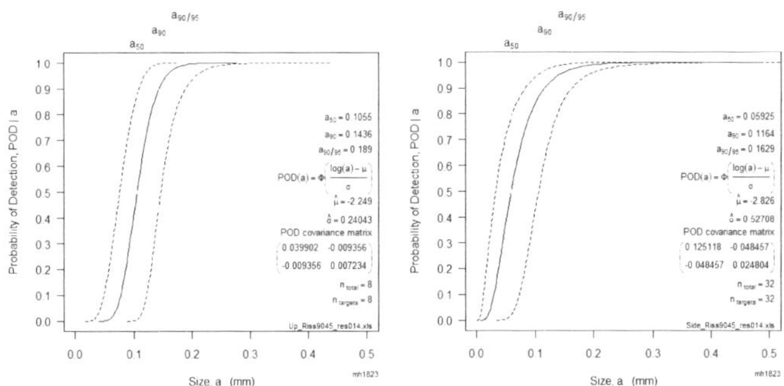

Abbildung 15.8: POD Kurven: links Auflicht mit $a_{90/95} = 0.189$, rechts Seitenlicht 0.14 mm mit $a_{90/95} = 0.1692$, Nuten $45°$ und $90°$. Dieser Plot zeigt quantitativ, dass in diesem Fall Auflicht zur Risserkennung ungeignet ist.

Prentice Hall, 2002. [Online]. Available: http://www.imageprocessingplace. com/DIP/dip_book_description/book_description.htm

6. R. Rösch, „Fehlerdetektion in texturierten Oberflächen im praktischen Einsatz", in *Materialien zum Fraunhofer Vision Technologietag*, Kaiserslautern, 2009.

7. M. Rauhut, M. Spies und K. Taeubner, „Detektion und Auffindwahrscheinlichkeit (POD) von Oberflächenfehlern in Metallen mittels optischer Inspektionsverfahren", in *ZfP in Forschung, Entwicklung und Anwendung*.

DGZfP-Jahrestagung 2010. Deutsche Gesellschaft für Zerstörungsfreie Prüfung e.V., 2010.

8. M. Spies und H. Rieder, „Enhancement of the pod of flaws in the bulk of highly attenuating structural materials by using saft processed ultrasonic inspection data", in *Proceedings of the 4th European-American Workshop on Reliability of NDE,Berlin,DGZfP Berichtsband BB 116.* Deutsche Gesellschaft für Zerstörungsfreie Prüfung e.V., 2009, S. 172–179.

Schnelles Zeilensensorsystem zur gleichzeitigen Erfassung von Farbe und 3D-Form

Roman Calow[1], Trendafil Ilchev[2], Erik Lilienblum[1], Markus Schnitzlein[2] und Bernd Michaelis[1]

[1] Otto-von-Guericke-Universität Magdeburg, IESK,
PSF 4120, D-39016 Magdeburg
[2] Chromasens GmbH,
Max-Stromeyer-Str. 116, D-78467 Konstanz

Zusammenfassung Ein schnelles Zeilenkamerasystem zur gleichzeitigen Erfassung von Farb- und Tiefeninformation wird vorgestellt. Mechanik und Optik werden erläutert und die verwendeten Auswerteverfahren aufgezeigt. Die 3D-Algorithmen wurden mit CUDA auf gängigen Grafikkarten implementiert. Der Artikel zeigt erste Messergebnisse, welche die zufälligen Fehler und die praktisch erreichbare Rechengeschwindigkeit des neuen Verfahrens darstellen.

1 Einführung

Verfahren zur berührungslosen optischen Oberflächenvermessung dreidimensionaler Objekte gewinnen beim heutigen Stand der Technik zunehmend an Bedeutung. Zur Erfassung der Oberflächenform und zum Erkennen von Oberflächenfehlern existiert ein breites Spektrum an Anwendungen, das von einer Vielzahl unterschiedlicher Verfahren (siehe [1]) abgedeckt wird. Wichtige Systemparameter insbesondere bei Anwendungen im industriellen Fertigungsprozess sind die Geschwindigkeit und das Auflösungsvermögen der 3D-Vermessung in Bezug auf die Größe der zu erfassenden Oberfläche. Den etablierten Messverfahren auf der Basis von Matrixkameras sind diesbezüglich enge Grenzen gesetzt.

Allgemeine Zielstellung ist es, Verfahren zu entwickeln, die durch den Einsatz von Zeilensensoren die Geschwindigkeit und das Auflösungs-

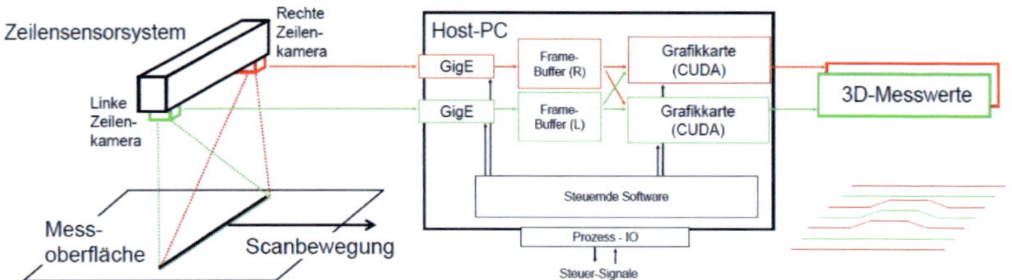

Abbildung 16.1: Systemstuktur, Hard- und Software zur schnellen Erzeugung von 3D-Messwerten aus einem Stereo-Zeilenkamerasystem.

vermögen der optischen 3D-Vermessung für spezielle Anwendungen[3] signifikant erhöhen. Es sollen damit neue Einsatzgebiete erschlossen werden, die mit der momentan verfügbaren 3D-Messtechnik nicht abgedeckt werden können.

Eine erste technische Grundlage des hier beschriebenen Verfahrens wurde durch die Entwicklung eines Zeilensensorsystems geschaffen, das bei einer lichtstarken Zeilenbeleuchtung und paralleler Datenverarbeitung bereits sehr hohe Datendurchsätze erzielt. Ein Demonstrator des Systems wurde auf der Hannovermesse vorgestellt (Abbildung 16.2 rechts).

Die Hardware zur Bilderzeugung besteht im Wesentlichen aus einer Anordnung von mindestens zwei koplanar ausgerichteten Zeilenkameras. Durch die Anordnung der Zeilenkameras unterscheidet sich unser System zu [2], wo die Kameras hintereinander angeordnet sind. Durch den Einsatz trilinearer Zeilenkameras wird zunächst ein kontinuierlicher Datenstrom von RGB-Stereo-Farbzeilen erzeugt. Die Software berechnet daraus eine farbig texturierte 3D-Oberfläche mit hoher Ortsauflösung. Eine schematische Darstellung der Systemstruktur ist in Abbildung 16.1 dargestellt.

2 Mechanisches und optisches System

Der Hardwareaufbau und seine wichtigsten Komponenten sind in Abbildung 16.2 dargestellt. Ein Grundgerüst bestehend aus Aluminiumpro-

---

[3] Derzeit geltende Randbedingungen: relativ geringer Oberflächengradient, kontrastreiche nichtperiodische Textur, nicht glänzend bezüglich Beleuchtungsrichtung.

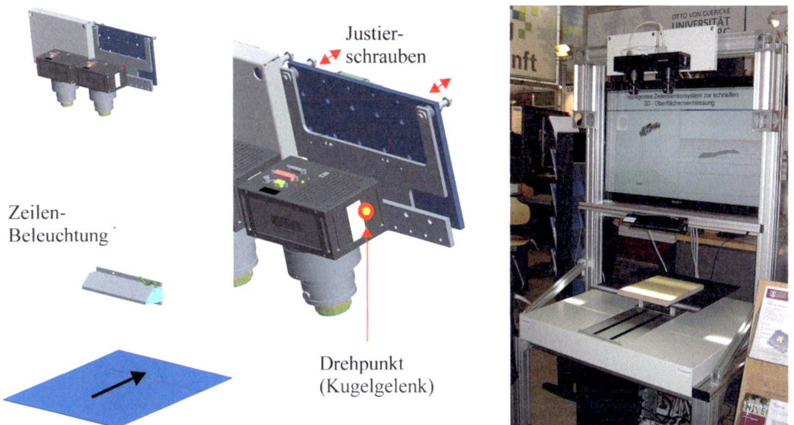

Abbildung 16.2: Schema des Messaufbaus (links), Justageeinrichtung (Mitte) und Demonstrator Hannovermesse 2010 (rechts).

filen trägt alle Komponenten. Dieses Grundgerüst besitzt durch seine hohe Steifigkeit hohe Eigenfrequenzen, so dass der Einfluss der Eigenbewegung bei Störungen auf die Messung möglichst minimiert wird. Am oberen Ende des Aufbaus sind zwei Kameraköpfe, mit allen für eine coplanare Ausrichtung notwendigen Justiermöglichkeiten, angebracht. Die Objektaufnahmen entstehen durch synchrone Ansteuerung der montierten Kameras.

Das System ist in weiten Bereichen skalierbar. Zum Test der Methoden wurden bereits zwei verschiedene Kamerasysteme real umgesetzt, ein Laboraufbau mit vielen Freiheitsgraden zur Untersuchung der Justagenotwendigkeiten und eine für den praktischen Einsatz vereinfachte Variante ohne aufwendige Justierungseinrichtung. Unser Laboraufnahmesystem besteht aus zwei Kameras, die mit trilinearen Zeilensensoren (7300 Pixel) und 90 mm Objektiven bestückt sind. Bei einem Abbildungsverhältnis von 1:10 stellt sich eine laterale Auflösung von 254 dpi ein. Der gemeinsame Überdeckungsbereich auf dem Messobjekt ist 500 mm breit und die Basisbreite beträgt 200 mm.

Mittig im Aufbau ist ein „led line"-Beleuchtungsmodul positioniert, das ausreichende Strahlungsleistung liefert und damit sehr kurze Integrationszeiten bei der Bildaufnahme ermöglicht. Ein Lineartisch bewegt das Messobjekt über einen 450 mm langen Verfahrweg und erzeugt damit die benötigte Scanbewegung. Um den Bewegungsablauf während der Aufnahme nach Möglichkeit exakt rekonstruieren zu können, wurde an der Motorachse ein Encoder angebracht, über den die Kameras getriggert werden.

Eine wichtige Grundeigenschaft des optischen Systems ist die koplanare Ausrichtung beider Sensoren zusammen mit den zugehörigen Optiken im Raum. Für diesen Zweck wurde eine feinjustierbare Stellvorrichtung für jeden Kamerakopf entwickelt, die in Abbildung 16.2 (Mitte) dargestellt ist. Die Stelleinrichtung besteht aus einer Platte, in deren geometrischer Mitte ein Drehgelenk angebracht ist. In den oberen zwei Ecken befinden sich Justierschrauben mit Druckfedern. Dies erlaubt eine Drehbewegung der Kameras um die X- und um die Y-Achse, wobei die Drehbewegung durch eine Translationsbewegung in Z-Richtung überlagert wird. In Summe werden durch die Stellvorrichtung drei Freiheitsgrade abgedeckt. Mit dieser vergleichsweise einfachen Konstruktion ist es möglich, die Kameras nahezu koplanar auszurichten.

3 Implementiertes Verfahren

3.1 Allgemeiner Messablauf

Vorab erfolgt offline die Einrichtung, Justage und Kalibrierung des Messsystems. Anschließend können Messobjekte online und mit der Bewegung schritthaltend (d.h. in Echtzeit) vermessen werden. Hierzu werden die Bilddaten der trilinearen Farbzeilenkameras zunächst rektifiziert, wobei die Farbkanäle Rot, Grün und Blau so korrigiert werden, dass sie in beiden Kamerabildern exakt übereinanderliegen (Farbsaumkorrektur) und korrespondierende Punkte zwischen den Kamerabildern jeweils in einer Bildzeile liegen (Epipolarbedingung). Das entstehende Bild wird für die spätere Texturierung der 3D-Oberfläche gepuffert. Anschließend werden pixelweise die Mittelwerte aus Rot-, Grün- und Blaukanal berechnet, um für jede Kamera ein rektifiziertes Grauwertbild mit geringerem zeitlichen Rauschen zu erhalten.

Die rektifizierten Grauwertbilder dienen als Basis für das nun folgende Korrelationsverfahren zur Suche korrespondierender Punkte die in Form einer Disparitätskarte geliefert werden. Als Disparität wird hierbei der Versatz eines Oberflächenpunktes zwischen linkem und rechtem Kamerabild bezeichnet. Sie ist in etwa umgekehrt proportional zum Abstand des Objektpunktes zum Kamerasystem. Die Disparitätskarte enthält entweder die gemessene Disparität oder einen entsprechenden Fehlerstatus, wenn für eine gegebene Pixelposition keine Disparität berechnet werden konnte. Das zuvor gepufferte Farbtexurbild und die Disparitätskarte liegen am Ende präzise übereinander, so dass eine echte Ergänzung der ggf. multispektralen Aufnahmen durch den Disparitätskanal erfolgt. Auf die Disparitätskarte können optional Ausreißerbeseitigungs- und Glättungsoperatoren angewendet werden. Für viele Anwendungen reicht eine solche Disparitäts- oder Tiefenkarte bereits aus. Wenn gewünscht, lässt sich aus der Disparitätskarte jederzeit eine texturierte 3D-Punktwolke berechnen und in einem OpenGL-Fenster aus verschiedenen Ansichten darstellen. Das ganze Verfahren ist unter Verwendung von Ringpuffern implementiert und erlaubt so „Streaming"-Betrieb, also eine kontinuierliche Verarbeitung z.B. am laufenden Band einer Produktionsanlage.

3.2 Kameramodell und Kalibrierung

Für die Modellierung der in unserem Laborsystem eingesetzten trilinearen Zeilenkameras wurde ein Standard-Matrixkameramodell mit zwei radialsymmetrischen Verzeichungsparametern (A1 und A2). verwendet. Aus der Matrixkamera werden jedoch nur drei Zeilen, korrespondierend zu den drei Farbkanälen rot, grün und blau für die Berechnungen genutzt. Die relative Lage beider Kameras zueinander wird während der Messung als konstant angenommen. Die Bewegung des Kamerakopfes wird im allgemeinen Fall über eine homogene 4x4 Transformationsmatrix je Zeile repräsentiert. Erfolgt die Scannbewegung mit Hilfe einer Lineareinheit, wird ein konstantes lineares Modell der Bewegung mit drei Parameter (Scanzeilenabstand und 2 Verkippungswinkel) zur Berechnung der 4x4-Transformationsmatrix für alle Bildzeilen zugrunde gelegt.

Die Kalibrierung erfolgt durch Aufzeichnung eines Passpunktfeldes in mehreren Kalibrierstellungen. Es trägt 28 codierte Kreismarken, wobei drei davon auf einem erhabenen Stempel und die restlichen in einer Ebene angebracht sind. Die Suche nach den Kreismarken erfolgt hierarchisch zunächst in einer geringeren Bildauflösung (große äußere schwarze Marke), anschließend wird die gefundene Markenposition in Originalbildauflösung nochmals gemessen und anhand einer viel kleineren inneren weißen Marke präzisiert. Wichtig ist, dass die Suche in jedem Farbkanal separat erfolgt, da die Farbkanäle einer trilinearen Zeilenkamera nicht übereinander liegen und so eine deutlich größere Anzahl an Beobachtungen generiert werden kann. Die Parameter der inneren/äußeren Orientierung der Kameras sowie einige Parameter der Bewegung des Kamerakopfes werden durch Linearisierung (numerische Differenziale) und Ausgleichsrechnung iterativ bestimmt. Gute Anfangswerte für die Systemparameter sind erforderlich und können aus den CAD-Daten des Systemaufbaus entnommen werden.

3.3 Korrelationsverfahren

Vorraussetzung für den Start des Korrelationsverfahrens ist die bereits genannte Rektifizierung der Kamerabilder. Im Sinne einer effizienten Programmierung können die dafür erforderlichen Abtastpunkte vorab in Tabellen gespeichert werden. Zur Berechnung dieser Tabellen dienen die offline gewonnenen Kalibrierdaten. Zur Reduktion des Suchaufwandes bei gleichzeitiger Rauschreduktion werden für unseren Korrelationsalgorithmus nur Grauwertbilder aus dem Mittelwert der drei Farbkanäle ((Rot+Grün+Blau)/3) verwendet.

Aufgrund sehr guter Erfahrungen bezüglich Genauigkeit, Kontrast- und Beleuchtungsinvarianz nutzen wir die Normierte Mittelwertfreie Kreuzkorrelationsfunktion (KKFMF) mit:

$$k = \frac{\sum_{i=1}^{N}[(a_i - \bar{a}) \cdot (b_i - \bar{b})]}{\sqrt{\sum_{i=1}^{N}(a_i - \bar{a})} \cdot \sqrt{\sum_{i=1}^{N}(b_i - \bar{b})}} \tag{16.1}$$

als Ähnlichkeitskriterium, wobei a_i und b_i die Grauwerte bezüglich Pixel i des Referenzfesters in Kamerabild A bzw. des entsprechenden Matchingkandidaten in Kamerabild B sind ($\bar{a}$ und $\bar{b}$ sind die mittleren Grauwerte über alle Pixel $i = 1, 2, \ldots, N$, wobei N sich aus Höhe x Breite ergibt).

Die Berechnung der KKFMF ist zwar etwas aufwendiger als z.B. die häufig verwendete Summe der absoluten Differenzen (SAD) aber unsere Anwendungen zielen auf eine hohe Qualität und Genauigkeit ab, was den Mehraufwand rechtfertigt. Die Berechnung des Korrelationsvolumens (Bildbreite x Bildhöhe x Disparitätsbereich) kann durch Umstellen der klassischen Gleichung 16.1 sehr effektiv erfolgen (Abschnitt 3.5).

Für jede Pixelposition wird das Korrelationsmaximum und die gefundene Disparität gespeichert. Die Speicherung erfolgt in einem Ringpuffer, so dass nicht nur auf das Korrelationsmaximum, sondern auch auf die Korrelationswerte der Vorgänger und Nachfolgerdisparität zugegriffen werden kann. Aus dem Korrelationsmaximum, seinem Vorgänger und seinem Nachfolger lässt sich durch Fitting einer Parabel Subpixelgenauigkeit erzielen, sofern die Oberflächengradienten (relativ zur Aufnahmerichtung) klein sind [3].

Der Ausschluss von Regionen, in denen keine plausiblen Messergebnisse erzeugt werden können, ist für die praktische Anwendbarkeit des Systems sehr wichtig. Verschiedene Kriterien zum vollautomatischen Ausschluss von potenziell schlechten Ergebnissen werden nacheinander angewendet. Es werden keine Disparitäten und keine 3D-Raumpunkte erzeugt, wenn eine der folgenden Bedingung zutrifft:

- zu heller oder zu dunkler Grauwert – Punkt gehört wahrscheinlich zum Hintergrund (lässt sich in vielen Fällen einfach durch eine mattschwarze Unterlage realisieren),
- zu wenig Varianz/Kontrast im Referenzfenster – deutet auf ein schlechtes Signal-Rausch-Verhältnis hin,
- zu schlechter maximaler Korrelationswert – vermutlich ein selbstverdeckter Pixel oder ein Punkt, der auf einem stark geneigten Bereich der Oberfläche liegt,
- Konsistenzbedingung nicht erfüllt – Matching zwischen linkem und rechtem Bild führt zu einer anderen Disparität als das Matching zwischen rechtem und linkem Bild.

3.4 Nachbearbeitung

Neben den oben genannten Kriterien zum Ausschluss potenziell unzuverlässiger Ergebnisse lassen sich in einem weiteren Nachverarbeitungsschritt grobe Ausreißer entfernen, wenn davon ausgegangen wird, dass die zu vermessende Oberfläche weitgehend glatt ist. Dafür kann zunächst eine globale Ausgleichsebene in die gemessene Tiefenkarte gefittet werden, womit sich die Standardabweichung aller Disparitätswerte berechnen lässt, diese multipliziert mit einem gesetzten Faktor (z.B. ≥ 3) ergibt je Oberfläche einen adaptiven Schwellwert zur Ausreißermarkierung.

Sehr gute Ergebnisse lassen sich auch mit einem lokal arbeitenden Glättungsoperator erzielen (siehe Abbildung 16.5). Es wird ein lokales Flächenstück (z.B. in 41x41 Disparitätswerte) gefittet und anschließend der Mittelpunkt des Flächenstücks ausgegeben. Anders als eine einfache lokale Mittelwertbildung erzeugt dieses Verfahren glatte Oberflächen auch in den Fällen, in denen stärkere Oberflächengradienten vorhanden sind. Die Methode funktioniert auch dann noch gut, wenn viele der 41x41 Disparitätswerte zuvor bereits als ungültig markiert worden sind. Das Verfahren eignet sich deshalb auch sehr gut zum Auffüllen von Lücken. Es ist rekursiv (IIR-Filter) sehr effektiv implementierbar.

3.5 Optimierte Berechnungsmethodik auf spezieller Hardware

Als Projektziel sind 100 Millionen Tiefenwerte je Sekunde anvisiert. Einen Teil der Vorverarbeitung könnte bereits auf dem FPGA[4] der Kamera bzw. Framegrabberhardware implementiert werden [4]. Dazu gehört die Korrektur des Festmusterrauschens und die Rektifizierung (Farbversatz bzw. Epipolarbedingung). Die Suche nach korrespondierenden Bildpunkten (Disparitätsberechnung) und die 3D-Punktberechnung aus den Tiefenkarten erfolgt blockweise und massiv parallel auf gegenwärtig verfügbaren Grafikkarten (GTX285 bzw GTX485). Der Code wurde mit der für CUDA[5] verfügbaren Entwicklungsumgebung erstellt. CUDA-SDK erlaubt die Programmierung in C ähnlichem Programmierstil. Allerdings sind bestimmte Randbedingungen einzuhalten, damit der Code auf dem Grafikprozessor auch wirklich effektiv abgearbeitet werden kann.

Um die verfügbare Speicherbandbreite auf der Grafikkarte effektiv zu nutzen, werden die Eingangsbilddaten zunächst blockweise transponiert. In diesem Fall erfolgt die Suche nach den Disparitäten nicht mehr spaltenweise sondern zeilenweise, was einen sehr schnellen Zugriff auf die Bilddaten ermöglicht.

Zur effektiven Berechnung des Korrelationsvolumens ist Gleichung 16.1 nicht direkt geeignet, weil das Abziehen der Mittelwerte innerhalb der Summen erfolgt und das wiederum eine Neuberechnung der Summe für jede Pixelposition erfordert. Nach [5] kann jedoch mit Gleichung 16.2 der Zähler in Gleichung 16.1 ersetzt werden. Damit ist es möglich, das Abziehen der entsprechend skalierten Mittelwerte auch nach der Summierung

---

[4] Field Programmable Gate Array: grob anwenderprogrammierbarer Logikschaltkreis

[5] CUDA ist der Name für NVIDIAs „general purpose computing architecture", CUDA dient dazu die Parallelverarbeitungsrechenleistung ihrer Grafikprozessoren für ein breiteres Anwendungsspektrum zugänglich zu machen.

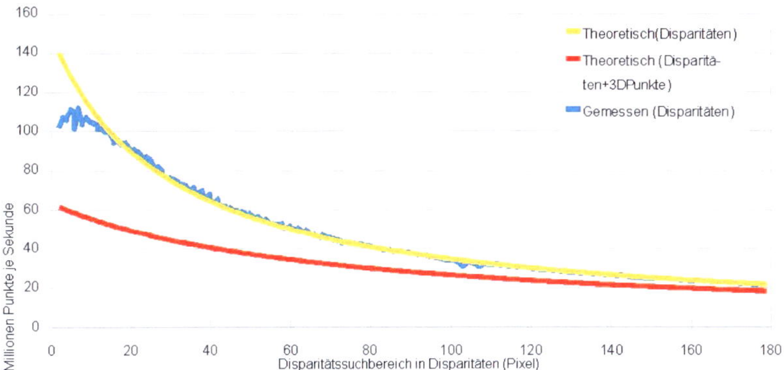

Abbildung 16.3: Erreichbarer Datendurchsatz am Ausgang des Systems in Abhängigkeit von der Größe des Suchbereiches.

durchzuführen (siehe Gleichung 16.2), wobei Mittelwerte $\bar{a}$, $\bar{b}$ und die beiden Wurzeln im Nenner von Gleichung 16.1 nur einmal je Bildpaar berechnet und dann für die spätere Verwendung abgespeichert werden. Die Summierung des Zählers erfolgt für jedes Disparitätslevel durch je zwei separable IIR-Filterdurchläufe (Akkumulatortechnik). Der Suchaufwand hängt dann nur noch linear von der Anzahl der abzusuchenden Disparitäten und nicht mehr von der Größe des Referenzfensters ab.

$$\sum_{i=1}^{N}[(a_i - \bar{a}) \cdot (b_i - \bar{b})] = \sum_{i=1}^{N}[a_i \cdot b_i] - N \cdot \bar{a} \cdot \bar{b} \qquad (16.2)$$

Vorausschauend auf eine spätere FPGA-Implementierung wäre es denkbar auch noch die Division durch zwei Multiplikationen mit den abgespeicherten Werten $1/\sqrt{()}$ zu ersetzen (aber auf GPU nicht notwendig).

4 Messergebnisse

Die hier verwendeten zwei GTX285 können zusammen ca. 4400 Millionen Korrelationskoeffizienten je Sekunde[6] berechnen, sofern sie nicht

---

[6] Real gemessen: Rektifizierung und Disparitätsberechnung, kein Glättungsoperator, Performance der 3D-Punktberechnung geschätzt, verwendet wurden 2 Grafikkarten

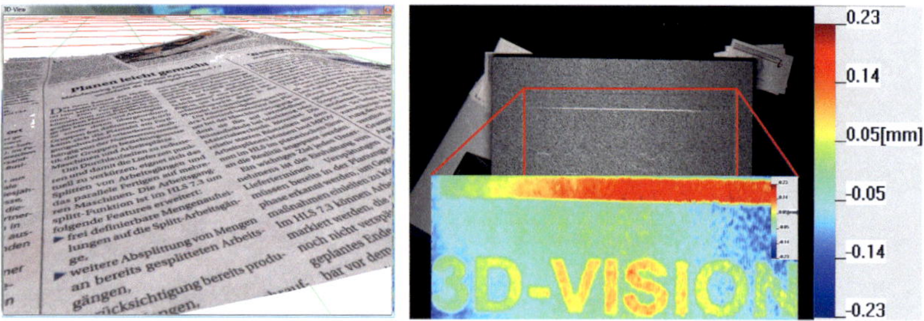

Abbildung 16.4: Links eine gewölbte Zeitungsseite wurde erfolgreich 3D-gescant; rechts oben: Kamerabild eines kontrastreichen Testobjektes; rechts unten: Ebenenfit in die geglättete Punktwolke zur Darstellung der erreichbaren Genauigkeit (farbcodiert, Schriftzug „3D-Vision"ist 0.1mm erhaben).

mit anderen Aufgaben wie Rektifizierung, Glättung oder Visualisierung beschäftigt sind. In Abbildung 16.3 sind die gemessenen und zu erwartenden Leistungdaten gezeigt. Sollen aus den Disparitätwerten noch 3D-Punkte berechnet werden, so reduziert sich der Datendurchsatz auf etwa die Hälfte (bei kleinen Suchbereichen), bei größeren Suchbereichen fällt die 3D-Punktberechnung relativ zur Disparitätssuche kaum noch ins Gewicht. In Abb. 16.3 ist eine erfolgreich vermessene texturierte 3D-Objektoberfläche gezeigt.

In Abbildung 16.4 sind Messobjekte dargestellt. Innerhalb der relativ ebenen Bereiche des Testkörpers konnten Standardabweichungen von 20 Mikrometern (0.02 Prozent des Schärfentiefebereiches 100 mm) praktisch nachgewiesen (durch Approximation einer Ausgleichsebene) werden.

In Abb. 16.5 ist die Standardabweichung der Tiefendaten von einer als glatt anzunehmenden Testoberfläche in Abhängigkeit von der Referenz-fenstergröße (N) und der Größe des nachfolgenden Glättungsoperators gezeigt. Es ist zu sehen, dass der nachfolgende Glättungsoperator bei gewünschter Standardabweichung deutlich kleinere Referenzfenster erlaubt (Vorteilhaft bei Flächengradienten).

(je GTX285), WinXP64, 6GB-RAM, CPU: Intel i7 920@2.67 GHz ausgelastet mit ca. 50 Prozent, die CPU wird hauptsächlich zum Zerlegen des RGB-Farbbildpaares in sechs Grauwertbilder und zum zurücktransponieren der berechneten Tiefenkarten verwendet.

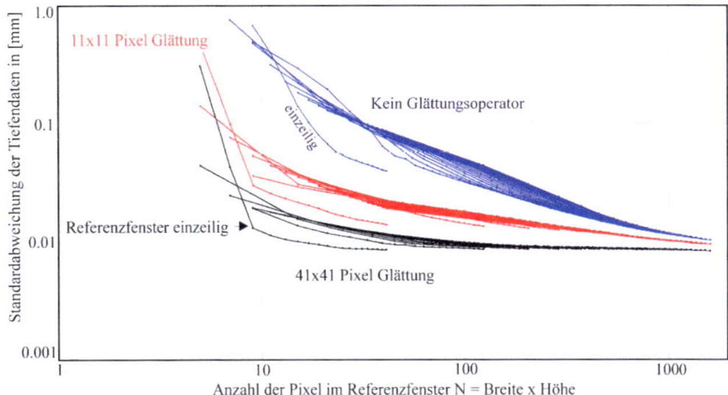

Abbildung 16.5: Standardabweichungen ermittelt durch Fit einer Ausgleichsebene in die Disparitätskarte (umgerechnet in mm).

5 Schlussfolgerungen und Ausblick

Zeilenkameras bieten sehr hohe Ortsauflösungen, gestatten sogar multispektrale Farberfassung und werden deshalb oft für Routineinspektionen zur Qualitätssicherung am Band eingesetzt. Eine logische Erweiterung ist die Ergänzung des breiten Spektrums um den noch fehlenden Kanal für Tiefendaten. Für den industriellen Einsatz kombiniert das neue Messsystem die Vorteile kundenspezifischer Zeilenkameras mit bewährten 3D-Auswertemethoden die aus 3D-Matrixkamerasystemen bekannt sind.

Das vorgestellte System erlaubt die schnelle und gleichzeitige Erfassung von Farbtextur und 3D-Tiefe, vorzugsweise relativ ebener (nicht zerklüfteter) Oberflächen mit geringen zufälligen Fehlern. Standardabweichungen von 20 Mikrometern (0.02 Prozent des Schärfentiefebereiches 100 mm) konnten bereits praktisch realisiert werden. Farb- und 3D-Daten stammen aus dem selben Messsystem und liegen im exakt selben Koordinatensystem vor. Dies kann ein wichtiger Vorteil in der Qualitätssicherung sein, wenn es, wie z.B. bei der Prüfung von Folientastaturen, auf eine gute Übereinstimmung von Form und Druck/Textur ankommt.

Die Nutzung massiv paralleler Hardware (Grafikprozessoren) lässt derzeit Leistungsdaten von ca. 100 Millionen Disparitätswerten je Sekunde zu. Nächste Projekte werden auf dem Erreichten aufbauen, wobei vorzugsweise adaptive Methoden zum Ausgleich typischer Störgrößen, wie Temperaturschwankungen und Schwingungen, sowie zur Vergrößerung

Abbildung 16.6: Anwendungsbereiche: Tuben, Holz, Roboter, dort wo es auf exakte Übereinstimmung von Farbe und 3D-Form ankommt.

des Messvolumens entwickelt werden sollen.

Gefördert durch: BMWi ZIM-Kooperation: KF2188301SS9

Literatur

1. L. Nalpantidis, G. Sirakoulis und A. Gasteratos, „Review of stereo algorithms for 3d vision", *International Symposium on Measurement and Control in Robotics ISMCR*, 2007.

2. S. Godber, J. Evans und M. Robinson, „The line-scan sensor: an alternative sensor modality for the etraction of 3-d co-ordinate information", *Optical Engineering*, Vol. 34, Nr. 10, 1995.

3. R. Mecke, Hrsg., *Grauwertbasierte Bewegungsschätzung in monokularen Bildsequenzen unter besonderer Berücksichtigung bildspezifischer Störungen.* Otto-von-Guericke-Universität Magdeburg: Springer Verlag, 1999.

4. M. Tornow, B. Michaelis, R. Kuhn, R. Calow und M. R., „Hierarchical method for stereophotogrammetic multi-object-position measuring", *DAGM-Symposium*, S. 164–171, 2003.

5. C. Zitnik und T. Kanade, „A cooperative algorithm for stereo matching and occlusion detection", *Robotics Institute, Carnegie Mellon University*, Vol. CMU-RI-TR-99-35, October 1999.

Segmentierung glatter Flächen an gehonten Oberflächen

Limeng Wang und Fernando Puente León

Institut für Industrielle Informationstechnik, Karlsruher Institut für Technologie, Hertzstraße 16, 76187 Karlsruhe, Deutschland

Zusammenfassung Die bildanalytische Prüfung gehonter Zylinderlaufflächen von Verbrennungsmotoren, die glatte Stellen aufweisen, ist noch eine Herausforderung. Der Aufsatz präsentiert neue Strategien zur Extraktion relevanter Merkmale in Grauwertbildern von Hontexturen, insbesondere geradlinige Riefen und Defekte. Dabei werden verschiedene Oberflächenkomponenten aus dem Bildgradienten extrahiert. Anhand der Gradientenverteilung werden Merkmale durch statistische Analyse konstruiert. Die Segmentierung der Riefen und Defekte kann in den Merkmalsbildern mit automatisch festgelegten Schwellwerten erfolgen. In den gezeigten Versuchen liefert die vorgeschlagene Strategie eine für die praktische Anwendung zufriedenstellende Präzision bei vertretbarem Rechenaufwand.

1 Einleitung

Die tribologischen Eigenschaften von Verbrennungsmotoren sind im Wesentlichen abhängig von dem System Zylinderlaufbahn–Kolben–Kolbenring, wobei Schmieröl in den Brennraum gelangt. Zur hinreichenden Aufnahme von Schmierstoffen an den Laufflächen bei gleichzeitiger Reduzierung des Ölverbrauches wird an die Oberflächenstrukturen der Zylinderlaufbahn eine Vielzahl von Anforderungen gestellt. Daher wird die Oberflächenqualität der Zylinderlaufbahn in hohem Maße von der mechanischen Bearbeitung beeinflusst. Durch die Endbearbeitung der Zylinderkurbelgehäuse, hauptsächlich durch die Honung, werden die funktionsangepassten Mikrostrukturen der Zylinderlaufflächen hergestellt. Daran anschließend sollen die Texturmerkmale der gehonten Zylinderwand bildanalytisch ausgewertet werden. Bei der Anwendung gegenwärtiger Fertigungsverfahren erfolgt das Abtragen des Werkstoffs innerhalb der Zylinderbohrungen. Zugleich können die freigelegten Riefen wieder vom Honwerkzeug verschmiert werden. Aus diesem Grund weisen die zugehörigen Hontexturen eine hohe Komplexität auf. Zur Charakterisierung der Zylinderlaufflächen wird die Oberflächenprüfung häufig mit der Segmentierung relevanter Oberflächenkomponenten verknüpft.

2 Stand der Technik

In [1] wurde erstmalig ein umfassendes signaltheoretisches Modell für Hontexturen vorgestellt. Auf der Basis dieses Modells wird eine globale adaptive Zerlegung der Signalanteile durchgeführt [2]. Eine Erweiterung dieses Ansatzes ist in [3] dargestellt, bei der Riefenstrukturen mittels der Ridgelet-Transformation extrahiert werden. Allen diesen Methoden gemeinsam ist die Annahme, dass die Riefentextur im untersuchten Oberflächenausschnitt dominiert. Jedoch scheitern globale Methoden daran, dass sie im Bild durchgehende Riefen voraussetzen. Insbesondere bei nicht fertig gehonten und bei verschlissenen Zylinderlaufflächen ist diese Voraussetzung nicht gegeben (vgl. Abb. 17.1). Lokal operierende Texturanalyseverfahren sind meist zu aufwendig oder zu ungenau für den Online-Einsatz [4]. Daher wird hier eine neue Strategie zur Extraktion relevanter Merkmale – insbesondere der geradlinigen Riefen und der Defekte – in Grauwertbildern von Hontexturen vorgestellt. Die untersuchten Oberflächen wurden mit einem Rasterelektronenmikroskop (REM) aufgenommen. Die abgebildete Fläche von ca. $0{,}2 \times 0{,}2\,\mathrm{mm}^2$ wurde mit 512×512 Pixeln diskretisiert. Nachfolgend wird das Verfahren der bildgradientenbasierten Texturbeschreibung und dessen Anwendung zum Entwurf der Prüfstrategie erläutert.

3 Texturbeschreibung mit Bildgradienten

An gehonten Oberflächen zeigen sich die Werkzeugspuren als geradlinige Vertiefungen. Die verbleibenden Oberflächenbereiche beinhalten verschmierte Kanten, glatte Flächen und viele Materialausbrüche. Das wesentliche Merkmal von Riefen ist ihre örtlich invariante Orientierung. Deshalb werden Hontexturen im Folgenden mit Hilfe der lokalen Orientierung beschrieben, die sich mit Hilfe des Bildgradienten ermitteln lässt.

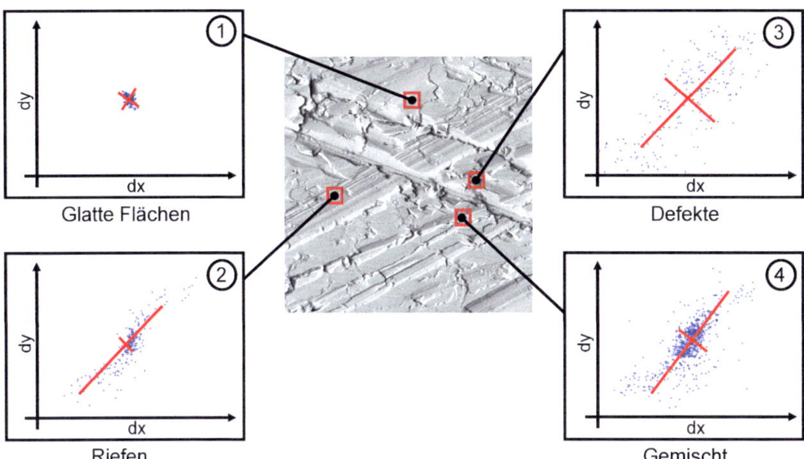

Abbildung 17.1: Gradientenverteilungen verschiedener Strukturen, Fenstergröße: 15×15.

Werden beide Komponenten des Gradientenvektors als Merkmale aufgefasst und im zweidimensionalen Merkmalsraum gemäß Abb. 17.1 dargestellt, so lässt sich feststellen, dass sich die wesentlichen Komponenten der Hontextur – Riefenfragmente, Defekte und glatte Flächen sowie deren Überlagerung – anhand dieser Merkmale unterscheiden lassen. Riefen konzentrieren sich in der Regel auf eine einzelne Richtung, während Defekte sich längs verschiedener Richtungen ausdehnen und glatte Flächen wegen des Rauschens zufällige Orientierungen und eine schwache Direktionalität aufweisen.

Um das oben genannte Konzept zu implementieren und aussagekräftige und robuste Merkmale zu gewinnen, sind mehrere praktische Überlegungen erforderlich. In Experimenten erweisen sich die inhomogene Beleuchtung, das Bildrauschen sowie die Überlagerung der verschiedenen Anteile als drei wesentliche Faktoren, die potenziell zu unzuverlässigen Segmentierungsergebnissen führen können. Deswegen muss in der Praxis eine Vor- und eine Nachverarbeitung erfolgen.

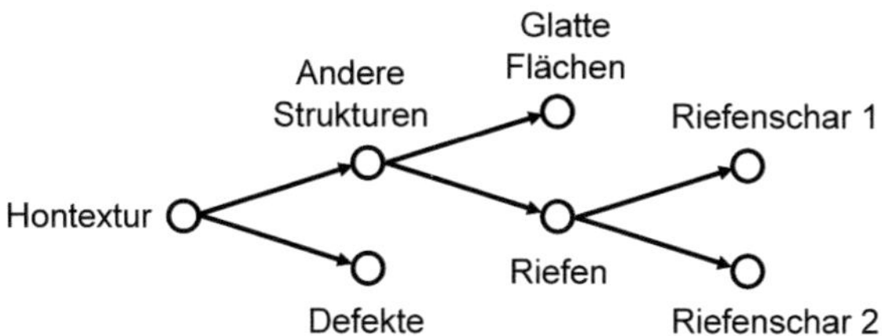

Abbildung 17.2: Hierarchische Segmentierung der Oberflächenkomponenten.

4 Hierarchische Segmentierung der Oberflächenkomponenten

Mit dem in Abb. 17.2 gezeigten Baumdiagramm werden die Zusammenhänge zwischen den Oberflächenkomponenten verdeutlicht. Oberflächenstrukturen werden gemäß ihrer Merkmale in den Kinderknoten immer feiner zerlegt. In der gleichen Weise wird die hier vorgeschlagene Segmentierung hierarchisch ausgeführt. Die entwickelte Vorgehensweise ist in Abb. 17.3 schematisch dargestellt. Im ersten Schritt wird die Bildqualität vor der Auswertung der Bildgradienten durch eine anisotrope Diffusion [5] und eine Homogenisierung [1] verbessert. Eine Verbesserung des Bildkontrastes skaliert lediglich die Gradientenverteilung, aber ihre Form verändert sich nicht, während Bildrauschen zu einer nicht zufriendenstellenden Gradientenverteilung führt. Diese Vorverarbeitung des Bildes hat den wesentlichen Vorteil, dass relevante Oberflächenstrukturen, wie z. B. Kanten, beibehalten und verstärkt werden. Danach kann die angulare Divergenz und die Orientierungskohärenz der Bildstruktur durch eine Hauptkomponentenanalyse (PCA) aus der lokalen Gradientenverteilung berechnet werden. Zur Nachverarbeitung werden das normierte Kleineigenwertbild $\bar{\lambda}_2(\mathbf{x})$, das normierte Orientierungskohärenzbild $\bar{C}(\mathbf{x})$ und die lokalen Orientierungen $\mathbf{v}_1(\mathbf{x})$ (siehe Abschnitt 5) einer Optimierungsmethode nach [6] zugeführt. Die Segmentierung der Riefen und Defekte kann daher jeweils im Kohärenzbild und Kleineigenwertbild mit automatisch festgelegten Schwellwerten erfolgen. Zu einer Riefenschar gehören mehrere Riefen mit ähnlicher Richtung. In einem weiteren Schritt wird das Winkelhistogramm der Riefenbereiche mit Hilfe einer nichtparametrischen Methode segmentiert [7].

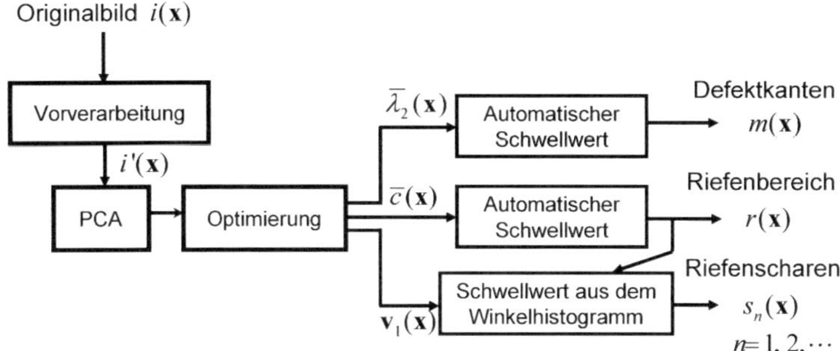

Abbildung 17.3: Schema zur Segmentierung der Oberflächenkomponenten.

5 Merkmalextraktion aus Gradientenverteilungen

Wie in Abb. 17.1 gezeigt, sind die Längen der kürzesten Achsen und das Längenverhältnis der beiden Achsen (d. h. die Orientierungskohärenz) nützliche Merkmale für die Trennung der Oberflächenkomponenten. Diese Operation korrespondiert mit der Eigenwertanalyse des Strukturtensors [8] in einer Nachbarschaft. Mathematisch wird das Vorgehen wie folgt formuliert.

Aus den Bilddaten $i(\mathbf{x})$ bzw. deren Ableitungen $i_x(\mathbf{x})$ und $i_y(\mathbf{x})$ lässt sich der *Strukturtensor* ermitteln:

$$\mathbf{S}(\mathbf{x}) = \begin{pmatrix} J_{11}(\mathbf{x}) & J_{12}(\mathbf{x}) \\ J_{12}(\mathbf{x}) & J_{22}(\mathbf{x}) \end{pmatrix} \tag{17.1}$$

mit $J_{11}(\mathbf{x}) = i_x^2(\mathbf{x}) * w(\mathbf{x})$, $J_{12}(\mathbf{x}) = (i_x(\mathbf{x}) \, i_y(\mathbf{x})) * w(\mathbf{x})$ und $J_{22}(\mathbf{x}) = i_y^2(\mathbf{x}) * w(\mathbf{x})$, wobei $w(\mathbf{x})$ die Impulsantwort eines Gauß'schen Glättungsfilters bezeichnet. Zur besseren Übersicht wird im Folgenden die Ortsabhängigkeit der Signale partiell unterdrückt. Die *Eigenwerte* lauten:

$$\lambda_k = \frac{1}{2}\left((J_{11} + J_{22}) \pm \sqrt{(J_{22} - J_{11})^2 + 4J_{12}^2} \right), \quad k = 1, 2. \tag{17.2}$$

Mit der *lokalen Orientierung*

$$\varphi = \frac{1}{2}\arctan\left(\frac{2J_{12}}{J_{22} - J_{11}} \right), \qquad \varphi \in [-\pi/2, \pi/2), \tag{17.3}$$

ergibt sich für die *Eigenvektoren*:

$$\mathbf{v}_1 = (\cos\varphi,\ \sin\varphi)^{\mathrm{T}},\quad \mathbf{v}_2 = (-\sin\varphi,\ \cos\varphi)^{\mathrm{T}} \tag{17.4}$$

Die Eigenwerte des Strukturtensors entsprechen den Längen der zwei Hauptkomponenten. Mit beiden Eigenwerten lässt sich die *Orientierungskohärenz* definieren:

$$c = |(\lambda_1 - \lambda_2)/(\lambda_1 + \lambda_2)|\,. \tag{17.5}$$

Es sei angemerkt, dass die Eigenwerte einen sehr breiten Dynamikbereich $[0, \infty)$ besitzen.

Die Detektion der Oberflächenkomponenten beruht auf der Segmentierung mit Schwellwerten, die in den Merkmalsbildern aus der Intensitätsverteilung gewonnen werden. Da beide Eigenwerte keine festgelegten Höchstgrenzen haben, ist es nicht möglich, geeignete Schwellwerte pauschal zu bestimmen. Deswegen wird der Dynamikbereich beider Eigenwerte durch eine Normierung angepasst. Dafür werden zunächst die Eigenwertbilder wie folgt logarithmiert:

$$\lambda_1^{(\log)}(\mathbf{x}) = \log(1 + \lambda_1(\mathbf{x}))\,,\quad \lambda_2^{(\log)}(\mathbf{x}) = \log(1 + \beta\,\lambda_2(\mathbf{x}))\,. \tag{17.6}$$

Der Faktor β steht für die Stabilität der Mikrostrukturen. Dieses Maß wird für die Störungsunterdrückung im Kleineigenwertbild eingesetzt.

Danach werden die Eigenwertbilder wie folgt normiert:

$$\bar{\lambda}_1 = \left(\lambda_1^{(\log)} - \min_{\mathbf{x}} \lambda_1^{(\log)}\right) / \left(\max_{\mathbf{x}} \lambda_1^{(\log)} - \min_{\mathbf{x}} \lambda_1^{(\log)}\right), \tag{17.7}$$

$$\lambda_2^* = \arctan\left(a\left(\lambda_2^{(\log)} - T_b\right)\right)/\pi + \frac{1}{2}, \tag{17.8}$$

$$\bar{\lambda}_2 = \left(\lambda_2^* - \min_{\mathbf{x}} \lambda_2^*\right) / \left(\max_{\mathbf{x}} \lambda_2^* - \min_{\mathbf{x}} \lambda_2^*\right). \tag{17.9}$$

Mit den normierten Eigenwerten wiederum berechnet sich die Orientierungskohärenz C wie folgt:

$$\bar{c} = |(\bar{\lambda}_1 - \bar{\lambda}_2)/(\bar{\lambda}_1 + \bar{\lambda}_2)|\,. \tag{17.10}$$

Verglichen mit der Ausprägung der reinen Bildstrukturen (glatte Flächen, Defekte und Riefen) kommt es bei Regionen mit verschiedenen

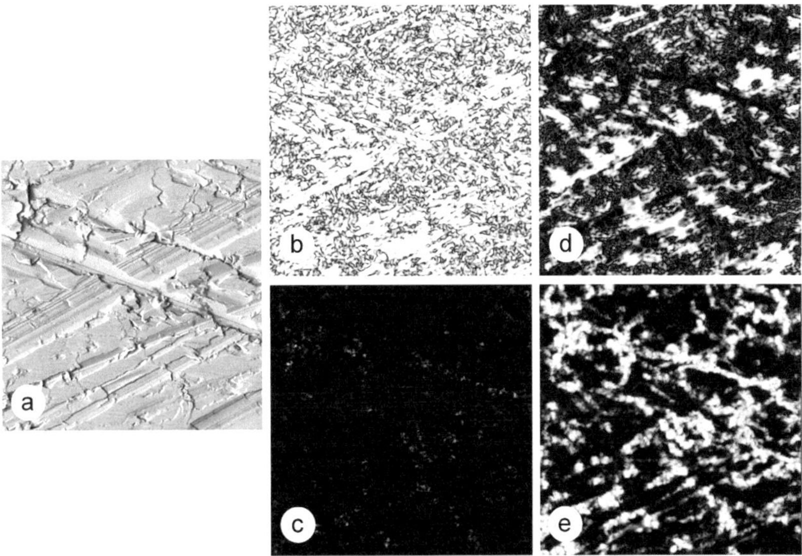

Abbildung 17.4: (a) Originalbild, (b) C, (c) λ_2, (d) Kohärenzbild nach der Normierung und Optimierung, (e) Kleineigenwertbild nach der Normierung und Optimierung.

Strukturen zu einer Überlagerung der Gradientenverteilungen (siehe Stichprobe 4 in Abb. 17.1), was eine korrekte Klassifikation erschwert. Als Lösung dazu werden die Mikro- und Makrostrukturen in zwei verschiedenen Skalen untersucht. Zuerst wird ein kleines Fenster der Größe 3×3 oder 5×5 für die Analyse der Mikrostruktur verwendet. Der Nachteil eines kleinen Fensters liegt darin, dass die Auswertung der Merkmale empfindlicher auf Störungen reagiert. Deshalb wird das größere Fenster benötigt, um ein Maß β für die Stabilität der Mikrostrukturen in einer größeren Skala zu messen. Definiert ist dieses Maß mithilfe angularer Ableitungen, die aus lokalen Orientierungen ermittelt werden. Hinsichtlich der Periodizität der Winkeldaten werden angulare Ableitungen ermittelt als:

$$\varphi_x(\mathbf{x}) = \left(\frac{\pi}{2} - \left| \frac{\pi}{2} - \frac{\mathrm{d}\varphi(\mathbf{x})}{\mathrm{d}x} \right| \right) \underset{y}{*} b(y) , \qquad (17.11)$$

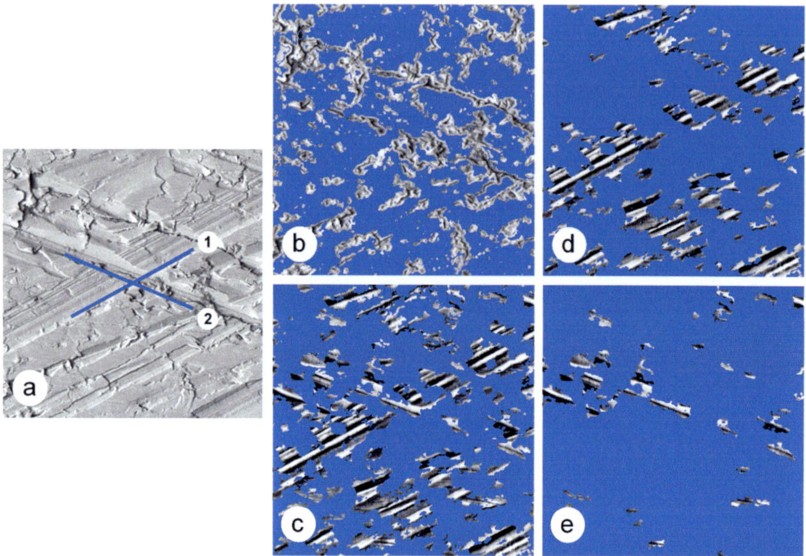

Abbildung 17.5: Detektion der Riefen und Defekte. (a) Schätzung der Scharwinkel durch Vektormittelung der lokalen Orientierungen, $\varphi_1 = 27{,}5°$, $\varphi_2 = 158{,}2°$, (b) Defekte, (c) Riefen, (d) erste Riefenschar (e) zweite Riefenschar.

$$\varphi_y(\mathbf{x}) = \left(\frac{\pi}{2} - \left| \frac{\pi}{2} - \frac{\mathrm{d}\varphi(\mathbf{x})}{\mathrm{d}y} \right| \right) \underset{x}{*} b(x) , \tag{17.12}$$

wobei $b(x)$ und $b(y)$ Impulsantworten eindimensionaler Binomialfilter der Länge 3 bezeichnen.

Die Sprünge der Ableitungen nach den Winkel lassen sich durch eine gradientenbasierte Kantendetektion [8] herausfinden. In Bildgebieten, die stabile Riefenstrukturen enthalten, sollen wenige Sprünge auftreten. Deshalb werden die Kantenpixel in relativ großen Fenstern erfasst. Das Maß β bezeichnet die Anzahl an Kantenpixeln bezogen auf die Fenstergröße.

Nach der Normierung lassen sich Merkmalsbilder durch eine Regularisierung des Vektorfeldes [6] optimieren, wobei die von Kantenkreuzungen bewirkten Störungen weiterhin unterdrückt werden, siehe Abb. 17.4.

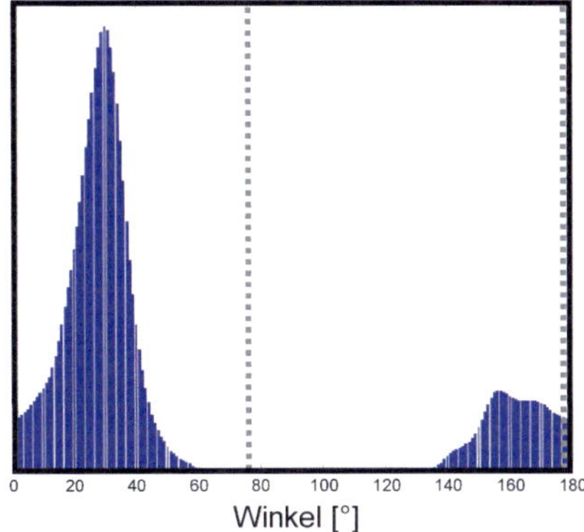

Abbildung 17.6: Winkelhistogramm der Riefenbereiche, optimale Schwellwerte: 71, 179.

6 Ergebnisse

Das vorgeschlagene Verfahren wurde anhand von Bildern gehonter Oberflächen untersucht, deren Qualität vorher von Experten nach Firmennor-
men beurteilt wurden. Zur Berechnung des Bildgradientes wurden optimierte Sobel-Operatoren [5] wegen ihrer rotationsinvarianten Eigenschaft
eingesetzt. Das zweite Auswertefenster sollte größer als die Mikrostruktur
und gleichzeitig kleiner als die Skala der Riefenfragmente gewählt werden. Für die Ergebnisse in Abb. 17.5–17.7 wurde ein Fenster der Größe
15×15 verwendet. Schwellwerte für die Segmentierung der Merkmalsbilder wurden automatisch nach dem Kriterium der maximalen Entro-
pie [9] festgelegt. Die Strategie lieferte mit diesen Einstellungen eine für
die praktische Anwendung zufriedenstellende Präzision bei vertretbarem
Rechenaufwand.

7 Schlussfolgerung und Ausblick

In diesem Beitrag wurde eine mehrstufige Lösung für die robuste Segmentierung gehonter Oberflächen anhand der 2D-Gradientenverteilung
präsentiert. Als nächsten Schritt kann damit eine Klassifizierung ver-

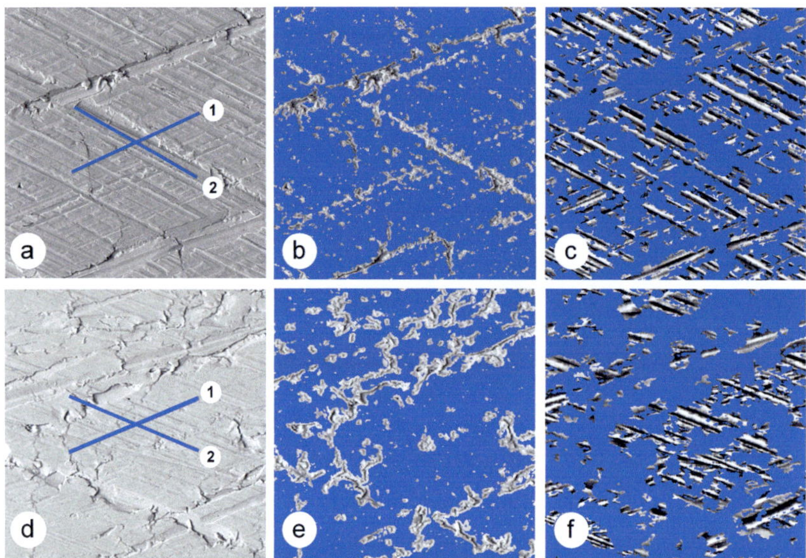

Abbildung 17.7: Analyse der Honstrukturen auf unterschiedlichen Qualitäts-stufen. (a)–(c) Hontextur 1, Defekte, Riefen, $\varphi_1 = 23{,}7°$, $\varphi_2 = 150{,}6°$, (d)–(f) Hontextur 2, Defekte, Riefen, $\varphi_1 = 21{,}7°$, $\varphi_2 = 159{,}5°$.

schiedener Defekte durchgeführt und die Entwicklung von Kennwerten ermöglicht werden, um Oberflächenqualitäten objektiv zu beurteilen.

Literatur

1. J. Beyerer, „Analyse von Riefentexturen", Dissertation, Universität Karls-ruhe, 1994.

2. J. Beyerer und F. Puente León, „Adaptive separation of random lines and background", *Optical Engineering*, Vol. 37, Nr. 10, S. 2733–2741, 1998.

3. B. Xin, „Auswertung und Charakterisierung dreidimensionaler Messda-ten technischer Oberflächen mit Riefentexturen", Dissertation, Universität Karlsruhe, 2008.

4. X. Xie, „A review of recent advances in surface defect detection using texture analysis techniques", *Elec. Letters on Computer Vision and Image Analysis*, Vol. 7, S. 1–22, 2008.

5. J. Weickert und H. Scharr, „A scheme for coherence-enhancing diffusion filtering with optimized rotation invariance", *Visual Communication and Image Representation*, Vol. 13, S. 3–118, 2002.

6. O. Coulon und D. Alexander, „Diffusion tensor magnetic resonance image regularization", *Medical Image Analysis*, Vol. 7, S. 47–67, 2004.

7. J. Delon, A. Desolneux, J. Lisani und A. B. Petro, „A nonparametric approach for histogram segmentation", *IEEE Transactions on Image Processing*, Vol. 16, S. 253–261, 2007.

8. B. Jähne, *Digitale Bildverarbeitung.*   Springer, 2005.

9. J. N. Kapur, P. K. Sahoo und A. K. Wong, „A new method for gray-level picture thresholding using the entropy of the histogram", *Computer Vision, Graphics and Image Processing*, Vol. 29, S. 273–285, 1985.

Thermografie beim Kleben: Ein Verfahren zur Fusion von thermografischen Repräsentationen

Boris Zubert[1], Clemens Gühmann[2], Thomas Gigengack[1]
und Gerd Eßer[1]

[1] Inpro GmbH, Hallerstr. 1, D-10587 Berlin
[2] TU Berlin, Elektronische Mess- und Diagnosetechnik,
Einsteinufer 17, D-10587 Berlin

Zusammenfassung Am Beispiel einer zfP-Anwendung aus dem Automobilbau, der ultraschallangeregten, impulsthermografischen Beurteilung von Strukturklebungen im Karosseriebereich, wird eine pixelbasierte Vorgehensweise zur Fusion thermografischer Repräsentationen mittels k-means-Algorithmus vorgestellt und angewendet. Der Algorithmus umfasst die Berechnung der Repräsentationen aus dem Thermografiefilm, die Auswahl der informationstragenden Repräsentationen, ihre Fusion zu einer neuen Repräsentation sowie die Klassifikation ihrer Pixel im Hinblick auf fehlerbehaftet und intakt. Auf diese Weise konnte die Klassifikationsgenauigkeit im Vergleich der über Einzelrepräsentationen erzielbaren erhöht werden.

1 Impulsthermografie als zerstörungsfreies Prüfverfahren

Die Impulsthermografie ist ein bildgebendes Messverfahren, bei dem ein im thermischen Gleichgewicht befindlicher Körper durch einen Wärmeimpuls angeregt wird. Die auch an seiner Oberfläche stattfindenden Wärmeausgleichsvorgänge werden mit einer Thermografiekamera erfasst. Diese Ausgleichsvorgänge folgen Fouriers Gesetz der Wärmeleitung $\vec{q}(\vec{x}) = \lambda \nabla T(\vec{x})$. Hierin stellt $\vec{q}(\vec{x})$ den Wärmefluss, λ die Wärmeleitfähigkeit und $T(\vec{x})$ die Temperatur dar. Besitzt der Körper Inhomogenitäten hinsichtlich der Materialeigenschaft λ, beeinflusst das die Wärmeausbreitung im Körper und somit auch die für die Thermografiekamera sichtbare Wärmeverteilung an seiner Oberfläche. Zur thermischen Anregung werden z. B. Fotoblitz, defokussierter Laser, Induktion, Kalt- oder Warmluft aber auch die im nächsten Abschnitt näher beschriebene Ultraschallanregung eingesetzt.

Aufgrund ihrer Eigenschaft, Strukturen nahe unter der inspizierten Oberfläche detektieren zu können, besitzt die Thermografie ein großes Potenzial in der zerstörungsfreien Prüfung dünnwandiger Strukturen, wie sie z. B. im Automobilbau eingesetzt werden. Anwendungen der Impulsthermografie als zerstörungsfreies Prüfverfahren bei Schweißpunkten und Laserschweißnähten sind in [1–3] dargestellt. Eine grundlegende Darstellung der Thermografie im Kontext der zerstörungsfreien Prüfung liefert [4].

2 Thermografische Inspektion von Klebnähten

Das Kleben findet in der Automobilindustrie einen verstärkten Einsatz in Kombination mit anderen Fügeverfahren wie z. B. beim Falzkleben oder dem Punktschweißkleben. Ziel ist es hier, durch den Einsatz von Epoxydklebstoffen die Strukturfestigkeit des Bauteils zu erhöhen oder die Dichtigkeit der Verbindung sicherzustellen.

Mittels ultraschallangeregter Lockin-Thermografie [5] besteht die Möglichkeit, Klebnähte auf Lufteinschlüsse, Fehlstellen und bedingt auf Anbindungsfehler wie z. B. kissing bonds zu untersuchen und zu charakterisieren [6–8]. Speziell bei der Ermittlung von Fehlstellen oder Lufteinschlüssen wird dabei ausgenutzt, dass Luft, Klebstoff und Stahl die angeregten mechanischen Schwingungen unterschiedlich stark bedämpfen und somit unterschiedlich stark mechanische in Wärmeenergie wandeln. Der Aufbau einer Probe (Punktschweißkleben) sowie der in der Arbeit verwendete Messaufbau ist in Abb. 18.1 skizziert. Bei der ultraschallangeregten Lockin-Thermografie werden Messzeiten von bis zu mehreren 100 s benötigt. Um die Aufnahmezeit zu verringern, wurde in dieser Arbeit die ultraschallangeregte Impulsthermografie eingesetzt, die mit einer Messzeit von wenigen Sekunden auskommt.

Mit in Abb. 18.1 dargestelltem Versuchsaufbau und -durchführung wurden von 3 Schweißklebproben Thermografiefilme erstellt (Proben P1, P2 und P3). Die Pixel von P1 dienen dem in Abschnitt 5 dargestellten Algorithmus als Lernset, die beiden anderen Proben zur Verifikation

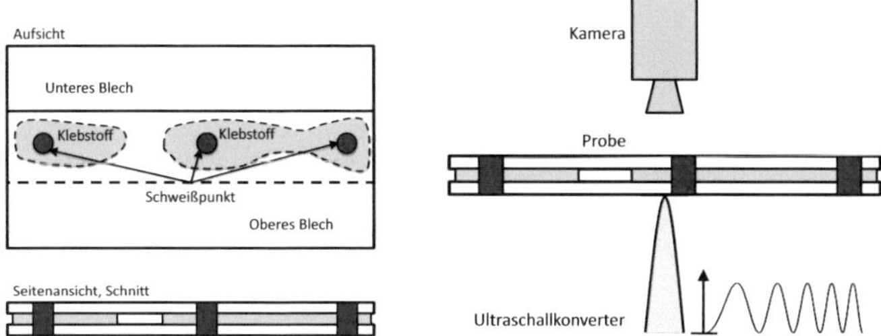

Abbildung 18.1:   Versuchsaufbau und -durchführung: Links: Probe bestehend aus zwei Stahlblechen (Material: H320LA, 200 mm x 50 mm x 1mm, Überlappung der Fügepartner: 15 mm), Epoxydklebstoff (Material: Betamate 1493 der Firma Dow, Breite des Klebstreifens: Variabel, bis zu 15 mm) und drei Schweißpunkten. Rechts: Versuchsaufbau für ultraschallangeregte Thermografie: Kamera (Hersteller: Thermosensorik, Aufnahmefrequenz 58 Hz, Integrationszeit 3 ms, Dauer der Aufnahme: 3,1 s das entspricht 176 Bildern, Auflösung: 384x58 Pixel, sichtbare Breite: 29 mm), Ultraschallanregung (Hersteller: Branson, Impulsverlauf: Beginn 0,4 s nach Beginn der Aufnahme, Impulsdauer 0,3 s. Anregungsfrequenzbereich: Sweep von 18kHz - 22 kHz) und Probe (Parallel zur Klebnaht eingespannt).

des Algorithmus. Abbildung 18.6 stellt u.a. Horizontalschliffe der Proben dar.

3 Repräsentationen von Thermografiefilmen

Um eine automatisierte, zerstörungsfreie Prüfung zu realisieren, ist es notwendig, die gesamte Information des Thermografiefilms auf die Information fehlerfrei oder fehlerbehaftet zu reduzieren. Dies geschieht i.d.R. in mehreren Schritten. Wobei es im ersten Schritt gilt, den Film auf ein einzelnes, informationstragendes Bild zu reduzieren – die Repräsentation des Thermografiefilms.

Als Methoden zur Ermittlung solcher Repräsentationen stehen eine Vielzahl von Verfahren zur Verfügung, die teils physikalisch motiviert, teils heuristische Ansätze sind. Physikalisch motivierte Ansätze stellen z. B. die Fourieranalyse (FFT) bei Lockin- und Impulsthermografie dar [9, 10]. Einen weiteren Ansatz, der auf einem physikalischen Modell basiert, stellt Thermal-Signal-Reconstruction dar [11].

Zu den heuristischen Ansätzen sind z. B. die Anwendung der Hauptkomponentenanalyse (HKA) sowie der Non-Negative-Matrix-Factorization auf Thermografiefilme zu zählen [12–14].

Zur Demonstration des in der Arbeit vorgestellten Fusionsansatzes werden vier Gruppen von Repräsentationen herangezogen: Repräsentationen auf Basis der Zeit, der FFT, der HKA und der NMF. FFT, HKA und NMF werden dabei auf sämtliche Repräsentationen auf Basis der Zeit angewendet werden. Bei diesen handelt es sich um die folgenden:

- Originalfilm $T_{ij}(t_m)$,

- Differenz zum ersten Bild des Films $T_{ij}^{\Delta}(t_m) = T_{ij}(t_m) - T_{ij}(t_1)$,

- Normierung der Zeitverläufe mit Mittelwert und Streung $T_{ij}^{zn}(t_m) = \frac{T_{ij}(t_m) - \tilde{T}_{ij}}{\sigma_{ij}}$,

- Normierung der einzelnen Bilder auf mit Mittelwert und Streuung $T_{ij}^{on}(t_m) = \frac{T_{ij}(t_m) - \tilde{T}(t_m)}{\sigma(t_m)}$.

Hierin ist T eine Temperatur bzw. Strahlungsintensität, gemessen als digitaler Level (DL). i und j sind Laufindices der Position des betrachteten Pixels, m ist der Laufindex der Zeit. $\tilde{T}_{ij}$ ist der Mittelwert des Zeitverlaufs zu Pixel ij, $\tilde{T}(t_m)$ ist der Mittelwert von T eines Bildes zum Zeitpunkt t_m. σ_{ij} und $\sigma(t_m)$ sind die entsprechenden Streuungen.

Auf diese Weise ergeben sich bei einem Film mit 176 Bildern insgesamt 2124 teils redundante Repräsentationen[3] des Thermografiefilms. Bei dieser Vielzahl ist eine Methode notwendig, die Repräsentationen hinsichtlich ihrer Eignung, die gesuchten Fehlstellen zu detektieren, zu bewerten und auf Basis der Besten zu neuen, aussagekräftigeren Repräsentationen zu verbinden. Ein solches auf einer Clusteranalyse basierendes Fusionsverfahren auf Pixelebene wird in dieser Arbeit dargestellt.

---

[3] Vier Repräsentationen auf Basis der Zeit – jeweils 176 Thermogramme, darauf angewendet die FFT – jeweils 176 Phasen- und Amplitudenbilder, die HKA – jeweils 176 Koeffizientenbilder und die NMF – jeweils drei Koeffizientenbilder

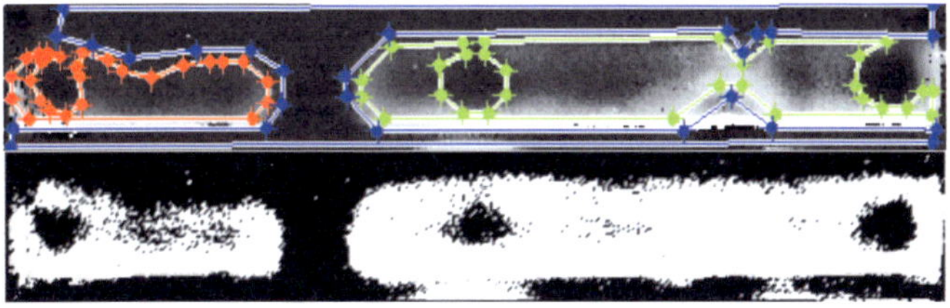

Abbildung 18.2: Oben: Eine Repräsentation des Thermografiefilms mit Referenzklassifizierung. Rote und grüne Region of Interest (ROI): Klebstoff vorhanden, blaue ROI: Kein Klebstoff vorhanden. Unten: Binärbild nach Berechnung des optimalen Schwellwertes: die fehlklassifizierte Fläche beträgt 8,25 % der Fläche innerhalb der ROIs.

3.1 Vergleich und Bewertung der Repräsentationen

Der in Abschnitt 5 dargestellte Algorithmus basiert auf einer Fusion der informationstragenden Repräsentationen. Welche dies sind, wird an einer Referenzprobe gelernt, bei der die optimale Klassifikation z. B. durch eine zerstörende Prüfung mittels Horizontalschliff bekannt ist.

Zur Bewertung jeder thermografischen Repräsentation hinsichtlich ihres Informationsgehaltes findet ein pixelweiser Vergleich mit der zerstörenden Prüfung statt. Zu diesem Zweck wird ein optimaler Schwellwert für die jeweilige Repräsentation ermittelt, so dass die Anzahl falsch klassifizierter Pixel und damit die fehlklassifizierte Fläche minimal wird (Abb. 18.2). Diese Fläche wird für ein Ranking sämtlicher Repräsentationen verwendet. Anhand dieses Rankings findet die Auswahl der zu fusionierenden Repräsentationen statt.

Da bei HKA und NMF die Analysefunktionen nicht wie bei der FFT vorgegeben, sondern aus den Repräsentationen auf Basis der Zeit berechnet werden, können sie sich von Film zu Film unterscheiden (Abb. 18.3, oben). Die Koeffizientenbilder B_k sind in beiden Verfahren mit den Analysefunktionen A_l und den Repräsentationen des Thermografiefilms auf Basis der Zeit[4] F_{kl} über die Gleichung $B_k = F_{kl}A_l$ verknüpft. Die Koeffizientenbilder – die Repräsentationen – ändern sich also abhängig von

---

[4] Zur Durchführung von HKA und NMF wird der Film in eine zweidimensionale Darstellung überführt, aus diesem Grund besitzt hier der Film nur zwei Indices (Pixelnummer und Zeit) und das Bild nur einen Index (Pixelnummer)

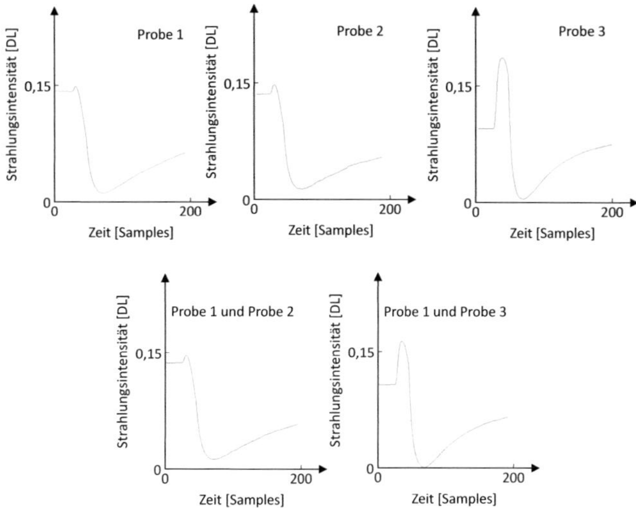

Abbildung 18.3: Oben: Analysefunktionen zum 3. Koeffizienten der HKA, angewendet auf $T_{ij}^{\Delta}(t_m)$ von drei Filmen. Während sie für Probe 1 und 2 sehr ähnlich sind, weist die Analysefunktion zur Probe 3 einen deutlichen Unterschied zu den beiden anderen auf. Unten: Analysefunktionen, die sich bei Zusammenführung der Filme der Proben 1 und 2 bzw. 1 und 3 ergeben.

der Analysefunktion von Film zu Film, weshalb sich auch Ihre Position im o.g. Ranking ändern kann. Aus diesem Grund kann die Auswahl der informationstragenden Repräsentationen nicht in einer Vorab-Lernphase getroffen, sondern muss für jeden Film erneut entschieden werden. Um dies zu gewährleisten, muss in jeder Auswertung eines Filmes erneut der Bezug zur Referenz hergestellt werden. Zu diesem Zweck werden HKA und NMF stets auf zwei Filme gleichzeitig angewendet: Den zu klassifizierenden Film sowie den Referenzfilm, für den das optimale Klassifikationsergebnis bekannt ist. So kann sichergestellt werden, dass Referenz und zu klassifizierender Film mit den gleichen Analysefunktionen ausgewertet werden (Abb. 18.3, unten). Das o.g. Ranking wird dann anhand des bekannten Klassifikationsziels der Referenz erstellt und gilt, da nun die Analysefunktionen für Referenz und zu analysierenden Film übereinstimmen, für beide Filme.

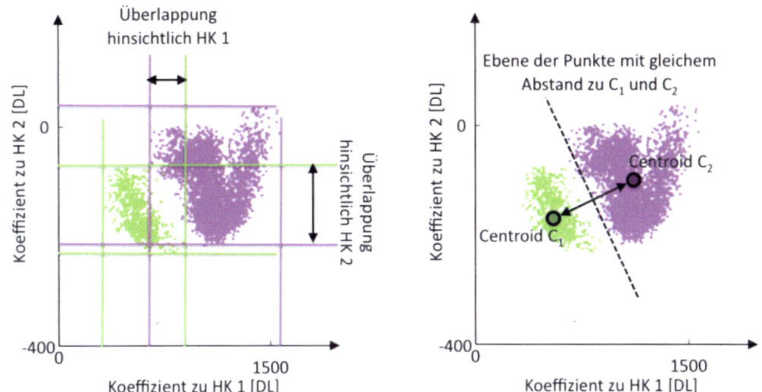

Abbildung 18.4: Darstellung der fusionierten Repräsentationen 1. und 2. HKA von $T_{ij}^{\Delta}(t_m)$ für einen Ausschnitt der Repräsentationen als Punktwolke. Links: Projektion der Grenzen der beiden Wolken auf die Achsen der Einzelrepräsentation. Rechts: Darstellung der Trennung beider Bereiche mittels k-means-Algorithmus.

4 Fusion von Repräsentationen

In [15] ist ein Ansatz dargestellt, zwei aus der Lockinthermografie gewonnene Phasenbilder pixelweise zu fusionieren. Dieser Ansatz wird hier auf eine beliebige Anzahl von Repräsentationen erweitert. Ferner wird eine Vorgehensweise aufgezeigt, aus der mehrdimensionalen Darstellung eine neue Repräsentation – ein Bild – zu ermitteln.

Jedem Pixel ist in jeder Repräsentation ein Wert zugewiesen. Zur Fusion von Repräsentationen werden für jedes Pixel diese Werte als Koordinaten eines Punktes aufgefasst. Auf diese Weise kann der gesamte Film als mehrdimensionale Punktwolke dargestellt werden. Ein Beispiel für die Fusion von zwei Repräsentationen ist in Abb. 18.4 dargestellt. Betrachtet man beide Repräsentationen isoliert (Projektion der Punktwolken auf die jeweilige Koordinatenachse), existieren bei beiden Repräsentationen Überlappungen der Bereiche grün (fehlender Klebstoff) und magenta (Klebstoff vorhanden). Erst durch die Fusion beider Repräsentationen können diese Bereiche in zwei Punktwolken nahezu separiert werden.

Für eine entsprechende Partitionierung des Raumes kann der k-means-Algorithmus angewendet werden. Eine detaillierte Darstellung hierzu befindet sich in [16]. K-means bestimmt bei vorgegebener Anzahl von Clustern deren Centroide bzw. Schwerpunkte, so dass die Summe der Abstände aller Punkte zum zugehörigen Schwerpunkt minimal ist. Gibt man zwei als Anzahl der gesuchten Cluster vor (1. Cluster: Intakter Bereich, 2. Cluster: Fehlender Klebstoff), so ergeben sich als Grenze zwischen diesen Clustern die Orte, die von beiden Centroiden den gleichen Abstand besitzen. Dies ist eine Ebene, die senkrecht auf der Mitte der Verbindung der Schwerpunkte liegt (vgl. Abb. 18.4). Ist die gesuchten Partitionierung bekannt, kann die Grenze entsprechend verschoben werden.

Da sich die Wertebereiche der Repräsentationen stark unterscheiden, findet vor der Fusion eine Normierung auf Mittelwert und Streuung der jeweiligen Repräsentation statt.

5 Algorithmus

Die Auswahl zu fusionierender Repräsentationen, die Fusion und anschließende Klassifizierung der einzelnen Pixel geschieht in sechs Schritten:

1. Als Input benötigt der Algorithmus den Thermografiefilm der zu untersuchenden Probe P2 sowie den Thermografiefilm einer Referenzprobe (P1). Bei der Referenzprobe ist das optimale Klassifikationsergebnis aus der zerstörenden Prüfung bekannt. Für die zwei Filme werden nun gemeinsam sämtliche in Abschnitt 3 dargestellten Repräsentationen berechnet. So wird sichergestellt, dass hinsichtlich Repräsentationen auf Basis von HKA und NMF Referenz (P1) und untersuchte Probe (P2) mit übereinstimmenden Analysefunktionen ausgewertet sind.

2. Das Ranking der Repräsentationen mittels pixelweisem Vergleich sämtlicher Repräsentationen der Referenzprobe (P1) mit ihrer zerstörenden Prüfung wird ermittelt (Abschnitt 3.1).

3. Die n besten Repräsentationen aus dem vorangehenden Schritt werden bei der Cluster-Analyse mittels k-means-Algorithmus berücksichtigt (Abschnitt 4). Dies wird für alle $n^2 - 1$ möglichen Kombinationen der n Besten durchgeführt. K-means liefert zwei Schwerpunkte als Repräsentanten der Cluster. Für jeden Pixel können nun die Euclidschen Abstände l_1 und l_2 zu beiden Schwerpunkten ermittelt werden.

4. Zieht man beide Abstände voneinander ab, so ergibt sich mit $D = l_1 - l_2$ eine Größe, die negativ ist, wenn das betrachtete Pixel näher zu C_1 ist und die positiv ist, wenn das Pixel näher zu C_2 ist. Dieser Wert kann wie die anderen Repräsentationen als Grauwertbild dargestellt (Abb. 18.6).

5. Analog zu Schritt 2 wird nun ein Ranking aller Fusionen erstellt. Hierbei ergibt sich wieder durch Vergleich der Referenzprobe mit der zerstörenden Prüfung ein Schwellwert für die Größe D.

6. Dieser Schwellwert wird nun auf Probe 2 angewendet. Als Ergebnis ergibt sich eine Beurteilung für jedes ihrer Pixel (Klebstoff vorhanden oder Klebstoff nicht vorhanden).

Der Algorithmus ist in Matlab programmiert. Es werden die dort zur Verfügung gestellten Funktionen für FFT, HKA und NMF sowie k-means verwendet.

6 Ergebnisse

Als elf beste Einzelrepräsentationen der gemeinschaftlich analysierten Filme der Referenzprobe P1 und der Probe P2 ergeben sich die in Abb. 18.5 dargestellten (Schritt 2 des Algorithmus aus Abschnitt 5). Alle liefern für die Referenzprobe P1 eine fehlklassifizierte Fläche von über 8,24 %.

Das hinsichtlich dieses Kriteriums beste Klassifikationsergebnis auf Basis einer Fusion liefert eine fehlklassifizierte Fläche von 7,17 %. Hieran sind die folgenden Einzelrepräsentationen beteiligt:

- Repräsentation auf Basis der Zeit, 52. Bild, Vorverarbeitung: $T^{\Delta}(t)$,
- FFT Phase, 1. Koeffizient, Vorverarbeitung: $T^{on}(t)$,
- FFT Phase, 3. Koeffizient, Vorverarbeitung: $T^{on}(t)$,
- HKA, 3. Koeffizient, Vorverarbeitung: $T(t)$,
- HKA, 3. Koeffizient, Vorverarbeitung: $T^{on}(t)$,
- NMF, 3. Koeffizient, Vorverarbeitung: $T^{zn}(t)$.

Die resultierenden Fusionsrepräsentationen sind für die Proben 1–3 in Abb. 18.6 dargestellt. Abbildung 18.7 stellt für alle 3 Proben die fehl-

Verfahren	Vorverarbeitung	Fehlklassifizierte Fläche [%]
FFT, Phase, 3. Koefizient	örtlich normiert	8,25
NMF, 1. Koeffizient	Differenz zu Bild 1	8,48
FFT, Amplitude, 2.Koeffizient	Differenz zu Bild 1	9,1
FFT, Phase, 1. Koeffizient	örtlich normiert	9,86
52. Bild des Filmes	Differerenz zu Bild 1	10,25
HKA, 3. Koeffizient	örtlich normiert	10,35
HKA, 3. Koeffizient	original Daten	10,59
NMF, 3. Koeffizient	zeitlich normiert	12,17
HKA, 1. Koeffizient	Differenz zu Bild 1	12,51
FFT, Phase, 6. Koeffizient	örtlich normiert	13,30
HKA, 3. Koeffizient	Differenz zu Bild 1	14,03

Abbildung 18.5: Die 11 besten Einzelrepräsentationen bei gemeinschaftlicher Analyse der Thermografiefilme impulsthermografischer Aufnahmen von Probe 1 und 2.

klassifizierte Fläche bei Fusion der fehlklassifizierten Fläche der besten Einzelrepräsentation gegenüber.

7 Zusammenfassung

Im Rahmen der Arbeit wurde ein Algorithmus zur Berechnung und pixelbasierten Fusion thermografischer Repräsentationen sowie der anschließenden pixelweisen Klassifikation des Fusionsergebnisses vorgestellt und auf Schweißklebproben angewendet. Es konnte aufgezeigt werden, wie mit Hilfe ultraschallangeregter Thermografie und einer Auswertung der Filme mit FFT, HKA und NMF sowie anschließender Fusion der hierbei erzeugten thermografischer Repräsentationen zerstörungsfrei Bereiche fehlenden Klebstoffs automatisch detektierbar sind. Mittels der Fusion thermografischer Repräsentationen konnte – im Vergleich zu den fusionierten Einzelrepräsentationen – die Anzahl fehlklassifizierter Pixel verringert und somit eine Verbesserung des Klassifikationsergebnisses erzielt werden.

Literatur

1. S. Shepard, „Pulsed thermographic inspection of spot welds", *Proc. of SPIE, Thermosense XX*, Vol. 3361, S. 320–324, 1998.

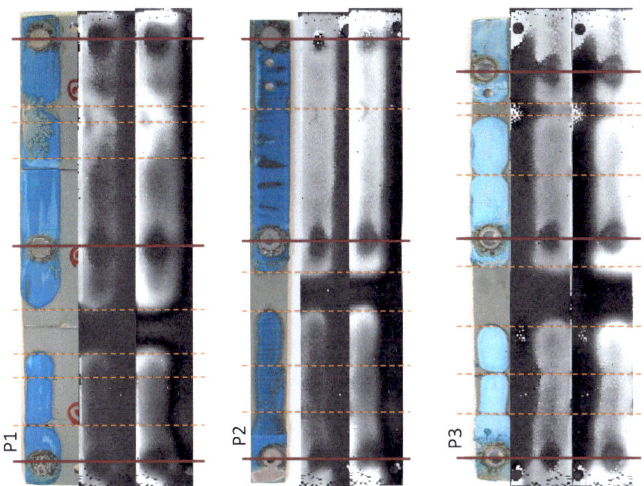

Abbildung 18.6: Links: Probe 1 (Referenz). Mitte: Probe 2. Rechts: Probe 3. Für jede Probe sind die zerstörende Prüfung (links), die beste Einzelrepräsentation (Mitte) und die Repräsentation auf Basis der Fusion dargestellt (rechts).

2. U. Siemer, „Simulation and evaluation of new thermographic techniques for the deployment in the automotive industry", in *ECNDT 2006*, Berlin, Deutschland, 2006.

3. J. Zettner, B. Spellenberg, T. Hierl, M. Haller und T. Lenzi, „Wärmefluss-Prüfung zur Qualitätssicherung von Schweißverbindungen in der Automobilindustrie", *DGZfP-Berichtsband BB 86-CD*, S. 63–74, 2003.

4. X. Maldague, *Theory & practice of infrared technology for nondestructive testing.* New York: John Wiley & Sons Inc, 2001.

5. G. Busse, D. Wu und W. Karpen, „Thermal wave imaging with phase sensitive modulated thermography", *Journal of Applied Physics*, Vol. 71, Nr. 8, S. 3962–3965, 1992.

6. D. Hasenberg, K. Dilger und S. Böhm, „Nondestructive characterization of adhesive joint using lock-in thermography", in *16th World Conference of NDT*, Montreal, Canada, 2004.

7. T. Zweschper, G. Riegert, A. Dillenz und G. Busse, „Ultrasound burst phase thermography (ubp) for applications in the automotive industry",

Probe	Fehlklassifizierte Fläche bei Repräsentation aus Fusion / [%]	Fehlklassifizierte Fläche bei bester Einzelrepräsentation: FFT, Phase, 3. Koeffizient, Vorverarbeitung: $T^{zn}(t)$ / [%]
Probe 1 (Referenz)	7,17	8,25
Probe 2	7,59	9,03
Probe 3	3,36	3,53

Abbildung 18.7: Vergleich der Repräsentation aus der Fusion von 6 Einzelrepräsentationen mit der besten Einzelrepräsentation anhand der fehlklassifizierten Fläche.

in *AIP Conference Proceedings, Band 657*, Melville: American Inst. of Physics, 2003.

8. T. Zweschper und A. Dillenz, „Prüfen von Klebeverbindungen mit aktiver Thermografie", in *Thermographie-Kolloquium 2009*, Stuttgart, D, 2009.

9. D. Wu, *Lockin-Thermographie für die zerstörungsfreie Werkstoffprüfung und Werkstoffcharakterisierung.* Stuttgart: Dissertation, Universität Stuttgart, 1996.

10. X. Maldague und S. Marinetti, „Pulse phase infrared thermography", *Journal of Applied Physics*, Vol. 79, Nr. 5, S. 2694–2698, 1996.

11. S. Shepard, „Advances in pulsed thermography", *Proc. of SPIE, Thermosense XXIII*, Vol. 4360, S. 511–515, 2001.

12. N. Rajic, „Principal component thermography for flaw contrast enhancement and flaw depth characterisation in composite structures", *Composite Structures*, Vol. 58, Nr. 4, S. 521–528, 2002.

13. S. Marinetti, L. Finesso und E. Marsilio, „Matrix factorization methods: Application to thermal ndt/e", *NDT & E International*, Vol. 39, Nr. 8, S. 611–616, 2006.

14. S. Marinettia, L. Finesso und E. Marsilio, „Archetypes and principal components of an ir image sequence", *Infrared Physics & Technology*, Vol. 49, Nr. 3, S. 272–276, 2007.

15. C. Spiessberger, A. Gleiter und G. Busse, „Data fusion of lockin-thermography phase images", *Proc. of QIRT 2008*, S. 483–490, 2008.

16. J. Abonyi und B. F. Gonzalez, *Data Fusion in Robotics and Machine Intelligence.* Basel, Schweiz: Birkhäuser Verlag AG, 2000.

Deflektometrische Methoden zur Sichtprüfung und 3D-Vermessung voll reflektierender Freiformflächen

H. Rapp und C. Stiller

Karlsruher Institut für Technologie, Institut für Mess- und Regelungstechnik
Engler-Bunte-Ring 21, D-76131 Karlsruhe

Zusammenfassung Deflektometrische Methoden sind geeignet, voll- oder teilreflektierende Oberflächen optisch zu vermessen. Sie finden Einsatz in der Industrie zur Sichtprüfung von Bauteilen, aber das Verfahren leistet auch 3-dimensionale Rekonstruktion. Dieser Aufsatz erklärt das Messprinzip der Deflektometrie und das Eindeutigkeitsproblem bei der 3-dimensionalen Rekonstruktion. Ausserdem wird das Phasenschubverfahren im Kontext der Deflektometrie besprochen. Ausführlich wird auf die Visualisierung von Fehlstellen bei qualitativer Messung eingegangen und der Aufsatz schließt mit der Vorstellung möglicher Verfahren für die 3-dimensionale Rekonstruktion.

1 Einleitung

Die Deflektometrie ist eine etablierte Methode um geometrische Fehlstellen auf voll reflektierenden Bauteilen zu detektieren. Sie findet Anwendung bei der Qualitätssicherung in vielen Bereichen der Industrie: Lackteile beim Automobil, Keramikgeschirr oder Badamaturen können alle damit geprüft werden. Zudem eignet sie sich zur 3-dimensionalen Vermessung von reflektierenden Bauteilen.

Das Messprinzip ist dabei simpel und basiert auf der Bestimmung der Neigung der zu untersuchenden Oberfläche. Bild 19.1 zeigt den schematischen Aufbau eines Deflektometriesystems: Ein Schirm oder Monitor zeigt ein definiertes Muster an, dieses wird von der Oberfläche reflektiert und das verzerrte Muster wird von der Kamera beobachtet. Durch aus der Interferometrie bekannten Phasenschubverfahren oder ähnlicher

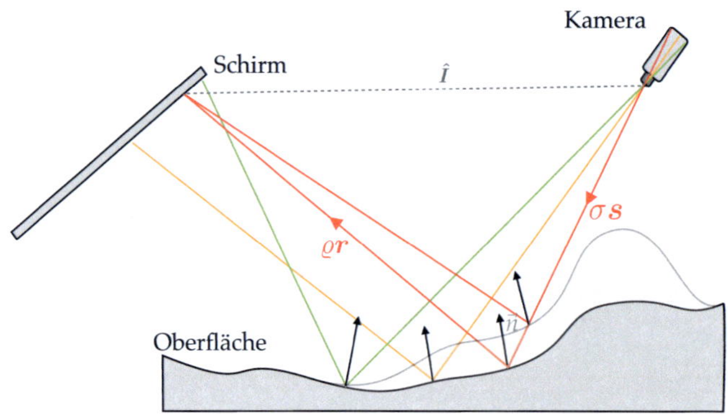

Abbildung 19.1: Schematischer Aufbau einer deflektometrischen Anordnung.

Kodierungsmechanismen kann eine Zuordnung zwischen beobachtetem Schirmpixel und Kamerapixel hergestellt werden; diese Abbildung wird einfache Abbildungsfunkion I genannt [1–3]. Diese entspricht also einer Zuordnung zwischen Sichtstrahl der Kamera und Schirmpixel. Unter gewissen Annahmen reichen diese Informationen für eine qualitative Aussage über die Oberfläche aus. Soll eine 3-dimensionale Rekonstruktion erfolgen steht man allerdings vor einem Zuordnungsproblem: Für jeden Punkt auf dem Sichtstrahl der Kamera lässt sich eine potentielle Oberflächennormale finden, die der einfachen Abbildungsfunktion genügt; d. h. ein freier Parameter bleibt unbestimmt durch die deflektometrische Messung [4].

Dieser Aufsatz ist wie folgt gegliedert: Im nächsten Abschnitt 2 disktuieren wir kurz die theoretischen Grundlagen der Deflektometrie. Ein wichtiger Teil ist hier die Messung der einfachen Abbildungsfunktion mittels des Phasenschubvefahrens. Ausserdem gehen wir auf die geometrischen Zusammenhänge der deflektometrischen Größen ein.

Der Abschnitt 3 erklärt, wie man die Deflektometrie zu Qualitätssicherungszwecken einsetzen kann. Dazu werden die nötigen Annahmen erläutert und auch die Visualisierung von Defekten wird diskutiert.

Im folgenden Abschnitt 4 werden Verfahren vorgestellt, die das Eindeutigkeitsproblem lösen und damit eine 3D-Rekonstruktion möglich machen. Der Aufsatz schliesst mit einer Zusammenfassung in Abschnitt 5.

2 Theorie

2.1 Die Messung der einfachen Abbildungsfunktion

Jede deflektometrische Messung benötigt die Zuordnung zwischen Kamerapixel $\mathbf{u}$ und von diesem Pixel beobachtetem Schirmpixel $\mathbf{v}$. Dieser Zusammenhang wird einfache Abbildungsfunktion $I(\mathbf{u})$ genannt; ist eine Kalibrierung der Schirm und Kameraposition gegeben so lässt sich eine Zuordnung zwischen Sichtstrahl im Raum und Schirmpixel im Raum direkt aus ihr berechnen. Diese 3-dimensionale Zuordnung nennt man dann Abbildungsfunktion $\hat{I}$.

Die offensichtliche Methode die einfache Abbildungsfunktion zu messen ist jeden Pixel des Schirms einzeln auf weiss zu stellen und zu überprüfen, welcher Pixel sich im Bild der Kamera ändert. Diese Methode hat einige Nachteile: sie benötigt sehr viele Bilder, erlaubt keine subpixelgenaue Zuordnung und es gehen durch den Tiefpasscharakter von optischen Systemen bei der Abbildung Informationen verloren. Andere binäre Codierungen wie Graycode oder Base2 sind möglich und sparen Bilder. Für die Deflektometrie hat sich jedoch ein aus der Interferometrie und Time-Of-Flight Imaging kommende Idee etabliert: das Phasenschubverfahren. Zum Einsatz kommen hierbei Sinus Muster. Sie haben nur eine Frequenz, eine subpixelgenaue Zuordnung ist möglich und theoretisch reichen sechs Bilder um die einfache Abbildungsfunktion zu messen. Numerisch besonders einfach ist das Verfahren aber mit 8 Bildern (4 für die X-Richtung und 4 für die Y Richtung), welches wir im folgenden kurz beschreiben wollen.

O.b.d.A. beschränken wir uns hier auf eine Richtung, das Verfahren muss für horizontale und vertikale Richtung ausgeführt werden. Der Schirm zeigt nacheinander 4 Sinus-Muster der Form

$$S_k(v) = A_o \cos(\frac{2\pi}{V} v + \Phi_k) \tag{19.1}$$

an. hierbei ist A_o die Amplitude, v der Index des Pixels auf dem Schirm, V die Wellenlänge in Pixel und Φ_k ein Offset, der in jedem Bild um $\pi/2$ weiter geschoben wird. k definiert den Index des aufgenommenen Bildes. Der Kamerapixel mit Index u nimmt im k-ten Bild folgendes Signal auf:

$$C_k(u) = g(u) + A_i(u) \cos(\varphi(u) + \Phi_k), \tag{19.2}$$

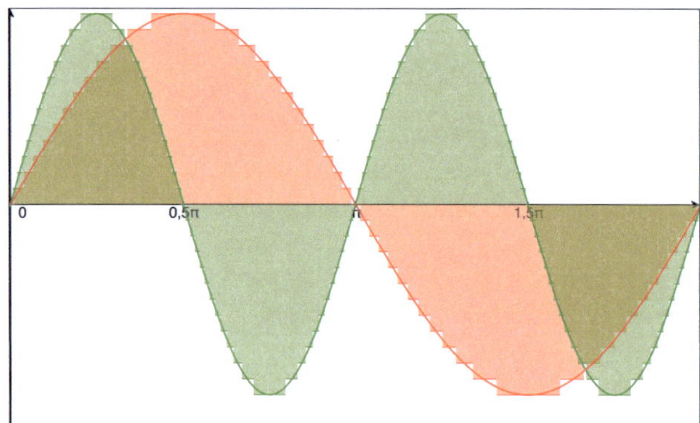

Abbildung 19.2: Diskretisierungsproblem. Rot ist eindeutig hat aber einen geringen lokalen Kontrast. Grün hat höheren lokalen Kontrast, ist aber nicht mehr eindeutig.

dabei is g die konstante Hintergrundbeleuchtung die auf den Pixel fällt und unabhängig vom Schirmbild ist, A_i die aufgezeichnete Amplitude und $\varphi(u)$ der interessierende Phasenschub. Aus vier Bildern lässt sich $\varphi(u)$ leicht bestimmen:

$$\varphi(u) = \arctan\left(\frac{C_3(u) - C_1(u)}{C_2(u) - C_0(u)}\right). \tag{19.3}$$

Aus dem Phasenschub $\varphi(u)$ kann nun der Schirmpixel Index berechnet werden; hierzu ist es nötig Radian wieder in Pixel umzurechnen, es gilt also $v(u) = \varphi(u)V/2\pi$.

Die Gleichung (19.3) ist ein Spezialfall mit $n = \max(k) = 4$ einer allgemeineren Formulierung für $n \geq 3$. Für die allgemeine Lösung kann gezeigt werden, dass sie im Least-Square Sinne optimal an die Messung angepasst ist. Das Phasenschubverfahren bietet ausserdem noch ein Fehlermaß durch die Amplitude A_i in jedem Pixel. Eine detailierte Diskussion der allgemeinen Formulierung findet sich zum Beispiel in [5]. Der Phasenschub ist nach wie vor im Focus des wissenschaflichen Interesse, eine neue faszinierende Arbeit ist [6].

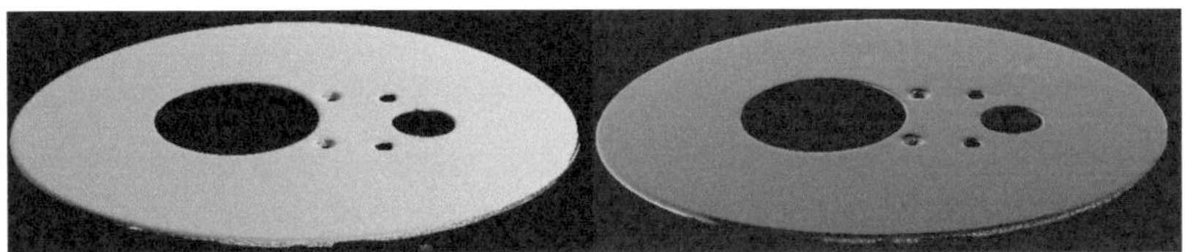

Abbildung 19.3: Einfache Abbildungsfunktion I, gemessen mit dem Multiphasenschubverfahren. Links: Horizontale Komponente, Rechts: Vertikale Komponente

Multiphasenschub

Abbildung 19.2 zeigt ein praktisches Problem beim Phasenschubverfahren. Displays haben eine endliche Anzahl an diskreten Grauwerte, d. h. benachbarte Pixel auf der Kamera messen u.U. die gleiche Phase. Das Problem kann gelöst werden, indem man die Frequenz des Sinus auf dem Schirm erhöht: die breite der Flächen gleicher Grauwerte werden kleiner, d. h. der lokale Kontrast wird erhöht. Allerdings verliert man die eindeutige Zuordnung zwischen Schirmpixel v und zugehörigem Phasenschub φ.

Diese Eindeutigkeit wieder herzustellen nennt man Phasenentfaltung; auch hier gibt es reichlich Ansätze, wie z. B. Kombinationen zwischen Phasenschub und binärer Codierung [7] oder 2-Frequenz Phasenschübe entfaltet mit dem chinesischen Restsatz [8]. Simpel und numerisch bestens geeignet ist jedoch der Multiphasenschub, der bei C_2 stetigen Oberflächen immer eine genaue Entfaltung erlaubt. Die Idee hierbei ist, die Frequenz des Sinus in jedem Bild zu verdoppeln; springt die Phase bei einem Bild im Vergleich zum vorherigen kann sie mit der Information aus dem letzen Bild korrigiert werden.

Die Messungen der einfachen Abbildungsfunktion für das Bauteil aus Abb. 19.4 sind in Abb. 19.3 zu sehen.

2.2 Geometrie der Deflektometrie

Aus der Abb. 19.1 ergibt sich der Zusammenhang

$$\mathbf{n} = \frac{\mathbf{r} - \mathbf{s}}{||\mathbf{r} - \mathbf{s}||} \quad \text{und} \quad \hat{\mathbf{I}} = \sigma\mathbf{s} + \rho\mathbf{r} \tag{19.4}$$

Einsetzen ergibt direkt

$$\hat{\mathbf{I}} = \frac{1/\rho\hat{\mathbf{I}} - (1 + \frac{\sigma}{\rho})\mathbf{s}}{||1/\rho\hat{\mathbf{I}} - (1 + \frac{\sigma}{\rho})\mathbf{s}||} \tag{19.5}$$

Hierbei ist ersichtlich, dass die einfache Abbildungsfunktion zwei Parameter enthält (ρ und σ) und daher nicht direkt die gewünschte Information über den Normalenvektor liefert.

3 Deflektometrie zur Sichtprüfung

In der Qualitätssicherung interessiert oft nur die Frage, ob ein Bauteil defekt ist oder nicht. Sämtliche Defekte, die von der Krümmung der Oberfläche abhängen lassen sich mit der Deflektometrie sehr gut aufspüren. Hierzu umgeht man das Eindeutigkeitsproblem mit der Annahme, dass die Neigung der Oberfläche affin zur einfachen Abbildungsfunktion ist. Dies ist in Gleichung (19.5) dann exakt erfüllt, wenn alle Punkte der Oberfläche vom optischen Zentrum gleich weit entfernt sind und der Schirm kugelförmig ist [2]. Generell ergibt die Annahme akzeptable Ergebnisse wenn die Oberfläche ausreichend weit weg von Schirm und Kamera liegt.

Die Ableitung der einfachen Abbildungsfunktion kann dann mit den Ableitungen der Tangentialebenen der Oberfläche identifiziert werden. Hieraus lassen sich in einem nächsten Schritt der Grauwertstruktur-Tensor berechnen dessen größter Eigenwert mit der Stärke der größten Krümmung in jedem Punkt identifiziert werden kann.

Mathematisch fasst man hierzu am bequemsten die beiden Ableitungen der einfachen Abbildungsfunktion I entlang der Koordinatenrichtungen u_1, u_2 der Kamera zusammen und nutzt diese in der diskreten Approximation des Grauwertstruktur-Tensors $\mathbf{K}$:

$$\mathbf{K}(\mathbf{u}) \approx \begin{pmatrix} \sum_{\mathbf{u}'} \omega(\mathbf{u}, \mathbf{u}')^2 p_1^2 & \sum_{\mathbf{u}'} \omega(\mathbf{u}, \mathbf{u}')^2 \, p_1 p_2 \\ \sum_{\mathbf{u}'} \omega(\mathbf{u}, \mathbf{u}')^2 \, p_1 p_2 & \sum_{\mathbf{u}'} \omega(\mathbf{u}, \mathbf{u}')^2 p_2^2 \end{pmatrix}, \tag{19.6}$$

mit $\mathbf{p} = (\frac{\partial I_1}{\partial u_1}, \frac{\partial I_2}{\partial u_2})^T$ und $\omega(\mathbf{u})$ als eine Fensterfunktion die den Einfluss der Umgebung bestimmt.

Der größte Eigenwert in jedem Kamerapixel $\mathbf{u}$

$$\lambda_{\max}(\mathbf{u}) = \frac{1}{2}\mathrm{Spur}K(\mathbf{u}) + \sqrt{\mathrm{Spur}^2 K(\mathbf{u}) - 4\mathrm{Det}(\mathbf{u})} \tag{19.7}$$

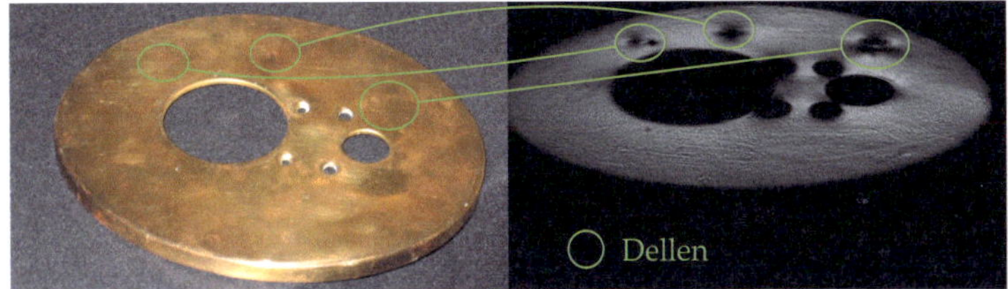

Abbildung 19.4: Foto einer Amatur und die zugehörige Visualisierung von $\lambda_{\max}$

beschreibt die stärkste Krümmung. Dieser Wert kann als Grauwert visualisiert werden [9]. Abb. 19.4 gibt ein Beispiel. Links ist ein Foto des zu untersuchenden Bauteiles abgebildet, rechts die Visualisierung $\lambda_{\max}$. Die Defekte sind im Foto nicht sichtbar oder nicht von Variationen in der Textur der Oberfläche zu unterscheiden, in der Visualisierung treten sie klar hervor.

4 Deflektometrische Methoden zur 3D-Vermessung

Um mit der Deflektometrie 3-dimensional rekonstruieren zu können, benötigt man zunächst einen kalibrierten Versuchsaufbau, d. h. es ist nötig zu wissen wie Kamera und Schirm zueinander orientiert sind. Desweiteren ist es notwendig das Eindeutigkeitsproblem zu lösen. Wenn dies gelingt hat man direkt den gesamten Strahlengang und damit die 3-dimensionale Rekonstruktion der Oberfläche. Oft erhält man allerdings bessere Ergebnisse, wenn man die so eindeutig bestimmten Normalenvektoren integriert [10] anstatt den Abstand ρ zu triangulieren. Die Integration von Normalenfeldern ist ein gut untersuchtes Problem in der Literatur, siehe z. B. [11, 12].

4.1 Verschieben des Schirms

Eine einfache Methode zur Lösung des Eindeutigkeitsproblem ist das Verschieben des Schirmes wie dargestellt in 19.5 [3]. Die Idee ist, dass man zwei deflektometrische Messungen durchführt und dabei nur den Schirm vom Objekt weg bewegt; man hat also zwei Raumpunkte der Schirmpixel pro Kamerapixel und erhält damit den kompletten Strahlengang. In der

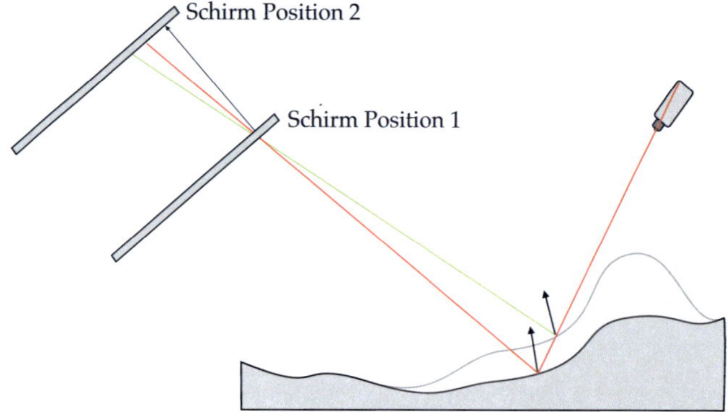

Abbildung 19.5: Auflösen des Eindeutigkeitsproblems durch das Verschieben des Schirmes.

Praxis besteht allerdings oft das Problem das der Schirm nicht einfach zu handhaben ist und dass das genau Verschieben, das für diese Verfahren notwendig ist nicht realisierbar ist. Auch ist bei gekrümmten Bauteilen das Bewegen des Schirmes nicht sinnvoll, da nur noch ein zu kleiner Teil der Oberfläche den Schirm reflektiert.

4.2 Stereodeflektometrie

Ein anderes Verfahren, das nur das Verschieben der Kamera benötigt ist die Stereodeflektometrie [13]. Die Kamera ist leichter zu Handhaben als der Schirm, deswegen wird das Verfahren in der Praxis häufig dem Verschieben des Schirms vorgezogen. Die Idee der Stereodeflektometrie ist in Abb. 19.6 dargestellt. Eine deflektometrische Messung kann als Normalenvektorfeld aufgefasst werden: Jedem Raumpunkt im Messvolumen kann eine potentielle Oberflächennormale zugeordnet werden. Zwei Normalenfelder von zwei unterschiedlichen Messungen prädizieren am einem Punkt zwei unterschiedliche Normalen, ausser der Punkt liegt auf der Oberfläche.

Die Art und Weise wie der Normalenvergleich durchgeführt wird kann variiert werden; möglich sind diskrete Optimierer, Variationsansätze oder auch probabilistische Algorithmen wie Expectation Maximization. Neuere Ansätze versuchen Ungenauigkeiten in der Kalibrierung des Versuch-

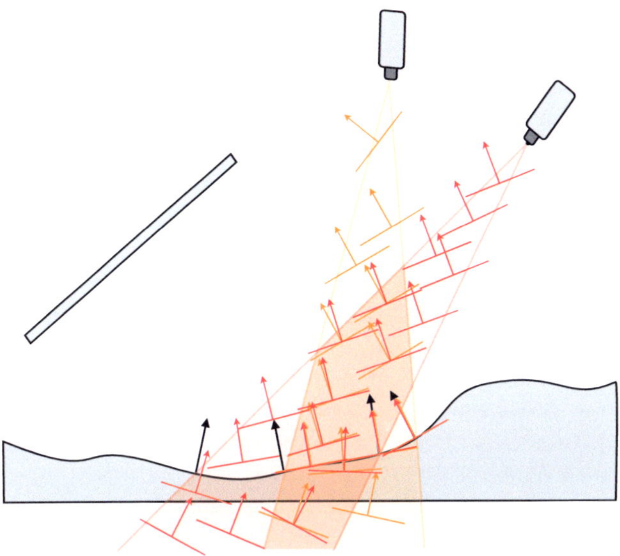

Abbildung 19.6: Stereodeflektometrie: Zwei Kamerapositionen ergeben zwei Normalenfelder die nur in den Oberflächenpunkten wirklich übereinstimmen.

standes im Normalenvektorvergleich mit zu korrigieren – normalerweise werden dafür mehr als zwei Messungen benötigt.

4.3 Sonstige Methoden

Es gibt noch eine Reihe von anderen Rekonstruktionsmethoden. Kurz erwähnt seien hier das Region Grow Verfahren [14] das den Abstand eines Punktes auf der Oberfläche kennen muss und von dort die Normalenvektoren aufintegriert. Andere etablierte Verfahren kombinieren die Deflektometrie mit anderen Messmethoden wie Shape-from-Shading [15], herkömmlichen Stereo [16] oder Streifenlichtprojektion. Diese Methoden benötigen für gewöhnlich jedoch einen lambertschen Anteil in der Reflexion der zu untersuchenden Oberfläche, funktionieren also nicht mit voll reflektierenden Materialien.

Besonderen theoretischen Scharm hat der Ansatz, den optischen Fluss beim Bewegen der Kamera direkt auszuwerten [4]. Das Verfahren hat allerdings praktische Nachteile: es kann kein Phasenschub verwendet werden, da die Kamera für optischen Fluss kontinuierlich bewegt werden muss; zudem ist die Rekonstruktion numerisch sehr aufwendig.

5 Zusammenfassung und Ausblick

Die Deflektometrie als qualitative Sichtprüfung ist gut etabliert und bietet kontrastreiche Darstellung von geometrischen Fehlern auf Oberflächen. Dieser Aufsatz gab eine Übersicht über die Theorie der Abbildungsfunktion und wie sie als affin zur Oberflächennormale approximiert werden kann, dabei wurde auch das Eindeutigkeitsproblem der Deflektometrie angesprochen. Desweiteren wurde eine mögliche Visualisierung von Defekten erläutert.

In Abschnitt 4 wurden 2 Verfahren zur Lösung des Eindeutigkeitsproblems vorgestellt und auf weitere verwiesen. Die 3D-Deflektometrie wird zur Zeit sehr aktiv erforscht und man kann davon ausgehen, dass in der nahen Zukunft hier noch weitere Fortschritte erzielt werden können. Von allen vorgestellten Verfahren hat die Stereodeflektometrie im Moment die höchste Relevanz für die Praxis, allerdings leidet sie darunter, dass der Versuchsstand für sie exakt kalibriert sein muss. Ein selbst kalibrierender Stereodeflektometrieaufbau wäre für die Praxis sehr wünschenswert.

Literatur

1. D. Pérard, „Automated visual inspection of specular sufaces with structured-lighting reflection techniques", Dissertation, Universität Karlsruhe (TH), Karlsruhe, 2001, Fortschritt-Berichte, Reihe 8, Nr. 869, VDI-Verlag, Düsseldorf.

2. S. Kammel, „Deflektometrische Untersuchung spiegelnd reflektierender Freiformflächen", Dissertation, Universität Karlsruhe (TH), Karlsruhe, 2005, Schriftenreihe Institut für Mess- und Regelungstechnik, Universitätsverlag Karlsruhe, Nr. 004. [Online]. Available: http://www.uvka.de/univerlag/volltexte/2005/50/

3. M. Petz und R. Tutsch, „Rasterreflexions-Photogrammetrie zur Messung spiegelnder Oberflächen", *TM - Technisches Messen*, Nr. 71, S. 389–397, 2004.

4. J. Balzer, „Regularisierung des Deflektometrieproblems", Dissertation, Universität Karlsruhe, Feb 2008.

5. H. Rapp, „Experimental and theoretical investigation of correlating TOF-camera systems", *University of Heidelberg*, 2007.

6. S. Zhang, „Phase unwrapping error reduction framework for a multiple-wavelength phase-shifting algorithm", *Optical Engineering*, Vol. 48, Nr. 10, S. 105601, 2009. [Online]. Available: http://link.aip.org/link/?JOE/48/105601/1

7. X. Chen, J. Xi und Y. Jin, „Phase error compensation method using smoothing spline approximation for a three-dimensional shape measurement system based on gray-code and phase-shift light projection", *Optical Engineering*, Vol. 47, Nr. 11, S. 113601, 2008. [Online]. Available: http://link.aip.org/link/?JOE/47/113601/1

8. L. Yu und L. Luo, „The generalization of the Chinese remainder theorem", *Acta Mathematica Sinica*, Vol. 18, Nr. 3, S. 531–538, 2002.

9. S. Kammel und F. Puente León, „Deflectometric measurement of specular surfaces", *IEEE Transactions on Instrumentation and Measurement*, Vol. 57, Nr. 4, S. 763–769, Apr. 2008.

10. M. C. Knauer, T. Bothe, S. Lowitzsch, W. Jüptner und G. Häusler, „Höhe, Neigung oder Krümmung?" in *DGaO-Proceedings*, Nr. 107, 2006, S. B30.

11. A. Agrawal, R. Raskar und R. Chellappa, „What is the range of surface reconstructions from a gradient field?" *Computer Vision–ECCV 2006*, S. 578–591, 2006.

12. M. Grédiac, „Method for surface reconstruction from slope or curvature measurements of rectangular areas", *Appl. Opt.*, Vol. 36, Nr. 20, S. 4823–4829, 1997. [Online]. Available: http://ao.osa.org/abstract.cfm?URI=ao-36-20-4823

13. M. C. Knauer, „Absolute phasenmessende Deflektometrie", Dissertation, Universität Erlangen-Nürnberg, Mai 2006.

14. S. Kammel und J. Horbach, „Topography reconstruction of specular surfaces", in *Videometrics VIII*, J.-A. Beraldin, S. F. El-Hakim, A. Gruen und J. S. Walton, Hrsg., Vol. 5665, Nr. 1. SPIE, 2005, S. 59–66. [Online]. Available: http://link.aip.org/link/?PSI/5665/59/1

15. J. Balzer, S. Werling und J. Beyerer, „Regularization of the deflectometry problem using shading data", P. S. Huang, Hrsg., Vol. 6382, Nr. 1. SPIE, 2006, S. 63820B. [Online]. Available: http://link.aip.org/link/?PSI/6382/63820B/1

16. J. Horbach, „Verfahren zur optischen 3D-Vermessung spiegelnder Oberflächen", Dissertation, Universität Karlsruhe, September 2007.

Bildgebende Messung von Partikelgeschwindigkeiten in Fertigungsprozessen unter Berücksichtigung der Abbildungseigenschaften des eingesetzten Kamerasystems

L. Rockstroh[1], S. Wahl[2], M. Wroblewski[2], S. Patzelt[3],
A. Tausendfreund[3], G. Goch[3] und S. Simon[2]

[1] Universität Stuttgart, Graduiertenschule Advanced Manufacturing
Engineering, Universitätsstr. 38, D-70569 Stuttgart
[2] Universität Stuttgart, Institut für Parallele und Verteilte Systeme,
Universitätsstr. 38, D-70569 Stuttgart
[3] Universität Bremen, Bremer Institut für Messtechnik, Automatisierung
und Qualitätswissenschaft, Linzer Straße 13, D-28359 Bremen

Zusammenfassung Das Messverfahren Continuous Particle Image Velocimetry (Continuous PIV) ermöglicht aufgrund geringer Anforderungen an das Kamerasystem kostengünstige 2D-Messungen von Partikelgeschwindigkeiten und ist in vielen Partikel-basierten Fertigungsverfahren, wie beispielsweise dem thermokinetischen Beschichten, etabliert. In diesem Paper wird eine Erweiterung zu Continuous PIV vorgestellt, die eine Bestimmung der Partikelgeschwindigkeit in der dritten Dimension senkrecht zur Fokusebene ermöglicht. Das zur Anwendung kommende Prinzip basiert auf der Abhängigkeit der Modulationstransferfunktion des Kamerasystems vom Abstand des Objektes zur Fokusebene und wurde an einem Messaufbau evaluiert. Die hierbei erzeugten Messergebnisse dienen zur Verifikation der Funktionalität des Messverfahrens sowie als Datenbasis zur Bestimmung einer Messabweichung.

1 Einleitung

Die Qualität von Fertigungsprozessen auf Basis Partikel-beladener Strömungen wird neben weiteren Partikelcharakteristika wesentlich von den

Geschwindigkeiten der Partikel beeinflusst. In solchen Fertigungsprozessen, wie dem Lackieren und dem thermokinetischen Beschichten, werden Messverfahren aus dem Bereich der Strömungsmechanik zur Erfassung der Partikelgeschwindigkeiten eingesetzt, um den Prozessverlauf zu beobachten und zu steuern. In diesen Anwendungsgebieten ermöglichen bildgebende Messverfahren im Vergleich zu Messverfahren auf Basis von Punktsensoren eine ortsaufgelöste Erfassung von bis zu mehreren hundert Partikeln pro Messvorgang.

Dieses Paper ist wie folgt gegliedert: Abschnitt 2 beschreibt den Stand der Technik für bildgebende Messverfahren zur Bestimmung von Partikelgeschwindigkeiten sowie hinsichtlich der Bestimmung der Modulationstransferfunktion bildgebender Systeme. In Abschnitt 3 wird ein Verfahren zur dreidimensionalen Messung von Partikelgeschwindigkeiten vorgestellt und anschließend wird das Messverfahren in Abschnitt 4 anhand von Messergebnissen untersucht und bewertet. Das Paper schließt mit einer Zusammenfassung in Abschnitt 5.

2 Stand der Technik

Zwei weit verbreitete Verfahren zur Messung von Partikelgeschwindigkeiten sind die Classical Particle Image Velocimetry und die Continuous Particle Image Velocimetry, die in den folgenden beiden Unterabschnitten vorgestellt werden. Der dritte Unterabschnitt beschreibt ein Verfahren zur Bestimmung der Modulationstransferfunktion bildgebender Systeme.

2.1 Classical Particle Image Velocimetry

Ein etabliertes, bildgebendes Verfahren zur Messung von Partikelgeschwindigkeiten ist das Classical Particle Image Velocimetry Verfahren (Classical PIV), welches auf der Auswertung zweier kurz hintereinander aufgenommener Bilder der zu messenden Partikel beruht [1]. Dabei wird mittels Korrelation der räumliche Versatz der Partikelabbildungen zwischen den Bildaufnahmen bestimmt und unter Einbeziehung des zeitlichen Versatzes für jeden Bildbereich ein Geschwindigkeitsvektor ermittelt. Hierbei erfordern bereits Partikelgeschwindigkeiten ab 10 m/s einen zeitlichen Versatz von weniger als einer Millisekunde, was einer effektiven Framerate von mehr als 1000 Bildern pro Sekunde entspricht.

Weiterhin setzt das Verfahren punktuelle, sich nicht überlagernde Abbildungen der Partikel voraus. Dies erfordert aufgrund der geringen Abmessungen des Messvolumens auch bei niedrigen Partikelgeschwindigkeiten eine Belichtungsdauer unterhalb der minimalen Belichtungszeit typischer Kamerasysteme. Derart kurze Belichtungszeiten können durch die Verwendung von Pulslasern realisiert werden, so dass die Pulsdauer des Lasers ähnlich einem Blitzlicht die effektive Belichtungszeit eines Bildes bestimmt.

Classical PIV ermöglicht unter Verwendung mehrerer Kamerasysteme die Erfassung dreidimensionaler Geschwindigkeitsvektoren, erfordert jedoch bereits für zweidimensionale Messungen ein leistungsstarkes Kamerasystem, einen Pulslaser zur Belichtung der Partikel sowie Komponenten zur Synchronisation von Kamera und Pulslaser [2]. Aufgrund der hohen Kosten eines solchen Messaufbaus werden in vielen Anwendungsfeldern, wie beispielsweise dem thermokinetischen Beschichten im industriellen Umfeld, bevorzugt kostengünstigere Messverfahren eingesetzt, insofern diese den Anforderungen genügen.

2.2 Continuous Particle Image Velocimetry

Continuous Particle Image Velocimetry (Continuous PIV) ist ein bildgebendes Messverfahren zur Bestimmung von Partikelgeschwindigkeiten auf Basis ausgewerteter Partikelflugbahnen [3]. Hierfür werden die Flugbahnen zunächst als Bewegungsunschärfe in einem Bild abgebildet und mittels Algorithmen der Bilderkennung detektiert. Anschließend wird aus der Länge der Bewegungsunschärfe, dem Abbildungsmaßstab des Kamerasystems sowie der Belichtungszeit des Kamerasystems die Geschwindigkeit für jedes detektierte Partikel individuell berechnet.

Continuous PIV stellt, im Gegensatz zu Classical PIV, hinsichtlich der Framerate und minimalen Belichtungszeit lediglich geringe Anforderungen an das Kamerasystem sowie die Beleuchtungsquelle und eignet sich daher für den Aufbau kostengünstiger Messsysteme. Des Weiteren können 2D-Messungen im Falle selbstleuchtender Partikel, wie beispielsweise bei thermokinetischen Beschichtungsprozessen, oder bei ausreichend durch Umgebungslicht beleuchteten Partikeln ohne die Integration einer Lichtquelle in den Messaufbau durchgeführt werden.

Zur Bestimmung dreidimensionaler Geschwindigkeitsvektoren mittels Continuous PIV schlagen Baldassarre et al. ein Verfahren auf Basis eines

Lichtschnittes mit Gauß-verteilter Intensität vor [4]. Die Gaußverteilung senkrecht zur Fokusebene führt dazu, dass die Intensität der Partikelabbildungen innerhalb des Lichtschnittes in Abhängigkeit vom Abstand der Partikel zum Mittelpunkt des Lichtschnittes variiert. Partikel außerhalb des Lichtschnittes werden bei diesem Ansatz nicht detektiert und demnach müssen alle Partikelflugbahnen, die in den Lichtschnitt hinein- oder aus dem Lichtschnitt heraustreten, aufgrund unbekannter Start- bzw. Endposition verworfen werden.

2.3 Bestimmung der Modulationstransferfunktion für Kamerasysteme

Die Modulationstransferfunktion (MTF) [5] eines bildgebenden Systems beschreibt das Ortsfrequenz-abhängige Verhältnis zwischen dem Kontrast des Objektes und dem Kontrast der Abbildung. Als Vergleichskriterium zweier MTF-Kurven kann die Sampling Efficiency herangezogen werden, die meist auf der Ortsfrequenz basiert, bei der das Kontrastverhältnis 10 Prozent beträgt [6].

Die MTF kann mittels Fourier-Transformation aus der Point Spread Function (PSF) bzw. Line Spread Function (LSF) berechnet werden. Hierbei beschreibt die PSF die Abbildung eines Punktstrahlers, welcher im Messaufbau mittels einer Lochblende mit kleinem Lochdurchmesser sowie einer dahinter befindlichen, leuchtstarken Lichtquelle realisiert wird. Analog dazu entspricht die LSF einer Integration der PSF über eine Raumdimension und kann mittels einer Schlitzblende realisiert werden.

Aufgrund des aufwändigen Messaufbaus für die PSF und LSF werden beide nur selten auf Basis von Messungen bestimmt. Stattdessen wird die PSF (bzw. LSF) aus der Edge Spread Function (ESF) abgeleitet, deren messtechnische Erfassung lediglich die Bildaufnahme einer gerade verlaufenden Kante erfordert. Folglich hat sich zur Messung der MTF für bildgebende Systeme diese slanted-edge Methode international durchgesetzt [7].

3 Continuous 3D Particle Image Velocimetry auf Basis der Modulationstransferfunktion

Die Continuous PIV ist zur Messung zweidimensionaler Partikelgeschwindigkeiten parallel zur Bildebene und demnach auch parallel zur

Fokusebene geeignet. Das hier beschriebene Verfahren, welches auf Continuous PIV basiert, ermöglicht die Bestimmung von Partikelgeschwindigkeiten in der dritten Dimension senkrecht zur Fokusebene. Dieses Messverfahren beruht auf den folgenden zwei Teilaspekten:

1. Ein in Relation zum Abbildungsmaßstab des Objektivs hinreichend kleines, ruhendes Partikel kann idealisiert als Punktstrahler aufgefasst werden, weshalb die Abbildung eines solchen Partikels der PSF entspricht. Besitzt das Partikel eine Geschwindigkeit, so führt diese in Kombination mit der Belichtungszeit der Kamera zu einer Integration der PSF entlang der Bewegungsrichtung des Partikels. Das Ergebnis der Integration ist die Bewegungsunschärfe des Partikels, die aufgrund gleicher Definition der LSF des Kamerasystems entspricht. Da die Berechnung der MTF auf Basis der LSF erfolgt, können die als Bewegungsunschärfe abgebildeten Partikelflugbahnen zur Charakterisierung der MTF unter Einsatzbedingungen herangezogen werden. Zu diesem Zweck werden Richtung und Betrag der Geschwindigkeit eines Partikels während der Belichtungszeit als konstant vorausgesetzt.

2. Die Modulationstransferfunktion eines bildgebenden Systems hängt neben weiteren Faktoren vom Abstand des Objektes zur Fokusebene ab. Aufgrund dieses Schärfentiefe-Effektes wird ein Objekt, welches sich senkrecht zur Fokusebene bewegt, mit unterschiedlichen MTF abgebildet. Hierbei führt, insofern das Kamera-System nicht auf unendlich fokussiert wurde, eine Entfernung des Objektes von der Fokusebene zu einer Verschlechterung und eine Annäherung an die Fokusebene zu einer Verbesserung der MTF.

Aus der Zusammenführung beider Teilaspekte folgt, dass aus mehreren MTF-Messungen entlang einer abgebildeten Partikelflugbahn auf die Bewegung dieses Partikels senkrecht zur Fokus-Ebene gefolgert werden kann. Zu diesem Zweck wurde eine ISO-konforme Software auf Basis der slanted-edge Methode [8] modifiziert, so dass die Software nun auch auf Basis von Liniensegmenten, wie beispielsweise Segmenten von Partikelflugbahnen MTF-Berechnungen durchführt.

Um aus den Änderungen der MTF-Messungen entlang einer Partikelflugbahn auf die Bewegung des Partikels in Relation zur Fokusebene schließen zu können, muss bekannt sein, wie sich die MTF mit dem

Abstand zur Fokusebene ändert. Folglich ist die Erzeugung eines Parametersatzes erforderlich, der zu möglichen Änderungen der MTF die zugehörigen Änderungen in der Distanz zur Fokusebene beschreibt. Der erzeugte Parametersatz ist spezifisch für die verwendete Objektiv-Kamera-Kombination sowie die Fokus- und Blendeneinstellung und muss bei Austausch des Objektivs oder der Kamera durch ein anderes Modell neu erstellt werden.

4 Messergebnisse und Bewertung

Zur Evaluierung des in Abschnitt 3 beschriebenen Messverfahrens wurden die Partikelflugbahnen mittels dünner, gedruckter Linien modelliert, um eine Messung der Distanz zwischen Kamera und Flugbahn zu ermöglichen. Die MTF-Messungen erfolgten an zwei senkrecht zueinander stehenden Linien, die zur Kamera planparallel und zur Horizontalen in einem Winkel von ca. 45 Grad ausgerichtet wurden.

Als Messgerät kam eine Kamera mit $\frac{1}{2}$ Zoll CMOS-Sensor und einer Auflösung von 10 Megapixeln in Kombination mit einem 50 mm Standard-Objektiv zum Einsatz. Der Fokus wurde auf ca. 1 m eingestellt um eine laterale Breite des Messvolumens von ca. 8 cm zu erreichen. Zur Erzeugung des im vorherigen Abschnitt diskutierten Parametersatzes wurde das Linienpaar in 34 Schritten um jeweils 2,47 mm senkrecht zur Fokusebene verschoben, und nach jedem Schritt ein Bild aufgenommen. Diesbezüglich betrug die laterale Auflösung entlang einer Bilddiagonale 4 mm, so dass pro Diagonale 20 MTF-Messungen durchgeführt wurden.

Abbildung 20.1 visualisiert einen mit der Blende 1,8 aufgenommenen Parametersatz als die gemessene Sampling Efficiency in Abhängigkeit vom Abstand zur Fokusebene. Die zugrunde liegenden Datenwerte wurden über 34 Bilder sowie über mehrere MTF-Messungen entlang der Bilddiagonalen gemittelt. Das Diagramm zeigt, dass die Änderung der MTF für die hier verwendete Kamera-Objektiv-Kombination neben dem Abstand zur Fokusebene ebenso von der Richtung abhängt. Eine solche Richtungsabhängigkeit der MTF-Messung trägt wesentlich zu Abweichungen des Messverfahrens bei, da hier mit einfachen Mitteln der Bildverarbeitung nicht festgestellt werden kann, aus welcher Richtung sich ein Partikel auf die Fokusebene zu bzw. von ihr weg bewegt. Weiterhin zeigt Abb. 20.1 trotz großer Blendenöffnung im Bereich der Fokusebene

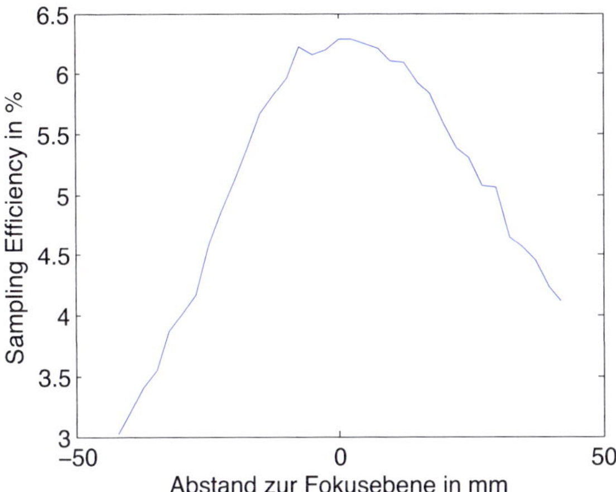

Abbildung 20.1: MTF-Messungen mit Blende 1,8.

nur eine geringe Änderung der MTF in Abhängigkeit vom Abstand und folglich ist eine Messung der Partikelgeschwindigkeit in diesem Bereich größeren Abweichungen unterworfen.

Eine Lösungsmöglichkeit zur Umgehung einer Richtungsabhängigkeit der MTF-Messungen ist die räumliche Trennung von Messvolumen und Fokusebene mittels geeigneter Fokuseinstellung. Abbildung 20.2 zeigt für die Blendeneinstellung 1,8 einen möglichen Arbeitsbereich, der aus Kamerasicht hinter der Fokusebene angeordnet ist, so dass nun ein sich von der Fokusebene wegbewegendes Partikel in jedem Fall ebenso seinen Abstand zur Kamera vergrößert.

Der in Abb. 20.2 dargestellte Arbeitsbereich für eine Blendenöffnung von 1,8 kann durch eine lineare Funktion approximiert werden und der Anstieg dieser Funktion entspricht der prozentualen Änderung der MTF in Abhängigkeit von einer Änderung der Position senkrecht zur Fokusebene. Demnach lässt sich aus den Datenwerten, die Abb. 20.2 zu Grunde liegen, die folgende Formel ableiten:

$$P = 50{,}2\,\text{mm} * \frac{(M1 - M2)}{\min(M1, M2)} \tag{20.1}$$

$M1$: Sampling Efficiency am Messpunkt 1

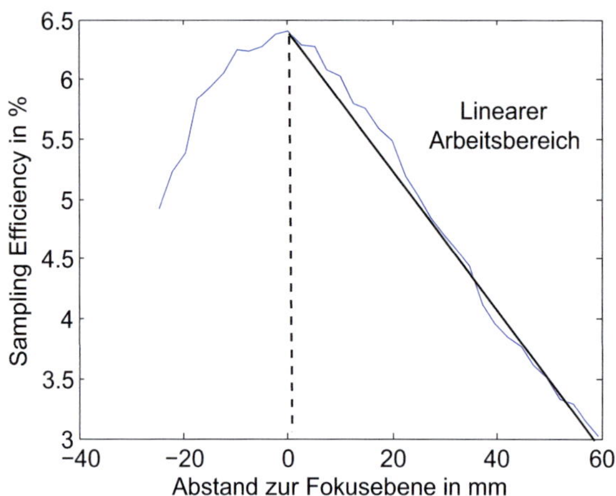

Abbildung 20.2: MTF-Messung mit Blende 1,8 und linearem Arbeitsbereich.

$M2$: Sampling Efficiency am Messpunkt 2

P: Wegstreckendifferenz

Die Verifikation von Gl. (20.1) wurde an Testmessungen mit schräg zur Fokusebene verlaufenden Linien durchgeführt. Tabelle 20.1 zeigt die mittels Laser-Entfernungsmesser bestimmte Differenz zwischen dem Anfang- und Endpunkt der Linien sowie die berechnete Wegstreckendifferenz auf Basis von MTF-Messungen. Die maximale Messabweichung beträgt 4 mm und setzt sich aus der Abweichung der Laser-basierten Entfernungsmessung sowie der Abweichung des CPIV-Messverfahrens zusammen. Hinsichtlich dieses Messverfahrens konnte beobachtet werden, dass die ursprünglich stark auf die MTF-Messung an Kanten optimierte Software Defizite bei der exakten Detektion von Linien aufweist. Weiterhin wirkt sich die lineare Approximation des Parametersatzes auf die Messabweichung aus.

Zur Überprüfung des Einflusses unterschiedlicher Blendeneinstellungen wurde ein weiterer Parametersatz mit Blende 5,6 aufgenommen. Erwartungsgemäß ist, wie in Abb. 20.3 dargestellt, die Abhängigkeit der MTF von der Distanz zur Fokusebene im Vergleich zur Blendeneinstel-

Tabelle 20.1: Laser-basierte und MTF-basierte Distanzmessung.

Distanz in mm (Laser-Messung)	Distanz in mm (MTF-Messung)	Abweichung in mm
12	9	3
25	21	4
37	33	4
50	49	1
62	63	1

lung 1,8 geringer und folglich sollte hier die Blende 1,8 einer höheren

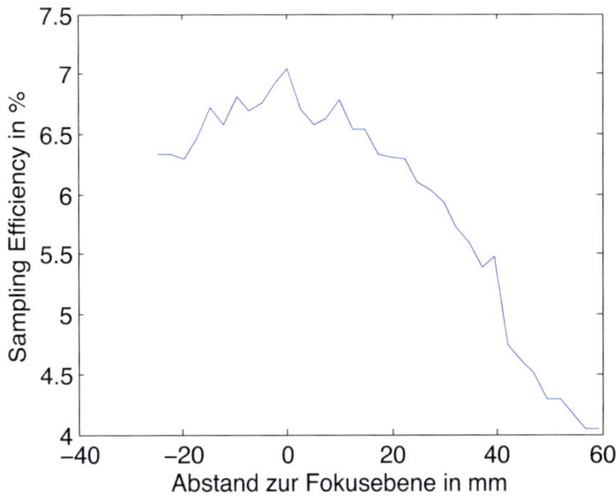

Abbildung 20.3: MTF-Messungen mit Blende 5,6.

Blendenzahl wie beispielsweise Blende 5,6 vorgezogen werden. Hingegen konnte eine Abhängigkeit der MTF vom Abstand der Linie zur Bildmitte nicht festgestellt werden. Es wird davon ausgegangen, dass dieser Effekt von Testaufbau-bedingten Fehlern, wie beispielsweise der Laser-basierten Entfernungsmessung, überdeckt wird und die Effektivität der Auswerte-Algorithmen noch nicht ausreicht, um diesen Effekt nachzuweisen.

5 Zusammenfassung

Die im Stand der Technik vorgeschlagene Methode zur Messung dreidimensionaler Geschwindigkeitsvektoren setzt eine Beleuchtungsquelle wie beispielsweise einen Laser voraus, der mittels Optiken auf einen Lichtschnitt mit Gauß-verteilter Intensität aufgefächert wird. Im Gegensatz dazu kommt das hier vorgestellte Messverfahren auf Basis der Modulationstransferfunktion ohne einen solchen Lichtschnitt aus insofern die Partikel selbst leuchten, wie beispielsweise bei thermokinetischen Beschichtungsprozessen, oder mit einer einfachen Lichtquelle homogen beleuchtet werden.

Das Messverfahren wurde mittels eines experimentellen Aufbaus evaluiert. Im Ergebnis zeigte sich, dass für die verwendete Kamera-Objektiv-Kombination die dritte Komponente eines Geschwindigkeitsvektors mit einer Abweichung von bis zu 4 mm bestimmt werden kann. Eine Weiterentwicklung dieses Messverfahrens sollte sich auf die Optimierung des Algorithmus zur Messung der MTF an Linien sowie auf die Erzielung einer hohen Genauigkeit hinsichtlich der Erkennung der Linien konzentrieren. Anschließend sollte, motiviert durch das Prinzip der MTF-Messungen, eine Winkelabhängigkeit der Partikelflugbahnen zur Horizontalen untersucht und gegebenenfalls bei der Messung der Partikelgeschwindigkeiten berücksichtigt werden.

Literatur

1. M. Raffel, C. Willert, S. Wereley und J. Kompenhans, *Particle Image Velocimetry: A Practical Guide.* Heidelberg: Springer, 2007.

2. L. Rockstroh, J. Hillebrand, M. Shaikh, S. Röck, A. Killinger, A. Verl, S. Simon und R. Gadow, „A particle image velocimetry method for low illumination conditions in thermal spray processes", in *Proceedings of International Thermal Spray Conference 2010 (ITSC)*, Singapore, 2010.

3. L. Rockstroh, W. Li, J. Hillebrand, M. Wroblewski, S. S. und R. Gadow, „Hardware-accelerated measurement of particle velocities in thermal spray processes", in *Proceedings of 43rd CIRP International Conference on Manufacturing Systems 2010 (CIRP ICMS)*, Wien, 2010.

4. A. Baldassarre, M. De Lucia, P. Nesi und F. Rossi, „A vision-based particle tracking velocimetry", *Real-Time Imaging*, Vol. 7, Nr. 2, S. 145–158, 2001.

5. G. D. Boreman, *Modulation Transfer Function in Optical and Electro-Optical Systems.* Bellingham: SPIE Press, 2001.

6. P. D. Burns und D. Williams, „Sampling efficiency in digital camera performance standards", in *Society of Photo-Optical Instrumentation Engineers (SPIE) Conference Series*, Vol. 6808, 2008.

7. ISO 12233:2000, *Photography – Electronic still-picture cameras – Resolution measurements.* ISO, Geneva, Switzerland, 2000.

8. P. D. Burns, *Spatial Frequency Response Analysis.* Williamson: Image Science Associates, 2009.

Optimal lighting for defect detection: illumination systems, machine learning, and practical verification

M. Jehle and B. Jähne

Heidelberg Collaboratory for Image Processing (HCI),
Universität Heidelberg, Speyerer Straße 6, D-69115 Heidelberg

Zusammenfassung We propose a novel approach for defect detection based on illumination series data and machine learning. Illumination series are acquired using a device which allows for generating of arbitrary illumination environments by projecting illumination patterns onto a parabolic mirror. The individual images of the illumination series span a high-dimensional feature space which forms the input for a supervised learning strategy. Using Gini variable importance (which is implicitly provided by our classifier) the most discriminating features are identified. Since the features are linked to illumination environments the number of lighting conditions can be reduced and information about the optimal placement of light sources can be obtained given a specific defect detection task.

1 Introduction

The illumination of objects is of fundamental importance for machine vision tasks. In some situations, multiple images, each one recorded at a different illumination setting, can be acquired. Such an illumination series facilitates defect detection tasks, which are typically difficult just using a single image. Furthermore, in automated visual inspection the placement of light sources can be controlled.

Though multiple light sources in a well defined environment are helpful for machine vision, there are some limitations: First, acquiring an illumination series is expensive (regarding the costs for the setup and restrictions due to short operating cycles), especially if many images

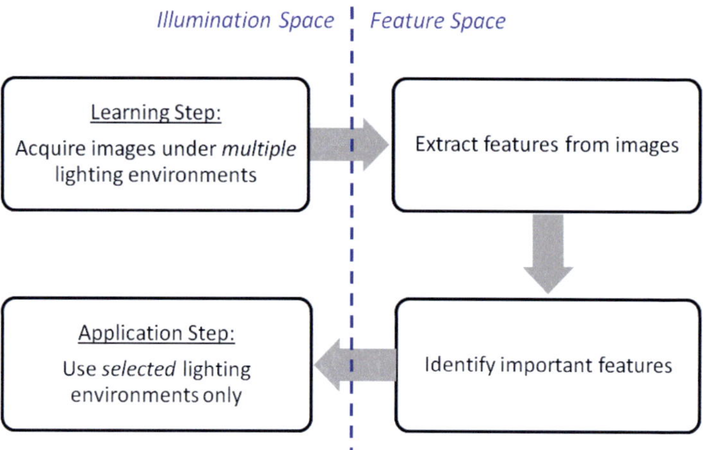

Abbildung 21.1: Our approach. By linking illumination environments to features lighting for defect detection can be optimized.

have to be recorded. Second, it is still common practice that positions and spectral characteristics of the light sources have to be determined empirically. Thus, generally, it is desirable to 1) reduce the number of illumination settings and to 2) obtain information about the optimal placement of light sources.

The basic idea of our approach relies on the fact that *appearance* of an object's *material* changes when the *illumination environment* varies:

- Appearance is measured by irradiating a camera sensor.

- Material properties can be characterized by the bidirectional reflectance distribution function (BRDF), which defines how light is reflected at an opaque surface.

- An illumination environment depends on the angular and spectral distribution of the light sources surrounding the object.

Thus, acquiring multiple images (such as in Fig. 21.6) recorded under different illumination environments allows us to discriminate the materials an object is composed of.

Our approach for obtaining optimal lighting for defect detection is summarized in Fig. 21.1: In a learning step images under a large variety of lighting conditions are acquired. Features are extracted which form the input data for a supervised learning algorithm. Our classifier implicitly yields a measure for the importance of the different features which can be exploited to select the most relevant lighting environments.

After reviewing related work (Sec. 2) we introduce a device capable to generate versatile illumination environments (Sec. 3). Our algorithm is described in Sec. 4. We verify the proposed approach with real-world data and apply our technique to defect detection in Sec. 5.

2 Related Work

Since a broad class of defects appear as deviations in the materials' reflectance we concentrate on the review of works related to material classification using multiple images. Multiple images from different viewpoints are exploited in the context of remote sensing by Abuelgasim et al. [1], who apply artificial neural networks to classify multispectral and multiangle data. Multiple images recorded under different illumination settings can be used in techniques based on photometric stereo to classify materials (see for example Hertzmann and Seitz [2]). Koppal and Narasimhan [3] cluster the appearance of objects by analyzing a scene which is illuminated by a smoothly moving distant light source. Multiple images under different *controlled* illumination settings are used in the material segmentation approaches by Lindner et al. [4] and Wang et al. [5]. The authors exploit illumination-dependent reflectance properties to enlarge the class of material types that can be separated. In contrast to their work our approach [6] allows us to reduce the number of illumination settings and thus propositions about optimal light source placements can be made.

3 Illumination Systems

Arbitrary extended, directional light sources can be produced by illuminating a parabolic mirror[1] using parallel light (see e.g. [7,8].) The light reflected by the mirror is directed to the mirror's focal point. The source

---

[1] Edmund Optics NT53-876, diameter 24", focal length 6"

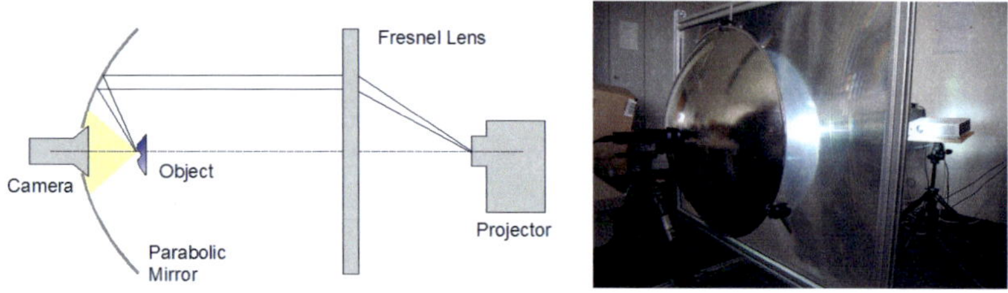

Abbildung 21.2: Sketch and photograph of the parabolic lighting facility.

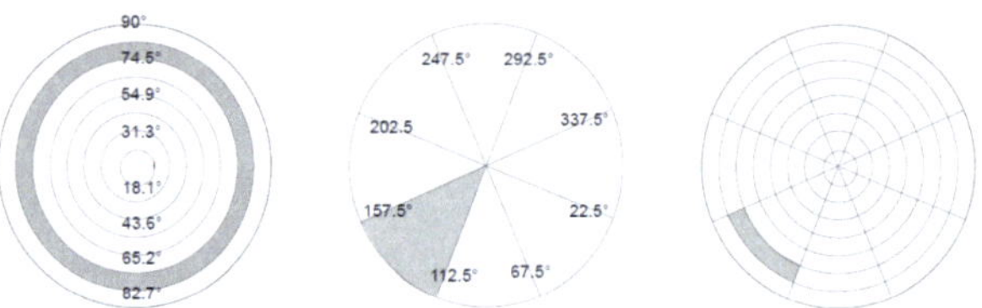

Abbildung 21.3: Illumination patterns. Left: Rings with polar angles. Center: Sectors with azimuth angles. Right: Combination of rings and sectors.

of the light is a digital projector[2] which is located in the focal point of a Fresnel lens[3]. (see Fig. 21.2).

By varying the position of the impinging light ray relative to the optical axis one can vary both the polar angle θ and the azimuth angle ϕ. Thus, the illumination angle (θ, ϕ) can be transformed into the distance from the optical axis (x, y) via the following formulas:

$$x = 2f \tan(\theta/2) \cos\phi \quad \text{and} \quad y = 2f \tan(\theta/2) \sin\phi, \tag{21.1}$$

where f is the mirror's focal width. Since the mirror has a central hole of radius 0.75" for camera access, a lower bound for the azimuth angle is $\theta_{\min} = 7.15°$.

For the experiments following basic illumination patterns are used: 1)

---

[2] Sanyo PLC-XU101, LCD-technology, resolution 1024×768 pixels, brightness 4000 ANSI-lumen, contrast-ratio 1:400

[3] Edmund Scientific N31,139, size 31"×41", focal length 40", thickness 3/16"

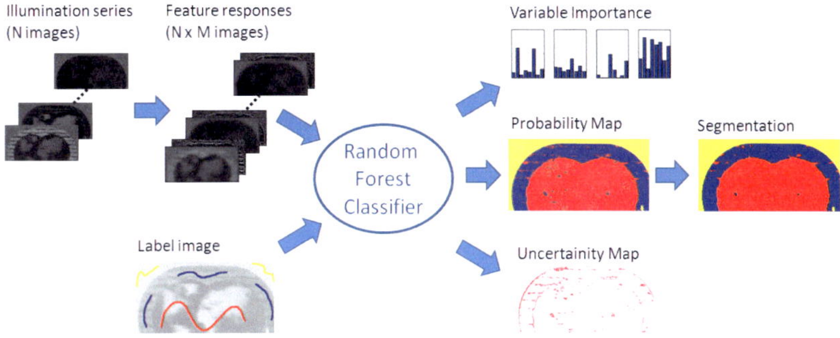

Abbildung 21.4: Overview of our classification approach. For a detailed description we refer to section 4.

The whole field of illumination is subdivided into equally spaced *rings*. Here, the polar angle θ is limited, while the azimuth ϕ covers the whole range between $0°$ and $360°$. 2) The whole field of illumination is subdivided into equally spaced *sectors*. Here the polar angle ϕ is limited, while the azimuth θ covers the whole range between $7.15°$ and $90°$. Ring and sector patterns can be combined to produce lighting which is limited both in polar and azimuth angle (see Fig. 21.3).

4 Machine Learning

The starting point is an illumination series composed of N images. For each of the N images M feature responses are computed applying generic image descriptors at different scales. The feature space dimension is the number of illumination patterns N times the number of image feature responses M. Since we deal with supervised learning, the user is requested to interactively label regions of the input object belonging to different materials which correspond to the distinct classes [9]. These labels are used to train a random forest classifier on all feature responses.

Random forest [10] is a procedure that grows an ensemble of N_T decision trees and collects their class votes, injecting several moments of randomness along the way: 1) Each tree is constructed using a different, randomly selected, bootstrap sample from the original data. 2) At each

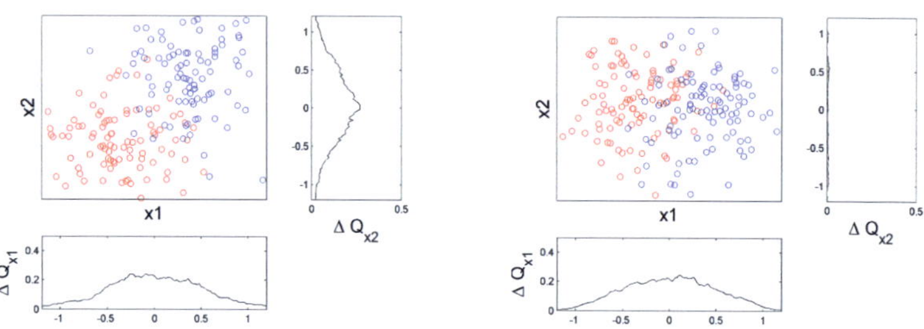

Abbildung 21.5: Two-variable two-class toy data set. Left: $x1$ and $x2$ are equally discriminative. Right: $x1$ is discriminative, only. Gini decreases corresponding to the root node and its two descendant nodes are shown for variable $x1$ and $x2$, respectively.

specific node m_{try} candidate features are randomly selected among which the best feature is estimated.

We use the Gini impurity criterion to obtain the best split threshold and split variable by applying an exhaustive search over all possible thresholds and variables available at the node m:

$$Q(m) = \sum_{k=1}^{K} p_{mk}(1 - p_{mk}), \tag{21.2}$$

where K the total number of classes, and p_{mk} the fraction of training samples in node m having class k. We compute the Gini variable importance as the mean Gini decrease for all nodes in all trees in the random forest individually for the variable i:

$$I(i) = \sum_{T} \sum_{m} \Delta Q_i(m, T). \tag{21.3}$$

The Gini decrease ΔQ is defined as the difference between the Gini impurity at a node m and the weighted sum of Gini impurities at the two descendant nodes m_l and m_r:

$$\Delta Q(m) = Q(m) - (p_l Q(m_l) + p_r Q(m_r)), \tag{21.4}$$

where p_l and p_r are the fractions of training samples belonging to the nodes m_l and m_r. Fig. 21.5 illustrates the computation of Gini variable importance by means of a two-variable two-class toy problem.

The classifier assigns a soft label (ranging from 0 to 1) to every pixel in the whole image, which can be interpreted as probability map for a specific object class. By thresholding the probability map, each pixel can be assigned to a distinct class, which yields the segmentation result. The Gini variable importance quantifies the role of a feature dimension in discriminating the classes. This measure is useful for automatic feature selection, i.e. to reduce the dimensionality of the classification problem. Which means in our context, to find the *few* illumination environments which are most important for the segmentation task.

5 Practical Verification

We verify our approach quantitatively using a material classification problem where ground truth is given. Furthermore its practical applicability to defect detection is demonstrated.

5.1 Material Classification

Our aim is to classify steel surfaces which are finished in a particular manner: 1) Unfinished steel plate 2) Polished 3) Blasted 4+5) Anisotropically smoothed in both vertical and horizontal direction.

To create a *training data set*, three small mosaics are configured, each one consisting of five plates with differently finished surfaces. The *test data set* is composed of a matrix of 4×4 plates, so that each surface type is used three to four times.

From each of the mosaics a series of $M = 8$ images are acquired, each one recorded under a different illumination setting. See Fig. 21.6 for the illumination series of the test data set. From each of the images only $N = 1$ feature response is computed using Gaussian smoothing with bandwidth $\sigma = 1$. The materials of the training data set are labeled according to the material classes using "scribbles" via a graphical user interface [4]. For this five-class problem a random forest classifier is trained on the whole set of feature responses using the parameter settings

---

[4] Interactive Learning and Segmentation Tool Kit. URL: http://www.ilastik.org

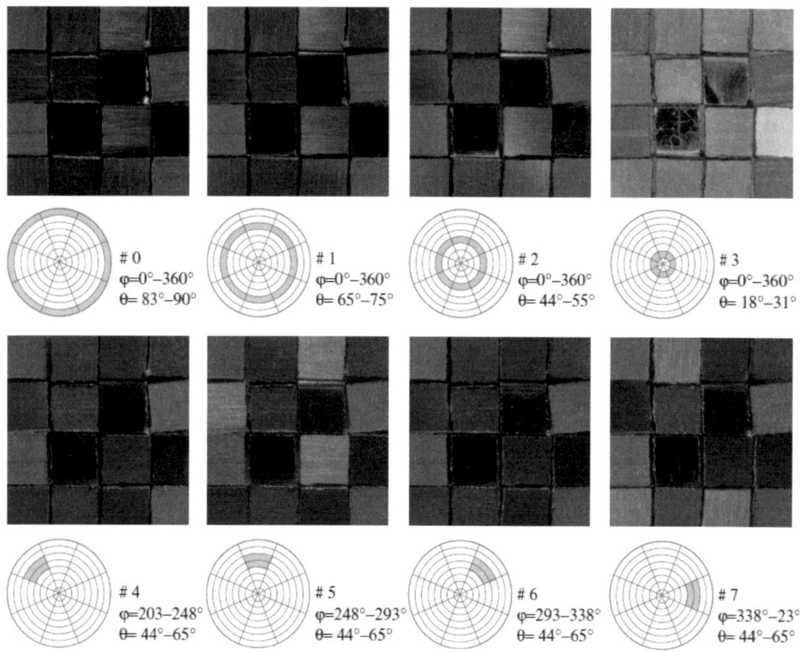

Abbildung 21.6: Test data set. The mosaic is composed of 4×4 small quadratic plates of 5 mm edge length having differently finished surfaces. The specifications of the illumination patterns are given below images.

$N_T = 100$ and $m_{\text{try}} = \sqrt{NK}$. The trained classifier is used to predict the probability of the pixels of the *test data set* belonging to the material classes and segmentation is performed afterwards by assigning the pixels to a distinct class according to the highest probability.

Fig. 21.7 shows the color-coded probability maps. Using *all* input images (#0–7) our algorithm is able to classify all materials almost correctly, which becomes evident from the misclassification rates listed in Tab. 21.1. Next, we want to lower the number of the considered illumination environments: Heuristic attemps using solely ring lights (#4–7) or ring/sector lights (#0–3) fail. Considering Gini variable importance (see Fig. 21.8) a *reduced* set of lighting environments can be found (#1,3,5)

Abbildung 21.7: Probability maps of the test data set. The material classes are color-coded according to the key given above the figure. From left to right: All illumination patterns (#0–7). Ring lights (#4–7). Sector lights (#0–3). Optimized lighting (#1,3,5).

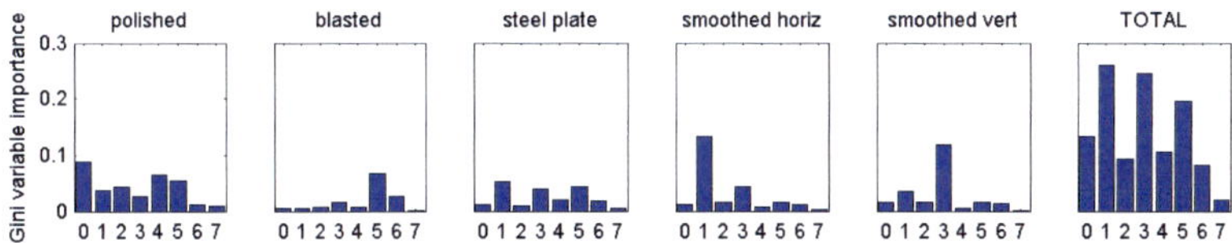

Abbildung 21.8: Variable Importance for the different materials (first five diagrams from left) and overall variable importance (right).

working on the test data set as well as the full set. Furthermore Gini variable importance is capable to propose the *one* illumination setting, which is most appropriate for a special material of interest (see the latter four columns of Tab. 21.1).

5.2 Defect Recognition

We demonstrate the feasibility of our approach using an object with a satinized steel surface exhibiting strong anisotropic reflectance. Defects are introduced by corrupting the surface with scratches altering the reflectance properties. An illumination series under four different illumination environments is acquired using the parabolic lighting facility (Fig. 21.9). Again, from each of the images only $N = 1$ feature response is computed (Gaussian smoothing with $\sigma = 1$).

The materials of the training data set are labeled according to the

Tabelle 21.1: Percentage of pixels classified incorrectly. The numbers in the first 5 rows correspond to the differently finished surfaces. The columns correspond to the distinct images of the illumination series being used for segmentation. The latter 4 columns refer to lighting settings being optimized w.r.t. a single material.

Configuration	all	θ only	ϕ only	selected	Polished	Blasted	Stpl./Sm. h.	Sm. v.
Selected channels	#0–7	#4–7	#0–3	#1,3,5	#0	#5	#1	#3
Blasted	2.5%	0.9%	15.8%	1.3%	42.5%	**19.7%**	38.2%	25.4%
Polished	0.6%	0.5%	3.2%	0.8%	**1.7%**	2.7%	24.4%	5.7%
Steel plate	0.3%	4.9%	0.7%	0.1%	18.9 %	40.0 %	**3.9 %**	19.9%
Smoothed horiz.	0.0%	38.0%	0%	0.0%	80.4%	73.1%	**0.1%**	40.7%
Smoothed vert.	0.1%	89.8%	0%	0.2%	80.7%	72.1%	48.6%	**1.7%**
Mean	0.8%	26.8%	3.9%	0.5%	44.8%	41.5%	23.0%	18.7%

defect classes via our graphical user interface. A Random Forest classifier is trained, which is used to predict the probability map of the pixels of the test data belonging to the defect classes. By considering Gini variable importance illumination environments can be identified which are most relevant to the classification result. Thus a *reduced* set of lighting environments is found working on the test data set almost as well as the full set (Fig. 21.10).

6 Conclusion and Perspectives

In our experiment few illumination settings (which are associated to the features with highest variable importance) suffice to yield good classification accuracy. This technique could be used to propose a simple setup for visual inspection tasks, where the lighting is adapted to the objects' properties. Thus, the current practice of selecting and placing the light sources based on heuristic assumptions is replaced by a machine learning based strategy of optimizing the illumination configuration.

The presented work is a first step towards optimization of illumination: Currently our setup is limited to objects of diameter $\approx$ 20 mm. In order to investigate larger objects (diameter $\approx$ 200 mm) and to extend illumination beyond the visible spectral range, currently a second lighting facility is being assembled. Here, multiple LEDs arranged on a rotating arc illuminate an object from all possible directions while the position of

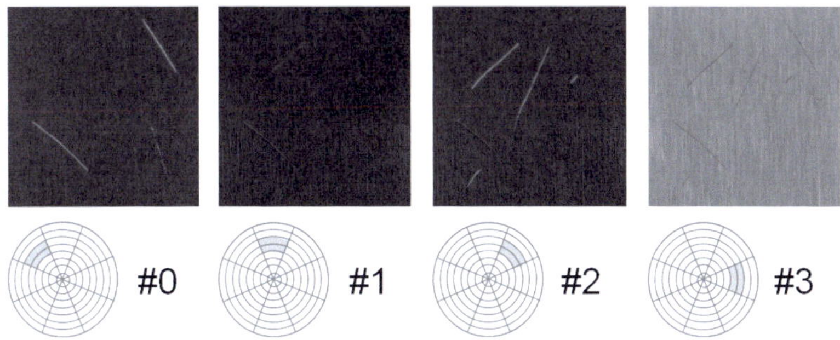

Abbildung 21.9: Image sections from illumination series of our test data set. The illumination patterns are given below the images.

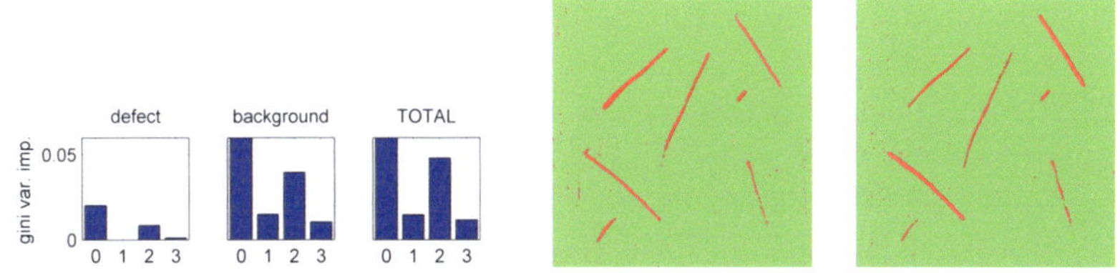

Abbildung 21.10: Probability map of defects (black). Left: obtained using *all* lighting conditions (# 0, 1, 2, 3). Right: obtained using a *reduced* set of lighting conditions (# 0, 2).

the camera can be controlled independently. We will address the issue if basic illumination patterns could be combined to more complex lighting environments which could further reduce the number of settings of an illumination series.

Acknowledgments. Markus Jehle gratefully acknowledges funding by Germany's Excellence Initiative through the institutional strategy project of Heidelberg University (DFG ZUK 49/1, TP6) and the industry partners of the HCI. The Authors thank Dr. Christoph Sommer for providing the ilastik-software.

Literatur

1. A. Abuelgasim, S. Gopal, J. Irons, and A. Strahler, "Classification of ASAS multiangle and multispectral measurements using artificial neural networks," *Remote Sensing of Environment*, vol. 57, no. 2, pp. 79–87, 1996.

2. A. Hertzmann and S. M. Seitz, "Example-based photometric stereo: Shape reconstruction with general, varying BRDFs," *IEEE Trans. Pattern Anal. Mach. Intell.*, vol. 27, no. 8, pp. 1254–1264, 2005.

3. S. J. Koppal and S. G. Narasimhan, "Clustering appearance for scene analysis," in *CVPR '06: Proceedings of the 2006 IEEE Computer Society Conference on Computer Vision and Pattern Recognition*, 2006, pp. 1323–1330.

4. C. Lindner, J. Arigita, and F. Puente León, "Illumination-based segmentation of structured surfaces in automated visual inspection," in *Society of Photo-Optical Instrumentation Engineers (SPIE) Conference Series*, 2005, pp. 99–108.

5. O. Wang, P. Gunawardane, S. Scher, and J. Davis, "Material classification using BRDF slices," in *IEEE Conference on Computer Vision and Pattern Recognition*, 2009.

6. M. Jehle, C. Sommer, and B. Jähne, "Learning of optimal illumination for material classification," in *Pattern Recognition, 32nd DAGM Symposium*, submitted.

7. K. Dana, "BRDF/BTF measurement device," in *International Conference on Computer Vision*, 2001.

8. A. Ghosh, W. Heidrich, S. Achutha, and M. O'Toole, "BRDF acquisition with basis illumination," in *IEEE International Conference on Computer Vision*, 2007.

9. C. Sommer, "Interactive learning for the analysis of biomedical and industrial imagery," Ph.D. dissertation, Heidelberg University, 2010.

10. L. Breiman, "Random forests," *Mach. Learn.*, vol. 45, no. 1, pp. 5–32, 2001.

Adaptive Segmentierung von gedruckten Punkt-Matrix-Zeichen aus Grauwertbildern

Martin Grafmüller[1] und Jürgen Beyerer[1,2]

[1] Karlsruher Institut für Technologie (KIT), Lehrstuhl für Interaktive Echtzeitsysteme, Adenauerring 4, D-76131 Karlsruhe
[2] Fraunhofer Institut für Optronik, Systemtechnik und Bildauswertung (IOSB), Fraunhoferstraße 1, D-76131 Karlsruhe

Zusammenfassung In der Zeichenerkennung spielt die Segmentierung eine wichtige Rolle, da diese einen wesentlichen Einfluss auf die Klassifikation hat. Wichtig ist dabei, dass die Segmentierung robust gegen Beleuchtungs- und Kontraständerungen und Rauschen ist. Aus diesem Grund wird hier ein adaptives Verfahren zur Segmentierung von gedruckten Punkt-Matrix-Zeichen vorgestellt. Dabei wird detailliert auf die Segmentierung sowohl von Zeilen als auch von Zeichen eingegangen. Weiterhin werden Versuche vorgestellt, die zur Untersuchung von Genauigkeit und Robustheit des Verfahrens dienen.

1 Einleitung

Die Zeichenerkennung gewinnt in der Industrie immer mehr an Bedeutung. Unter anderem dient sie zur Erfassung von Seriennummern zur Verfolgung von Transportwegen, um zu jedem Zeitpunkt zu wissen, an welchem Ort sich die Produkte gerade befinden. Weiterhin kann in Produktionen so maschinell erfasst werden, in welche Endprodukte welche Teile eingebaut wurden, um beispielsweise bei Rückrufaktionen gezielt die Käufer dieser ansprechen zu können. Ein anderes Anwendungsgebiet ist das Lesen von Verpackungs- oder Verfallsdaten, um maschinell zu entscheiden, ob beispielsweise Lebensmittel noch ausgeliefert werden können bzw. dürfen. Da der Einsatzbereich so vielfältig ist, müssen die Zeichen auf unterschiedlichsten Materialien gelesen werden. Dabei können die Zeichen gedruckt, graviert oder gelasert sein. Ein weiterer möglicher Freiheitsgrad ist die Variation der Schriftart. Meist jedoch kommen Schriften zum Einsatz, bei denen die Zeichen aus einzelnen Punkten bestehen, sogenannte Punkt-Matrix-Schriften. Je nach Art ist es möglich, dass sich die Punkte eines Zeichens nicht berühren, d. h. die Zeichen bestehen nicht aus einem zusammenhängenden Gebilde, was die Segmentierung erschwert da Mehrdeutigkeiten bzgl. Anfang und Ende eines Zeichens auftreten können. Zudem sind nach der Aufnahme die Zeichen nicht notwendigerweise horizontal zum Bild ausgerichtet. Für eine gute Segmentierung ist daher auch eine Schätzung der Ausrichtung der Zeilen, bzw. der Neigung der Zeichen notwendig. Dies sind die wesentlichen Faktoren, die die Segmentierung deutlich beeinträchtigen können. Die meisten bisher eingesetzten Verfahren arbeiten auf Binärbildern. Das hat den Nachteil, dass je nach Wahl des Verfahrens Zeichen zusammenwachsen, zerfallen oder sogar starkes Rauschen auftritt. Dies kann nicht nur die Segmentierung negativ beeinflussen, sondern auch die nachfolgenden Schritte, die für die Zeichenerkennung notwendig sind.

In den vergangenen Jahren wurden etliche Verfahren zur Segmentierung von Zeichen aus Bildern vorgestellt. Am meisten verbreitet sind Methoden, die auf Projektionsprofilen oder der Analyse von zusammenhängenden Komponenten basiert sind. Um die Segmentierung noch zu verbessern, wird bei einigen Verfahren auch noch die Klassifikation mit einbezogen. Hier werden die Grenzen zwischen den Zeichen so gewählt, dass der Klassifikator das jeweils beste Ergebnis liefert. Für detailliertere Informationen zu den genannten Verfahren sei auf [1–3] verwiesen. Wie schon erwähnt, arbeiten die meisten Verfahren auf Binärbildern. Dies hat den wesentlichen Nachteil, dass aufgrund der Binarisierung Zeichen zerfallen oder zusammenwachsen können. Ein Verfahren, das auf Grauwertbildern arbeitet, wird in [4] vorgestellt. Die Methode basiert auf dem Verhältnis der Projektion der Grauwerte zu den Gradienten der jeweiligen Projektionsrichtung. Laut Autor funktioniert das Verfahren sogar bei zusammengewachsenen Zeichen ziemlich gut. In [5] wird ein Verfahren vorgestellt, das die Projektionsprofile mit topologischen Merkmalen für eine Vorsegmentierung kombiniert. Die nichtlineare Grenze zwischen den Zeichen wird letztendlich mittels dynamischer Programmierung bestimmt. Die Autoren zeigen zudem, dass ihr Verfahren wesentlich zuverlässiger arbeitet als andere Verfahren, die auf Binärbildern arbeiten. Aktuell beschäftigt man sich hauptsächlich mit der Segmentierung von Zeichen aus Bildern mit KFZ-Kennzeichen. Dazu wird in [6] ein Verfahren vorgestellt, welches wie die meisten Verfahren auf Projektionsprofilen basiert. Diese werden mit der Hough-Transformation kombiniert, um letztendlich die genaue Ausrichtung und die Grenzen der Zeichen zu bestimmen. Laut den Autoren hat dieses Verfahren den Vorteil, dass keine Korrektur bzgl. der Rotation durchgeführt werden muss und dass es zudem robust gegenüber Beleuchtungsänderungen ist. Ein weiterer Ansatz für das Lesen von KFZ-Kennzeichen wird in [7] betrachtet. Allerdings arbeitet dieses Verfahren auf Binärbildern, in welchen die Art der Entartung der Zeichen – zerfallene, überlappende oder verbundene Zeichen – adaptiv erkannt wird. Anhand dieses Ergebnisses werden dann entsprechende morphologische Operationen angewandt, um den Fehler zu beheben und dadurch die Segmentierung zu verbessern. Das Verfahren in [8] arbeitet auch auf Binärbildern von KFZ-Kennzeichen. Die Ausrichtung der Zeilen wird hier mit dem Verfahren der kleinsten Fehlerquadrate bestimmt. Für die Segmentierung wird eine erweiterte Projektionsmethode verwendet, diese ist aufgrund der Erweiterung in der Lage, Rauschen zu entfernen, welches durch die Binarisierung entstanden ist. Ein anderer Ansatz wird in [9] verfolgt. Dort wird ein Verfahren zur Segmentierung von Punkt-Matrix-Schriften aus Grauwertbildern vorgestellt. Es basiert auf der Schätzung der Zeichenabstände. Hierbei wird allerdings davon ausgegangen, dass der Zeichenabstand in den Bildern immer gleich bleibt. Für die Schätzung werden drei verschiedene Ansätze verfolgt. Einer schätzt den Abstand der Zeichen anhand des vertikalen Projektionsprofils über Autokorrelation. Bei dem zweiten wird die Fourier-Transformation zur Schätzung verwendet. Der dritte und nach dem Artikel beste Ansatz, beruht auf der Analyse der Maxima und Minima des Projektionsprofils. Allerdings sinkt hier die Zuverlässigkeit, wenn die Textzeilen nicht horizontal ausgerichtet oder die Zeichen kursiv geschrieben sind.

Der Bedarf eines zuverlässigen Verfahrens zur Segmentierung von Punkt-Matrix-Schriften, das nicht von gleichbleibenden Zeichenabständen abhängig ist und gegen Unterschiede in der Beleuchtung und Kontrast robust ist, gibt Anlass für das hier vorgestellte Verfahren. Zudem kann es direkt auf Grauwertbilder angewandt werden, was mögliche Fehler durch die Binarisierung vermeidet. Weiterhin ist es mit dieser Methode möglich, den Winkel, um den Textzeilen im Bild gedreht sind, zu bestimmen, aber auch die Schätzung des Neigungswinkels der Zeichen – Kursivschrift – ist möglich. Der wesentliche Vorteil dieses Verfahrens ist die adaptive Bestimmung der Entscheidungsschwelle für die Segmentierung. Einige Grundlagen dieses Verfahrens und die Ergebnisse der ersten Versuche werden in [10] vorgestellt.

Im folgenden Abschnitt wird detailliert auf die Verfahren zur adaptiven Segmentierung von Zeilen und Zeichen eingegangen. Die durchgeführten Versuche werden in Abschnitt 3 beschrieben und diskutiert. Zum Abschluss folgt in Abschnitt 4 eine kurze Zusammenfassung und ein Ausblick auf folgende Arbeiten.

2 Segmentierung

In diesem Abschnitt wird das Verfahren zur Segmentierung von Zeilen und einzelnen Zeichen aus Grauwertbildern vorgestellt. Bevor jedoch die einzelnen Zeichen segmentiert werden können, müssen die Zeilen aus dem Bild segmentiert werden. Wie dies geschieht, wird im nächsten Abschnitt ausführlich beschrieben.

2.1 Segmentierung der Zeilen

Im Folgenden bezeichne $G(m,n)$: $\{1,\ldots,M\} \times \{1,\ldots,N\} \rightarrow \{0,\ldots,255\}$ das Eingabebild. Darin steht M für die Anzahl der Zeilen und N für die Anzahl der Spalten im Bild. Weiterhin wird angenommen, dass in den Bildern nur dunkler Text auf hellem Grund enthalten ist. Zudem bewegt sich der Winkel der Ausrichtung des Textes im Bereich zwischen θ_{min} und θ_{max}. Für die Segmentierung der Zeilen und die Schätzung des Winkels werden Projektionsprofile in horizontaler Richtung

$$P_h(m,\theta) := \sum_{n \in N_K} G(m - \lfloor n \tan\theta \rfloor, n), \quad m = 1,\ldots,M \qquad (22.1)$$

in Abhängigkeit verschiedener Winkel $\theta \in [\theta_{min}, \theta_{max}]$ berechnet. Darin bezeichnet $\lfloor x \rfloor$ die größte ganze Zahl $\leq x$ und N_K die Indexmenge der K kleinsten Grauwerte in Zeile m. In der Regel wird K etwas größer als eins gewählt, um möglichst nicht nur Ausreißer zu berücksichtigen, aber auch deutlich kleiner als N. Die Wahl ist abhängig von der Größe des Bildes und von dem erwarteten Rauschen im Bild. Zur Schätzung des Winkels zur horizontalen Ausrichtung wird die Varianz der Projektionsprofile über alle horizontalen Pixel m gemäß

$$S_h^2(\theta) := \frac{1}{M-1} \sum_{m=1}^{M} \left(P_h(m,\theta) - \bar{P}_h(\theta) \right)^2 , \quad \theta \in [\theta_{min}, \theta_{max}]$$

berechnet. Darin kennzeichnet $\bar{P}_h(\theta)$ den Mittelwert über alle Pixel des Projektionsprofils, wie er in [10] zur Schätzung des Winkels verwendet wurde. Es hat sich allerdings gezeigt, dass sich die Varianz zur Schätzung des Winkels als wesentlich robuster erwiesen hat. Dies wird in Abschnitt 3 noch erläutert. Der geschätzte Winkel der Verdrehung um die Horizontale ist gegeben durch

$$\hat{\theta} := \arg \max_{\theta} S_h^2(\theta) .$$

Ausgehend vom geschätzten Winkel und dem horizontalen Projektionsprofil, werden zwei Schwellen für die Entscheidung zwischen Text und Hintergrund bestimmt. Die Schwelle $b_0(m)$ charakterisiert dabei den Text – Vordergrund – und $b_1(m)$ den Hintergrund. Die Schätzung beider Schwellen erfolgt über die Methode der kleinsten Fehlerquadrate, welcher ein Polynom zweiter Ordnung zugrunde liegt. Der quadratische Ansatz wurde gewählt um mögliche Beleuchtungsunterschiede im Bild auszugleichen. Die genaue Herleitung dazu findet man in [10]. Ausgehend von diesen beiden Schwellen, wird ein Schwellwert

$$T_h(m) := \frac{b_0(m) + b_1(m)}{2} , \quad m = 1,\ldots,M \tag{22.2}$$

bestimmt. Dabei ist zu beachten, dass dieser aufgrund der Abhängigkeit von m kein globaler Schwellwert ist, sondern sich je nach Spalte im Bild ändert. Mit dem anhand von Glg. (22.2) bestimmten Schwellwert, ergibt sich die Segmentierungsfunktion

$$\hat{\omega}_h(m) := \begin{cases} 0 , & P(m,\hat{\theta}) \leq T_h(m) \\ 1 , & P(m,\hat{\theta}) > T_h(m) \end{cases} , \quad m = 1,\ldots,M , \tag{22.3}$$

gemäß welcher die Zuordnung zu Vorder- bzw. Hintergrund erfolgt. Dabei wird $\hat{\omega}_h(m)$ gleich 0, wenn der Bereich zu einer Zeile gehört oder 1, falls dieser dem Hintergrund zuzuordnen ist.

Eingabebild

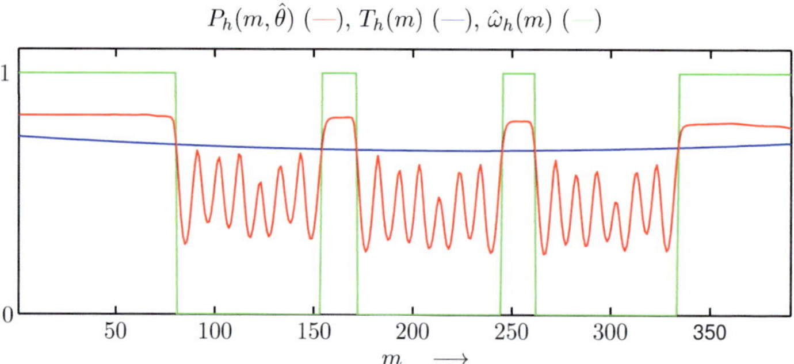

korrigiertes Bild

$$P_h(m,\hat\theta)\ (\text{—}),\ T_h(m)\ (\text{—}),\ \hat\omega_h(m)\ (\text{—})$$

Abbildung 22.1: Im Bild oben linkes ist das Eingabebild dargestellt. Das Bild oben rechts zeigt das um den geschätzten Winkel $\hat\theta = -7°$ gedrehte Bild. Die Funktionen die zur Segmentierung der Zeichen notwendig sind, sind im unteren Bild zu sehen.

Ein Beispiel für die Segmentierung von Zeilen aus Grauwertbildern ist in Abb. 22.1 dargestellt. Das Eingabebild oben links zeigt drei Zeilen mit einer kursiven Punkt-Matrix-Schrift, mit äquidistanter Anordnung der Zeichen. Zu beachten ist auch, dass sich die Punkte, aus denen die Zeichen bestehen, nicht berühren. Im Bild oben rechts ist das korrigierte Bild dargestellt. Dieses wurde um den geschätzten Winkel $\hat\theta = -7°$ gedreht. In der Grafik unten sind die wichtigsten Funktionen zur Segmentierung dargestellt. Es zeigt das horizontale Projektionsprofil $P_h(m,\hat\theta)$ (—), den Schwellwert $T_h(m)$ (—) für die Entscheidung und die Segmentierungs-funktion $\hat\omega_h(m)$ (—), anhand der die Segmentierung erfolgt. Es ist zu beachten, dass alle Funktionen zur besseren Darstellung auf das Inter-vall $[0,1]$ skaliert wurden. Betrachtet man das Projektionsprofil genauer, fällt auf, dass sich innerhalb der Zeilen kleine Spitzen ausbilden. Die-se ergeben sich aufgrund der Tatsache, dass sich die Punkte innerhalb eines Zeichens nicht berühren. Dies erschwert in der Regel die Wahl eines globalen Schwellwertes, der zudem auch anfällig gegenüber Beleuchtungsänderungen ist. Wie man hier sieht, bietet das adaptive Verfahren einen deutlichen Vorteil, denn die Schwelle wird in Abhängigkeit von der Beleuchtung und unter Berücksichtigung von Störungen im Vordergrund – Punkte eines Zeichens, die sich nicht berühren – bestimmt.

Um die Segmentierungsmethode noch robuster zu machen, wird zusätzlich auch Vorwissen mitberücksichtigt, d. h. es werden nur Zeilen einer bestimmten Höhe akzeptiert die zudem auch noch einen bestimmten Mindestabstand zueinander haben sollen.

Das Ergebnis ist eine Menge an Zeilen, die aus Bildern segmentiert wurden. Allerdings werden für die Klassifikation die einzelnen Zeichen benötigt. Wie dazu im Weiteren vorzugehen ist, wird im nächsten Abschnitt erläutert.

2.2 Segmentierung der Zeichen

Grundsätzlich funktioniert die Segmentierung der Zeichen genauso wie die Segmentierung der Zeilen. Der einzige Unterschied ist der, dass entweder das Eingabebild $G_{line}(m, n)$: $\{1, \ldots, M\} \times \{1, \ldots, N\} \to \{0, \ldots, 255\}$ um 90° gedreht werden muss oder die Projektion anstatt in horizontaler Richtung vertikal durchgeführt werden muss. Wird letzteres angestrebt, ergibt sich aus Glg. 22.1 das folgende vertikale Projektionsprofil

$$P_v(n, \phi) := \sum_{m \in M_K} G_{line}(m, n + \lfloor m \tan \phi \rfloor), \quad n = 1, \ldots, N .$$

In dieser Gleichung steht $\phi \in [\phi_{min}, \phi_{max}]$ für den Neigungswinkel der Zeichen und M_K für die Indexmenge der K kleinsten Grauwerte in der Spalte n. Für die Schätzung des Neigungswinkel wird, anders als bei den Zeilen, der Mittelwert der vertikalen Projektionsprofile

$$\bar{P}_v(\phi) := \frac{1}{N} \sum_{n=1}^{N} P_v(n, \phi), \quad \phi \in [\phi_{min}, \phi_{max}] , \tag{22.4}$$

über alle n berechnet. Im Falle der Zeichen erwies sich diese Methode als wesentlich robuster. Die Varianz hingegen liefert keine vernünftige Aussage über den Neigungswinkel, da die Zeichen oben und unten den Rand

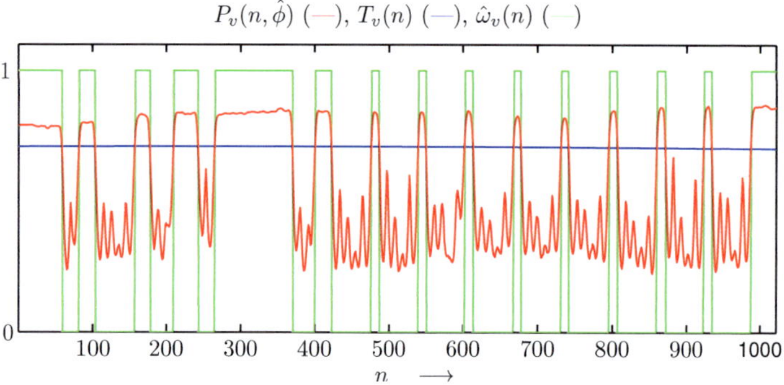

Eingabebild

Zeile mit korrigiertem Neigungswinkel

$$P_v(n, \hat{\phi})\ (\text{---}),\ T_v(n)\ (\text{---}),\ \hat{\omega}_v(n)\ (\text{---})$$

Abbildung 22.2: Das Bild oben zeigt das Eingabebild. Das um den Neigungswinkel $\hat{\phi} = -25°$ korrigierte Bild, ist in der Mitte zu sehen. Das Bild unten zeigt die für die Segmentierung wichtigen Funktionen.

des Bildes berühren, d. h. es gibt oben und unten an den Zeichen keinen Übergang von dunkel zu hell, was die Varianz in Teilen des Vordergrundes nicht beeinflusst. Das weitere Vorgehen der Zeichensegmentierung unterscheidet sich hingegen nicht von der Methode zur Segmentierung der Zeilen. Das einzige, was zu berücksichtigen ist, ist die Vertauschung von Zeilen und Spalten in den Formeln bis Glg. (22.3).

Zur Veranschaulichung der Zeichensegmentierung wurde die zweite Zeile aus dem Beispiel in Abschnitt 2.1 herausgegriffen. Dieses Bild ist oben in Abb. 22.2 dargestellt. Darunter findet man das um den geschätzten Neigungswinkel $\hat{\phi} = -25°$ korrigierte Bild. In der Grafik unten sind das vertikale Projektionsprofil $P_v(n, \hat{\phi})$ (—), der Schwellwert $T_v(n)$ (—) für die Entscheidung und die Segmentierungsfunktion $\hat{\omega}_v(n)$ (—) dargestellt. Die Funktionen sind auch hier aus Darstellungsgründen zwischen null und eins skaliert. Es sei zudem angemerkt, dass aufgrund der vertikalen Projektion die variable m vom vorhergehenden Abschnitt durch n ersetzt wird. Auffällig ist auch hier wieder, dass die Entscheidungsschwelle $T_v(n)$ sehr hoch liegt, was – trotz nicht berührender Punkte innerhalb eines Zeichens – eine richtige Segmentierung zur Folge hat.

Auch in diesem Fall kann die Segmentierung wesentlich verbessert werden, wenn zusätzlich noch Vorwissen mitberücksichtigt wird. Dies ist möglich, da bekannt ist, dass die Zeichen eine minimale Breite haben. Zudem steht die Breite in einem Zusammenhang mit der Zeichenhöhe. Daher wird angenommen, dass das Verhältnis Breite zu Höhe einen bestimmten Wert nicht überschreiten darf. Wird dieser überschritten, kann man davon ausgehen, dass ein oder mehrere Zeichen zusammengewachsen sind. In diesem Fall wird das hier vorgestellte Verfahren rekursiv angewendet, um nach Möglichkeit solche Fehler bei der Segmentierung zu vermeiden.

3 Versuche

Für die Durchführung der Versuche wurden mit einer industriellen Kamera 126 Bilder von diversen Verpackungen aufgenommen. Die Verpackungen sind alle aus Karton, jedoch ist bei einigen die Oberfläche spiegelnd und bei anderen eher matt. Bei der Aufnahme wurde nicht explizit darauf geachtet, dass die Zeilen im Bild horizontal ausgerichtet sind, um möglichst nahe an den Bedingungen zu bleiben, wie sie im Feld auftreten können. Die meisten Verpackungen sind mit Punkt-Matrix-Schriften bedruckt. Der Großteil der Zeichen sind Zahlen und einige andere Zeichen, wie Doppelpunkte, Punkte und Klammern. Buchstaben sind kaum vertreten.

Für die Segmentierung der Zeilen wurden folgende Randbedingungen vorgegeben. Die Schranken des Winkels der Verdrehung um die horizontale Achse wurden auf $\theta_{min} = -12°$ und $\theta_{max} = 12°$ festgelegt, wobei der Bereich in 1°-Schritte eingeteilt wurde. Weiterhin wurde angenommen, dass der minimale Zeilenabstand 1 Pixel beträgt. Die minimale Zeilenhöhe, die auftreten kann, liegt bei zehn Pixel. Diese Angaben sind wichtig, da damit der Einfluss von Ausreißern bzw. Fehlsegmentierungen vermindert werden kann. In den 126 Bilder sind insgesamt 458 Zeilen enthalten, wobei dem Verfahren unbekannt ist, wie viele Zeichen in ei-

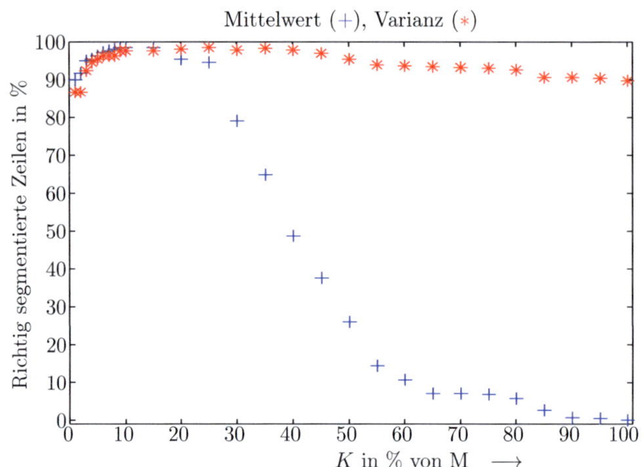

Abbildung 22.3: Die Grafik zeigt die Ergebnisse der richtig segmentierten Zeilen in Abhängikeit von K.

ner Zeile stehen. Zur Schätzung des Winkels wird das hier vorgestellte Verfahren mit dem Verfahren aus [10] verglichen. Bei Letzterem wurde der Mittelwert analog zu Glg. (22.4) verwendet. Zudem wurden die Werte von K aus Glg. (22.1) zwischen 1 % und 100 % von M variiert. Die Ergebnisse sind in Abb. 22.3 zu sehen. Mit Verwendung der Varianz bleibt die Segmentierung mit der Variation von K stabil. Bei $K = 25\,\% \cdot N$ wird die maximale Anzahl von 451 richtig segmentierten Zeilen erreicht. Bei den falsch segmentierten konnten einige Zeilen nicht voneinander getrennt werden. Im Vergleich dazu versagt das Verfahren mit der Mittelwertberechnung, wenn K eine bestimmt Grenze überschreitet. Dies geschiet aus dem Grund, da in diesem Fall die Winkelschätzung für größere K versagt.

Für die Segmentierung der Zeichen wurden die 451 richtig segmentierten Zeilen, aus dem vorhergehenden Versuch, verwendet. Insgesamt sind in diesen Zeilen 5506 Zeichen enthalten. Der Bereich des Neigungswinkels wurde eingegrenzt auf $\phi_{min} = -10°$ und $\phi_{max} = 10°$, wobei dieser in Schritte von $2°$ eingeteilt wurde. Weiterhin wurde angenommen, dass ein Zeichen mindestens drei Pixel breit ist und das Verhältnis Zeichenbreite zu Zeichenhöhe maximal 1,1 sein darf. Man beachte, dass

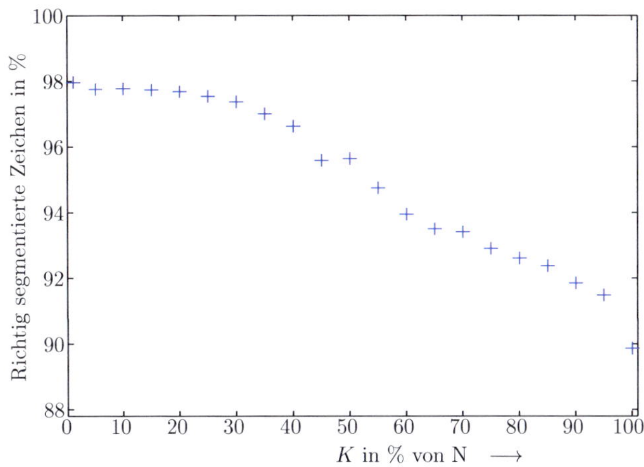

Abbildung 22.4: Die Grafik zeigt die Ergebnisse der richtig segmentierten Zeichen in Abhängikeit von K.

hier für die Schätzung des Neigungswinkels die Mittelwertberechnung nach Glg. (22.4) verwendet wurde. Analog zu den Zeilen versagt die Varianzberechnung in diesem Fall, da die Zeichen den oberen und unteren Bildrand berühren. Wie im vorhergehenden Versuch wurde auch hier die Anzahl K der zu berücksichtigen Pixel variiert. Das Ergebnis findet man in Abb. 22.4. Trotz der Verwendung des Mittelwerts zur Schätzung der Neigungswinkel, bleibt das Ergebnis annähernd konstant. Allerdings sieht man auch hier, dass die Anzahl der richtig segmentierten Zeilen etwas abfällt, wenn K 40 % von N überschreitet. Das beste Ergebnis ergibt sich für $K = 1\,\% \cdot N$, was 5394 richtig segmentierten Zeichen entspricht. Die falsch segmentierten Zeichen wachsen entweder zusammen oder zerfallen in mehrere Teile.

4 Zusammenfassung

Es wurde hier ein Ansatz zur Segmentierung von Punkt-Matrix-Schriften vorgestellt, der auf Grauwertbildern arbeitet. Die Schwelle zur Segmentierung wird vollständig adaptiv bestimmt, was das Verfahren robust gegen Beleuchtungs- und Kontraständerungen macht. Weiterhin kann es die Ausrichtung von Zeilen und die Neigungswinkel der Zeichen schätzen und korrigieren. Allerdings ist hier die Schätzung sehr zeitaufwändig. Dies ist sicherlich ein wesentlicher Punkt, der noch optimiert werden kann.

Literatur

1. Y. Lu, „Machine printed character segmentation – An overview", *Pattern Recognition*, Vol. 28, Nr. 1, S. 67–80, 1995.

2. R. G. Casey und E. Lecolinet, „A survey of methods and strategies in character segmentation", *IEEE Transactions on Pattern Analysis and Machine Intelligence*, Vol. 18, S. 690–706, 1996.

3. T. Saba, G. Sulong und A. Rehman, „A survey on methods and strategies on touched characters segmentation", *International Journal of Research and Reviews in Computer Science*, Vol. 1, Nr. 2, 2010.

4. F. LeBourgeois, „Robust multifont OCR system from gray level images", *International Conference on Document Analysis and Recognition*, Vol. 0, S. 1, 1997.

5. D.-J. Lee und S.-W. Lee, „A new methodology for gray-scale character segmentation and recognition", *International Conference on Document Analysis and Recognition*, Vol. 1, S. 524–527, 1995.

6. Y. Zhang und C. Zhang, „A New Algorithm for Character Segmentation of License Plate", *Intelligent Vehicles Symposium, 2003. Proceedings. IEEE*, S. 106–109, 2003.

7. S. Nomura, K. Yamanaka, O. Katai, H. Kawakami und T. Shiose, „A novel adaptive morphological approach for degraded character image segmentation", *Pattern Recognition*, Vol. 38, Nr. 11, S. 1961–1975, 2005.

8. M.-S. Pan, J.-B. Yan und Z.-H. Xiao, „Vehicle license plate character segmentation", *International Journal of Automation and Computing*, Vol. 5, S. 425–432, 2008.

9. B. A. Yanikoglu, „Pitch-based segmentation and recognition of dot-matrix text", *International Journal on Document Analysis and Recognition*, Vol. 3, S. 34–39, 2000.

10. M. Grafmüller und J. Beyerer, „Segmentation of printed gray scale dot matrix characters", in *Proceedings of the 14th World Multi-Conference on Systemics, Cybernetics and Informatics (WMSCI)*, Vol. 2, Jun. 2010, S. 87–91.

ECCi: Neuer 2D-Matrixcode für sicheres Lesen von direkt beschrifteten Industrieprodukten

Hermann Tropf

Vision Tools Bildanalyse Systeme GmbH,
Goethestraße 65, D-68789 Waghäusel

Zusammenfassung Industrieprodukte werden vielfach mit Matrix Codes gekennzeichnet zur Organisation der Logistik oder zur Sicherstellung der Produkt-Rückverfolgbarkeit. Bei dem etablierten „Data Matrix Code" (ECC 200, ECC für „Error Correcting Code") treten jedoch bei Direktbeschriftung trotz Normungsbemühungen und trotz erheblicher Fortschritte bei der Bildauswertungssoftware immer wieder Probleme mit der Sicherstellung der Lesbarkeit auf. Der Grund liegt im komplizierten Zusammenwirken von Beleuchtungs- und Bildaufnahme-Geometrie, Beschriftungsart, Beschriftungsparametern, Oberflächenform und Oberflächencharakteristik, das bei der Projektierung einer Anwendung zu berücksichtigen ist. Die ECCi-Codierung/Decodierung (ECCi: Error Correcting Code industrial) arbeitet differentiell, nichtiterativ und mit Soft-Decision. Aufgrund der differentiellen Arbeitsweise ist der Code lesbar unabhängig von der optischen Erscheinungsform der Zellen und somit unabhängig von der Beleuchtungs- und Beschriftungsweise.

1 Einführung

In der industriellen Produktion werden Produkte mit Matrix Codes gekennzeichnet zur Organisation der Logistik oder zur Sicherstellung der Produkt-Rückverfolgbarkeit. Der „Data Matrix Code" (die etablierte Version ist ECC 200, ECC steht für „Error Correcting Code") [1] wurde entwickelt für auf Papier beschriftete Vorlagen als Ersatz von eindimensionalen Barcodes, gegenüber denen sie eine weitaus höhere Datendichte aufweisen.

Ein Matrixcode allgemein besteht aus einer matrixförmigen Anordnung von informationstragenden, binär codierten Zellen (schwarz/weiß; bearbeitet/unbearbeitet, kurz ON-/OFF-Zellen), ergänzt durch einen Locator, mit dessen Hilfe die genaue Position der informationstragenden Zellen innerhalb des Codes bestimmt wird. Der Locator besteht bei ECC 200 aus zwei Balken in L-förmiger Anordnung, und gegenüberliegend aus den sog. Frequenzlinien (s. Abb. 23.1(a) und 23.1(b)).

Bei auf Etiketten gedruckten Codes leistet ECC 200 schon lange Zeit hervorragende Dienste. Der Code wird zunehmend auch für Anwendungen mit Direktbeschriftung (Laserbeschriftung, Nadelbeschriftung) übernommen. Das Lesen ist bei Direktbeschriftung i.a. schwieriger als bei Etiketten, und trotz erheblicher Fortschritte bei der Bildauswertungssoftware treten hierbei immer wieder Probleme mit der Sicherstellung der Lesbarkeit auf. Der Grund liegt im komplizierten Zusammenwirken von Beleuchtungs- und Bildaufnahme-Geometrie, Beschriftungsart, Beschriftungsparametern, Oberflächenform (eben, gekrümmt...) und Oberflächencharakteristik (matt, spiegelnd, zerklüftet), das bei der Projektierung einer Anwendung zu berücksichtigen ist. Es existieren verschiedene Normen, mit denen versucht wird, die Qualität der Beschriftung sicherzustellen [2, 3]; es gibt auch käuflich erhältliche sog. Verifier, die auf Basis dieser Normen die Qualität der Markierung sicherstellen sollen. Die Sicherstellung der Lesbarkeit jedoch gelingt damit für viele Industrieanwendungen mit Direktmarkierung nicht, denn je nach Situation ist für garantiert sicheres Lesen eine unterschiedliche Beleuchtungs- und Aufnahmegeometrie optimal oder gar notwendig; sehr oft sogar weicht diese von der Norm ab.

Hierzu einfache Beispiele: Wie aus Abb. 23.1(a) ersichtlich, kann bei glänzenden Oberflächen die Darstellung kritisch abhängig sein von der Größe der beleuchtenden Fläche. Abb. 23.1(b) zeigt, wie je nach Beleuchtungsgeometrie eine Kontrastumkehr entstehen kann. Speziell bei Gussteilen kann je nach Beleuchtung die Hervorhebung der Matrix gegen den Hintergrund sehr kritisch sein. Eine ausführliche Beschreibung mit Fallunterscheidungen zu Oberflächenform, Oberflächen-Struktur und Beschriftungsart findet man in [4].

Der Einsatz eines Verifiers ist zur Lesbarkeit nur dann sinnvoll, wenn der Aufbau des Verifiers exakt dem der nachfolgenden Lesestationen entspricht. Ist dies nicht der Fall, kann der Einsatz eines solchen Systems sogar kontraproduktiv sein in dem Sinne, dass gerade Beschriftungspara-

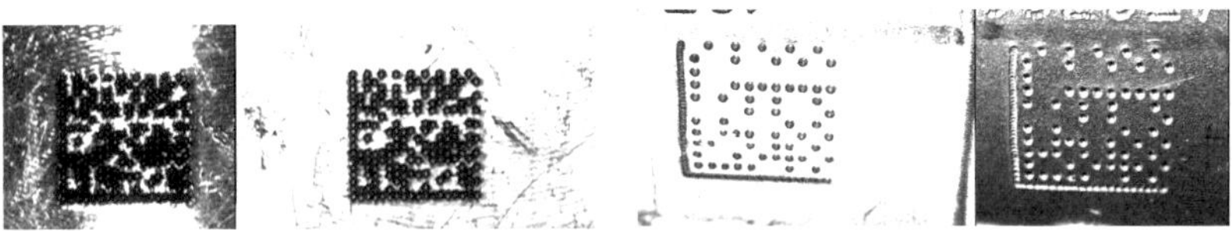

(a) Abhängigkeit von der Größe der beleuchtenden Fläche

(b) Hellfeld vs. Dunkelfeld

Abbildung 23.1: Beleuchtungsabhängigkeit der optischen Darstellung.

meter, für die der Verifier optimale Ergebnisse liefert, im späteren Einsatz zu schwierig/nicht lesbaren Vorlagen führen.

Ein weiteres Problem bei ECC 200 ist der Locator, mit dessen Hilfe der Code im Bild gesucht wird: Um den Locator sicher auswerten zu können, wird eine sog. Quiet Zone von mindestens einer Zellgröße um die Matrix herum gefordert, was bei strukturierten Oberflächen oder bei Platzproblemen nicht immer eingehalten werden kann. Bei gestörtem Locator kann der Code nicht gefunden und somit auch nicht gelesen werden.

ECC 200 basiert auf Reed-Solomon (RS) Codierung/Decodierung mit Blöcken von 8-Bit-Symbolen [1]. Die gängigen Decodieralgorithmen für ECC 200 arbeiten rein algebraisch mit sog. Hard-Decision. Günstiger wäre Soft-Decision-Decodierung, wie aus der Kanalkodierung bekannt. Soft-Decision-Decodierer verwerten Zuverlässigkeitsinformation, die mit den Eingangssymbolen verbunden ist, und liefern daher grundsätzlich bessere Ergebnisse als entsprechende Hard-Decision-Decodierer, die von Zuverlässigkeitsinformation keinen Gebrauch machen.

In neuerer Zeit wurden die iterativ arbeitenden Turbo-Codes erfolgreich eingesetzt. Turbo-Codes können in bestimmten Fällen erstaunlich stark gestörte Signale decodieren, jedoch führt die iterative Arbeitsweise zu nicht vorhersagbarer Rechenzeit; die Wirkungsweise ist schwierig zu durchschauen, der Entwurf und die Optimierung für eine spezielle Anwendung sind schwierig. Beliebt sind derzeit sog. Low-Density-Parity-Check-Codes (LDPC). Die Decodierung ist ebenso iterativ; Soft-Decision ist möglich. Eine Vergleichsstudie von LDPC mit gängiger Reed-Solomon-Decodierung, angewendet auf direkt beschriftete Matrixcodes, wurde kürzlich erstellt und verweist auf eine höhere Störsicherheit bei LDPC [5].

Die im Folgenden in Grundzügen beschriebene ECCi-Codierung/De-

codierung (ECCi: Error Correcting Code industrial) arbeitet differentiell
(s. u.), nichtiterativ und mit Soft-Decision. Ein Vergleich mit LDPC steht
noch aus.

2 Grundzüge der neuen Codierung/Decodierung

2.1 Differentielle Codierung

Die Codierung ist im Gegensatz zu ECC 200 differentiell. Grundopera-
tion beim Decodieren ist der Vergleich von Zellinhalten (kleine Bildver-
gleiche). Dem liegt die Erkenntnis zugrunde, dass, unabhängig von der
Beschriftungsweise und unabhängig von der Beleuchtungsweise, gleichar-
tige Zellen (also 2 ON-Zellen bzw. 2 OFF-Zellen) sich immer gleichartig
darstellen. Dies gilt zumindest innerhalb einer lokalen Umgebung, siehe
Bildbeispiel in Abb. 23.2.

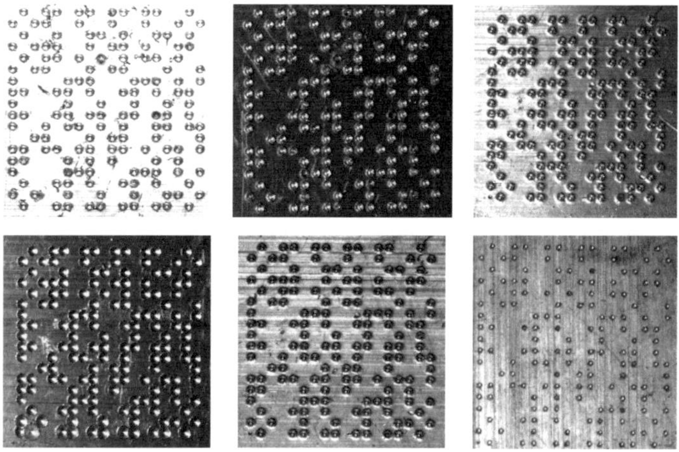

Abbildung 23.2: ON- bzw. OFF-Zellen erscheinen zumindest lokal unabhängig von Beleuchtung und Beschriftungsweise immer gleichartig.

Damit ist der Code lesbar unabhängig von der optischen Erscheinungsform der Zelle und somit unabhängig von der Beleuchtungs- und Beschriftungsweise. Dieser Vorteil ist besonders frappant bei verformender
Markierung: Reflex- und Schatteneffekte sind bei gleichartig behandelten

Zellen lokal immer ähnlich, das gilt auch bei einer sich zufällig ergebenden Kontrastumkehr.

2.2 Soft-Decision und Mehrheitsentscheidungen

Beim Decodieren werden dementsprechend jeweils zwei Zellen in nicht allzu großem Ortsabstand auf Gleichheit/Ungleichheit untersucht. Die Entscheidungen „gleich oder ungleich?" werden bewertet (z. B. „sicher gleich. . . eher gleich. . . unsicher. . . eher ungleich. . . sicher ungleich"); jeweils mehrere solcher Vergleiche werden Mehrheitsentscheidungen unterworfen. Dadurch werden lokale Störungen überwunden. Die Decodierung ist so organisiert, dass jede Einzelentscheidung auf einer Mehrzahl von Zellvergleichen beruht, mit einer nachgeschalteten Mehrheitsentscheidung. Man kann das am besten mit einer Meinungsbildung von mehreren Personen vergleichen, wobei jede Person entsprechend der (subjektiven) Sicherheit ihrer Meinung ihr persönliches Gewicht in die Waagschale werfen und sich ggf. auch der Stimme enthalten kann. Kleinere lokale Störungen werden auf diese Weise eliminiert.

Anschließend werden die Bewertungen einem global über das Codemuster sich erstreckenden Soft-Decision-Optimierungsverfahren unterworfen. So werden zusätzlich größere Störungen überwunden.

2.3 Integrierter Locator

ECCi ist, wie technisch realisiert, selbstsynchronisierend, grundsätzlich kann daher auf einen speziellen Locator verzichtet werden. So ist für Codes, die beliebig verschoben und in grob bekannter Drehlage (± 10 Grad) präsentiert werden, kein Locator erforderlich. Zur Beschleunigung der Lokalisierug werden allerdings für Anwendungen, bei denen zusätzlich die Drehlage gänzlich unbekannt ist, an verschiedenen Stellen kleine schachbrettartige Muster eingestreut [6]. Vorteil solcher eingestreuter Muster ist, dass – im Gegensatz zu ECC 200 – Störungen am Rand die Lokalisierung nicht beeinträchtigen. Es wird keine Quiet Zone gefordert, es kann bis zum Rand und sogar etwas darüber hinaus beschriftet werden. Aber auch lokale Störungen innerhalb der Matrix beeinträchtigen aufgrund eingebauter Redundanz die Lokalisierung nicht.

3 ECCi-Codierung und -Decodierung

3.1 Ein Beispiel

Hier wird der Kern-Prozess der Codierung sowie der differentiellen Decodierung mit Mehrheitsentscheidungen erläutert – anhand eines einfachen, aber instruktiven Beispiels, mit zunächst binär interpretierten Zellen. Danach wird der Übergang auf Zuverlässigkeitsinformation kurz erläutert. Zu Details dazu und weitergehenden Maßnahmen, wie der Realisierung von zellweisen Bildvergleichen und Mehrheitsentscheidungen, muss aus Platzgründen auf das Patent [7] verwiesen werden.

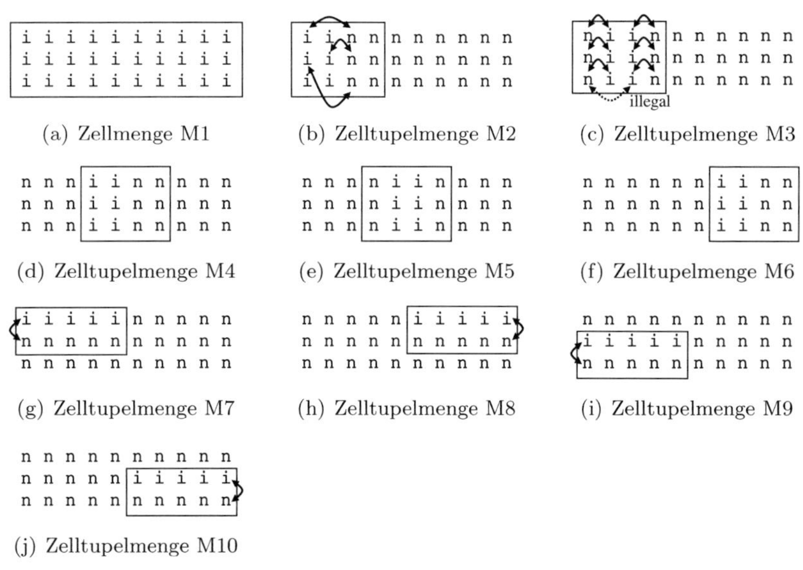

Abbildung 23.3: Zum Beispiel ECCi-Codierung/Decodierung.

Im Beispiel Abb. 23.3(a) bis 23.3(j) soll eine 10-Bit-Information codiert werden. Gegeben sei ein Feld mit 10×3 Zellen. Die 30 Zellen sollen redundant für eine Codierung der 10 Infobits verwendet werden. Die Anordnung der Zellen muss nicht unbedingt der endgültigen Anordnung entsprechen, weil am Ende noch eine gestreute Platzierung, ähnlich Interleaving, durchgeführt wird (s. u.). Es handelt sich um eine sequentielle

Codierung/Decodierung, infobitweise, im Beispiel also mit 10 Schritten.

3.2 ECCi-Codierung anhand Beispiel

Als Initialisierung wird allen Zellen des zu erstellenden Codes der gleiche Grundwert, z. B. 0, zugewiesen.

Für den ersten Codierschritt (erstes Infobit) definieren wir eine Menge M1 von Zellen, die in unserem Beispiel speziell alle Zellen umfaßt. Die Zellen in M1 werden nun alle invertiert, wenn das erste Infobit 1 ist; falls es 0 ist werden sie nicht invertiert. Mit anderen Worten: die Zellen in M1 werden XOR-verknüpft mit dem ersten Infobit. Solcherart behandelte Zellen von Zellmengen werden im folgenden Inversionszellen genannt und in den Abb. 23.3(a) bis 23.3(j) mit „i" dargestellt. Nichtinversionszellen, mit „n" dargestellt, bleiben dagegen unabhängig vom Infobit unverändert.

Für die folgenden Infobits definieren wir je eine Menge von Zelltupeln. Ein Zelltupel besteht aus mindestens einer Inversionszelle und mindestens einer Nichtinversionszelle. Da es insgesamt 10 Infobits zu codieren gilt, definieren wir noch insgesamt $10 - 1 = 9$ Zelltupelmengen.

In unserem Beispiel besteht jedes Zelltupel aus genau einer Inversionszelle und einer Nichtinversionszelle. Einige Zelltupel sind in Abb. 23.3 als Doppelpfeil zwischen je einer Inversionszelle und einer Nichtinversionszelle angedeutet.

Bei der Definition der Zellpaare muss folgende Vorschrift beachtet werden: Die Zellen eines Zelltupels müssen bei den XOR-Operationen aller vorangehenden Schritte jeweils alle gleich behandelt worden sein, unabhängig vom aktuellen Wert der vorangehenden Infobits. Dies ist erfüllt, wenn sie für jeden vorangehenden Codierschritt jeweils entweder alle Inversionszellen oder alle Nichtinversionszellen sind.

In Abb. 23.3(b) umfaßt die Zelltupelmenge M2 6 Inversionszellen und 6 Nichtinversionszellen. Es sind Überlappungen erlaubt, d. h. eine Zelle kann mehreren Zelltupeln angehören; lediglich die oben aufgeführte Vorschrift muss beachtet werden.

Die Inversionszellen von M2 werden mit dem zweiten Infobit XOR-verknüpft. D. h. falls sie aufgrund des ersten Infobits bereits invertiert wurden und nun aufgrund des zweiten Infobits invertiert werden, nehmen sie wieder den ursprünglichen Grundwert an.

Beim dritten Infobit mit Zelltupelmenge M3, siehe Abb. 23.3(c), umfasst die Menge M3 in unserem Beispiel genau die gleichen Zellen wie M2.

Ein im Sinne der oben aufgeführten Vorschrift illegales Zelltupel ist in Abb. 23.3(c) angegeben (gestrichelt). Es ist deshalb illegal, weil seine Nichtinversionszelle abhängig vom zweiten Infobit invertiert wurde, seine Inversionszelle hingegen nicht. Bei Infobit 4 (M4, Abb. 23.3(d)), sind die Zellpaare wie vorher bei M2 gewählt. Bei Infobit 5 (M5, Abb. 23.3(e)), sind die Zellpaare wie vorher bei M3 gewählt. Bei Infobit 6 (M6, Abb. 23.3(f)), sind die Zellpaare wie vorher bei M2 gewählt. Bei den Infobits 7 bis 10, mit den Zelltupelmengen M7 bis M10, siehe Abb. 23.3(g) bis 23.3(j) ist in diesem speziellen Beispiel die obige Vorschrift immer dann erfüllt, wenn die Zellen eines Zellpaares übereinander stehen.

Die schrittspezifische Aufteilung in Zelltupelmengen, Aufteilung in Zelltupel und Zuweisung der Inversions- und Nichtinversionszellen eines Zelltupels, Konfiguration genannt, geschieht nur einmal vorab, manuell oder mit Rechenprogramm. Die Codierung besteht einfach in der Anwendung der XOR-Operationen auf die Inversionszellen entsprechend der Konfiguration, infobitweise.

3.3 ECCi-Zellplatzierung

Da geometrisch gesehen der Platz, wo die Zellen eines Zellpaars sitzen, keine Rolle spielt, sondern nur die Zuordnung zu den Mengen, haben wir noch die Freiheit, die Zellen beliebig zu platzieren. Wir führen nun noch eine gestreute Platzierung durch, derart dass einerseits Zellen desselben Zelltupels möglichst nah beisammen liegen und andererseits Zelltupel, die über Zelltupelmengen miteinander verbunden sind, möglichst weit voneinander platziert werden. Der Effekt ist ähnlich dem bekannten Interleaving, durch das nicht nur Einzelfehler, sondern auch Bündelfehler korrigiert werden können. Die Platzierungsvorschrift muss natürlich dem Codierer wie dem Decodierer bekannt sein.

3.4 ECCi-Decodierung anhand Beispiel

Die Decodierung basiert auf dem Vergleich des Inhalts von Inversionszellen und Nichtinversionszellen innerhalb von Zelltupeln. Die Zelltupelmengen und damit die Teilinformationen werden gegenüber dem Codieren in umgekehrter Reihenfolge bearbeitet, hier also M10, M9, ..., M1.

Da wir im Beispiel binär codierte Zellen haben und da die Zelltupel hier Zellpaare mit je einer Inversionszelle und einer Nichtinversionszelle sind, ist die Vorgehensweise hier wie folgt:

Sind die jeweils betrachteten Zellen eines Zellpaares ungleich, so spricht das dafür, dass das zugehörige aktuelle Infobit gesetzt ist; sind sie gleich, so spricht das dafür, dass das zugehörige aktuelle Infobit nicht gesetzt ist. Die Entscheidung wird vorzugsweise über einen Mehrheitsentscheid der beteiligten Zellpaare einer Zelltupelmenge getroffen.

Sofern weitere Decodierschritte anstehen, werden jedesmal, wenn eine Entscheidung daraufhin gefällt wurde, dass das Infobit gesetzt wird, die Inversionszellen der aktuellen Zellmenge invertiert. Auf diese Weise werden also nacheinander die Infobits 10, 9, ..., 2 decodiert.

Infobit 1 ist im Beispiel ein Sonderfall: Hier wird nicht über einen Vergleich verschiedener Zellen, sondern (mehrheitlich) durch Vergleich mit dem Initialwert 0 entschieden.

Bei vor Decodierung ungestörten Zellen bleibt am Ende eine ganz mit 0 belegte Matrix übrig. Bei ursprünglich gestörten Zellen entsteht dann bei korrekter Decodierung am Ende ein Fehlerbild. Dieses Fehlerbild kann zur Qualitätsbeurteilung der Decodierung oder des Signals herangezogen werden.

Abgesehen von Infobit 1 werden also bei diesem Beispiel alle Vergleiche direkt zwischen aktuellen Zellinhalten realisiert. Würde man beispielsweise alle Zellen gegeneinander invertieren, so würden trotzdem alle Bits 2...10 korrekt decodiert werden.

Soweit die Grundidee – wobei bisher die einfache binäre Ungleich/ Gleich-Abfrage, realisiert durch XOR, verwendet wurde. Die Verallgemeinerung auf Soft-Decision-Mehrheitsentscheidungen geschieht durch Übergang von konventioneller Logik zu einer Fuzzy Logik, bei der XOR ersetzt wird durch XOR(A,B) = ABS(A-B)+1; (ABS = Absolut-Betrag). Zu Details siehe [7].

4 Lokalisierung

Für Codes mit freier Drehlage werden zur Beschleunigung an verschiedenen Stellen kleine spezielle Muster eingestreut, die zur Lokalisierung dienen. Durch das redundante Einstreuen von kleinen Lokalisierungsmustern wird das Lokalisieren robust gegen lokale Störungen, insbesondere auch gegen die in der Praxis häufig vorkommenden Störungen am Rand. Die Forderung einer Quiet Zone entfällt.

Von anderen Matrix-Codearten ist das Einstreuen von speziellen Mustern bekannt (ineinander verschachtelte Quadrate: Aztec, QR). Im Gegensatz dazu werden hier mehrere kleine Schachbrettmuster eingestreut. Das Finden dieser Muster ist ein hierarchischer, iterativer Vorgang, bei dem auf einen sehr einfachen ersten lokalen Operator ein zweiter, komplexerer folgt, mit strukturell mächtigeren Formen. Das Verfahren ist nicht auf eine Vorab-Binarisierung angewiesen, arbeitet differentiell und ist somit robust. Für Details sei auf das entsprechende Patent [6] hingewiesen. Die Muster bieten maximale Strukturiertheit auf kleinem Raum, dadurch wird möglichst wenig des kostbaren Codeplatzes für das Lokalisieren aufgebraucht. Die Muster unterscheiden sich optisch nicht von den informationstragenden Daten, so dass sich für das Auge eine unauffällige, insgesamt homogene optische Erscheinungsweise ergibt.

5 Anwendungsbeispiele

Die folgenden Anwendungsbeispiele seien herausgegriffen: Ein Hersteller von Dichtmitteln bietet für Zwecke der Produkt-Rückverfolgung und für Plagiatschutz individuell mit ECCi gekennzeichnete Radialwellendichtringe an [8]. Ein Lieferant für spezielle Laser-Bearbeitungseinrichtungen bietet die ECCi-Kennzeichnung und das Lesen von Bearbeitungswerkzeugen an, zur Vereinfachung der Handhabung der routinemäßigen Nachbearbeitung [9]. ECCi-Beschriftungen sind bei Laserbeschriftern bereits in die Beschriftungssoftware als Standard integriert [10].

Die Abbildungen 23.4 und 23.5 zeigen Beschriftungs- und Leseproben mit Radialwellen-Dichtringen und mit Bearbeitungswerkzeugen.

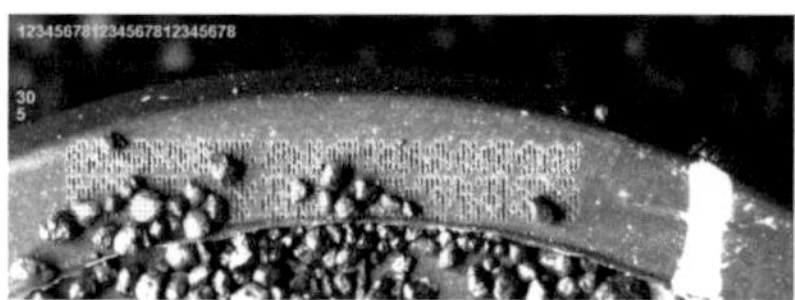
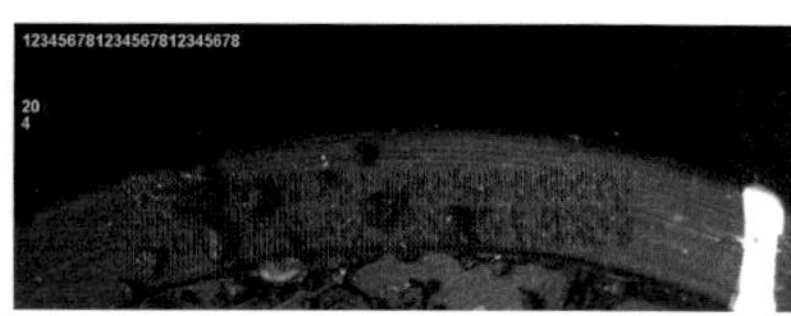

Abbildung 23.4: Individuelle Kennzeichnung von Simmeringen (Leseprobe mit verschiedenen Störungen und Beleuchtungen).

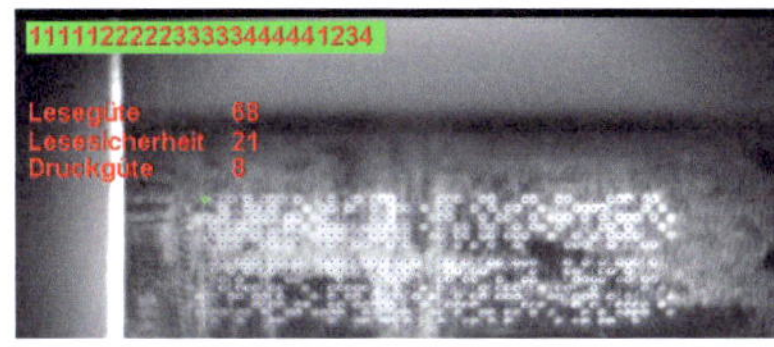

Abbildung 23.5: Individuelle Kennzeichnung von Bearbeitungswerkzeugen (Beschriftungs- und Leseprobe mit versch. Beschriftung und mit Störungen).

6 Vergleich mit Alternativen

Die Codierung ist differentiell; damit adaptiert die Decodierung automatisch an beleuchtungsbedingte Veränderungen der Bilddarstellung. Die Quiet Zone entfällt bei ECCi; das gesamte Muster wird zum Lokalisieren mit herangezogen, daher ist die Lokalisierung robuster und genauer als bei ECC 200. Die Fehlertoleranz ist bei ECCi deutlich höher als bei Data Matrix. Die Datendichte ist bezogen auf die Anzahl der Zellen bei ECCi geringer als bei Data Matrix (je nach Parametrierung ab Faktor 2).

Bei alternativen Methoden, die mit 90 Grad gegeneinander steigenden/fallenden Strichen („Glyphen") arbeiten [11], geben diese dem Lesesystem zwar einfache Hinweise für die Drehlage, ihre Darstellung ist jedoch bei verformender Beschriftung empfindlich gegen die Beleuchtungsrichtung. Der Aufwand für die Beschriftung ist bei ECCi geringer, denn bei ECCi müssen nur ca. 50% der Zellen beschriftet werden, ausserdem sind keine Formelemente erforderlich: bei ECCi genügt ein einziger Punkt. Dieses wiederum führt zu flächenbezogen größerer Datendichte.

7 Fazit

Der neue Code vom Typ ECCi ist interessant in Industrieanwendungen mit problematischer Oberfläche, bei kleinen bzw. nicht rechteckigen Beschriftungsfeldern, auf gekrümmten Oberflächen (angepasstes Format), bei schwieriger Zugänglichkeit durch die Beleuchtung, bei notwendigerweise kleinflächiger (punktueller) Beleuchtung aus Betrachtungsrichtung.

Mit dem Code werden viele Probleme, die mit der Sicherstellung der Lesbarkeit von Data Matrix Codes auftreten und durch Normen und Verifikatoren nur unzureichend gelöst werden können, umgangen: Aufgrund der Codierungs- und Decodierungsweise sind Markierungen prinzipiell bei allen realen Beleuchtungsbedingungen lesbar, d. h. wenn er nur überhaupt beleuchtet wird und sich irgendwie in einem Bild darstellt und nicht extrem gestört ist. Damit kann die Sicherstellung der Lesbarkeit gewährleistet werden über die gesamte Logistik-Kette, in verschiedenen Einbau-Situationen und über die gesamte Lebensdauer des Produkts. Bei Industrieanwendungen sind die zu codierenden Datenmengen in aller Regel geringer als bei Anwendungen auf Papier, daher kann hier mit höherer Redundanz, also geringerer Datendichte gearbeitet werden.

Literatur

1. Association for Automatic Identification and Mobility (AIM) specification for Data Matrix. [Online]. Available: www.aimglobal.org/estore/ProductDetails.aspx?productID=26

2. „DIN ISO 15415; Europäische Norm-Data Matrix Quality Requirements for Parts Marking-EN 9132; AIM DPM-1-2006-Direct Part Mark Quality Guideline; Applying Data Matrix Identification Symbols on Aerospace Parts (standards.nasa.gov/documents/viewdoc/3314928/3314928)".

3. Understanding 2D Verification. [Online]. Available: reynolds-automation.com.au/Microscan/Literature/Training/2Dverification_whitepaper.pdf

4. „Direktbeschriftung mit Data Matrix Codes (DMC) - Qualitätsvorgaben", Firmenschrift, Vision Tools Bildanalyse Systeme GmbH.

5. W. Proß, F. Quint und M. Otesteanu, „Using PEG-LDPC Codes for Object Identification", in *Int. Symp. on Electronics and Telecommunication (ISETC'2010)*, Timisoara, 1993.

6. „Patent DE 10220220 C1".

7. „Patente US 7411524 B2, DE 10 2005 037 388 B4".

8. „Freudenberg Save", Pressemeldung der Firma Freudenberg, Weinheim. [Online]. Available: www.freudenberg-ds.de/ecomaXL/index.php?site=FDS_de_news_detail&udtx_id=306

9. „Fa. Kist Lasertechnik", Eckental. [Online]. Available: www.kist-lasertechnik.de

10. „ROFIN and VisionTools to Showcase Innovative DataMatrix Code for Industrial Marking Applications", Pressemeldung der Firma Rofin Sinar, Bergkirchen. [Online]. Available: www.rofin.com/uploads/media/ECCI_Codes_English.pdf

11. „Patent US 38758 E".

Modellbasierte Analyse menschlicher Bewegungen

Kristine Back, Ron Heiman und Fernando Puente León

Karlsruher Institut für Technologie, Institut für Industrielle Informationstechnik, Hertzstr. 16, D-76187 Karlsruhe

Zusammenfassung In diesem Beitrag wird ein Verfahren zur Bestimmung dynamischer Modelle für menschliche Bewegungen durch Auswertung von Raum-Zeit-Merkmalen in Bildfolgen vorgestellt. Informationen über den zeitlichen Verlauf von Aktivitäten werden aus Clustern von Space-Time Interest Points (STIPs) in Regionen sich bewegender Körperteile extrahiert. Daraus können als Nächstes hybride dynamische Modelle geschätzt werden. Anhand von Simulationen bei stationären, sich wiederholenden Bewegungen wird gezeigt, dass diese Modelle aussagekräftige Informationen über die zugrundeliegende Aktivität enthalten.

1 Einleitung

Die videobasierte Analyse und Erkennung menschlicher Aktivitäten hat in den letzten Jahren immer mehr an Bedeutung gewonnen. Sie spielt eine Schlüsselrolle bei der Entwicklung intelligenter Systeme mit der Fähigkeit, menschliche Umgebungen zu interpretieren und mit ihnen zu interagieren, und es gibt eine Vielzahl von Anwendungen, die davon sehr stark profitieren können.

Abhängig vom Einsatzbereich eines solchen Systems stehen dabei unterschiedliche Aspekte im Vordergrund und somit unterscheiden sich auch die Anforderungen an die verwendeten Verfahren. Ein mögliches Ziel ist beispielsweise die Erkennung von Bewegungen unabhängig von der ausführenden Person oder der Art der Ausführung. Im Bereich der Ganganalyse, z. B. bei Überwachungsanwendungen, ist auch die Identifikation von Personen basierend auf ihrem charakteristischen Gang eine interessante Aufgabe.

Zunächst müssen Bewegungen erfasst und in eine geeignete Repräsentation überführt werden. Danach erfolgt eine Weiterverarbeitung, z. B. eine Klassifikation oder Modellierung der beobachteten Aktivität. Es können dabei sehr umfassende Informationen aus dem beobachteten Videosignal extrahiert werden, wie z. B. ganze Silhouetten von Personen, kinematische Modelle des menschlichen Körpers – oder man kann sich auf eine kompakte Darstellung aus einigen wenigen, aber möglichst aussagekräftigen Merkmalen beschränken. Ein umfassender Überblick über verschiedene Ansätze zur Repräsentation und Erkennung von Bewegungen ist in [1–3] zu finden.

Für Anwendungen, die eine sehr detaillierte und flexible Beschreibung erfordern, sind rein merkmalsbasierte Ansätze unzureichend, da sich das System „Mensch" durch ein sehr komplexes und variierendes dynamisches Verhalten auszeichnet. Daher sind Analysemethoden von Nöten, die die dynamischen Eigenschaften von Bewegungen beschreiben können und sich auf eine umfassende Menge verschiedener Bewegungsformen anwenden lassen. Des Weiteren ist es wünschenswert, dass diese Methoden auf verschiedene Aufgaben übertragen werden können, z. B. der Erkennung, Synthese oder Prädiktion. Einige Ansätze zu Verfahren, die das Erlangen eines tiefer gehenden Verständnisses der menschlichen Dynamik anstreben, sind vor allem im Bereich der Ganganalyse zu finden [4–7].

In diesem Beitrag wird eine Methode vorgestellt, dynamische Modelle von Aktionen zu bestimmen, ohne auf eine aufwendige Vorverarbeitung der Videodaten angewiesen zu sein. In Abschnitt 2 wird eine Möglichkeit zur Extraktion von Bewegungsverläufen verschiedener Körperregionen durch Detektion und Clustering von Punkten in Ort und Zeit, die deskriptive Bewegungsinformationen enthalten, vorgestellt. Die daraus resultierenden Zeitverläufe werden dann in Abschnitt 3 zur Schätzung dynamischer Regressionsmodelle verwendet und in Abschnitt 4 werden Simulationsergebnisse anhand des KTH-Datensatzes präsentiert.

2 Detektion und Repräsentation von Bewegungen

In diesem Abschnitt soll eine Bewegungsrepräsentation in Form von Trajektorien von Raum-Zeit-Merkmalen generiert werden. Dazu müssen Punkte (x_s, y_s, t_s), sog. *Space-Time Interest Points (STIPs)*, in einer Bildfolge $i(x, y, t)$ detektiert werden, an denen Bewegungen von Objekten

– in diesem Fall Menschen – stattfinden. STIPs können in einer Bildfolge $i(x, y, t)$ durch verschiedene Verfahren detektiert werden, z. B. durch eine Erweiterung des Harris-Eckendetektors auf den dreidimensionalen Fall [8], durch Verwendung des optischen Flusses [9], oder einer Filterung in Raum- und Zeitrichtung. Bei letzterem Ansatz werden Filter entworfen, die in Bereichen, die relevante Informationen über Bewegungen enthalten, eine starke Filterantwort liefern.

Ein bekannter STIP-Detektor, der räumliche und zeitliche Filter miteinander kombiniert, wurde in [10] vorgestellt. Die Filterantwort berechnet sich dabei zu

$$r_{\sigma,\tau}(x, y, t) = (i(x, y, t) * g(x, y; \sigma) * h_{\mathrm{ev}}(t; \tau))^2 \\ + (i(x, y, t) * g(x, y; \sigma) * h_{\mathrm{od}}(t; \tau))^2 . \tag{24.1}$$

$g(x, y; \sigma)$ ist ein örtliches Gauß-Filter, in Zeitrichtung werden eindimensionale Gabor-Filter

$$h_{\mathrm{ev}}(t; \tau) = -\cos(2\pi t\omega)\, \mathrm{e}^{-\frac{t^2}{\tau^2}} , \\ h_{\mathrm{od}}(t; \tau) = -\sin(2\pi t\omega)\, \mathrm{e}^{-\frac{t^2}{\tau^2}} \tag{24.2}$$

mit $\omega = 4/\tau$ verwendet, wobei σ und τ den räumlichen bzw. zeitlichen Skalenfaktor bezeichnen. Dieser Detektor ist besonders gut für periodische Bewegungen geeignet. Er hat jedoch einige Nachteile. Auf rein translatorische Bewegungen reagiert er nur sehr schwach und es kommt außerdem häufig zu Fehldetektionen durch Rauschen oder Objekte im Hintergrund.

Um diese Probleme zu vermeiden, wurde in [11] eine andere Detektionsstrategie entwickelt. Dabei wird dazu zunächst das Differenzbild $i_{\mathrm{D}}(x, y, t) = i(x, y, t) - i(x, y, t - 1)$ zwischen jeweils zwei Frames gebildet, um Bereiche mit Bewegungen zu extrahieren. Als Nächstes werden in den erhaltenen *Regions of Interest* Gabor-Filter verschiedener Orientierungen α auf das Originalbild angewandt:

$$s_\alpha(x, y) = \cos(2\pi(\mu_0 x + \nu_0 y) + \alpha) \exp\left(-\frac{x^2 + y^2}{2\rho^2}\right). \tag{24.3}$$

Dieser Detektor verfügt über sehr günstige Eigenschaften. Körperteile, die an Bewegungen beteiligt sind, können gut erfasst werden und durch die gewählte Kombination der einzelnen Detektoren ist er robuster gegenüber Rauschen und der Hintergrundbeschaffenheit als das Filter in Gl. (24.1). In Abbildung 24.1 wird die Extraktion von STIPs anhand eines Beispiels veranschaulicht.

Nach der Lokalisation der STIPs werden für verschiedene Skalen Raum-Zeit-Merkmale gebildet. Häufig werden dafür Histogramme, z. B. des Grauwertgradienten oder des optischen Flusses, in Bereichen um die STIPs, deren Größe vom Skalenfaktor abhängt, verwendet. In [11] wird vorgeschlagen, die STIPs zu Punktwolken zusammenzufassen und aus diesen verschiedene Merkmale zu extrahieren. Für Erkennungsaufgaben werden diese Raum-Zeit-Merkmale als Nächstes zu Bewegungsdeskriptoren weiterverarbeitet und zur Klassifikation verwendet.

Das Ziel in diesem Beitrag ist jedoch nicht die Generierung von Deskriptoren für eine Klassifikation, sondern eine Repräsentation des dynamischen Verhaltens der Teile des menschlichen Körpers, die maßgeblich an der Bewegung beteiligt sind. Dazu werden mit Hilfe eines Clustering-Verfahrens aus den STIPs Punktwolken gebildet. Diese treten in Bereichen sich bewegender Körperteile auf. Durch Auswertung des zeitlichen Verlaufs der einzelnen Cluster erhält man Trajektorien, die das dynamische Verhalten der jeweiligen Körperteile repräsentieren.

3 Dynamische Bewegungsmodelle

3.1 Auto-Regressive (AR) Modelle

Nachdem eine abstrahierte Darstellung einer Bewegung generiert wurde, soll die Dynamik mittels einer geeigneten Modellform beschrieben werden. Dazu wird ein AR-Prozess der Ordnung n betrachtet:

$$y_t = \sum_{i=1}^{n} \theta_i\, y_{t-i} + e_t \tag{24.4}$$

bzw. in Vektornotation

$$y_t = \boldsymbol{\phi}_t\, \boldsymbol{\theta} + e_t \tag{24.5}$$

mit dem Messvektor $\boldsymbol{\phi}_t = [y_{t-1}, y_{t-2}, \ldots, y_{t-n}]$ zum Zeitpunkt t, den Regressionsparametern $\boldsymbol{\theta} = [\theta_1, \ldots, \theta_n]^\mathsf{T}$ und dem gaußverteilten Rauschprozess e_t mit $E\{e_t\} = 0$ und der Varianz $E\{e^2\} = R$.

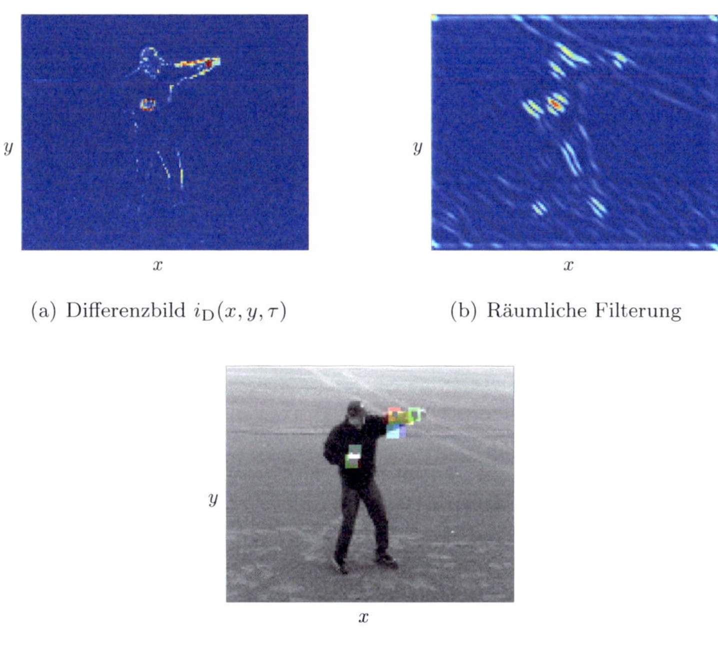

(a) Differenzbild $i_\mathrm{D}(x, y, \tau)$ (b) Räumliche Filterung

(c) Detektierte STIPs

Abbildung 24.1: Beispiel zur Detektion von STIPs.

Der Parametervektor wird als Zufallsvariable mit der A-priori-Wahrscheinlichkeitsdichte $p(\boldsymbol{\theta}) = \mathcal{N}(\boldsymbol{\theta}_0, \mathbf{P}_0)$ interpretiert. $\boldsymbol{\theta}$ kann offline oder online durch Verfahren der Identifikationstheorie bestimmt werden.

Um verschiedene Modelle miteinander vergleichen zu können, wird ein geeignetes Distanzmaß basierend auf der A-posteriori-Dichte $p(\boldsymbol{\theta}|\mathbf{y}^T)$ bei den Beobachtungen $\mathbf{y}^T = [y_1, \ldots, y_T]$ benötigt. Die euklidische Distanz zwischen den einzelnen Modellparametern stellt kein zulässiges Distanzmaß zwischen Modellen dar. In [6] wird dagegen die Wasserstein-Distanz zum Vergleich der Modelle herangezogen. Die Wasserstein-Metrik ist allgemein zwischen zwei Dichten $f_1(x)$ und $f_2(y)$ definiert als

$$d_\mathrm{W}(f_1, f_2)^2 = \inf_f (E_f\{(\mathbf{x} - \mathbf{y})^\mathsf{T}(\mathbf{x} - \mathbf{y})\}) \tag{24.6}$$

mit der Verbunddichte $f(x, y)$. Im Falle gaußförmiger Verteilungen kann d_{W}^2 analytisch berechnet werden:

$$d_{\mathrm{W}}(\mathcal{N}(\boldsymbol{\theta}_1, \mathbf{P}_1), \mathcal{N}(\boldsymbol{\theta}_2, \mathbf{P}_2))^2 =$$
$$(\boldsymbol{\theta}_1 - \boldsymbol{\theta}_2)^{\mathsf{T}}(\boldsymbol{\theta}_1 - \boldsymbol{\theta}_2) + \mathrm{Trace}(\mathbf{P}_1 + \mathbf{P}_2 - 2(\mathbf{P}_1\mathbf{P}_2))^{\frac{1}{2}} . \tag{24.7}$$

Die Verwendung dieser Metrik stellt sicher, dass ähnliche Modelle eine geringe Distanz und unterschiedliche Modelle eine größere Distanz aufweisen. Im Falle deterministischer Parameter, d. h. für $\mathbf{P}_1, \mathbf{P}_2 = 0$, ist die Wasserstein-Distanz identisch mit der euklidischen Distanz.

3.2 Hybride Modelle

Da die dynamischen Eigenschaften menschlicher Aktivitäten stark nichtstationär sind, wird im Folgenden auf die Verwendung von umschaltenden Regressionsmodellen eingegangen. In [6] wurde ein Verfahren zur Ganganalyse entwickelt, bei dem ein hybrides AR-Modell zur Beschreibung von Gehbewegungen verwendet wird. Das Modell wird definiert als

$$y_t = \boldsymbol{\phi}_t\, \boldsymbol{\theta}_{q_t} + e_{q_t}, \qquad e_{q_t} \in \mathcal{N}(0, R_{q_t}),$$
$$p(q_t|q_{t-1}) = M(q_t, q_{t-1}), \qquad p(q_1) = \pi_{q_1} . \tag{24.8}$$

Das diskrete Teilsystem stellt eine Markov-Kette, bestehend aus m Zuständen mit den A-priori-Wahrscheinlichkeiten $\boldsymbol{\pi} = [\pi_1, \ldots, \pi_m]$ und den Übergangswahrscheinlichkeiten $M(q_t, q_{t-1})$ dar. Den diskreten Zuständen sind die AR-Modelle $\boldsymbol{\theta}^m = (\boldsymbol{\theta}_1, \ldots, \boldsymbol{\theta}_m)$ zugeordnet. Die A-priori-Wahrscheinlichkeiten der Modellparameter werden als gaußverteilt angenommen.

Um ein solches Modell zu identifizieren, wird die A-posteriori-Gesamtdichte $p(\boldsymbol{\theta}|\mathbf{y}^T)$ über alle Parameterhypothesen benötigt. $\mathbf{y}^T = [y_1, \ldots, y_T]$ sind die vorliegenden Messungen im Beobachtungsintervall τ. Für eine exakte Bestimmung dieser Dichte müssten alle möglichen Zustandsfolgen $\mathbf{q}^T$ berücksichtigt werden. Da in der Praxis aufgrund der hohen Komplexität nicht über alle $\mathbf{q}^T$ marginalisiert werden kann, wird $p(\boldsymbol{\theta}|\mathbf{y}^T)$ mit Hilfe einer Filterbank-Methode angenähert. Jedes der K Filter resultiert aus einer speziellen Zustandsfolge $\mathbf{q}_j^T$ und besteht aus den Hypothesen für die m dynamischen Teilmodelle

$$p(\boldsymbol{\theta}|\mathbf{y}^T) \approx \frac{1}{C} \sum_{j=1}^{K} \sum_{i=1}^{m} p(\boldsymbol{\theta}_i|\mathbf{q}_j^T, \mathbf{y}^T)\, p(q_\tau = i|\mathbf{q}_j^T)\, p(\mathbf{q}_j^T|\mathbf{y}^T) \tag{24.9}$$

mit $C = \sum_{j=1}^{K} p(\mathbf{q}_j^T | \mathbf{y}^T)$.

3.3 Schätzen der Zustandsfolgen

Zur Berechnung von (24.9) werden die K wahrscheinlichsten Zustandsfolgen bei den Beobachtungen $\mathbf{y}^T$ geschätzt. Dazu muss eine Segmentierung des Messsignals durchgeführt werden, so dass $\mathbf{y}_t$ in jedem Segment durch ein lineares Regressionsmodell $\boldsymbol{\theta}_i$ möglichst gut beschrieben wird. Die Anzahl m der Teilmodelle ist fest, daher sind die einzelnen Segmente voneinander abhängig. Für die A-posteriori-Dichte der Zustandsfolge zum Zeitpunkt t ergibt sich folgender rekursiver Ausdruck:

$$\log p(\mathbf{q}^t | \mathbf{y}^t) = C + \log p(\mathbf{q}^{t-1} | \mathbf{y}^{t-1}) + \log M(q_{t-1}, q_t)$$
$$- \frac{1}{2} \log \det V_{q_t,t} - \frac{1}{2} \left(y_t - \boldsymbol{\phi}_t^\mathsf{T} \hat{\boldsymbol{\theta}}_{q_t,t-1} \right)^\mathsf{T} V_{q_t,t}^{-1} \left(y_t - \boldsymbol{\phi}_t^\mathsf{T} \hat{\boldsymbol{\theta}}_{q_t,t-1} \right) \quad (24.10)$$

mit einer Konstanten C und $V_{q_t,t} = \left(\boldsymbol{\phi}_t^\mathsf{T} \hat{\mathbf{P}}_{q_t,t-1} \boldsymbol{\phi}_t + R_{q_t} \right)$.

Die Schätzung der Modellparameter $\boldsymbol{\theta}_{i,t}$ und Kovarianzen $\mathbf{P}_{i,t}$ des Teilmodells i erfolgt mit Hilfe des rekursiven Least-Squares-Algorithmus

$$\hat{\boldsymbol{\theta}}_{i,t} = \hat{\boldsymbol{\theta}}_{i,t-1} + \hat{\mathbf{P}}_{i,t-1} \, \boldsymbol{\phi}_t \, V_{i,t}^{-1} (\mathbf{y}_t - \boldsymbol{\phi}_t^\mathsf{T} \hat{\boldsymbol{\theta}}_{i,t-1}) \quad (24.11)$$

und

$$\hat{\mathbf{P}}_{i,t} = \hat{\mathbf{P}}_{i,t-1} - \hat{\mathbf{P}}_{i,t-1} \, \boldsymbol{\phi}_t \, V_{i,t}^{-1} \, \boldsymbol{\phi}_t^\mathsf{T} \, \hat{\mathbf{P}}_{i,t-1} \, . \quad (24.12)$$

Der Algorithmus zur praktischen Ermittlung der K Filterhypothesen $\mathbf{q}_j^T$ ist in [6] angegeben.

Die Wasserstein-Distanzen zwischen den ermittelten hybriden Modellen können nur näherungsweise berechnet werden, indem $p(\boldsymbol{\theta} | \mathbf{y}^T)$ durch eine Gauß'sche Mischverteilung angenähert wird.

4 Ergebnisse

Das vorgestellte Verfahren wird anhand von Videosequenzen aus dem KTH-Datensatz [12] getestet. Anhand der drei Aktivitäten *Winken*, *Klatschen* und *Boxen* werden die Ergebnisse präsentiert.

In Abbildung 24.2 sind Trajektorien von STIP-Clustern beider Hände für die Bewegungen Winken und Boxen abgebildet. Die STIPs wurden

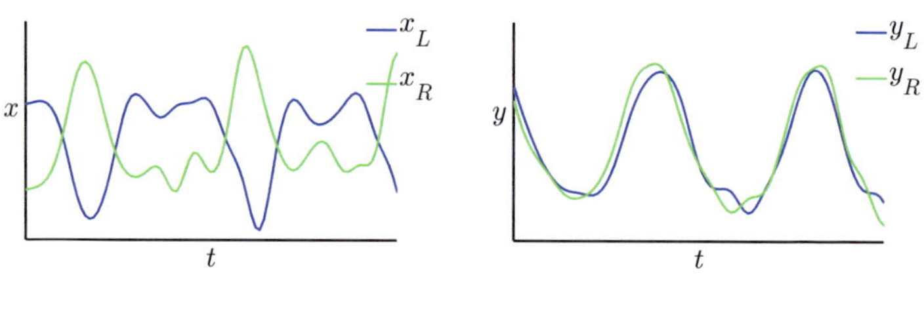

(a) Hand-Trajektorien für „Winken"

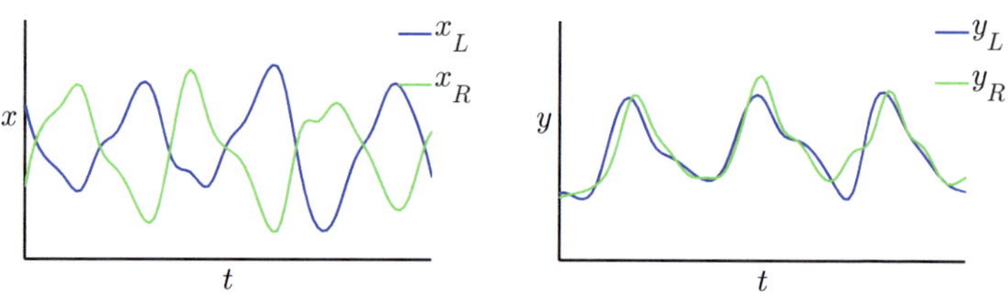

(b) Hand-Trajektorien für „Boxen"

Abbildung 24.2: Beispiele für extrahierte Trajektorien: vertikale und horizontale Handbewegungen.

durch Kombination des Differenzbildes und des Filters (24.3) aus Abschnitt 2 lokalisiert. Zur Clusterbildung wurde das k-Means-Verfahren angewandt. Die Zuordnung der Punktwolken zu den Körperbereichen erfolgte hierbei manuell, die Integration einer automatischen Erkennung ist Gegenstand künftiger Forschungen.

In [6] wurde das hybride Modell (24.8) anhand von Bewegungstrajektorien aus einem markerbasierten „*Motion Capture*"-System getestet. Die Umschaltpunkte zwischen den einzelnen Teilmodellen entsprachen dabei den Bodenkontakten. Als Systemparameter wurden Trajektorien von 20 Markern verwendet, die an verschiedenen Körperstellen der Testpersonen angebracht waren. Hier werden dagegen die extrahierten Cluster-Trajektorien mit Hilfe eines solchen Modells repräsentiert. Da STIPs nur in den Bereichen detektiert werden, die ausschlaggebend an einer Akti-

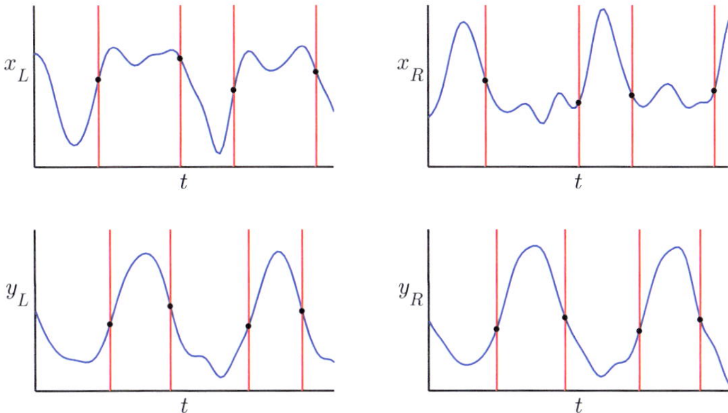

Abbildung 24.3: Segmentierung der Cluster-Trajektorien für die Aktivität „Winken".

vität beteiligt sind, wird die beobachtete Bewegung im Gegensatz zum o. g. Fall durch vergleichsweise wenige Systemgrößen – im vorliegenden Beispiel nur die Position der Hände – repräsentiert.

Abbildung 24.3 zeigt ein Segmentierungsergebnis für eine winkende Handbewegung. Die Aktivität wird in unterschiedliche Teilphasen unterteilt, denen ein jeweils eigenes dynamisches Modell zugrunde liegt. Die Ordnung der dynamischen Systeme wurde experimentell bestimmt. Für die hier betrachteten Fälle hat sich herausgestellt, dass Modelle zweiter Ordnung ausreichend sind, was auch die Ergebnisse anderer Arbeiten bestätigen [13, 14].

Um zu untersuchen, ob das hier vorgestellte Verfahren eine Unterscheidung verschiedener Klassen erlaubt, wird die Wasserstein-Distanz der identifizierten Modelle für unterschiedliche Bewegungsklassen betrachtet. In Abbildung 24.4 sind die Modellabstände für die drei untersuchten Bewegungsarten abgebildet. Die identifizierten Modelle sind detailliert genug, dass sie eine Unterscheidung der Bewegungsarten erlauben, obwohl nur zwei Systemgrößen berücksichtigt werden.

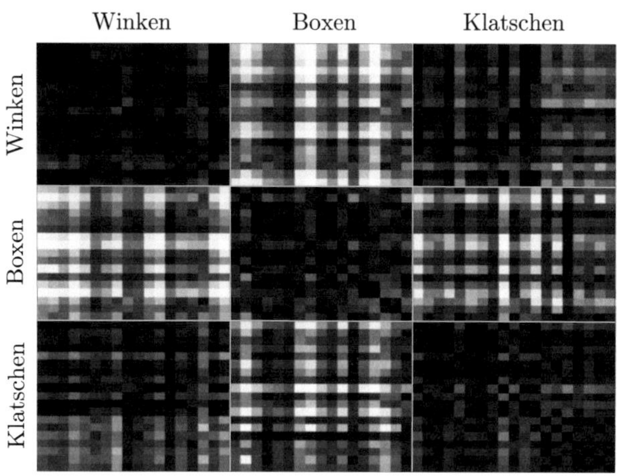

Abbildung 24.4: Distanzmatrix zwischen geschätzten Modellen für Punkttrajektorien.

5 Zusammenfassung

In diesem Beitrag wurde ein Verfahren vorgestellt, mit Hilfe dessen dynamische Modelle menschlicher Bewegungen identifiziert werden können. Zunächst wird dazu eine abstrahierte Repräsentation der Dynamik der Bewegungen aus Bildfolgen generiert. Dazu werden Raum-Zeit-Merkmale in Bereichen um Körperteile, die Bewegungen ausführen, gebildet und deren zeitlicher Verlauf ausgewertet. Diese Zeitverläufe stellen eine kompakte Darstellung der dynamischen Eigenschaften einer Bewegung dar. Als Nächstes können daraus umschaltende AR-Modelle identifiziert werden, die mit Hilfe einer geeigneten Metrik verglichen werden können. Simulationen ergaben, dass die so generierte Repräsentation aussagekräftige Informationen über die dynamischen Eigenschaften der zugrundeliegenden Bewegung beinhaltet und somit eine tiefer gehende Analyse und Unterscheidung verschiedener Aktivitäten ermöglicht. Zukünftige Arbeiten beschäftigen sich mit einer automatisierten und verbesserten Extraktion der Cluster-Trajektorien, weiteren Untersuchungen möglicher Modellstrukturen und Identifikationsstrategien, der detaillierteren Analyse der identifizierten Modelle und der Erweiterung auf vielfältigere und komplexere Aktivitäten.

Literatur

1. R. Poppe, „Vision-based human motion analysis: An overview", *Computer Vision and Image Understanding*, Vol. 108, Nr. 1-2, S. 4–18, 2007.

2. P. Turaga, R. Chellappa, V. Subrahmanian und O. Udrea, „Machine recognition of human activities: A survey", *Circuits and Systems for Video Technology, IEEE Transactions on*, Vol. 18, Nr. 11, S. 1473–1488, 2008.

3. R. Poppe, „A survey on vision-based human action recognition", *Image and Vision Computing*, Vol. 28, Nr. 6, S. 976–990, 2010.

4. A. Agarwal und B. Triggs, „Tracking articulated motion using a mixture of autoregressive models", *Computer Vision-ECCV 2004*, S. 54–65, 2004.

5. A. Bissacco, A. Chiuso, Y. Ma und S. Soatto, „Recognition of human gaits", 2001.

6. A. Bissacco und S. Soatto, „Hybrid dynamical models of human motion for the recognition of human gaits", *International journal of computer vision*, Vol. 85, Nr. 1, S. 101–114, 2009.

7. M. Black, Y. Yacoob, A. Jepson und D. Fleet, „Learning parameterized models of image motion", S. 561–567, 2002.

8. I. Laptev, „On space-time interest points", *International Journal of Computer Vision*, Vol. 64, Nr. 2, S. 107–123, 2005.

9. H. Riemenschneider, M. Donoser und H. Bischof, „Bag of optical flow volumes for image sequence recognition", 2009.

10. P. Dollár, V. Rabaud, G. Cottrell und S. Belongie, „Behavior recognition via sparse spatio-temporal features", S. 65–72, 2006.

11. M. Bregonzio, S. Gong und T. Xiang, „Recognising action as clouds of space-time interest points", S. 1948–1955, 2009.

12. C. Schuldt, I. Laptev und B. Caputo, „Recognizing human actions: A local SVM approach", Vol. 3, S. 32–36, 2004.

13. V. Pavlovic, J. Rehg und J. MacCormick, „Learning switching linear models of human motion", *Advances in Neural Information Processing Systems*, S. 981–987, 2001.

14. B. North, A. Blake, M. Isard und J. Rittscher, „Learning and classification of complex dynamics", *IEEE Transactions on Pattern Analysis and Machine Intelligence*, Vol. 22, Nr. 9, S. 1016–1034, 2000.

3D-Rekonstruktion aus kombinierten Stereo- und Spektralserien

Ioana Gheţa[1], Sebastian Höfer[1], Michael Heizmann[2]
und Jürgen Beyerer[1,2]

[1] Institut für Anthropomatik (IFA), Lehrstuhl für Interaktive
Echtzeitsysteme (IES), Karlsruher Institut für Technologie (KIT),
Adenauerring 4, D–76131 Karlsruhe
[2] Fraunhofer-Institut für Optronik, Systemtechnik und Bildauswertung,
Fraunhoferstr. 1, D–76131 Karlsruhe

Zusammenfassung Kombinierte Bildserien werden aufgenommen, um zeitsparend heterogene Informationen über eine Szene zu akquirieren. Als Beispiel beinhalten kombinierte Stereo- und Spektralserien sowohl räumliche als auch spektrale Information über eine Szene. Zur Auswertung solcher kombinierten Bildserien wird im vorliegenden Beitrag ein neuartiges flächenbasiertes Registrierungsverfahren dargestellt. Dabei werden die Bilder der Serie zunächst segmentiert und anschließend für die erhaltenen Regionen Merkmale extrahiert. Anhand dieser Merkmale, die im Wesentlichen die Kanten in den Bildern beschreiben, werden Korrespondenzen zwischen Regionen bestimmt und daraus Tiefenkarten berechnet. Das Registrierungsproblem wird durch Energiefunktionale modelliert und mittels eines modifizierten Graph-Cuts-Verfahrens minimiert. Beispiele veranschaulichen die Vorgehensweise.

1 Einleitung

Für die Lösung von Sichtprüfungsaufgaben ist es oft notwendig, unterschiedliche Informationen über eine Szene in sehr kurzer Zeit aufzunehmen. Dazu bieten Kamera-Arrays eine viel versprechende Lösung. Werden die Kameras mit unterschiedlichen Aufnahmeparametern betrieben, können kombinierte Bildserien erfasst werden. Als Beispiel können durch Ausstattung der Kameras mit unterschiedlichen Spektralfiltern kombinierte Stereo- und Spektralserien erhalten werden. Die Auswertung solcher kombinierten Bildserien ermöglicht die Bestimmung sowohl der räumlichen Gestalt als auch spektraler Eigenschaften der Szene. Diese heterogenen Informationen können gemeinsam zu einer verbesserten Objektdetektion oder zur Materialklassifikation eingesetzt werden.

Kombinierte Stereo- und Spektralserien haben die Besonderheit, dass sich die Abbildungen der Szene in den einzelnen Bildern sehr stark unterscheiden: Korrespondierende Bildpunkte können unterschiedliche Grauwerte besitzen und benachbarte Regionen können unterschiedliche Kontraste aufweisen. Aus diesem Grund lassen sich pixelbasierte Registrierungsverfahren, die meist grauwertbasiert arbeiten, nicht einsetzen. Eine mögliche Abhilfe liegt darin, flächenbasierte Registrierungsverfahren anzuwenden. Dafür werden die Bilder i. d. R. zunächst segmentiert. Aufgrund verschiedener spektraler Eigenschaften in der Szene kann es vorkommen, dass das Segmentierungsergebnis in den Bildern sehr unterschiedlich ausfällt. Literaturübliche regionenbasierte Verfahren, die eine strenge Suche nach 1:1-Korrespondenzen durchführen, liefern somit wenig befriedigende Ergebnisse [1–4].

In diesem Beitrag wird ein flächenbasiertes Registrierungsverfahren dargestellt, das 1:N-Korrespondenzen zwischen Regionen zulässt, d. h. eine Region in einem Bild kann mit mehreren Regionen in einem anderen Bild korrespondieren. Das Registrierungsproblem wird dazu mittels eines Energiefunktionals modelliert. Dabei vergleicht ein Datenterm grauwertinvariante Merkmale einer Region in einem Bild mit den Merkmalen, die einen Bereich (definiert als Vereinigung mehrerer Regionen) in einem anderen Bild charakterisieren. Zur Regularisierung wird ein Glattheitsterm definiert, der die Annahme modelliert, dass Sprünge der Disparitäten nur an Bildkanten auftreten. Für die Minimierung des Energiefunktionals wird ein modifiziertes Graph-Cuts-Verfahren eingesetzt.

Als Ergebnis der Registrierung werden dichte Tiefenkarten erhalten. Diese können in weiteren Schritten eingesetzt werden, um mittels *image warping* den Stereoeffekt aus der kombinierten Bildserie herauszurechnen und eine reine Spektralserie zu gewinnen. Diese Spektralserie beinhaltet dann für jeden abgebildeten Szenenpunkt eine umfassende spektrale Charakterisierung.

Im Folgenden werden im Abschnitt 2 zunächst die Basisbegriffe und Notationen definiert und erläutert. Die Modellierung mittels Energiefunktionalen wird im Abschnitt 3 dargestellt. Anschließend veranschaulichen Beispiele die Fusion kombinierter Bildserien; siehe Abschnitt 4.

2 Basisbegriffe und Notationen

Die n Bilder einer aufgenommenen Bildserie $B := \{B_i,\ i = 1,\ldots,n\}$ werden als Funktionen $B_i : \mathbb{R}^2 \to \mathbb{R}$ interpretiert, wobei $B_i(\boldsymbol{u}_i)$ der Grauwert des Bildpunkts $\boldsymbol{u}_i = (u_i, v_i)^{\mathrm{T}}$ in Bild i ist.

Vor der Registrierung werden die Bilder der Serie zunächst segmentiert. Dafür wird aufgrund ihrer guten Anpassbarkeit die Wasserscheidentranformation eingesetzt. Das Ergebnis der Segmentierung sind partitionierte Bilder, welche die Prinzipien nach [5] erfüllen. Die segmentierten Bilder können jeweils mittels einer Zuordnungsfunktion $R(\cdot)$ beschrieben werden, die jedem Bildpunkt $\boldsymbol{u}$ eine Region $\mathcal{R}^\varpi$ (mit dem Label ϖ) zuordnet:

$$R : \mathbb{R}^2 \to \mathcal{Q} \quad R(\boldsymbol{u}) = \varpi\,, \tag{25.1}$$

wobei $\mathcal{Q}$ die Menge aller Labels für die Regionen in einem Bild bezeichnet. Eine Region ist somit die Menge aller Bildpunkte eines Bildes mit demselben Label:

$$\mathcal{R}^\varpi := \{\boldsymbol{u} | R(\boldsymbol{u}) = \varpi\}\,, \quad \varpi \in \mathcal{Q}\,. \tag{25.2}$$

Eine Region $\mathcal{R}$ setzt sich aus der Kontur und dem Inneren zusammen:

$$\mathcal{R} := \mathcal{K}_\mathcal{R} \cup \mathcal{R}^\circ\,, \tag{25.3}$$

wobei die Kontur die Menge der Bildpunkte am Rand der Region ist. Die Kontur lässt sich z. B. mittels morphologischer Operatoren gewinnen [5]. In dieser Definition ist die Kontur $\mathcal{K}_\mathcal{R}$ eine Teilmenge der Region $\mathcal{R}$, die Schnittmenge der Konturen zweier Regionen ist somit die leere Menge.

Für die Registrierung werden zusätzlich Bereiche definiert. Ein Bereich $\mathcal{B}$ ist ein Element der Potenzmenge der Menge aller Regionen in einem Bild:

$$\mathcal{B} := \bigcup_{r \in \mathcal{J}} \mathcal{R}^r = \bigcup_{r \in \mathcal{J}} \mathcal{K}_{\mathcal{R}^r} \cup \bigcup_{r \in \mathcal{J}} \mathcal{R}^{r\circ}\,, \tag{25.4}$$

wobei $\mathcal{J}$ die Menge der Indizes derjenigen Regionen ist, die den Bereich bilden. Die Menge aller Bereiche eines Bildes ist somit die Potenzmenge der Menge der Regionen. Der Unterschied zu den Regionen besteht darin, dass die Bereiche eines Bildes keine Partitionen dieses Bildes sein müssen, da Bereiche überlappen dürfen.

Ein oft verwendetes Konzept bei der Registrierung von Bildern ist die Disparität. Diese ist die Differenz der Koordinaten korrespondierender Bildpunkte [6, 7]. Bei Stereoserien (mit mehr als zwei Bildern) lässt sich ein verallgemeinertes Konzept verwenden, das die Bestimmung von Korrespondenzen zwischen allen Bildern der Serie ermöglicht. Dazu wird eine Funktion definiert, die korrespondierenden Bildpunkten denselben Bezeichner zuordnet:

$$s(\boldsymbol{u}_i) : \mathbb{R}^2 \to \mathcal{L} \quad s(\boldsymbol{u}_i) = \alpha \quad \forall \, \boldsymbol{u}_i \in \mathcal{R}_i \,, \tag{25.5}$$
$$\text{falls } \mathcal{R}_i \leftrightarrow \mathcal{R}_1 \wedge \mathcal{R}_1 \leftrightarrow \mathcal{R}_2 \,.$$

Als Bezeichner werden o. B. d. A. die Disparitäten zwischen korrespondierenden Bildpunkten zweier ausgewählten Bilder B_1 und B_2 verwendet. Für die Bestimmung korrespondierender Regionen werden hier die Schwerpunkte $(\bar{u}_i, \bar{v}_i)^{\mathrm{T}}$ der Regionen $\mathcal{R}_i$ als Referenzpunkte verwendet. Bei horizontal rektifizierten Bildern B_1 und B_2 gilt: $(\bar{u}_2, \bar{v}_2)^{\mathrm{T}} = (\bar{u}_1 + \alpha, \bar{v}_1)^{\mathrm{T}}$.

3 Energiefunktionale

Für die Modellierung und Lösung des Problems wird ein Energiefunktional aus zwei Termen eingesetzt und minimiert:

$$E(s, B) := E_{\mathrm{d}}(s, B) + \gamma E_{\mathrm{g}}(s, B) \to \min \,, \tag{25.6}$$

wobei s für das Fusionsergebnis steht und $\gamma > 0$ die Terme gewichtet.

Datenterm Der erste Term des Funktionals $E_{\mathrm{d}}(s, B)$ ist der Datenterm und modelliert die Bedingung, dass das Fusionsergebnis „nah" an den Eingangsdaten sein soll. Dazu wird für jede Region $\mathcal{R}_i$ aus dem Bild B_i ein Merkmal bezüglich eines Bildpaares (B_i, B_j) berechnet, das als Distanz zwischen einer Region $\mathcal{R}_i$ und einem Bereich $\mathcal{B}_j$ interpretiert werden kann. Je kleiner der Wert des Merkmals ist, desto ähnlicher sind somit die Region $\mathcal{R}_i$ und der entsprechende Bereich $\mathcal{B}_j$. Die Modellierung des Merkmals berücksichtigt, dass der Bereich $\mathcal{B}_j$ aus Bild B_j aus einer oder mehreren Regionen $\mathcal{R}_j^r$ mit $r \in \mathcal{J}$ bestehen kann. Die Auswahl der Regionen, die den Bereich ausmachen, erfolgt so, dass sämtliche zu den Bildpunkten in der Region $\mathcal{R}_i$ korrespondierenden Bildpunkte im Bereich $\mathcal{B}_j$ enthalten sind.

Für die Definition des Merkmals werden die Mächtigkeiten von zwei Mengen verwendet. Diese Mengen umfassen bestimmte Bildpunkte einer Region $\mathcal{R}_i$ im Bild B_i, deren korrespondierende Bildpunkte in einem entsprechenden Bereich (aus unterschiedlichen Regionen $\mathcal{R}_j^r$) im Bild B_j liegen; siehe Abb. 25.1 und 25.2:

(a) Der Bildpunkt $\boldsymbol{u}_i$ befindet sich auf der Kontur der Region $\mathcal{R}_i$, sein korrespondierender Bildpunkt $\boldsymbol{u}_j$ befindet sich im Inneren einer Region des Bildes B_j:

$$\mathcal{M}_{\mathrm{KI},\mathcal{R}_i,j}(s) := \left\{ \boldsymbol{u}_i \middle| \boldsymbol{u}_i \in \mathcal{K}_{\mathcal{R}_i} \wedge \exists r \in \mathcal{J} : \boldsymbol{u}_j \in \mathcal{R}_j^{r\,\circ} \wedge \boldsymbol{u}_i \leftrightarrow \boldsymbol{u}_j \right\}.$$
$$(25.7)$$

(b) Der Bildpunkt $\boldsymbol{u}_i$ befindet sich im Inneren der Region $\mathcal{R}_i$, sein korrespondierender Bildpunkt $\boldsymbol{u}_j$ befindet sich auf einer Kontur:

$$\mathcal{M}_{\mathrm{IK},\mathcal{R}_i,j}(s) := \left\{ \boldsymbol{u}_i \middle| \boldsymbol{u}_i \in \mathcal{R}_i^{\circ} \wedge \exists r \in \mathcal{J} : \boldsymbol{u}_j \in \mathcal{K}_{\mathcal{R}_j^r} \wedge \boldsymbol{u}_i \leftrightarrow \boldsymbol{u}_j \right\}. \quad (25.8)$$

Zur Kennzeichnung korrespondierender Bildpunkte wird die Funktion $s(\,\cdot\,)$ aus Gl. (25.5) verwendet, die korrespondierenden Bildpunkten denselben Bezeichner zuordnet.

Als Beispiel zeigt Abb. 25.1 Ausschnitte zweier Bilder B_i (siehe Abb. 25.1(a)) und B_j (siehe Abb. 25.1(b)). Die ausgewählte Region im ersten Bild ist in Abb. 25.1(c) weiß dargestellt. Ein zur Region $\mathcal{R}_i$ passender Bereich $\mathcal{B}_j$ aus Bild B_j umfasst in Abb. 25.1(d) die nicht schwarzen Regionen. Für die Berechnung der Mengen nach Gl. (25.7) und Gl. (25.8) werden außerdem die Konturbilder benötigt; siehe Abb. 25.1(e) und 25.1(f).

Die in Abb. 25.2(a) dargestellte Menge $\mathcal{M}_{\mathrm{KI},\mathcal{R}_i,j}(s)$ nach Gl. (25.7) entspricht der Schnittmenge der Kontur der Region $\mathcal{R}_i$ (siehe Abb. 25.1(e)) und dem Inneren des Bereichs $\mathcal{B}_j$ (siehe Abb. 25.1(d)). Die Menge $\mathcal{M}_{\mathrm{IK},\mathcal{R}_i,j}(s)$ nach Gl. (25.8) ist in Abb. 25.2(b) dargestellt. Sie ist die Schnittmenge zwischen dem Inneren der Region $\mathcal{R}_i$ (siehe Abb. 25.1(c)) und den Konturen des Bereichs $\mathcal{B}_j$ (siehe Abb. 25.1(f)).

(a) Segmentierung des Bildes $B_i(\boldsymbol{u}_i)$;

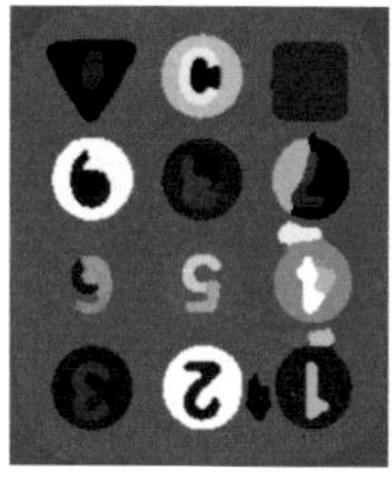

(b) Segmentierung des Bildes $B_j(\boldsymbol{u}_j)$;

(c) Betrachtete Region $\mathcal{R}_i$ im Bild $B_i(\boldsymbol{u}_i)$;

(d) Betrachteter Bereich $\mathcal{B}_j$ im Bild $B_j(\boldsymbol{u}_j)$ (unterschiedliche Regionen sind grau und weiß markiert);

(e) Kontur $\mathcal{K}_{\mathcal{R}_i}$ der Region $\mathcal{R}_i$ im Bild $B_i(\boldsymbol{u}_i)$;

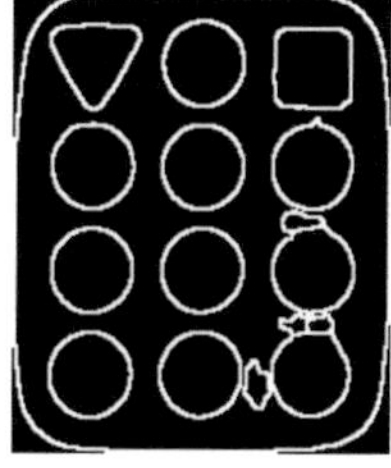

(f) Konturen $\bigcup_r \mathcal{K}_{\mathcal{R}_j^r}$ des Bereichs $\mathcal{B}_j$ im Bild $B_j(\boldsymbol{u}_j)$.

Abbildung 25.1: Zur Bestimmung der Punktmengen nach Gl. (25.7) und Gl. (25.8) verwendete Regionen, Bereiche und deren Konturen.

Die Mächtigkeiten der Mengen $\mathcal{M}_{\mathrm{KI},\mathcal{R}_i,j}(s)$ und $\mathcal{M}_{\mathrm{IK},\mathcal{R}_i,j}(s)$ nach Gl. (25.7) und Gl. (25.8) fließen in das Merkmal ein, das zur Charakterisierung der Unterschiedlichkeit einer Region $\mathcal{R}_i$ bezüglich eines Bereichs

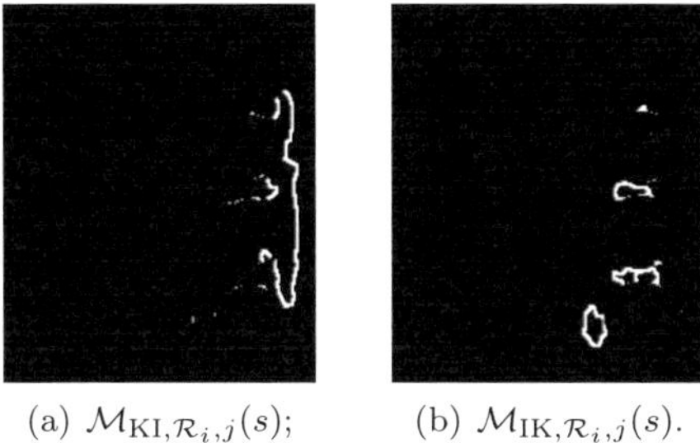

(a) $\mathcal{M}_{\mathrm{KI},\mathcal{R}_i,j}(s)$;   (b) $\mathcal{M}_{\mathrm{IK},\mathcal{R}_i,j}(s)$.

Abbildung 25.2: Berechnete Punktmengen nach Gl. (25.7) und Gl. (25.8) für das Beispiel aus Abb. 25.1.

$\mathcal{B}_j$ verwendet wird:

$$m_{\mathcal{R}_i,j}(s) := \frac{|\mathcal{M}_{\mathrm{KI},\mathcal{R}_i,j}(s)|}{|\mathcal{K}_{\mathcal{R}_i}|} + \zeta\,\frac{|\mathcal{M}_{\mathrm{IK},\mathcal{R}_i,j}(s)|}{|\mathcal{R}_i^\circ|}\,, \tag{25.9}$$

wobei $0 < \zeta < 1$ ein Gewichtungsfaktor ist, der zu einer höheren Gewichtung des ersten Terms führt.

Der erste Term in Gl. (25.9) bewertet aus der Gesamtmenge der in $\mathcal{R}_i$ und $\mathcal{B}_j$ korrespondierenden Bildpunkte denjenigen Anteil der Bildpunkte der Kontur der Region $\mathcal{R}_i$, die keine Korrespondenzen zu Bildpunkten einer Kontur im Bereich $\mathcal{B}_j$ besitzen. In diesem Term wird damit modelliert, dass Konturen in den Bildern B_i und B_j übereinstimmen sollen. Der Term wird minimal (gleich null), falls $\mathcal{M}_{\mathrm{KI},\mathcal{R}_i,j}(s) = \emptyset$, d. h. es liegt eine perfekte Übereinstimmung zwischen den Konturen vor.

Der zweite Term bewertet aus der Gesamtmenge der in $\mathcal{R}_i$ und $\mathcal{B}_j$ korrespondierenden Bildpunkte denjenigen Anteil der Bildpunkte im Inneren der Region $\mathcal{R}_i$, die eine Korrespondenz auf einer Kontur im Bereich $\mathcal{B}_j$ besitzen. Der Term erreicht sein Minimum (gleich null), wenn der Bereich $\mathcal{B}_j$ aus einer einzigen Region besteht und somit alle Bildpunkte aus dem Inneren der Region $\mathcal{R}_i$ Korrespondenzen im Inneren des Bereichs $\mathcal{B}_j$ besitzen; in diesem Fall liegt eine 1:1-Zuordnung vor. Die Formulierung dieses Terms lässt 1:N-Korrespondenzen zu, wobei mit zunehmender Anzahl von zu einer Region $\mathcal{R}_i$ korrespondierenden Regionen im Bereich $\mathcal{B}_j$ der Wert des Terms steigt. Die Anzahl der Regionen ohne Korrespondenzen (1:0-Zuordnungen) wird damit reduziert.

Der Datenterm wird nun mittels des Merkmals aus Gl. (25.9) konstruiert:

$$E_\mathrm{d}(s, B) := \sum_{(B_i, B_j) \in \mathcal{I}} \sum_{\mathcal{R}_i} m_{\mathcal{R}_i, j}(s) \,, \tag{25.10}$$

wobei $\mathcal{I} := \{(B_i, B_j) | i \neq j\}$.

Glattheitsterm Für kleine Regionen nimmt das Merkmal nach Gl. (25.9) für viele unterschiedliche Bezeichner s näherungsweise den konstanten Wert eins an, d. h. ein ausgeprägtes Minimum tritt dann nicht auf. Dieses Problem wird durch den Einsatz eines Glattheitsterms regularisiert. Regionen, bei denen ein solches Problem auftritt, bekommen dadurch denselben Bezeichner wie einer der Nachbarn zugewiesen. Der Nachbar, dessen Bezeichner übernommen werden soll, wird anhand der Ähnlichkeit seines mittleren Intensitätswerts zum mittleren Intensitätswert der fraglichen Region ausgewählt. Dadurch erhalten benachbarte Regionen, die ähnliche Intensitätswerte in den Bildern haben und damit vermutlich Abbildungen einer zu den Kameras parallel angenommenen Ebene sind, denselben Bezeichner. Abbildung 25.3 zeigt als Beispiel die Merkmale nach Gl. (25.9) für zwei Regionen, wobei für eine der Regionen das oben beschriebene Problem auftritt.

Der Glattheitsterm wird so aufgebaut, dass eine Bestrafung durch große Werte erfolgt, falls benachbarte Regionen, die denselben mittleren Intensitätswert besitzen, unterschiedliche Bezeichner aufweisen [1]:

$$E_\mathrm{g}(s, B) := \sum_{B_i} \sum_{\mathcal{R}_i^k} \sum_{\mathcal{R}_i^l \in \mathcal{N}_\mathrm{R}(\mathcal{R}_i^k)} \left(1 - \delta_{s(\mathcal{R}_i^k)}^{s(\mathcal{R}_i^l)}\right) \cdot gl(\mathcal{R}_i^k, \mathcal{R}_i^l) \cdot fa(\mathcal{R}_i^k, \mathcal{R}_i^l) \,,$$

$$\tag{25.11}$$

wobei $\mathcal{N}_\mathrm{R}(\mathcal{R}_i^k)$ die Menge der zur Region $\mathcal{R}_i^k$ benachbarten Regionen definiert und δ_a^b das Kronecker-Symbol ist.

Die Funktion $gl(\mathcal{R}_i^k, \mathcal{R}_i^l)$ berechnet die Länge der unmittelbar nebeneinander verlaufenden Konturen der benachbarten Regionen $\mathcal{R}_i^k$ und $\mathcal{R}_i^l$. Die Funktion $fa(\mathcal{R}_i^k, \mathcal{R}_i^l) > 0$ bewertet Intensitätsunterschiede zwischen den beiden Regionen $\mathcal{R}_i^k$ und $\mathcal{R}_i^l$. Sie nimmt desto größere Werte an, je unterschiedlicher die mittleren Intensitätswerte der beiden Regionen sind [1].

(a) Segmentiertes Bildpaar;

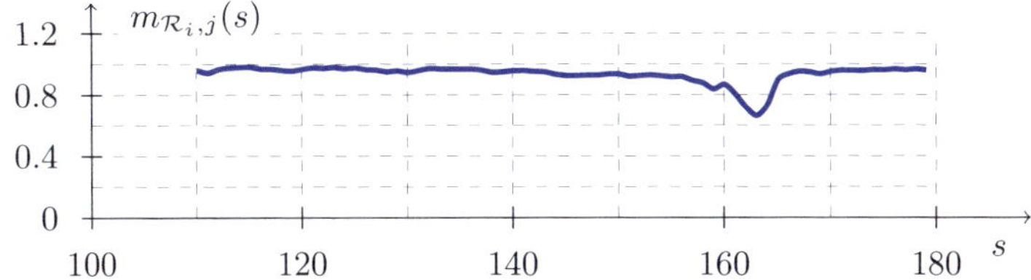

(b) Merkmal $m_{\mathcal{R}_{i,j}}(s)$ für die horizontal schraffierte Region aus Abb. 25.3(a) rechts für unterschiedliche Bezeichner s (das Minimum wird für die horizontal schraffierte Region aus Abb. 25.3(a) links erhalten);

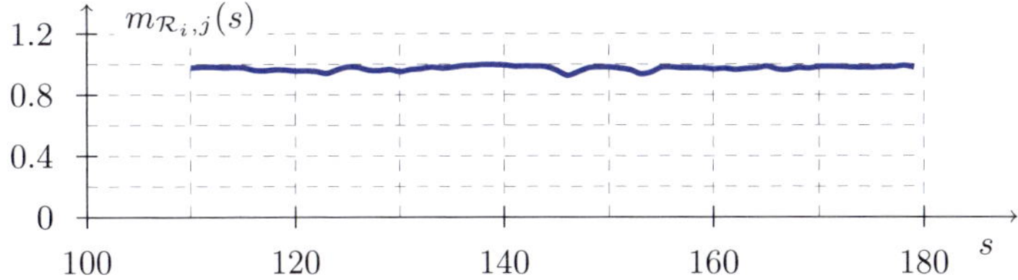

(c) Merkmal $m_{\mathcal{R}_{i,j}}(s)$ für die vertikal schraffierte Region aus Abb. 25.3(a) rechts für unterschiedliche Bezeichner s.

Abbildung 25.3: Korrespondenzsuche für zwei Regionen aus Abb. 25.3(a) rechts im Bild 25.3(a) links mittels des Merkmals $m_{\mathcal{R}_{i,j}}(s)$ nach Gl. (25.9): Während für die eine Region eine Korrespondenz gefunden wird (Abb. 25.3(b)), ist die Suche für die andere Region nicht erfolgreich (Abb. 25.3(c)).

Mit dieser Formulierung sorgt der Glattheitsterm $E_{\mathrm{g}}(s, B)$ dafür, dass die Kosten für zwei benachbarte Regionen, die unterschiedliche Bezeichner besitzen, mit steigender Ähnlichkeit ihrer mittleren Intensitätswerte

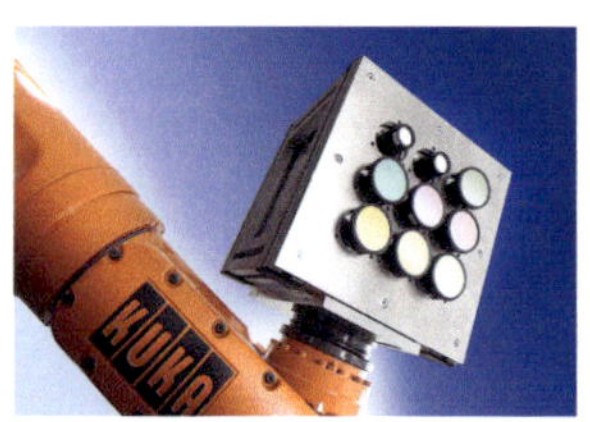

(a) Kamera-Array auf einem Industrieroboter.

(b) Testszene: Tiger (hier mit einer RGB-Kamera aufgenommen).

Abbildung 25.4: Verwendetes Kamera-Array und Beispielszene.

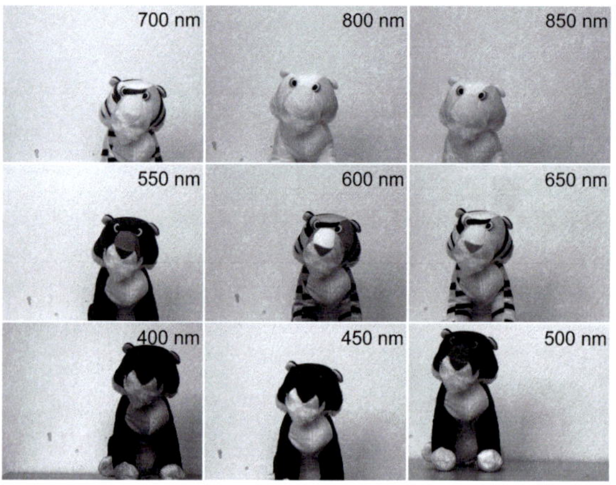

Abbildung 25.5: Mit dem Kamera-Array aufgenommene kombinierte Stereo- und Spektralserie. In der rechten oberen Ecke ist jeweils die mittlere Durchlasswellenlänge der Spektralfilter aufgetragen.

anwachsen. Ein derart formulierter Glattheitsterm, der von der Konturlänge der Regionen abhängt, besitzt außerdem bei der Registrierung kombinierter Stereo- und Spektralserien den Vorteil, dass Regionen, für die keine Korrespondenz gefunden wird (z. B. sehr kleine Regionen), den Bezeichner eines Nachbarn mit ähnlichen Intensitätswerten bekommen. Somit wird für alle Regionen eine Bestimmung der Tiefenwerte ermöglicht.

Die Minimierung des Energiefunktionals erfolgt mittels eines modifizierten Graph-Cuts-Verfahren simultan über alle Bilder der Serie [8–10].

4 Ergebnisse

Das für die Aufnahme der kombinierten Bildserien eingesetzte Kamera-Array besteht aus neun Kameras in einer 3×3-Matrixanordnung; siehe Abb. 25.4(a). Die Kameras sind mit Spektralfiltern ausgestattet, die den spektralen Bereich zwischen 400 nm und 850 nm abdecken.

Eine Bildserie der Szene aus Abb. 25.4(b) ist in Abb. 25.5 dargestellt. Die Bildserie zeigt deutlich die Herausforderungen der Registrierung: Korrespondierende Bildpunkte können unterschiedliche Intensitätswerte in den Bildern besitzen. Außerdem weisen benachbarte Bildbereiche unterschiedliche Kontraste auf. Im Extremfall bei 850 nm ist die Struktur der Szene gegenüber dem sichtbaren Bereich deutlich reduziert.

Das Ergebnis der Registrierung besteht aus einer Tiefenkarte, die in Abb. 25.6 aus Sicht der mittleren Kamera dargestellt ist. Das vorgestellte Verfahren erzeugt ein Ergebnis, bei

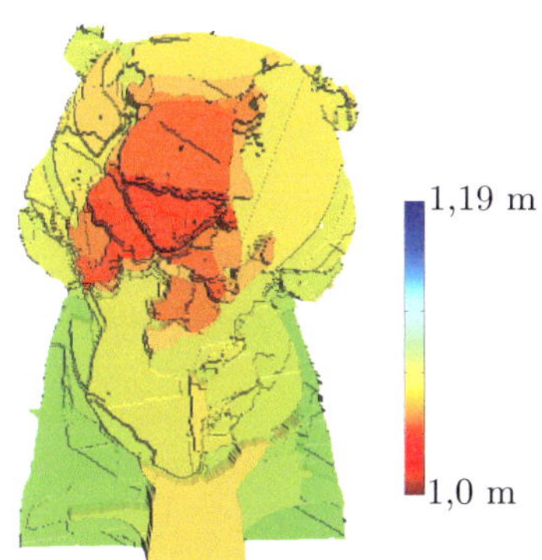

Abbildung 25.6: Tiefenkarte in einer Falschfarbdarstellung.

dem die räumliche Gestalt der Szene gut zu erkennen ist. Standardverfahren zur Stereo-Rekonstruktion liefern aufgrund der dargestellten Probleme deutlich schlechtere Ergebnisse.

5 Zusammenfassung

Zur Registrierung kombinierter Stereo- und Spektralserien wird ein neuartiger flächenbasierter Ansatz dargestellt, der die Bestimmung von 1:N-Korrespondenzen zwischen Regionen ermöglicht. Somit wird nicht nur eine Grauwertinvarianz gewährleistet, sondern auch eine Toleranz bezüglich der Form und Größe der Regionen erzielt. Für die Modellierung des Problems wird ein Energiefunktional aus zwei Termen definiert. Der Datenterm bewertet Ähnlichkeiten zwischen Regionen und Bereichen (d. h. Vereinigungen mehrerer Regionen) anhand eines Merkmals, das im

Wesentlichen die Konturen von Regionen beschreibt. Zur Regularisierung wird ein Glattheitsterm ergänzt. Durch die Minimierung des Energiefunktionals mittels eines modifizierten Graph-Cuts-Verfahrens wird eine dichte Tiefenkarte der Szene als Ergebnis gewonnen. Aus den erzielten Ergebnissen können reine Spektralserien erzeugt werden, die Verbesserungen bei der Materialklassifikation oder Objektdetektion versprechen.

Literatur

1. M. Bleyer und M. Gelautz, „Graph-cut-based stereo matching using image segmentation with symmetrical treatment of occlusions", *Signal Processing: Image Communication*, Vol. 22, S. 127–143, 2007.

2. I. Gheţa, M. Heizmann und J. Beyerer, „Bayesian fusion of multivariate image series to obtain depth information", in *Proceedings of Fusion 2008*, 2008, S. 1731–1737.

3. I. Gheţa, M. Heizmann, M. Mathias und J. Beyerer, „3D-Informationserfassung aus Stereo- and Spektralserien", in *Tagungsband des XXII. Messtechnischen Symposiums*, 2008, S. 157–168.

4. I. Gheţa, M. Mathias, M. Heizmann und J. Beyerer, „Fusion of combined stereo and spectral series for obtaining 3D information", in *Multisensor, Multisource Information Fusion: Architectures, Algorithms, and Applications, Proceedings of SPIE 6974*, 2008.

5. R. C. Gonzalez und R. E. Woods, *Digital Image Processing*.   Prentice Hall, 2008.

6. R. Hartley und A. Zisserman, *Multiple View Geometry in Computer Vision*, 2. Aufl.   Cambridge University Press, 2003.

7. O. Faugeras und Q.-T. Luong, *The Geometry of Multiple Images*.   MIT Press, 2004.

8. Y. Boykov, O. Veksler und R. Zabih, „Fast approximate energy minimization via graph cuts", *IEEE Transactions on Pattern Analysis and Machine Intelligence*, Vol. 23, Nr. 11, 2001.

9. S. Seitz, B. Curless, J. Diebel, D. Scharstein und R. Szeliski, „A comparison and evaluation of multi-view stereo reconstruction algorithms", in *Proceedings of Computer Vision and Pattern Recognition*, 2006.

10. I. Gheţa, S. Höfer, M. Heizmann und J. Beyerer, „A novel approach for the fusion of combined stereo and spectral series", in *Image Processing: Machine Vision Applications III, IS&T/SPIE Electronic Imaging, Proceedings of SPIE*, D. Fofi und K. Niel, Hrsg., Vol. 7538, Jan. 2010.

Ein effizientes Verfahren zur Extraktion rotationsinvarianter Merkmale aus Beleuchtungsserien

Luis Nachtigall[1], Ana Pérez Grassi[2] und Fernando Puente León[1]

[1] Karlsruher Institut für Technologie, Institut für Industrielle Informationstechnik, Hertzstr. 16, D-76187 Karlsruhe
[2] Technische Universität München, Lehrstuhl für Messsystem- und Sensortechnik, Theresienstr. 90, D-80333 München

Zusammenfassung Trotz der Verfügbarkeit von immer leistungsfähigerer Hardware spielen in der automatischen Sichtprüfung und der Bildverarbeitung effiziente Algorithmen eine sehr wichtige Rolle. Eine besonders rechenintensive Aufgabe ist die Gewinnung von Merkmalen, die gegenüber geometrischen Transformationen invariant sind. Im vorliegenden Beitrag wird ein effizientes Verfahren präsentiert, das auf der Basis von linearen Operatoren und dem Haar-Integral rotationsinvariante Merkmale aus Beleuchtungsserien extrahiert. Eine Beleuchtungsserie enthält Aufnahmen eines Objektes unter verschiedenen Beleuchtungsrichtungen. Ergebnisse der vorgestellten Methode werden am Beispiel einer Sichtprüfungsaufgabe gezeigt: der Erkennung topografischer Defekte auf texturierten Holzoberflächen.

1 Einleitung

Bestimmte Oberflächen – insbesondere räumlich strukturierte Oberflächen – lassen sich nur unter variabler Beleuchtung zuverlässig automatisch inspizieren [1]. Die Darstellung einer Szene unter variabler Beleuchtung ergibt eine Bildserie, die im Folgenden als Beleuchtungsserie bezeichnet wird. Jedes Einzelbild der Serie stellt die Szene bei einer bestimmten Beleuchtungsrichtung dar. Beleuchtungsserien werden für zahlreiche Aufgaben eingesetzt, etwa zur Schätzung der Oberflächentopografie, zur Texturklassifikation oder zur Defekterkennung.

Ein wichtiger Aspekt bei Defekterkennungs- und Klassifikationsaufgaben ist die Invarianz der Ergebnisse gegenüber bestimmten geometrischen Transformationen des untersuchten Musters – z. B. Rotationen oder Translationen in der Ebene [2]. Bei der Analyse und Verarbeitung von Beleuchtungsserien muss insbesondere auf die Invarianz gegenüber der Rotation geachtet werden. Dabei sind Rotationen im Bildraum und im Beleuchtungsserienraum zu unterscheiden [3]. Im Bildraum werden Bilder einzeln, ohne Berücksichtigung der Beleuchtungsrichtung, betrachtet. Im Spezialfall einer isotropen Beleuchtung sind beide Transformationen äquivalent. Darüber hinaus wird in der Literatur meist über die Invarianz gegen Rotationen im Bildraum berichtet; siehe z. B. [4, 5]. Wenn eine anisotrope Beleuchtung verwendet wird, muss zusätzlich die Richtung des Lichtes bei der Rotation eines Musters berücksichtigt werden. Dies ist beispielsweise in [2] der Fall.

In diesem Beitrag wird das Haar-Integral als Grundlage zur invarianten Merkmalsextraktion verwendet. Durch die Haar-Integration, die als Mittelung eines Merkmals über die Transformationsgruppe verstanden werden kann, wird zwar die Diskriminanzfähigkeit von Merkmalen vermindert. Dennoch wurde in [6] bewiesen, dass mit Hilfe von Monomen eine vollständige Menge von invarianten Merkmalen erzeugt werden kann. Die Existenz der Vollständigkeit ist von großer theoretischer Relevanz. Allerdings sind Monome im Allgemeinen nichtlineare Funktionen, was zu einem hohen Rechenaufwand bei der Merkmalsextraktion führen kann. Außerdem ist die nötige Anzahl an Merkmalen, um eine vollständige Menge zu bilden, bei praktischen Aufgaben üblicherweise groß. Daher ist die Umsetzung solcher Merkmalsmengen in der Praxis nicht realisierbar [7]. Da bei der automatischen Sichtprüfung die Effizienz der Berechnung von Merkmalen eine wichtige Rolle spielt, werden in diesem Beitrag lineare Merkmalsdetektoren herangezogen. Dadurch ist der Rechenaufwand vergleichbar mit einer nicht invarianten Merkmalsextraktion, wie später gezeigt wird.

Im Folgenden werden zunächst die Grundlagen der invarianten Mustererkennung kurz dargestellt. Anschließend wird die Aufnahme von Bildserien mit variabler Beleuchtung präsentiert, um danach die Vorgehensweise zur Gewinnung von invarianten Merkmalen aus Beleuchtungsserien vorzustellen. Zum Schluss werden Ergebnisse der vorgestellten Methode zur rotationsinvarianten Merkmalsextraktion am Beispiel einer Sichtprüfungsaufgabe gezeigt.

2 Grundlagen der invarianten Mustererkennung

In diesem Abschnitt werden allgemeine Definitionen der Mustererkennung dargestellt. Muster können als Messungen an Objekten bezeichnet werden. Somit wird hier ein Muster als ein aufgenommenes und evtl. vorverarbeitetes Signal definiert. Ein Grauwertbild f kann in diesem Sinne beispielsweise als ein Muster betrachtet werden:

$$f : D \to \mathbb{R}, \quad \mathbf{x} \to f(\mathbf{x}), \tag{26.1}$$

wobei $\mathbf{x}$ ein Element der Definitionsmenge $D \subset \mathbb{R}^2$ ist.

Die Transformation eines Objekts in der realen Welt hat eine induzierte Transformation $\mathcal{T}(g)$ auf das zugehörige Muster des Objekts im Musterraum S zur Folge. Mathematisch wird der Operator $\mathcal{T}(g)$, der auf f wirkt und ein neues transformiertes Muster liefert, folgendermaßen definiert:

$$\mathcal{T}(g)\{f\} : S \to S, \quad f \in S, \quad g \in G, \tag{26.2}$$

wobei G die Transformationsgruppe und g ein Element von G darstellen.

Als Merkmal wird eine Funktion definiert, die ein Muster f auf eine reelle Zahl abbildet:

$$m : S \to \mathbb{R}, \quad f \to m(f). \tag{26.3}$$

Merkmale dienen zur Beschreibung von Mustern und können z. B. als Eingangsdaten für Segmentierungs- oder Klassifikationsaufgaben verwendet werden. Weiterhin wird ein Merkmal invariant gegenüber einer Transformation $\mathcal{T}(g)$ genannt, wenn es sich bei Transformationen des Musters nicht ändert, d. h.

$$m(f) = m(\mathcal{T}(g)\{f\}) \qquad \forall\, g \in G. \tag{26.4}$$

2.1 Das Haar-Integral

Eine allgemeine Methode zur Erzeugung von invarianten Merkmalen ist die Haar-Integration, die als eine Mittelung eines Merkmals über eine Transformationsgruppe verstanden werden kann:

$$M[m](f) = \frac{1}{|G|} \int_G m(\mathcal{T}(g)\{f\})\, \mathrm{d}g. \tag{26.5}$$

Voraussetzung für die Existenz des Haar-Integrals ist, dass das sogenannte „Volumen" der Transformationsgruppe $|G| = \int_G \mathrm{d}g$ konvergiert. Dies ist bei endlichen und kompakten Gruppen der Fall [6].

Ein praktischer Nachteil der Haar-Integration ist, dass alle möglichen (diskretisierten) Transformationen auf das Muster durchgeführt werden müssen, um ein invariantes Merkmal zu gewinnen. Dies hat zur Folge, dass der Rechenaufwand im Vergleich zu der nicht invarianten Extraktion um die Anzahl der möglichen Transformationen vervielfacht wird. Um den Rechenaufwand möglichst niedrig zu halten, wird die Anzahl der Transformationen üblicherweise beschränkt, was die „Qualität" der erzielten Invarianz beeinträchtigt.

2.2 Innenprodukt als Merkmal

Merkmale können auf Grund von linearen Operatoren berechnet werden. Dabei ist es hilfreich, den Musterraum als Hilbert-Raum zu betrachten, d. h. jedes beliebige Muster f kann als eine Linearkombination von Basisfunktionen $a_i \in S$ generiert werden:

$$f(\mathbf{x}) = \sum_i a_i(\mathbf{x})\, s_i \,. \tag{26.6}$$

Die Koeffizienten s_i werden mittels des Innenprodukts berechnet,

$$s_i = \langle f, w_i \rangle = \int_D f(\mathbf{x})\, w_i(\mathbf{x})\, \mathrm{d}\mathbf{x}\,, \tag{26.7}$$

und können als Merkmale angesehen werden:

$$m_i(f) = \langle f, w_i \rangle \,. \tag{26.8}$$

Die sogenannten Merkmalsdetektoren $w_i \in S$ stehen im Zusammenhang mit den Basisfunktionen a_i. Wenn die Menge der Basisfunktionen eine orthonormale Basis bildet, gilt $w_i = a_i$.

2.3 Haar-Integral des Innenprodukts

Um das Haar-Integral eines Merkmals zu ermitteln, das als Innenprodukt berechnet wird, muss zunächst die Wirkung des Innenprodukts auf ein transformiertes Muster bekannt sein. Dazu gilt:

$$\langle \mathcal{T}(g)\{f\}, w_i \rangle = \langle f, \mathcal{T}^*(g)\{w_i\} \rangle \,, \tag{26.9}$$

wobei $\mathcal{T}^*(g)$ der adjungierte Operator zu $\mathcal{T}(g)$ ist [6]. Aus den Gleichungen (26.5), (26.8) und (26.9) folgt:

$$
\begin{aligned}
M[m_i]f &= \frac{1}{|G|} \int_G \langle \mathcal{T}(g)\{f\}, w_i \rangle \, \mathrm{d}g = \\
&= \frac{1}{|G|} \int_G \int_D f(\mathbf{x}) \, \mathcal{T}^*(g)\{w_i(\mathbf{x})\} \, \mathrm{d}\mathbf{x} \, \mathrm{d}g \\
&= \int_D f(\mathbf{x}) \left(\frac{1}{|G|} \int_G \mathcal{T}^*(g)\{w_i(\mathbf{x})\} \, \mathrm{d}g \right) \, \mathrm{d}\mathbf{x} \, .
\end{aligned}
\tag{26.10}
$$

Gleichung (26.10) kann mit Hilfe der Definition des Innenproduktes umgeschrieben werden, so dass die Haar-Integration des Innenprodukts ebenso als ein Innenprodukt berechnet werden kann:

$$
M[m_i]f = \langle f, \tilde{w}_i \rangle \, ,
\tag{26.11}
$$

wobei $\tilde{w}_i$ einen invarianten Merkmalsdetektor darstellt:

$$
\tilde{w}_i = \frac{1}{|G|} \int_G \mathcal{T}^*(g)\{w_i\} \, \mathrm{d}g \, .
\tag{26.12}
$$

Da $\tilde{w}_i$ unabhängig vom Muster f ist, wurde hiermit bewiesen, dass unter Verwendung von linearen Merkmalsdetektoren eine effiziente invariante Merkmalsextraktion auf der Basis des Haar-Integrals durchgeführt werden kann − der Rechenaufwand in Gleichung (26.11) ist gleich groß wie beim nicht invarianten Fall.

3 Beleuchtungsserien

Zur Inspektion von 3D-Texturen eignet sich eine Beleuchtungsstrategie mit gerichteter Beleuchtung [2]. In Bild 26.1 wird ein Aufbau für die Aufnahme von Beleuchtungsserien skizziert. Die Kamera ist senkrecht zu der untersuchten Oberfläche positioniert, während die Lichtquelle beliebig in einem zweidimensionalen Beleuchtungsraum (θ, φ) platziert werden kann. Im Folgenden werden Beleuchtungsserien mit variierendem Azimut φ betrachtet. Dabei wird der Elevationswinkel θ der Lichtquelle fixiert, und Bilder der Oberfläche werden für verschiedene Azimutrichtungen der Lichtquelle $\mathbf{b}_\varphi$ aufgenommen:

$$
f(\mathbf{x}, \mathbf{b}_\varphi) \, , \qquad \mathbf{b}_\varphi = \begin{bmatrix} \cos \varphi \\ \sin \varphi \end{bmatrix} , \qquad \varphi \in [0, 2\pi) \, .
\tag{26.13}
$$

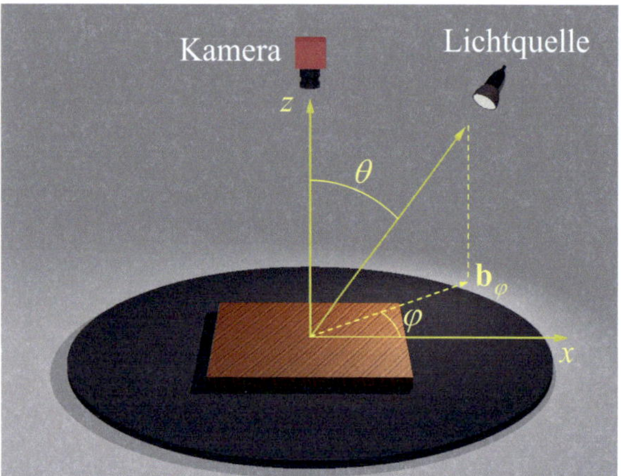

Abbildung 26.1: Schematische Darstellung eines Aufbaus für Beleuchtungs-serienaufnahmen.

Gleichung (26.13) entspricht einer Erweiterung der Definitionsmenge des Musters. In der Praxis wird der Beleuchtungsraum mit einem Winkel $\Delta\varphi$ abgetastet, so dass eine Azimutserie $\mathcal{S}_{\mathrm{a}} := \{f(\mathbf{x}, \mathbf{b}_{b\Delta\varphi}), b = 1, \ldots, B\}$ aus $B = 2\pi/\Delta\varphi$ Einzelbildern besteht.

4 Rotationsinvariante Merkmalsextraktion

In den nächsten Abschnitten wird die Invarianz von Merkmalen gegenüber der Rotation für den Fall von Azimutserien untersucht. Deswegen werden im Folgenden die vorgestellten Beleuchtungsserien als Muster f betrachtet, d. h. das Muster nimmt folgende Form an:

$$f : (\mathbf{x}, \mathbf{b}_\varphi) \to f(\mathbf{x}, \mathbf{b}_\varphi). \tag{26.14}$$

Für die induzierte Rotation im erweiterten Musterraum, in dem auch die Beleuchtungsrichtung mit einbezogen wird, gilt folgende Transformation:

$$\mathcal{T}(\mathbf{R}_\omega)\{f(\mathbf{x}, \mathbf{b}_\varphi)\} = f(\mathbf{R}_\omega^{-1}\mathbf{x}, \mathbf{R}_\omega^{-1}\mathbf{b}_\varphi), \quad \mathbf{R}_\omega = \begin{bmatrix} \cos\omega & -\sin\omega \\ \sin\omega & \cos\omega \end{bmatrix},$$

$$\tag{26.15}$$

Abbildung 26.2: Grafische Darstellung der induzierten Rotation im Beleuchtungsserienraum.

wobei $\mathbf{R}_\omega$ ein Element der Drehgruppe in der Ebene darstellt, die durch den Drehwinkel $\omega \in [0, 2\pi)$ parametrisiert ist[3]. In Bild 26.2 wird die induzierte Rotation eines Objekts im Musterraum veranschaulicht. Das Bild wird dabei nicht nur rotiert, sondern die Beleuchtungsrichtung muss auch berücksichtigt werden.

In Gleichung (26.11) wurde gezeigt, dass ein lineares invariantes Merkmal mittels eines Innenprodukts berechnet werden kann. Im Fall der Azimutserien wird das Innenprodukt folgendermaßen ausgewertet:

$$\langle f, \tilde{w}_i \rangle = \int_D \int_0^{2\pi} f(\mathbf{x}, \mathbf{b}_\varphi)\, \tilde{w}_i(\mathbf{x}, \mathbf{b}_\varphi)\, \mathrm{d}\varphi\, \mathrm{d}\mathbf{x}\,, \qquad (26.16)$$

wobei die invarianten Mermalsdetektoren sich wie folgt berechnen lassen:

$$\begin{aligned}
\tilde{w}_i(\mathbf{x}, \mathbf{b}_\varphi) &= \frac{1}{|G|} \int_0^{2\pi} \mathcal{T}^*(\mathbf{R}_\omega)\{w_i(\mathbf{x}, \mathbf{b}_\varphi)\}\, \mathrm{d}\omega \\
&= \frac{1}{2\pi} \int_0^{2\pi} w_i(\mathbf{R}_\omega \mathbf{x}, \mathbf{R}_\omega \mathbf{b}_\varphi)\, \mathrm{d}\omega\,.
\end{aligned} \qquad (26.17)$$

Für den adjungierten Operator der Rotation gilt $\mathcal{T}^*(\mathbf{R}_\omega) = \mathcal{T}^{-1}(\mathbf{R}_\omega)$ und für das „Volumen" der Drehgruppe $|G| = 2\pi$, siehe [6]. Im diskreten Fall wird aus Gleichung (26.17) folgender Ausdruck:

$$\tilde{w}_i(\mathbf{x}, \mathbf{b}_{b\Delta\varphi}) = \frac{1}{2\pi} \sum_{k=1}^{B} w_i(\mathbf{R}_{k\Delta\omega}\mathbf{x}, \mathbf{R}_{k\Delta\omega}\mathbf{b}_{b\Delta\varphi}), \quad \Delta\omega = \Delta\varphi. \ (26.18)$$

---

[3] Die Drehgruppe in der Ebene ist eine spezielle orthogonale Gruppe $SO(n, \mathbb{R})$ mit $n = 2$. Ihre Elemente sind orthogonale Matrizen $\mathbf{A}$ mit $\mathbf{A}^{-1} = \mathbf{A}^{\mathrm{T}}$ und $\det \mathbf{A} = 1$.

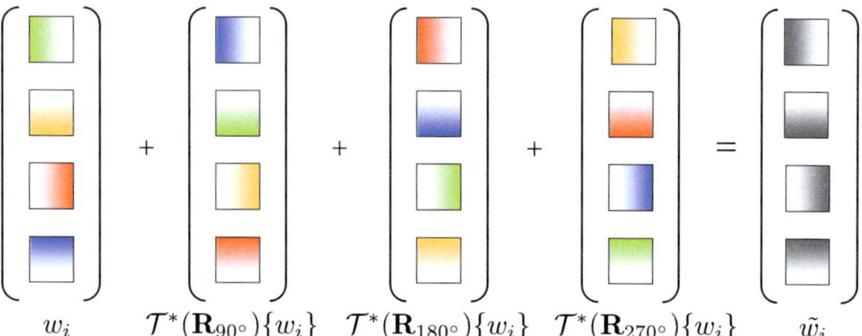

Abbildung 26.3: Erzeugung eines rotationsinvarianten Merkmalsdetektors. Die Beleuchtungsserien werden hier als Vektoren dargestellt. Jede Komponente entspricht einem Einzelbild, wobei der Farbverlauf die Beleuchtungsrichtung andeutet. Jede Farbe gehört zu einer unterschiedlichen Einzelbildaufnahme.

Die praktische Vorgehensweise zur Erzeugung rotationsinvarianter Merkmalsdetektoren aus Beleuchtungsserien, d. h. die Auswertung von Gleichung (26.18), wird grafisch am Beispiel einer Azimutserie mit $B = 4$ Einzelbildern in Bild 26.3 veranschaulicht.

4.1 Merkmalsbilder

Mit Hilfe der Merkmalsdetektoren $\tilde{w}_i$ kann eine invariante Merkmalsextraktion durchgeführt werden. Bei praktischen Anwendungen interessieren üblicherweise lokale Merkmale der inspizierten Oberfläche. Somit werden Merkmalsdetektoren mit einer Größe von wenigen Pixeln ausgewählt, wie z. B. 12×12 Pixeln. Das Innenprodukt wird dann auf der ganzen inspizierten Oberfläche lokal ausgewertet, indem die Kreuzkorrelation mit einem Merkmalsdetektor durchgeführt wird. Die Kreuzkorrelation zwischen einer Beleuchtungsserie und den Merkmalsdetektoren wird wie folgt berechnet:

$$\{f \circledast \tilde{w}_i\}(\mathbf{x}) = \sum_{k=1}^{B} f(\mathbf{x}, \mathbf{b}_{k\Delta\varphi}) \circledast \tilde{w}_i(\mathbf{x}, \mathbf{b}_{k\Delta\varphi}) \,. \tag{26.19}$$

Das Ergebnis der Kreuzkorrelation $\{f \circledast \tilde{w}_i\}(\mathbf{x})$ wird als Merkmalsbild bezeichnet.

5 Allgemeine Vorgehensweise

Die allgemeine Vorgehensweise für eine rotationsinvariante Inspektion wird in Bild 26.4 gezeigt. Aus nicht invarianten Merkmalsdetektoren,

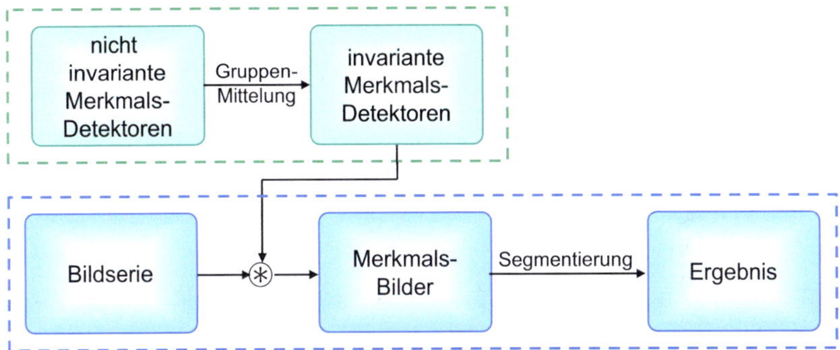

Abbildung 26.4: Vorgehensweise der invarianten Inspektion.

z. B. Gabor-, Wavelet- oder ICA-Filter, werden rotationsinvariante Detektoren mittels des Haar-Integrals erzeugt. Diese werden dann mit der Bildserie des geprüften Musters korreliert. Somit entstehen Merkmalsbilder, die als Grundlage einer Segmentierung oder Klassifikation verwendet werden können.

6 Ergebnisse

Das vorgestellte Verfahren wird am Beispiel der Sichtprüfung lackierter Holzoberflächen zur Erkennung topografischer Defekte angewendet. Zur Merkmalsextraktion stochastischer Texturen eignen sich ICA-Filter besonders gut, da diese Merkmalsdetektoren mittels einer Trainingsphase an die stochastischen Eigenschaften der Textur angepassst werden können und somit keine manuelle Parameterauswahl notwendig ist [8]. Solch eine ICA-Filterbank, d. h. ein Satz von Merkmalsdetektoren, die aus der Bildserie einer Oberfläche (siehe Bild 26.6(a)) gelernt wurde, wird in Bild 26.5(a) gezeigt. Jede Spalte dieser Bilderanordnung entspricht einem Merkmalsdetektor. In diesem Fall wurden Azimutserien mit 16 Bildern ($\Delta\varphi = 22,5°$) verwendet. Es ist klar zu sehen, dass die

(a) ICA-Merkmalsdetektoren

(b) rotationsinvariante Merkmalsdetektoren

Abbildung 26.5: Erzeugte rotationsinvariante Merkmalsdetektoren aus einem
Satz von ICA-Filtern.

Filter generell stark anisotrop sind. Das Ergebnis der Haar-Integration
der ICA-Filterbank (siehe Gleichung 26.17) wird in Bild 26.5(b) gezeigt.

Bemerkenswert ist, dass nach der Haar-Integration von Merkmalsdetektoren für Beleuchtungsserien im Allgemeinen anisotrope rotationsinvariante Filter entstehen. Das ist ein wesentlicher Unterschied zu Merkmalsdetektoren bei diffuser Beleuchtung, die durch die Haar-Integration
zwangsläufig isotrope Filter zur Folge haben.

Zur Segmentierung der Oberfläche wurde der gängige k-Means-Algo-
rithmus verwendet. Das Training zur Berechnung der „Cluster-Mitten"
wurde mit der Testoberfläche in Bild 26.6(a) durchgeführt. Drei Oberflächen wurden danach auf Grund des trainierten k-Means-Algorithmus
geprüft; siehe Bilder 26.6(a)-(c). Die Ergebnisse der Segmentierung (mit
$k=3$, d. h. drei Clustern) werden in den Bildern 26.6(d)-(f) dargestellt.

Die segmentierten Defekte sind in roter Farbe aufgezeigt. Die Defekte
wurden auf den drei Bildern gut erkannt, obwohl sie in unterschiedlicher
Lage auftreten. Somit wird die Nützlichkeit des vorgestellten Verfahrens
zur rotationsinvarianten Merkmalsextraktion demonstriert.

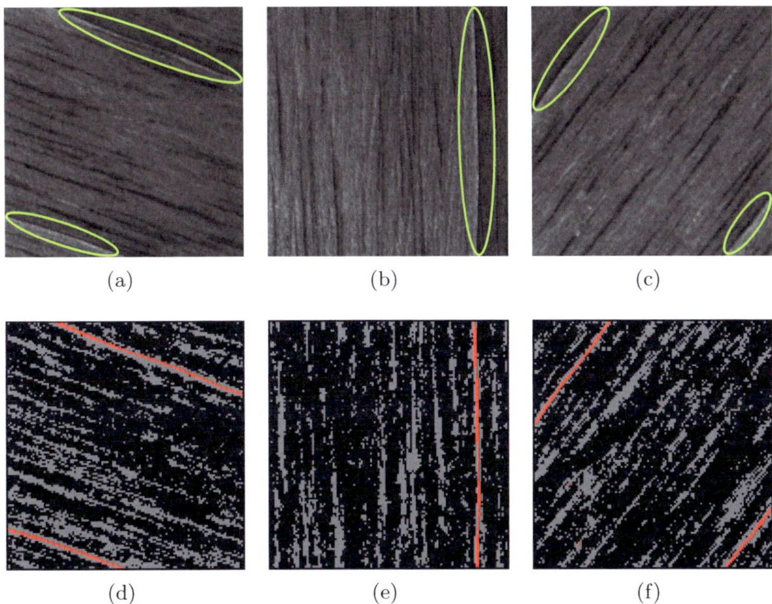

Abbildung 26.6: (a)-(c): Testoberflächen (defekte Zonen grün gekennzeichnet); (d)-(f): Segmentierungsergebnisse. In rot sind die segmentierten Defekte. Diese wurden erfolgreich unabhängig von ihrer Ausrichtung erkannt.

7 Zusammenfassung

Ein effizientes Verfahren zur rotationsinvarianten Merkmalsextraktion aus Beleuchtungsserien wurde präsentiert. Das Verfahren basiert auf der Haar-Integration – einer allgemeinen Methode, die zur Erzeugung von invarianten Merkmalen dient. Diese hat den Nachteil, dass die praktische Auswertung des Haar-Integrals rechnerisch sehr aufwendig sein kann. In diesem Beitrag wurde gezeigt, wie auf der Grundlage von linearen Operatoren eine invariante Merkmalsextraktionsphase gleich aufwendig sein kann wie bei einer nicht invarianten Extraktion. Eine rotationsinvariante Merkmalsextraktion ist beispielsweise sehr wichtig bei der automatischen Sichtprüfung von Oberflächen, wenn Defekte in willkürlichen Lagen auftreten können. Erfolgreiche Ergebnisse, die das Potential des vorgestellten Verfahrens demonstrieren, wurden am Beispiel der Sichtprüfung von Holzoberflächen zur Erkennung topografischer Defekte gezeigt.

Danksagung

Die Autoren danken Frau Dipl.-Ing. Kristine Back für die wertvollen Hinweise zur Ausarbeitung des Beitrages. Diese Arbeit wurde teilweise von der Spanischen Regierung im Rahmen des Projektes VAMAD finanziert.

Literatur

1. G. McGunnigle, „The classification of textured surfaces under varying illuminant direction", Dissertation, Department of Computing and Electrical Engineering, Heriot-Watt University, Edinburgh, 1998.

2. A. Pérez Grassi und F. Puente León, „Invariante Merkmale zur Klassifikation von Defekten aus Beleuchtungsserien", *Technisches Messen*, Vol. 75, Nr. 7-8, S. 455–463, 2008.

3. J. Wu, „Rotation invariant classification of 3D surface texture using photometric stereo", Dissertation, Department of Computing and Electrical Engineering, Heriot-Watt University, Edinburgh, 2003.

4. S. Chen, Y. Shang, B. Mao und Q. Lian, „Rotation invariant texture classification algorithm based on DT-CWT and SVM", in *Proceedings of the 4th international Symposium on Neural Networks: Advances in Neural Networks, Part III.*, Ser. Lecture Notes in Computer Science, D. Liu, S. Fei, Z. Hou, H. Zhang und C. Sun, Hrsg. Springer, 2007, S. 454–460.

5. R. Manthalkar, P. K. Biswas und B. N. Chatterji, „Rotation invariant texture classification using even symmetric Gabor filters", *Pattern Recogn. Lett.*, Vol. 24, Nr. 12, S. 2061–2068, 2003.

6. H. Schulz-Mirbach, „Anwendung von Invarianzprinzipien zur Merkmalgewinnung in der Mustererkennung", Dissertation, Technische Universität Hamburg-Harburg, 1995.

7. M. Schael, „Methoden zur Konstruktion invarianter Merkmale für die Texturanalyse", Dissertation, Albert-Ludwigs-Universität Freiburg, 2005.

8. L. Nachtigall, A. Sandmair und F. Puente León, „Sensorfusion zur Unterdrückung von Störsignalen mittels der Independent Component Analyse", in *Verteilte Messsysteme*, F. Puente León, K.-D. Sommer und M. Heizmann, Hrsg. Karlsruhe: KIT Scientific Publishing, 2010, S. 153–166.

Ein objektangepasstes Beleuchtungsverfahren für die automatische Sichtprüfung

Robin Gruna[1] und Jürgen Beyerer[2]

[1] Karlsruher Institut für Technologie KIT, Lehrstuhl für Interaktive Echtzeitsysteme IES, Adenauerring 4, D-76131 Karlsruhe
[2] Fraunhofer Institut für Optronik, Systemtechnik und Bildauswertung IOSB, Fraunhoferstraße 1, D-76131 Karlsruhe

Zusammenfassung In fast allen Anwendungsbereichen der automatischen Sichtprüfung hat die Wahl der Beleuchtung für die Bildaufnahme einen entscheidenden Einfluss auf die Zuverlässigkeit der nachfolgenden Bildverarbeitung und -auswertung. Viele Inspektionsaufgaben haben zum Ziel, Abweichungen von einem zuvor definierten Sollzustand zu erkennen und zu detektieren. In diesem Artikel wird ein objektangepasstes Beleuchtungsverfahren vorgestellt, das eine optische Änderungsdetektion realisiert und somit Abweichungen von einem definierten Sollzustand direkt im Inspektionsbild ohne weiter Bildverarbeitungsoperationen sichtbar macht. Ein Vergleich des Verfahrens mit herkömmlicher Differenzbildbildung zur Änderungsdetektion zeigt, dass unter plausiblen Annahmen das vorgestellte objektangepasste Beleuchtungsverfahren zu einem besseren Signal-Rauschabstand führt.

1 Einleitung

Die Auswahl einer geeigneten Beleuchtung ist einer der wichtigsten Schritte bei der Planung und dem Entwurf eines automatischen Sichtprüfsystems. Erst durch eine an die Sichtprüfaufgabe angepasste Beleuchtung wird es möglich, relevante Informationen über ein Prüfobjekt zu gewinnen und mithilfe digitaler Bildverarbeitung auszuwerten. Gerade in zeitkritischen Anwendungen können durch eine geeignete Beleuchtung Bilder gewonnen werden, für die sich so der rechentechnische Aufwand der Bildverarbeitung und -auswertung reduzieren lässt. Beispielsweise ermöglicht eine Beleuchtung die zu einem hohen Kontrast zwischen Hintergrund und Vordergrund im Inspektionsbild führt den Einsatz einfacher und schnelle Schwellwertoperationen statt rechenaufwendiger Segmentierungsverfahren.

Während für die Auswahl der bildgebenden Optik eine Vielzahl von Entwurfsregeln existiert [1], basiert die Auswahl einer Beleuchtung meist auf Erfahrungswerten. Oft wird dabei das Ziel verfolgt eine Beleuchtung zu realisieren, die relevante Merkmale des Prüfobjekts, z. B. Defekte, hervorhebt, während Hintergrundinformationen weitestgehend unterdrückt werden. Diese Vorgehensweise wird bei einigen bekannten Beleuchtungstechniken umgesetzt, z. B. bei Dunkelfeldbeleuchtungen [2] und Beleuchtungen mit polarisiertem Licht [3]. Beispielsweise werden bei der Dunkelfeldbeleuchtung für die Inspektion technischer Oberflächen Kamera und Beleuchtung so angebracht, dass nur Oberflächendefekte die eine Abweichung von der an sonst ebenen fehlerfreien Oberfläche Licht in Richtung der Kamera streuen. Durch diese Art der Beleuchtung wird also erreicht, dass nur die für die Prüfaufgabe relevanten Abweichungen von einem vordefinierten Sollzustand als Merkmale im Inspektionsbild erscheinen, was die nachfolgende Bildauswertung im Rechner vereinfacht.

Unlängst wurden verschiedene neuartige Beleuchtungsverfahren für die automatische Sichtprüfung vorgeschlagen, die den Soll-Ist-Vergleich eines Prüfobjekts mit einem Sollzustand vereinfachen und effizienter gestalten. Dazu gehören inverse Streifenprojektionsverfahren [4] [5], deflektometrische Verfahren mit inversen Mustern [6] oder Verfahren mit kohärentem Licht, bei denen mithilfe digitaler Holografie ein objektangepasstes Wellenfeld des Sollzustand des Prüfobjekts erzeugt wird [7]. All diese Verfahren habe gemein, dass die Beleuchtung so an den Sollzustand des Prüfobjekts angepasst wird, dass während der Prüfung Abweichungen von diesem Zustand direkt im Inspektionsbild sichtbar werden und nur wenige weitere Bildverarbeitungsschritte für die Auswertung nötig sind. Die Extraktion relevanter Merkmale für den Soll-Ist-Vergleich geschieht hier also optisch während der Bildaufnahme.

In diesem Artikel wird das vorgestellte Beleuchtungsprinzip aufgegriffen und in einer neuen Beleuchtungstechnik umgesetzt, mit dem Ziel, Unterschiede zweier Szenen optisch zu detektieren und direkt im Inspektionsbild sichtbar zu machen. Dafür wird ein digitaler Videoprojektor als räumlich modulierbare Lichtquelle verwendet, der mit einer Kamera

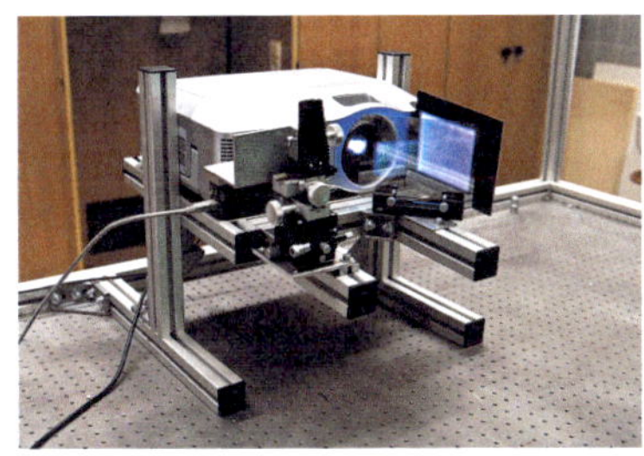

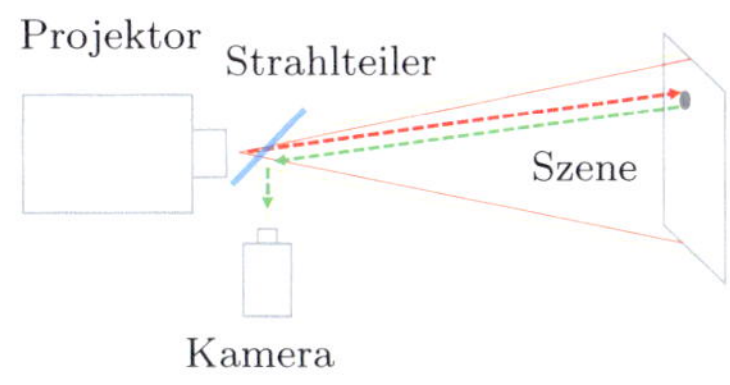

(a) Beleuchtungs-Prototyp

(b) Skizze eines koaxialen Projektor-Kamera-Systems

Abbildung 27.1: Aufbau eines koaxialen Projektor-Kamera-Systems.

zu einem Projektor-Kamera-System gekoppelt ist (siehe Abb. 27.1). Mit Verfahren der *fotometrischen Kompensation* [8] kann damit eine an den Sollzustand einer zu prüfenden Szene angepasste Beleuchtung erzeugt werden, die ein homogenes graues Inspektionsbild zur Folge hat. Dieses Beleuchtungsmuster wird im Weiteren als *inverses Beleuchtungsmuster* bezeichnet, da es die fotometrische Erscheinung der Szene in gewisser Weise "neutralisiert", sodass Reflektanz und Geometrie des Sollzustandes im Inspektionsbild komplett unterdrückt sind. Wird eine vom Sollzustand abweichende Szene mit dem inversen Beleuchtungsmuster beleuchtet, treten die Abweichungen direkt im Inspektionsbild als leicht zu detektierende Merkmale auf, ohne dass weitere digitale Bildverarbeitungsschritte nötig sind. Im Folgenden wird die Anwendung dieses Beleuchtungsverfahren für die optische Änderungsdetektion im Soll-Ist-Vergleich zweier Szenen demonstriert.

2 Erzeugung inverser Beleuchtungsmuster

Digitale Videoprojektoren sind in den letzten Jahren durch fallende Preise und Fortschritte in der Technik für viele Anwendungen aus der Computergrafik und Bildverarbeitung interessant geworden [9] [10] [5]. Videoprojektoren werden hier als programmierbare Lichtquellen eingesetzt, die eine räumliche und teilweise spektrale Modulation der Leuchtdichte ermöglichen. Zusammen mit einer Kamera in einem *Projektor-Kamera-System* können beliebig komplexe Beleuchtungsmuster auf eine

Szene projiziert und ausgewertet werden, wodurch sich vollkommen neue Möglichkeiten der Bildverarbeitung und -auswertung ergeben [11] [12].

Die Berechnung eines objektangepassten inversen Beleuchtungsmusters kann mit Verfahren der fotometrischen Kompensation gelöst werden [13] [14]. Diese behandeln das Problem, Bilder auf beliebige Hintergründe mit räumlich variierender Reflektanz und Geometrie zu projizieren, sodass ihre ursprüngliche Erscheinung erhalten bleibt. Eine Kamera tritt hierbei anstelle eines menschlichen Betrachters und liefert Informationen darüber, wie ein Bild zu modifizieren ist, um die Störeinflüsse der Reflektanz und Geometrie zu kompensieren. Um das inverse Beleuchtungsmuster einer Szene mit Verfahren der fotometrischen Kompensation zu ermitteln, wird als gewünschtes Erscheinungsbild für die Kamera ein einfarbiges Graubild angesetzt, in dem die fotometrische Erscheinung der Szene nicht mehr erkennbar ist. Das zu projizierende kompensierte Bild ist dann das gesuchte inverse Beleuchtungsmuster der Szene.

Für die fotometrische Kompensation einer Szene muss jeder für die Kamera sichtbare Szenenpunkt idealerweise separat beleuchtet werden können. Dies setzt eine präzise Korrespondenz der Kamera- und Projektoroptik voraus. Um Parallaxefehler auszuschließen, wird hier ein koaxialer Aufbau gewählt [15], wie er in Abbildung 27.1 dargestellt ist. Durch einen Strahlteiler wird das Projektionsfeld des Projektors in das Gesichtsfeld der Kamera eingespiegelt, eine Positionierungsmechanik ermöglicht dabei eine genau Justage. Werden die optischen Zentren der Kamera und des Projektors zur Deckung gebracht, entsteht eine szenenunabhängige Betrachtungs- und Projektionsgeometrie.

Um eine möglichst exakte Korrespondenz zwischen Projektorpixeln $\mathbf{x}_p = (u_p, v_p)$ und Kamerapixeln $\mathbf{x}_c = (u_c, v_c)$ zu erreichen, muss zudem eine geometrische Transformation der projizierten Bilder ausgeführt werden. Hierfür wird ein stückweise definiertes, polynomiales Transformationsmodell

$$\mathbf{x}_p = \mathbf{A}\hat{\mathbf{x}}_c, \quad \text{mit} \quad \hat{\mathbf{x}}_c = (u_c^2, v_c^2, u_c v_c, u_c, v_c, 1)^T \tag{27.1}$$

angesetzt, dessen Koeffizienten $\mathbf{A} \in \mathbb{R}^{2 \times 6}$ mit der Methode des kleinesten Fehlerquadrates aus einer Menge bekannter Pixel-zu-Pixel-Korrespondenzen geschätzt werden. Diese werden durch die Projektion und Aufnahme binärkodierter Marker bestimmt. Die so erhaltene Transformationsvorschrift wird dann auf die zu projizierenden Bilder angewendet, mit dem Ergebnis, dass die Kamera ein unverzerrtes Bild aufnimmt,

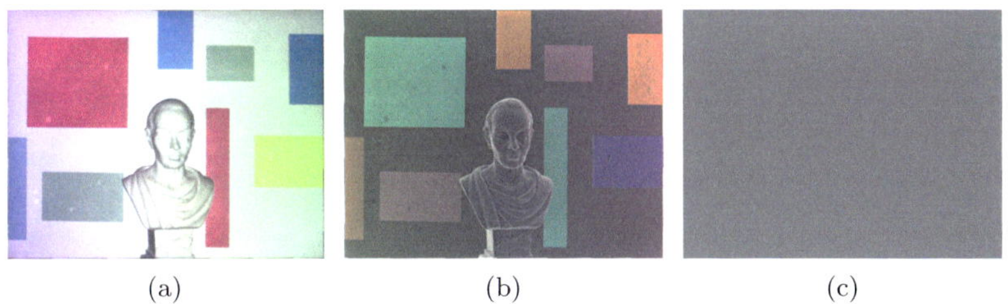

(a)   (b)   (c)

Abbildung 27.2: Ergebnisse der fotometrischen Kompensation. (a) Testszene mit homogener koaxialer Beleuchtung. (b) Inverses Beleuchtungsmuster, ermittelt mit Algorithmus (27.2) nach $t = 5$ Iterationen. (c) Aufgenommenes Kamerabild bei Beleuchtung der Szene mit inversem Beleuchtungsmuster. Die fotometrische Erscheinung der Testszene ist unterdrückt.

in dem projizierte und aufgenommene Pixel näherungsweise zur Deckung kommen.

Die Bestimmung des inversen Beleuchtungsmusters erfolgt durch ein iteratives Verfahren der fotometrische Kompensation. Dabei wird die Abweichung des aufgenommenen und gewünschten Kamerabildes ermittelt und für die iterative Anpassung des projizierten Bildes genutzt [15] [8].

Sei $g_{target}(\mathbf{x})$ des gewünschte Kamerabild und $g^t_{ms}(\mathbf{x})$ das aufgenommene Bild bei der Projektion von $g^t_{proj}(\mathbf{x})$. Zur Zeit $t = 0$ startet der Algorithmus mit der Projektion $g^0_{proj}(\mathbf{x}) := g_{target}(\mathbf{x})$. Für den Zeitpunkt $t + 1$ wird dann ein angepasstes Bild gemäß

$$g^{t+1}_{proj}(\mathbf{x}) := g^t_{proj}(\mathbf{x}) + \gamma(g^t_{ms}(\mathbf{x}) - g_{target}(\mathbf{x})) \tag{27.2}$$

bestimmt, wobei $\gamma \in (0, 1)$ einen Verstärkungsfaktor bezeichnet. Die Addition zwischen Bildern ist dabei komponentenweise für jeden Kanal separat definiert. Ist $g_{target}(\mathbf{x}) = k$ ein einfarbiges Bild mit Grauwert k, dann konvergiert der Algorithmus bereits nach wenigen Iterationen gegen einen kleinen Fehler $g^t_{ms}(\mathbf{x}) - g_{target}(\mathbf{x})$ und $g^t_{proj}(\mathbf{x})$ ergibt das gesuchte inverse Beleuchtungsmuster. Abbildung 27.2 zeigt das Ergebnis für eine Testszene nach $t = 5$ Iterationen.

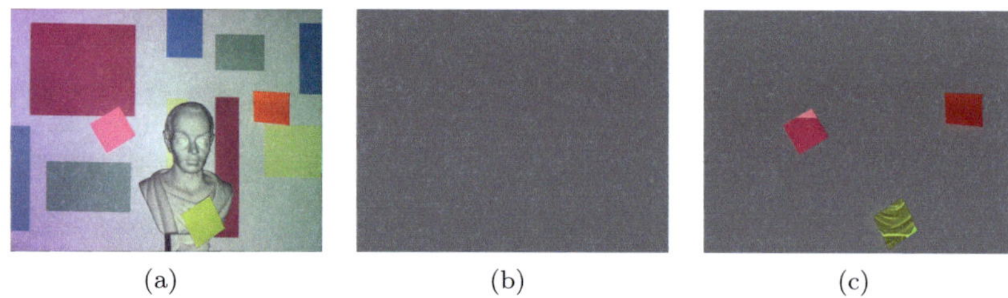

(a)   (b)   (c)

Abbildung 27.3: Anwendung des objektangepassten Beleuchtungsverfahrens für die optische Änderungsdetektion. (a) Modifizierte Testszene aus Abb. 27.2. (b) Kamerabild der unveränderten Testszene aus Abb. 27.2 bei Beleuchtung mit dem inversen Beleuchtungsmuster des Sollzustandes. (c) Beleuchtung der modifizierten Testszene mit dem inversen Beleuchtungsmuster des Sollzustandes.

3 Experimentelle Ergebnisse

Mit Hilfe von Algorithmus (27.2) wird das inverse Beleuchtungsmuster für eine Testszene generiert, das Ergebnis ist in Abb. 27.2 zusammengefasst. Abb. 27.2(a) zeigt das Kamerabild bei der Projektion des unkompensierten, einfarbigen Graubildes zur Iteration $t = 0$. Dies entspricht somit einer koaxialen Auflichtbeleuchtung der Testszene. Abb. 27.2(b) stellt das generierte inverse Beleuchtungsmuster für $t = 5$ dar, das durch Projektion auf die Testszene ein nahezu einfarbiges Graubild ergibt, dargestellt in Abb. 27.2(c).

Um das Beleuchtungsverfahren für den Soll-Ist-Vergleich ihm Rahmen einer möglichen Anwendung der automatischen Sichtprüfung zu demonstrieren, wird die Testszene leicht verändert um Abweichungen der Szene von einem Sollzustand zu simulieren. Anschließend wird die modifizierte Szene mit dem inversen Beleuchtungsmuster der ursprünglichen Szene beleuchte. Die Ergebnisse sind in Abb. 27.3 dargestellt. Wie zu sehen ist, sind die eingefügten Modifikationen der Szene leicht zu erkennen und können mit einfachen Mitteln der Bildverarbeitung, z. B. durch Schwellwertbildungen im RGB-Farbraum, detektiert werden. Die Beleuchtung durch das inverse Beleuchtungsmuster kann somit als ein Verfahren der optischen Änderungsdetektion verstanden werden.

4 Bestimmung des Signal-Rauschabstands

Offensichtlich kann ein ähnliches Ergebnis wie in Abb. 27.3 auch durch Differenzbildbildung des Sollzustandes und der zu prüfenden Szene erreicht werden. Im Folgenden werden daher beide Methoden auf signaltheoretischer Ebene bezüglich ihres Signal-Rauschabstands (engl. *signal-to-noise ratio, SNR*) verglichen. Dazu wird ein vereinfachtes einkanalige Signalmodell des Kamerabildes $g(\mathbf{x})$ in Bildkoordinaten $\mathbf{x}$ betrachtet, das den Einfluss der Szenengeometrie vernachlässigt:

$$g(\mathbf{x}) = \rho(\mathbf{x})e(\mathbf{x}) + n(\mathbf{x}) \ . \tag{27.3}$$

Der Grauwert $g(\mathbf{x})$ ergibt sich hier durch das Produkt der Reflektanz $\rho(\mathbf{x})$ der Szene mit der Beleuchtungsstärke $e(\mathbf{x})$ durch den Projektor und einem additiven Rauschterm $n(\mathbf{x})$ mit Erwartungswert $\mathrm{E}\{n(\mathbf{x})\} = 0$ und Varianz $\mathrm{Var}\{n(\mathbf{x})\} = \sigma_n^2(\mathbf{x})$.

Als weitere nicht-additive Rauschquelle soll das im Licht inhärente Photonenrauschen modelliert werden. Dazu wird die Beleuchtungsstärke

$$e(\mathbf{x}) = \alpha \cdot \nu(\mathbf{x}) \ . \tag{27.4}$$

als Produkt der Anzahl der eintreffenden Photonen und einer Konvertierungskonstanten α betrachtet. Da $\nu(\mathbf{x})$ eine poissonverteilte Zufallsvariable darstellt, kann $e(\mathbf{x})$ in eine stochastische Komponente $\tilde{\nu}(\mathbf{x})$ und deterministische Komponente $\bar{\nu}(\mathbf{x})$ zerlegt werden:

$$e(\mathbf{x}) = \alpha(\underbrace{\nu(\mathbf{x}) - \mathrm{E}\{\nu(\mathbf{x})\}}_{=:\tilde{\nu}(\mathbf{x})} + \underbrace{\mathrm{E}\{\nu(\mathbf{x})\}}_{=:\bar{\nu}(\mathbf{x})})$$
$$= \alpha(\bar{\nu}(\mathbf{x}) + \tilde{\nu}(\mathbf{x})) \ , \tag{27.5}$$

mit $\mathrm{E}\{\tilde{\nu}(\mathbf{x})\} = 0$ und $\mathrm{Var}\{\tilde{\nu}(\mathbf{x})\} = \mathrm{Var}\{\nu(\mathbf{x})\}$. Wegen der Poissonverteilung von $\nu(\mathbf{x})$ gilt $\mathrm{Var}\{\nu(\mathbf{x})\} = \mathrm{E}\{\nu(\mathbf{x})\}$ und somit gleicht die Stärke des Photonenrauschens $\mathrm{Var}\{\tilde{\nu}(\mathbf{x})\}$ der deterministischen Komponente $\bar{\nu}(\mathbf{x})$.

Mit (27.5) kann (27.3)

$$g(\mathbf{x}) = \underbrace{\alpha\rho(\mathbf{x})\bar{\nu}(\mathbf{x})}_{=:S(\mathbf{x})} + \underbrace{\alpha\rho(\mathbf{x})\tilde{\nu}(\mathbf{x}) + n(\mathbf{x})}_{=:N(\mathbf{x})} \tag{27.6}$$

in das Nutzsignal $S(\mathbf{x})$ und das Rauschsignal $N(\mathbf{x})$ zerlegt werden, welches den additiven Rauschterm $n(\mathbf{x})$ und eine beleuchtungsabhängige

Komponente $\alpha\rho(\mathbf{x})\tilde{\nu}(\mathbf{x})$ umfasst. Mit diese Zerlegung kann dann der Signal-Rauschabstand als

$$\text{SNR}(\mathbf{x}) := \frac{S(\mathbf{x})^2}{\text{Var}\{N(\mathbf{x})\}} \tag{27.7}$$

definiert werden.

Für die Bestimmung des SNR für die Differenzbildbildung wird das Differenzbild $g_D(\mathbf{x}) := g''(\mathbf{x}) - g'(\mathbf{x})$ der Bilder

$$g'(\mathbf{x}) = \alpha\rho(\mathbf{x})(\bar{\nu}_D + \tilde{\nu}_D') + n'(\mathbf{x}) \tag{27.8}$$

und

$$g''(\mathbf{x}) = \alpha \cdot (\rho(\mathbf{x}) + \Delta(\mathbf{x}))(\bar{\nu}_D + \tilde{\nu}_D'') + n''(\mathbf{x}) \tag{27.9}$$

betrachtet, die von Szenen mit um $\Delta(\mathbf{x})$ verschiedener Reflektanz und unter derselben gleichförmigen Beleuchtung aufgenommen werden (d. h. $\bar{\nu}_D$ ist konstant und unabhängig vom Ort $\mathbf{x}$). Nach (27.6) folgt daraus

$$g_D(\mathbf{x}) = \underbrace{\alpha\rho(\mathbf{x})(\bar{\nu}_D - \bar{\nu}_D)}_{=0} + \underbrace{\alpha\bar{\nu}_D\Delta(\mathbf{x})}_{=:S_D(\mathbf{x})}$$
$$+ \underbrace{\alpha\tilde{\nu}_D'(\rho(\mathbf{x}) + \Delta(\mathbf{x})) - \alpha\tilde{\nu}_D''\rho(\mathbf{x}) + n'(\mathbf{x}) + n''(\mathbf{x})}_{=:N_D(\mathbf{x})}. \tag{27.10}$$

Durch Einsetzen in Definition (27.7) und Anwenden der Ersetzungen $\sigma_D^2 := \text{Var}\{\tilde{\nu}_D'\} = \text{Var}\{\tilde{\nu}_D''\}$ und $\sigma_n^2(\mathbf{x}) := \text{Var}\{n'(\mathbf{x})\} = \text{Var}\{n''(\mathbf{x})\}$ ergibt sich für den SNR des Differenzbildes

$$\text{SNR}_D(\mathbf{x}) = \frac{\alpha^2\bar{\nu}_D^2\Delta(\mathbf{x})^2}{\alpha^2\sigma_D^2 \cdot (\rho(\mathbf{x}) + \Delta(\mathbf{x}))^2 + \alpha^2\sigma_D^2\rho(\mathbf{x})^2 + 2\sigma_n^2(\mathbf{x})}$$
$$\approx \frac{\alpha^2\bar{\nu}_D^2\Delta(\mathbf{x})^2}{2\alpha^2\sigma_D^2\rho(\mathbf{x})^2 + 2\sigma_n(\mathbf{x})^2}, \tag{27.11}$$

wobei für die Approximation ein kleiner Reflektanzunterschied angenommen wird, d. h. $\Delta(\mathbf{x}) \ll \rho(\mathbf{x})$.

Im Folgenden wird mithilfe des Signalmodells (27.6) der SNR für die objektangepasste Beleuchtung bestimmt. Durch das inverse Beleuchtungsmuster ergibt sich für die Kamera ein konstantes Graubild $g_I(\mathbf{x})$

mit einem festgelegten Grauwert k, d. h. $\mathrm{E}\{g_I(\mathbf{x})\} = k$. Für die deterministische Komponente der Beleuchtungsstärke muss daher

$$\bar{\nu}_I(\mathbf{x}) = \frac{k}{\alpha\rho(\mathbf{x})} \tag{27.12}$$

gelten. Sei $\Delta(\mathbf{x})$ wieder die Reflektanzabweichung des Sollzustandes und der beobachteten Szene. Durch Einsetzen von (27.12) in das Signalmodel (27.6) folgt für das Kamerabild der zu prüfenden Szene

$$\begin{aligned}
g_I(\mathbf{x}) &= \alpha \cdot (\rho(\mathbf{x}) + \Delta(\mathbf{x}))(\bar{\nu}_I(\mathbf{x}) + \tilde{\nu}_I(\mathbf{x})) + n(\mathbf{x}) \\
&= k + \underbrace{k\frac{\Delta(\mathbf{x})}{\rho(\mathbf{x})}}_{=:S_I(\mathbf{x})} + \underbrace{\alpha\tilde{\nu}_I(\mathbf{x})(\rho(\mathbf{x}) + \Delta(\mathbf{x})) + n(\mathbf{x})}_{=:N_I(\mathbf{x})} \ .
\end{aligned} \tag{27.13}$$

Nach Definition (27.7) und durch Ersetzen von $\sigma_I^2(\mathbf{x}) := \mathrm{Var}\{\tilde{\nu}_I(\mathbf{x})\}$ und $\sigma_n^2(\mathbf{x}) := \mathrm{Var}\{n(\mathbf{x})\}$ ergibt sich für den SNR der objektangepassten Beleuchtung

$$\begin{aligned}
\mathrm{SNR}_I(\mathbf{x}) &= \frac{k^2\Delta(\mathbf{x})^2\rho(\mathbf{x})^{-2}}{\alpha^2\sigma_I^2(\mathbf{x})(\rho(\mathbf{x}) + \Delta(\mathbf{x}))^2 + \sigma_n^2(\mathbf{x})} \\
&\approx \frac{k^2\Delta(\mathbf{x})^2}{\alpha^2\rho(\mathbf{x})^4\sigma_I^2(\mathbf{x}) + \rho(\mathbf{x})^2\sigma_n^2(\mathbf{x})} \ ,
\end{aligned} \tag{27.14}$$

wobei für die Approximation wieder ein kleiner Reflektanzunterschied angenommen wird, d. h. $\Delta(\mathbf{x}) \ll \rho(\mathbf{x})$.

Um beide Methoden bezüglich ihres SNR zu vergleichen, wird der SNR-Gewinn (engl. *signal-to-noise ratio gain, SNRG*) definiert:

$$\begin{aligned}
\mathrm{SNRG}(\mathbf{x}) &:= \frac{\mathrm{SNR}_I(\mathbf{x})}{\mathrm{SNR}_D(\mathbf{x})} \\
&= \frac{2k^2(\alpha^2\sigma_D^2\rho(\mathbf{x})^2 + \sigma_n^2(\mathbf{x}))}{\alpha^2\bar{\nu}_D^2\rho(\mathbf{x})^2(\alpha^2\rho(\mathbf{x})^2\sigma_I^2(\mathbf{x}) + \sigma_n^2(\mathbf{x}))} \ .
\end{aligned} \tag{27.15}$$

Die Parameter $\bar{\nu}_D$ und k sind für beide Verfahre frei wählbar und werden im Folgenden plausibel festgelegt. Eine mögliche Wahl für die konstante Beleuchtungsstärke $\bar{\nu}_D$ für die Erzeugung des Differenzbildes ist

$$\bar{\nu}_D = \frac{g_{max}}{\alpha\rho_{max}} \ , \tag{27.16}$$

wodurch erreicht wird, dass der höchste Reflektanzwert ρ_{max} auf den maximalen Grauwert g_{max} abgebildet wird und somit der gesamte zur Verfügung stehende Grauwertumfang für die Bildaufnahme genutzt wird. Durch gleiche Argumentation kann der Parameter k, der den Grauwert für das Kamerabild der objektangepassten Beleuchtung festlegt, auf

$$k = \frac{g_{max}}{2} \tag{27.17}$$

gesetzt werden, wodurch für die Aufnahme des unbekannten Reflektanzunterschieds $\Delta(\mathbf{x})$ ebenfalls ein großer Grauwertumfang für die Bildaufnahme zur Verfügung steht. Durch Umformen von (27.17) nach g_{max} und einsetzen in (27.16) kann $\bar{\nu}_D$ damit durch k und ρ_{max} ausgedrückt werden:

$$\bar{\nu}_D = \frac{2k}{\alpha \rho_{max}} \ . \tag{27.18}$$

Um zu einer einfachen Aussage über den tatsächlichen SNR-Gewinn zu gelangen, kann (27.15) weiter vereinfacht werden indem eine dominierende Rauschquelle angenommen wird. Im Folgenden wird nun von guten Lichtbedingungen und einer großen Photonenanzahl ausgegangen, wodurch das Photonenrauschen den additiven Rauschterm dominiert. Somit ist $\sigma_D^2 \gg \sigma_n^2(\mathbf{x})$ und $\sigma_I^2(\mathbf{x}) \gg \sigma_n^2(\mathbf{x})$, und mit der Annahme $\sigma_n^2(\mathbf{x}) \to 0$ wird der additive Rauschterm vernachlässigt. Aus (27.15) folgt damit für den SNR-Gewinn unter guten Lichtbedingungen

$$\mathrm{SNRG}_{high}(\mathbf{x}) = \frac{2k^2 \sigma_D^2}{\alpha^2 \bar{\nu}_D^2 \rho(\mathbf{x})^2 \sigma_I^2(\mathbf{x})} \ . \tag{27.19}$$

Durch Anwenden der Tatsache dass das Photonenrauschen poissonverteilt ist, d. h. $\sigma_D^2 = \bar{\nu}_D$ und $\sigma_I^2(\mathbf{x}) = \bar{\nu}_I(\mathbf{x})$, und Ersetzt von $\bar{\nu}_D$ durch (27.18) und $\bar{\nu}_I(\mathbf{x})$ durch (27.12) kann (27.19) schließlich zu

$$\mathrm{SNRG}_{high}(\mathbf{x}) = \frac{\rho_{max}}{\rho(\mathbf{x})} \tag{27.20}$$

vereinfacht werden.

Das Ergebnis in (27.20) zeigt, dass sich der größte SNR-Gewinn durch die objektangepasste Beleuchtungstechnik in Regionen mit kleiner Reflektanz ergibt. In Regionen mit maximaler Szenenreflektanz ρ_{max} sind beide Verfahren bzgl. ihres SNRs gleich zu bewerten. Eine Herleitung des SNR-Gewinns für schlechte Lichtverhältnisse und somit kleine Photonenanzahl ist in [16] dargestellt.

5 Zusammenfassung

Es wurde ein objektangepasstes Beleuchtungsverfahren für die optische Änderungsdetektion vorgestellt. Mit Hilfe eines Projektor-Kamera-Systems kann eine zu prüfende Szene derart mit einem inversen Beleuchtungsmuster beleuchtet werden, dass die Kamera ein einfarbiges graues Inspektionsbild liefert, in dem die fotometrische Erscheinung der Szene unterdrückt ist. Ist das inverse Beleuchtungsmuster an den Sollzustand einer zu prüfenden Szene angepasst, können damit optisch Abweichungen und Änderungen der Szene direkt im Inspektionsbild sichtbar gemacht werden. Für die Bestimmung des inversen Beleuchtungsmusters wurde ein einfaches Verfahren der fotometrischen Kompensation vorgestellt, bei dem das Beleuchtungsmuster iterativ an eine Szene angepasst wird, bis die Kamera das gewünschte Inspektionsbild liefert.

Weiter wurde das vorgestellte Beleuchtungsverfahren mit herkömmlicher Differenzbildbildung für die Änderungsdetektion verglichen. Für beide Verfahren wurde dafür ein einfaches Signalmodell aufgestellt und für den Vergleich des Signal-Rauschabstands herangezogen. Es konnte gezeigt werden, dass unter den getroffenen Annahmen das objektangepasste Beleuchtungsverfahren vorteilhaft bzgl. des Signal-Rauschabstands ist. In nachfolgenden Arbeiten sollen die gewonnenen Ergebnisse experimentell verifiziert werden.

Literatur

1. B. G. Batchelor und P. F. Whelan, *Intelligent Vision Systems for Industry*. Springer, Berlin, Feb. 1997.

2. J. E. Greivenkamp, *Field Guide to Geometrical Optics*. SPIE Society of Photo-Optical Instrumentation Engi, 2004.

3. C. Steger, M. Ulrich und C. Wiedemann, *Machine Vision Algorithms and Applications*, 1. Aufl. Wiley-Vch, Oct. 2007.

4. T. Bothe, W. Li, C. Kopylow und W. Jüptner, „Generation and evaluation of object adapted inverse patterns for projection", *tm–Technisches Messen/Sensoren, Geräte, Systeme*, Vol. 70, Nr. 2/2003, S. 99–103, 2003.

5. Y. Cai und X. Su, „Inverse projected-fringe technique based on multi projectors", *Optics and Lasers in Engineering*, Vol. 45, Nr. 10, S. 1028–1034, Oct. 2007.

6. S. Werling und J. Beyerer, „Inspection of specular surfaces with inverse patterns", *tm-Technisches Messen*, Vol. 74, Nr. 4, S. 217–223, 2007.

7. T. Baumbach, W. Osten, C. von Kopylow und W. Jüptner, „Remote metrology by comparative digital holography", *Applied Optics*, Vol. 45, Nr. 5, S. 925–934, Feb. 2006.

8. S. K. Nayar, H. Peri, M. D. Grossberg und P. N. Belhumeur, „A projection system with radiometric compensation for screen imperfections", in *First IEEE International Workshop on Projector-Camera Systems (PROCAMS-2003)*, 2003.

9. O. Bimber, D. Iwai, G. Wetzstein und A. Grundhöfer, „The visual computing of projector-camera systems", *Computer Graphics Forum*, Vol. 27, Nr. 8, S. 2219–2245, 2008.

10. G. Garg, E. V. Talvala, M. Levoy und H. P. Lensch, „Symmetric photography: Exploiting data-sparseness in reflectance fields", *Rendering Techniques*, S. 251–262, 2006.

11. Ratner und Y. Y. Schechner, „Illumination multiplexing within fundamental limits", in *IEEE Conference on Computer Vision and Pattern Recognition, 2007. CVPR'07*, 2007, S. 1–8.

12. T. Amano und H. Kato, „Appearance enhancement using a projector-camera feedback system", in *Pattern Recognition, 2008. ICPR 2008. 19th International Conference on*, 2008, S. 1–4.

13. G. Wetzstein und O. Bimber, „Radiometric compensation through inverse light transport", in *Proceedings of the 15th Pacific Conference on Computer Graphics and Applications*, 2007, S. 391–399.

14. M. Grossberg, H. Peri, S. Nayar und P. Belhumeur, „Making one object look like another: controlling appearance using a projector-camera system", in *Proceedings of the 2004 IEEE Computer Society Conference on Computer Vision and Pattern Recognition CVPR*, Vol. 1, 2004, S. I-452–I-459 Vol.1.

15. K. Fujii, M. Grossberg und S. Nayar, „A projector-camera system with real-time photometric adaptation for dynamic environments", in *IEEE Computer Society Conference on Computer Vision and Pattern Recognition CVPR*, Vol. 1, 2005, S. 814–821 vol. 1.

16. R. Gruna und J. Beyerer, „On scene-adapted illumination techniques for industrial inspection", in *2010 IEEE Instrumentation & Measurement Technology Conference Proceedings*, Austin, TX, USA, 2010, S. 498–503.

Konzepte zur Fusion von Bildserien mit variabler Beleuchtungsrichtung

Luis Nachtigall[1], Ana Pérez Grassi[2] und Fernando Puente León[1]

[1] Karlsruher Institut für Technologie, Institut für Industrielle Informationstechnik, Hertzstr. 16, D-76187 Karlsruhe
[2] Technische Universität München, Lehrstuhl für Messsystem- und Sensortechnik, Theresienstr. 90, D-80333 München

Zusammenfassung Bei der automatischen Sichtprüfung von Oberflächen spielt die Beleuchtung eine entscheidende Rolle. Um eine zuverlässige Inspektion von 3D-Texturen durchführen zu können, ist insbesondere die Verwendung variabler Beleuchtung von Vorteil. Dabei werden Bilder der Oberfläche unter verschiedenen Beleuchtungsrichtungen aufgenommen. Die Verarbeitung und Auswertung der entsprechenden Bildserie erfolgt durch die Fusion der in den Bildern verteilten Information. Eine Vielzahl unterschiedlicher Ansätze wurde bereits in der Literatur veröffentlicht. Ziel dieses Beitrags ist es, einen Überblick über das Fusionsproblem zu geben und allgemeine Konzepte der Fusionsansätze auf Grund von bestimmten Eigenschaften darzustellen und zu analysieren. Dafür werden Beispiele aus dem Bereich der automatischen Sichtprüfung von Oberflächen gezeigt, um die vorgestellten Konzepte zu veranschaulichen.

1 Einleitung

Bei jedem automatischen Sichtprüfsystem übt die Bildgewinnung einen starken Einfluss auf die Ergebnisse der Inspektion einer Oberfläche aus. Insbesondere spielt die Beleuchtung eine entscheidende Rolle für den Erfolg der nachfolgenden Bildverarbeitung. Bei der Bildgewinnung zur Analyse von 3D-Texturen – d. h. Oberflächen, die ein variables Höhenprofil aufweisen – ist die Auswahl einer geeigneten Beleuchtungskonfiguration besonders kritisch. Mit Hilfe von Bildern, die unter variablen Beleuchtungsbedingungen aufgenommen wurden, können dreidimensionale Informationen einer Oberfläche gewonnen werden. Bei strukturierten Oberflächen hat die Verwendung diffuser Beleuchtung üblicherweise den unerwünschten Effekt, eine destruktive Überlagerung von Licht und Schatten zu verursachen. Dies führt zu einem irreversiblen Verlust topografischer Information. Aus diesem Grund ist der Einsatz von gerichtetem Licht für die Inspektion von 3D-Texturen besser geeignet. Allerdings ändert sich bei Texturen dieser Art die Erscheinung der Oberfläche sehr stark, wenn die Richtung des einfallenden Lichtes variiert. Der Einfluss der Beleuchtungsrichtung auf die Bildinformation wurde bereits in verschiedenen Veröffentlichungen analysiert [1–3]. Dieses Phänomen kann jedoch nützlich sein, um Informationen über die Beschaffenheit und die Topografie der Textur zu gewinnen. Dabei ergibt sich eine anspruchsvolle Herausforderung: die Fusion der Bilder einer Beleuchtungsserie.

Eine klassische Methode basierend auf Beleuchtungsserien ist das „photometrische Stereo" [4]. Dieser Ansatz ermöglicht die Schätzung von Topografie und Albedo einer Oberfläche. In den letzten Jahren wurden sowohl Erweiterungen dieser Methode als auch neue Ansätze zur Fusion von Beleuchtungsserien veröffentlicht [2, 5–11], die sich in der Vorgehensweise wesentlich unterscheiden. Diese Unterschiede ergeben sich hauptsächlich aus der Vielfalt der Zielsetzungen, die die spezifischen Aufgaben zur Folge haben, wie z. B. Topografieschätzung, Bildverbesserung, Segmentierung und Klassifikation. Trotz unterschiedlicher Aufgabenstellungen lassen sich bestimmte Aspekte der Herangehensweise analysieren, die zu einem konzeptuellen Verständnis der Fusionsmethodik beitragen. Ergänzend werden Beispiele von konkreten Anwendungen aus der automatischen Sichtprüfung gezeigt.

2 Beleuchtungsserien

Die Auswahl einer geeigneten Beleuchtungsstrategie spielt bei jedem Sichtprüfsystem eine entscheidende Rolle. Zur Inspektion von 3D-Texturen eignet sich die Wahl einer gerichteten Beleuchtung, da auf diese Weise ein höherer lokaler Kontrast als mit diffuser Beleuchtung erzielt wird. Jedoch enthalten mit gerichtetem Licht aufgenommene Einzelbilder nur partielle Informationen über die Szene [6]. Somit ist die Aufnahme einer Serie von Bildern mit variabler Beleuchtung erforderlich.

Im Folgenden wird der Aufbau für Beleuchtungsserienaufnahmen vor-

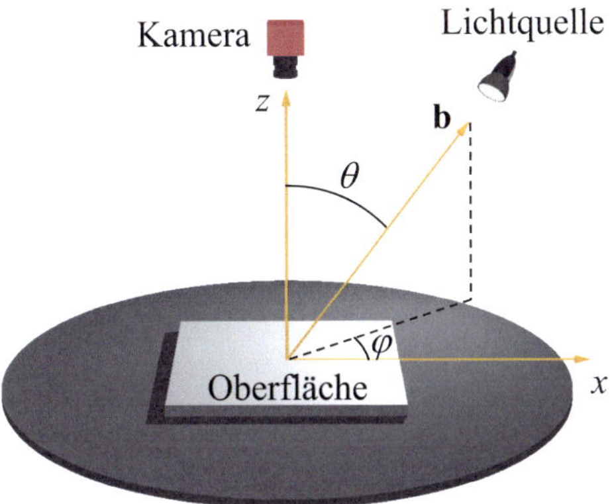

Abbildung 28.1: Schematische Darstellung eines Aufbaus für Bildserienaufnahmen mit variabler Beleuchtung.

gestellt; siehe Abb. 28.1. Die Kamera befindet sich senkrecht über der Oberfläche, während die Lichtquelle beliebig positioniert werden kann. Es wird angenommen, dass durch die Kameralinse eine orthografische Projektion durchgeführt wird. Der Beleuchtungsraum wird dabei als der Raum aller möglichen Beleuchtungsrichtungen definiert; er wird durch zwei Winkel aufgespannt: das Azimut φ und den Elevationswinkel θ.

Eine Beleuchtungsserie $\mathcal{S}$ entspricht einem Satz von B Bildern $g(\mathbf{x}, \mathbf{b})$:

$$\mathcal{S} := \{g(\mathbf{x}, \mathbf{b}_b),\ b = 1, \dots, B\}, \tag{28.1}$$

wobei $\mathbf{x} = (x, y)^{\mathrm{T}} \in \mathbb{R}^2$. Die Beleuchtungsrichtung wird durch die Position der Lichtquelle $\mathbf{b}$ bestimmt. Jedes Einzelbild der Serie stellt dieselbe Szene unter einer verschiedenen Beleuchtungsrichtung dar. Die Positionen der Lichtquelle $\{\mathbf{b}_b, b = 1, \dots, B\}$ bilden eine Untermenge des Beleuchtungsraums. In diesem Sinne kann die Aufnahme einer Bildserie als eine Abtastung des Beleuchtungsraums betrachtet werden.

3 Allgemeine Fusionskonzepte

Fusionsmethoden werden nach verschiedenen Kriterien gegliedert. Dabei werden üblicherweise Aspekte der Fusion herangezogen, wie z. B. die verwendeten Sensoren und die Hierarchie der Information [12]. Bei der

Art der Sensoren wird zwischen aktiven und passiven Sensoren unterschieden. Die Kamera selbst stellt einen passiven Sensor dar. Jedoch wird beim vorgestellten Aufbau (Abb. 28.1) eine Lichtquelle verwendet, um die inspizierte Oberfläche unter kontrollierten Bedingungen gezielt auszuleuchten. Demnach kann das gesamte Aufnahmesystem als aktiv betrachtet werden. Die Fusion kann weiterhin bezüglich der Art der Sensorinformation analysiert und eingeteilt werden, und zwar als redundant, komplementär, orthogonal oder verteilt [13]. Im Fall der Bildserien mit variabler Beleuchtung enthält jedes Einzelbild nur partielle Informationen über die Szene. Erst durch Auswertung mehrerer oder sämtlicher Bilder können zuverlässige Ergebnisse erzielt werden. Somit liegt in diesem Fall die Information verteilt vor. Des Weiteren kann eine Einteilung der Fusion nach der Art der Eingangs- und Ausgangsdaten erfolgen. In dieser Hinsicht werden drei verschiedene Hierarchieebenen definiert: Daten-, Merkmals- und Entscheidungsebene (bzw. *data, feature and decision level*). Je nach Eingangs- und Ausgangsebene wird die Fusion folgendermaßen aufgeteilt: DAI-DAO (*data input – data output*), DAI-FEO (*data input – feature output*), DAI-DEO (*data input – decision output*), FEI-FEO (*feature input – feature output*), FEI-DEO (*feature input – decision output*), DEI-DEO (*decision input – decision output*). Dies ist in Abb. 28.2 schematisch dargestellt.

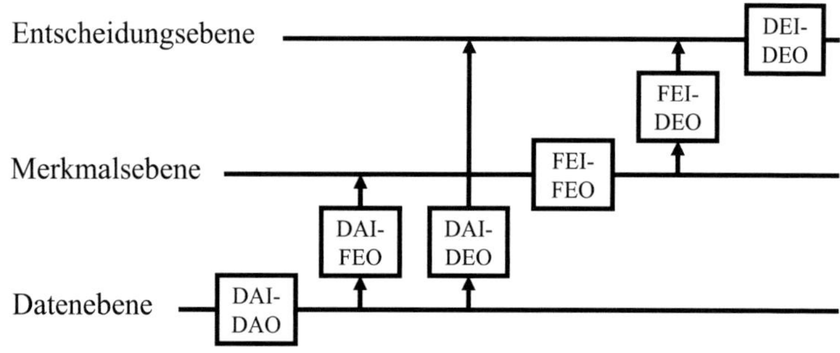

Abbildung 28.2: Hierarchieebenen der Informationsfusion.

Beispiele für DAI-DAO-Fusionsansätze findet man in der Datenfusion zur Bildverbesserung oder zur Erzeugung hochwertiger Bilder. Dabei werden auf Grund von sogenannten Fusionskarten die Einzelbilder einer Serie verknüpft, so dass ein nach einem bestimmten Qualitätsmaß optimiertes Bild erzielt wird [13]. Bei Aufgaben im Bereich der automatischen Sichtprüfung entspricht das Ziel typischerweise einem symbolischen Ergebnis (Entscheidungsebene), z. B. bei der Detektion oder Klassifikation von Defekten. Die Eingangsdaten sind wiederum die Bildserien, die sich auf der Datenebene befinden. Somit lässt sich in diesem Fall das globale Problem der Fusion von Bildserien mit variabler Beleuchtung hierarchisch als ein DAI-DEO-Problem beschreiben. Dennoch erfolgt die Fusion meistens durch eine Verknüpfung von Fusionsschritten auf und zwischen verschiedenen Ebenen. Üblicherweise werden zuerst aus den Daten Merkmale extrahiert (DAI-FEO), die danach als Grundlage für eine Segmentierung oder Klassifikation verwendet werden (FEI-DEO).

4 Fusionsansätze

Auf Grund der Vielfalt an Methoden und Verfahren, die auf dem Gebiet der Fusion von Beleuchtungsserien bereits veröffentlicht wurden, ist eine einheitliche Fusionsmethodik nicht klar erkennbar. Dennoch kann anhand grundlegender Gesichtspunkte die allgemeine Herangehensweise analysiert werden. Ein wichtiges Kriterium zur Einteilung von Fusionsansätzen ist, ob sich diese auf Modelle oder auf Daten stützen. Tabelle 28.1 gibt einen Überblick über beide Varianten von Ansätzen.

Das distinktive Merkmal bei modellgestützten Ansätzen ist eine mathematische Modellierung der Oberfläche oder von bestimmten Objekteigenschaften, die es zu untersuchen gilt. Im Gegensatz dazu werden bei lernbasierten Ansätzen Informationen selbst aus den Daten gelernt, ohne dass dafür ein Modell in Betracht gezogen werden muss.

5 Beispiele

Im Folgenden werden Beispiele für Fusionsmethoden in der Sichtprüfung lackierter Holzoberflächen vorgestellt. In der Möbelindustrie spielt insbesondere das ästhetische Aussehen gefertigter Holzwaren eine entscheidende Rolle. Bei Lackdefekten darf z. B. ein Stück nicht in den Handel gelangen. Die Erkennung topographischer Defekte bei durchlässigen Lackschichten stellt wegen des störenden Hintergrunds der Holztextur eine besonders schwierige Herausforderung für ein automatisches Sichtprüfsystem dar. Darüber hinaus sind einige Arten von Defekten unter be-

Ansatz	Eigenschaften
Modellgestützt	• Mathematische Modellierung der Oberfläche oder von Objekten erforderlich • Modelle unterschiedlicher Natur möglich z. B. physikalische, strukturelle, statistische Modelle u. a.
Lernbasiert	• Nützliche Informationen werden aus den Daten „gelernt" • Modellierung nicht erforderlich • Informationsextraktion basierend auf unterschiedlichen informationstheoretischen Grundlagen z. B. Statistik, Signaltheorie u. a. • Einbeziehung von Vorwissen bei der Lernphase möglich (z. B. überwachtes Lernen)

Tabelle 28.1: Allgemeine Aufgliederung von Fusionsansätzen.

stimmten Beleuchtungsrichtungen nicht erkennbar. Um eine zuverlässige Inspektion durchführen zu können, ist deswegen der Einsatz variabler Beleuchtung notwendig.

5.1 Modellgesützte Ansätze

Modellgestützte Segmentierung

In [5] wird eine modellgestützte Segmentierung vorgestellt, die zugleich auf einer Schätzung der Topographie sowie mehrerer Reflexionsparameter beruht. Die Schätzung basiert auf dem Torrance-Sparrow-Reflexionsmodell, das die physikalischen Reflexionseigenschaften einer Oberfläche als eine Kombination von diffuser und partiell spiegelnder Streuung beschreibt [14]. Wegen der Einbeziehung der spiegelnden Reflexion deckt dieses Modell im Gegensatz zum gängigen „photometrischen Stereo" eine größere Vielfalt von Oberflächenarten ab. Dennoch erfordert die Methode eine Mindestanzahl von Abtastpunkten des Beleuchtungsraums, was abhängig von der Topographie und den Eigenschaften der Oberfläche einen hohen messtechnischen Aufwand mit sich bringen kann.

In Abb. 28.3 wird die Segmentierung eines unvollständig lackierten Holzstücks gezeigt. Als Eingangsdaten für die Schätzung der Reflexions-

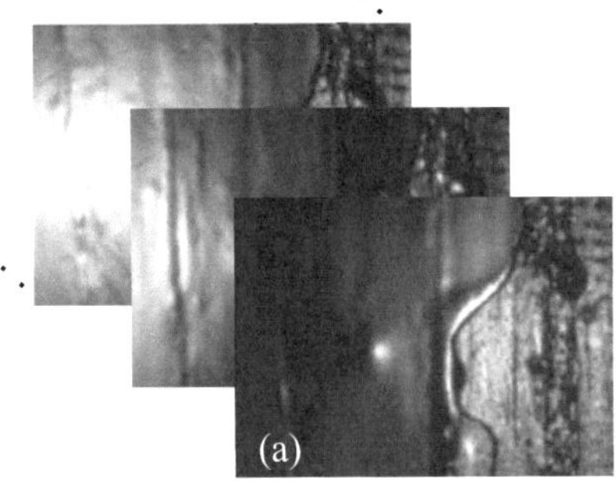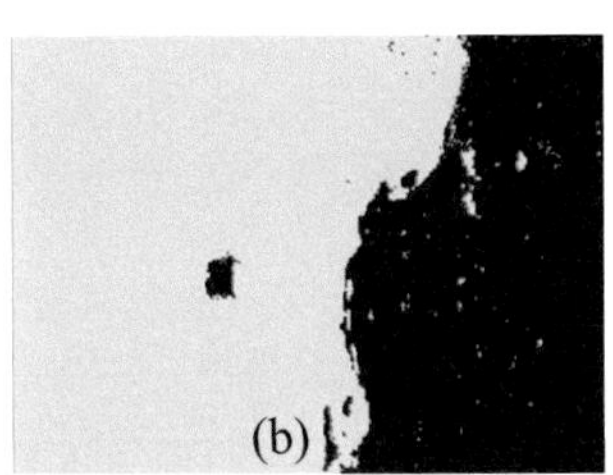

Abbildung 28.3: Segmentierung eines unvollständig lackierten Holzstücks: (a) Elevationsserie; (b) Segmentierungsergebnis basierend auf einem Reflexionsparameter des Modells (grau: lackiert; schwarz: nicht lackiert) [5].

parameter wurde eine Beleuchtungsserie mit verschiedenen Elevationswinkeln und festem Azimut verwendet. Die Segmentierung erfolgt pixelweise nach einem einfachen Schwellwertverfahren für einen der geschätzten Parameter des Modells (die „Breite" der Streukeule).

Die Informationsfusion findet in diesem Beispiel als DAI-FEO-Schritt statt. Die Interpolation der Daten der Intensitätssignale $g(\mathbf{x}, \theta)$ über θ gibt für jeden Oberflächenpunkt Auskunft über die gesuchten Parameter des Modells.

Detektion ringförmiger Lackdefekte

Der in diesem Beispiel vorgestellte Ansatz basiert auf parametrischen Signalen, die die Struktur bestimmter Objekte (in diesem Fall Defekte) modellieren. Mehrere Defektarten auf Lackschichten besitzen eine ringförmige Struktur, wie z. B. Krater, Blasen und Ampullen. Somit wird das Modell $t(\mathbf{x})$ für diese Art von Defekten einerseits durch den Radius r parametrisiert. Anderseits variiert die Erscheinung eines Defekts mit der Beleuchtungsrichtung, so dass diese ebenfalls im Modell berücksichtigt werden muss [15].

Mittels einer verallgemeinerten Kreuzkorrelation im Beleuchtungsserienraum (Abb. 28.4) zwischen dem Modell $t(\mathbf{x}, \varphi_i, r)$ und der Bildserie der inspizierten Oberfläche $g(\mathbf{x}, \varphi_i)$ wird ein Merkmalsbild $k(\mathbf{x}, r)$ be-

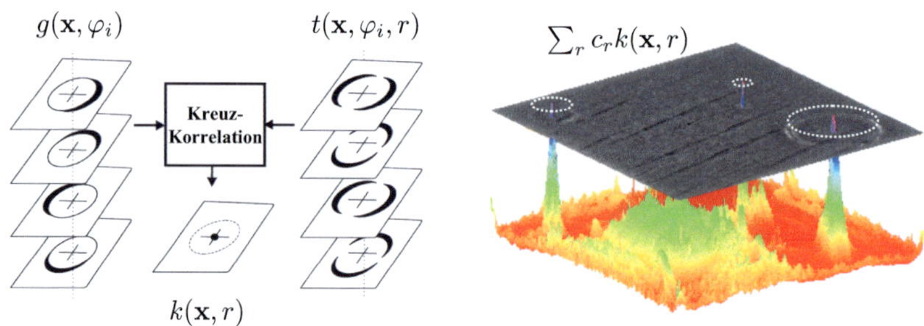

Abbildung 28.4: (Links) Verallgemeinertes Matched-Filter zur Erkennung ringförmiger Defekte. (Rechts) Grafische Darstellung des Schwellwertverfahrens zur Detektion der Defekte [15].

rechnet, in dem die gesuchten Defekte als Peaks erscheinen. Allerdings müssen die unterschiedlichen Radien der potentiellen Defekte getrennt betrachtet werden. In Abb. 28.4 wird ein Schwellwertverfahren grafisch veranschaulicht, mit dem – bei geeigneter Wahl der Koeffizienten c_r und des Schwellwertes – die ringförmigen Defekte korrekt erkannt werden.

In diesem Fall stellt die verallgemeinerte Kreuzkorrelation einen DAIFEO-Fusionsschritt dar: aus sämtlichen Bildern der Serie wird ein Merkmalsbild erzeugt, in welchem die modellierten Defekte hervorgehoben erscheinen.

5.2 Lernbasierte Ansätze

Filterbasierte Segmentierung

Eine weitere Methode zur Inspektion lackierter Oberflächen basiert auf einem statistischen Verfahren: der Independent Component Analyse (ICA). Mit Hilfe der ICA wird eine Filterbank aus den Daten gelernt. Solche ICA-Filter besitzen den Vorteil, dass sie mittels einer Lernphase sich an die stochastischen Eigenschaften der Textur anpassen.

In Abb. 28.5(a) wird eine Azimutserie einer defektbehafteten Holzoberfläche gezeigt. Auf der Grundlage der gelernten Filterbank werden lokale Merkmale aus der Beleuchtungsserie berechnet. Das in Abb. 28.5(b) präsentierte Segmentierungsergebnis wurde durch ein einfaches unüberwachtes Lernen (basierend auf dem gängigen k-Means-Algorithmus)

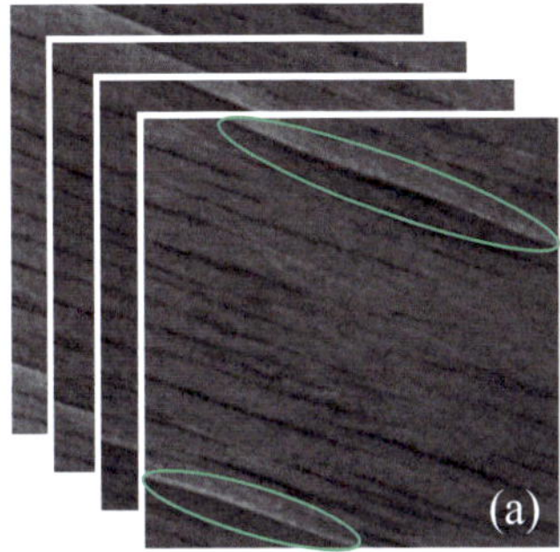 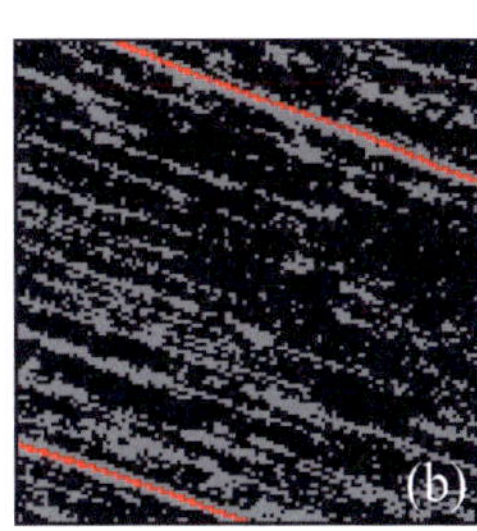

Abbildung 28.5: Filterbasierte Segmentierung: (a) Azimutserie einer Holz-oberfläche (in grün sind Risse gekennzeichnet); (b) Segmentierungsergebnis (rot: defekte Zonen) [16].

erzeugt. Dabei wurden die berechneten ICA-Merkmale als Eingangsda-ten verwendet.

Das Lernen der ICA-Filter entspricht einer Informationsfusion, da sämtliche Bilder einer Serie dabei einheitlich und nicht einzeln betrach-tet werden. Ähnlich wie beim vorigen Beispiel kann hier die Merkmals-extraktion auch als ein DAI-FEO-Problem angesehen werden. Zusätzlich werden durch das Lernen mittels des k-Means-Algorithmus die Merkmale zu einem symbolischen Ergebnis fusioniert (FEI-DEO).

Klassifikation anhand invarianter Merkmale

In diesem Abschnitt wird eine lernbasierte Methode präsentiert, die auf einer Klassifikation von invarianten Merkmalen beruht [17]. Als Grund-lage zur Merkmalesextraktion wird eine Erweiterung des statistischen Operators *Local Binary Pattern* verwendet. Mittels der Haar-Integration werden invariante Merkmale gegenüber der zweidimensionalen euklidi-schen Bewegung (Rotation und Translation in der Ebene) gewonnen. Dies ermöglicht eine von der Lage und Position der Defekte unabhängige Erkennung und Klassifikation.

Als Klassifikator wird eine *Support Vector Machine* (SVM) verwendet. Beim Training der SVM – eines Algorithmus zum überwachten Lernen – wird das Vorwissen über die Defektklassen der Lernoberflächen einbe-zogen. Da die Defekte meist lokalisiert (d. h. nicht auf der ganzen Oberfläche verteilt) auftreten, wird die Methode auf kleine Fensterbereiche von 32×32 Pixeln (mit 50 % Überlappung) angewendet. In Abb. 28.6 wird exemplarisch das Ergebnis einer erfolgreichen Klassifikation von Kratern und Pickeln auf einer defektbehafteten Testoberfläche gezeigt. Zum Training der SVM wurde eine Datenbank verwendet, die 85 Oberflächen und insgesamt 6 unterschiedliche Defektklassen beinhaltet [17].

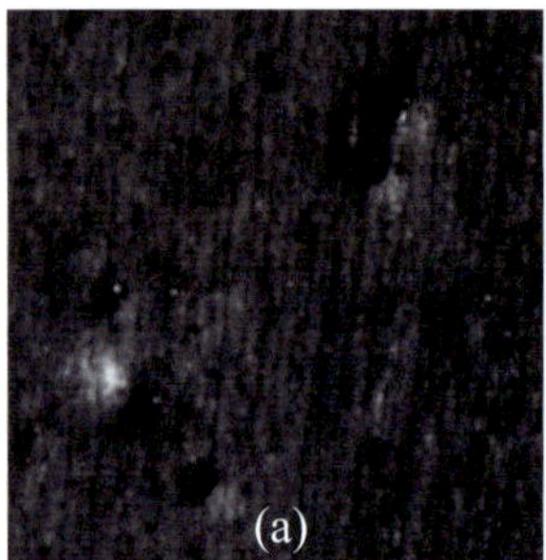
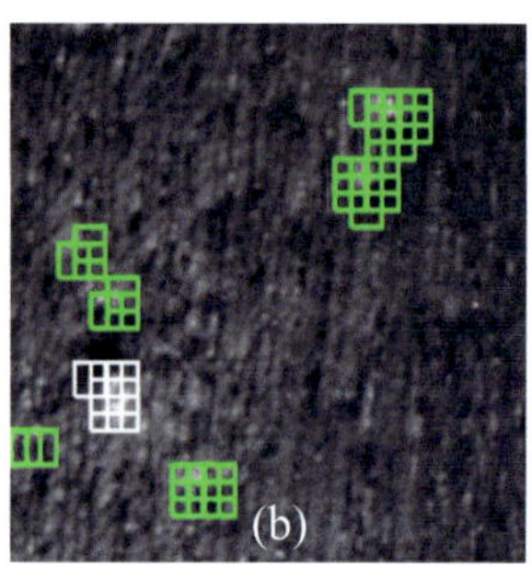

Abbildung 28.6: (a) Einzelbild einer defektbehafteten Testoberfläche. (b) Ergebnis der Klassifikation (grün: Krater, weiß: Pickel) [17].

Ähnliche Betrachtungen bezüglich der Analyse des Fusionsschemas wie beim letzten Beispiel können auch in diesem Fall angestellt werden. Statistische Merkmale werden aus der über den Einzelbildern verteilten Information gewonnen (DAI-FEO). Schließlich werden die invarianten Merkmale mittels der SVM fusioniert, um die Oberfläche zu klassifizieren (FEI-DEO).

6 Zusammenfassung

Die enthaltene Information bei der Bildaufnahme einer dreidimensional texturierten Oberfläche ist stark von der Beleuchtungskonfiguration der Oberfläche abhängig; d. h. die Information einer Oberfläche, die in einer Abbildung enthalten ist, variiert mit der Richtung der Beleuchtung. Demzufolge ist für eine zuverlässige visuelle Oberflächeninspektion eine variable Beleuchtung von Vorteil. Die in den Einzelbildern verteilte Information muss durch Fusionsmethoden verarbeitet und ausgewertet werden. Unterschiedliche Fusionsansätze sind in der Literatur bereits veröffentlicht worden. In diesem Beitrag wurden allgemeine Fusionskonzepte vorgestellt und Gemeinsamkeiten in der Fusionsmethodik untersucht. Beispiele für Fusionsansätze wurden im Überblick für unterschiedliche Anwendungen der automatischen Sichtprüfung gezeigt und nach den vorgestellten Konzepten analysiert.

7 Danksagung

Die Autoren danken Herrn Dipl.-Ing. Johannes Kallenberg für die wertvollen Hinweise zur Ausarbeitung des Beitrages. Die Testoberflächen wurden vom Forschungsinstitut AIDIMA, Spanien, bereitgestellt. Diese Arbeit wurde teilweise von der Spanischen Regierung im Rahmen des Projektes VAMAD finanziert.

Literatur

1. M. Chantler, M. Schmidt, M. Petrou und G. McGunnigle, „The effect of illuminant rotation on texture filters: Lissajous's ellipses", in *ECCV '02: Proceedings of the 7th European Conference on Computer Vision-Part III*. London, UK: Springer-Verlag, 2002, S. 289–303.

2. S. Barsky und M. Petrou, „Surface texture using photometric stereo data: Classification and direction of illumination detection", *J. Math. Imaging Vis.*, Vol. 29, Nr. 2-3, S. 185–204, 2007.

3. Y.-X. Ho, M. S. Landy und L. T. Maloney, „How direction of illumination affects visually perceived surface roughness", *Journal of Vision*, Vol. 6, S. 634–648, 2006.

4. R. J. Woodham, „Photometric method for determining surface orientation from multiple images", *Optical Engineering*, Vol. 19, Nr. 1, S. 139–144, 1980.

5. C. Lindner und F. Puente León, „Model-based segmentation of structured surfaces using illumination series", *IEEE Transactions on Instrumentation and Measurement*, Vol. 56, Nr. 4, S. 1340–1346, 2007.

6. A. Pérez Grassi und F. Puente León, „Invariante Merkmale zur Klassifikation von Defekten aus Beleuchtungsserien", *Technisches Messen*, Vol. 75, Nr. 7-8, S. 455–463, 2008.

7. L. Nachtigall und F. Puente León, „Merkmalsextraktion aus Bildserien mittels der Independent Component Analyse", in *XXIII. Messtechnisches*

Symposium des Arbeitskreises der Hochschullehrer für Messtechnik e.V. (AHMT), G. Goch, Hrsg.   Aachen: Shaker Verlag, 2009.

8. J. Beyerer und F. Puente León, „Bildoptimierung durch kontrolliertes aktives Sehen und Bildfusion", *Automatisierungstechnik*, Vol. 53, Nr. 10, S. 493–502, 2005.

9. F. Puente León, „Model-based inspection of shot peened surfaces using fusion techniques", in *Machine Vision and Three-Dimensional Imaging Systems for Inspection and Metrology*, Ser. Proceedings of SPIE, K. G. Harding, J. W. V. Miller und B. G. Batchelor, Hrsg., Vol. 4189.   SPIE, 2001, S. 41–52.

10. J. Wu, „Rotation invariant classification of 3D surface texture using photometric stereo", Dissertation, Department of Computing and Electrical Engineering, Heriot-Watt University, Edinburgh, 2003.

11. G. McGunnigle, „The classification of textured surfaces under varying illuminant direction", Dissertation, Department of Computing and Electrical Engineering, Heriot-Watt University, Edinburgh, 1998.

12. B. V. Dasarathy, „Sensor fusion potential exploitation-innovative architectures and illustrative applications", *Proceedings of the IEEE*, Vol. 85, Nr. 1, S. 24–38, 1997.

13. M. Heizmann und F. Puente León, „Fusion von Bildsignalen", *Technisches Messen*, Vol. 74, Nr. 3, S. 130–138, 2007.

14. K. E. Torrance und E. M. Sparrow, „Theory for off-specular reflection from roughened surfaces", *J. of the Optical Society of America*, Vol. 57, Nr. 9, S. 1105–1114, 1967.

15. A. Pérez Grassi, M. A. Abián Pérez, F. Puente León und R. M. Pérez Campos, „Detection of circular defects on varnished or painted surfaces by image fusion", in *Proceedings of the IEEE International Conference on Multisensor Fusion and Integration for Intelligent Systems*, Heidelberg, 3-6 September 2006, S. 255–260.

16. L. Nachtigall, A. Pérez Grassi und F. Puente León, „Ein effizientes Verfahren zur Extraktion rotationsinvarianter Merkmale aus Beleuchtungsserien", in *Forum Bildverarbeitung*, F. Puente León und M. Heizmann, Hrsg.   Karlsruhe: KIT Scientific Publishing, 2010, S. 301–312.

17. A. Pérez Grassi, *Variable illumination and invariant features for detecting and classifying varnish defects*.   Karlsruhe: KIT Scientific Publishing, 2010.

Fusion von Sensordaten mittels eines photogrammetrischen Mehrkamerasystems

Rainer Schütze[1], Camille Simon[1,2], Frank Boochs[1]
und Franck Marzani[2]

[1] Fachhochschule Mainz, i3mainz – Institut für Raumbezogene Informations-
und Messtechnik, Lucy-Hillebrand-Strasse 2, D-55128 Mainz
[2] Université de Bourgogne – Bâtiment Mirande – UFR de Sciences et
Techniques, le2i, B.P. 47870, F-21078 Dijon Cedex

Zusammenfassung In diesem Beitrag zeigen wir im Kontext der Fusion räumlicher und spektraler Daten das Potenzial einer von den Daten unabhängigen Verknüpfungsmethodik auf. Die an unserem Institut entwickelte Photogrammetrie-basierte Trackinglösung erlaubt eine robuste und genaue Fusion unterschiedlichster Daten. Das aktuelle Konzept wird erläutert, auf Vor- und Nachteile wird eingegangen und praktische Ergebnisse in Bezug auf das Tracking als solches werden vorgestellt, wodurch auch das generelle Potenzial dieses Ansatzes belegt wird.

1 Einleitung

Moderne optische Messsysteme sind in der Lage, Objekte mit einer hohen räumlichen und spektralen Genauigkeit aufzuzeichnen. Die Gewinnung von räumlichen Daten mit einer Auflösung von wenigen Hundertstel Millimeter ist heutzutage beispielsweise mit aktiven, projektionsbasierten Kamerasystemen möglich, während Farbbilder von Filter-basierten Multispektralkameras das komplette Oberfläche-Spektrum mit hoher bildlicher Auflösung erfassen.

Neben den geometrischen Aspekten sind für viele Fragen der Struktur- und Oberflächenprüfung, auch im industriellen Umfeld, ebenfalls die farblich-visuellen Aspekte von Interesse. Diese können z. B. mittels Filter-basierten Multispektralkameras erfasst werden. Allerdings werden diese bisher im Allgemeinen losgelöst von geometrischen Fragen betrachtet, wodurch sich eine konstruktive Verknüpfung der Daten alleine schon aus Gründen der Datenerfassung verschließt.

Die räumliche und die farbliche Erfassung folgen aber unterschiedlichen technischen Konzepten und liefern nur partiell vergleichbare Merkmale in den Daten, wodurch eine Verknüpfung aus dem Datenbestand selbst nur bedingt machbar ist. Ein integriertes Messsystem ist unter Beibehaltung der ursprünglichen Genauigkeit auch problematisch [1]. Auf der anderen Seite ergänzen sich die Daten der räumlichen und spektralen Daten optimal in ihrem Informationsgehalt. Für viele Anwendungsbereiche wäre von großem Vorteil diese Datenquellen gemeinsam zu untersuchen. Eine Anwendung wäre zum Beispiel die Überwachung von Oberflächen kulturell wertvoller Güter (Tafelbilder, Wandmalereien, Keramiken etc.) um deren Erhaltung und deren historische Erforschung zu unterstützen.

Der Einsatz von mehreren Sensoren ist aber auch für die Qualitätskontrolle in der Industrie von erheblichem Nutzen. Vielfach muss jedes Bauteils schon bei der Herstellung einer automatischen Kontrolle unterzogen werden, um bei einer zu großen Abweichungen vom Sollzustand eingreifen zu können. Dies garantiert, dass alle produzierten Teile innerhalb der Toleranzen liegen. Da verschiedene Sensoren an unterschiedliche Defektenerkennung angepasst und optimiert sind, sind je nach Problemstellung mehrere Sensor-Typen notwendig, um eine Messaufgabe zu lösen. Geometrische Fehler bei Merkmalspunkten (Kanten, Löcher, Schrauben etc.) und Oberflächen (Kratzer, Beutle etc.) können leicht durch 3D-Messsysteme erfasst werden, während Mängel in Beschichtungen und Lacken durch multispektrale Aufnahmen aufgedeckt werden können. Solche Systeme sind in vielen Industriezweigen zu finden, werden aber derzeit in der Produktion separat eingesetzt und deren Ergebnisse unabhängig voneinander betrachtet. Eine bessere und tiefere Analyse des erfassten Objekts wäre möglich, wenn die sich ergänzenden Datensätzen in einen gemeinsamen geometrischen / spektralen Kontext zusammengeführt würden.

Um die unterschiedlichen Sensoren flexibler handhaben zu können, kann der Roboter als Plattform genutzt werden. Schwächen in der Absolutgenauigkeit von Roboternw erden durch das Konzept aufgefangen.

Im folgenden werden wir auf das Thema der Datenerfassung der Sensor-Fusion eingehen. Im dritten Abschnitt werden wir auf die Genauigkeitssteigerung des Roboters als Plattform für die unterschiedlichen Sensoren eingehen. Photogrammetrie basiertes Tracking wird im vierten Abschnitt diskutiert werden, gefolgt von der Beschreibung einer Test-Installation und den daraus resultierenden Ergebnisse. Im Abschluss wird das Potential der Fusion von Sensordaten mittels des vorgestellten photogrammetrischen Mehrkamerasystems dargestellt.

2 Datenerfassung und Sensor-Fusion

Damit komplementäre Datensätze sich gegenseitig ergänzen können, müssen sie in einem gemeinsamen geometrischen Rahmen vorliegen. Dies erreicht man mit einer Registrierung. Dabei kann die Integration von Daten aus unterschiedlichen Blickwinkeln, von verschiedenen Sensoren und/oder zu verschiedenen Zeiten in ein gemeinsames Koordinatensystem erreicht werden. Multi-Sensor-Registrierung ist eine wesentliche Aufgabe der Sensor-Fusion [2]. Ggf. ist dies ein einfacher Arbeitsschritt, solange ähnliche Arten von Daten registriert werden müssen (z. B. die Registrierung von 3D-Punktwolken aus einem Laser-Scanner und eines aktiven Projektionssystems). Die Multisensor Registrierung von 3D- und 2D-Daten ist jedoch aufgrund der unterschiedlichen Darstellung der Daten eine ziemliche Herausforderung. Oft wird dies mit begrenzter Genauigkeit durchgeführt, hierbei werden die 2D-Daten als Textur für die 3D-Daten zur Visualisierung genutzt. In diesem Fall ist die erreichte Genauigkeit nicht ausreichend, um präzise kombinierte Vergleiche von Farbe und 3D Mängel durchzuführen.

Die Registrierung erfolgt üblicherweise in zwei Schritten: eine grobe Registrierung, aus der die relative Lage der Datensätze genähert hervorgeht, gefolgt von einer feinen Registrierung. Methoden zur Registrierung basieren auf einer Kombination von numerischen Methoden, der Verwendung von Zielmarken/Signalisierungen oder der Nutzung bekannter Sensorpositionen.

Registrierungs-Algorithmen zielen auf die Minimierung des Abstandes zwischen überlappenden Abschnitten von zusammenhängenden Ansichten ab. Einen umfassenden Überblick über 2D-Registrierung Techniken und Algorithmen findet sich in [3] und [4].

Algorithmen zur Grobregistrierung basieren weitgehend auf der Merkmalsextraktion, während die Feinregistrierung von Punktwolken häufig mittels des *Iterative Closest Point Algorithm*(ICP, [5]) durchgeführt werden. Dieser Algorithmus erfordert keine Merkmalsextraktion, muss aber grob initialisiert werden, damit er nicht zu einem lokalen Minimum konvergiert. Zudem muss der Überlappungsbereich der Einzelmessungen mindestens zwischen 20 und 30% liegen. Im Fall von Multi-Sensor-Daten werden am häufigsten Algorithmen verwendet, die auf der Maximierung der gegenseitigen Information (MMI, [6]) basieren.

Die Fusion multi-sensoraler Daten gestaltet sich bei vergleichbaren strukturellen und/oder spektralen Merkmalen in den jeweiligen Datenquellen einfach. Sind jedoch die Merkmale in den Daten eher komplementär, so ist ein Zusammenführen der Daten erheblich schwieriger bis unmöglich. Dies gilt z. B. auch in vielen Fällen für die Verknüpfung von räumlichen und spektralen Daten. Ein Ausweg ist oft die Verwendung von Referenzpunkten, die als Verknüpfungsinformation dienen. Allerdings sind derartige Manipulationen nicht auf alle Oberflächen erlaubt, weshalb in solchen Fällen eine gegenseitige Registrierung der Daten nur über externe Hilfen realisiert werden kann.

Eine solche externe Möglichkeit bieten Trackinglösungen, mit deren Hilfe die Messsysteme bei der Datenerfassung beobachtet werden. Die daraus ableitbaren räumlichen Beziehungen erlauben die Transformation unterschiedlichster Datensätze in ein gemeinsames System.

Mit dem Ziel einer vereinfachten Positionierung und flexibleren Nutzung der unterschiedlichen Sensoren kann der Roboter als Plattform für diese genutzt werden. Um eine unabhängige und robuste Registrierung der multisensoralen Daten zu gewährleisten muss die Position des Roboters allerdings genauer bekannt sein, als er dies selber angeben kann.

Die Wiederholgenauigkeit für größere Roboter mit einer Reichweite von 2.5 m beträgt heutzutage maximal 0.1 mm. Jedoch kann diese Genauigkeit nicht für lange Zeiträume garantiert werden. Aus diesem Grund werden zusätzliche Techniken genutzt, um die Wiederholgenauigkeit der Pose zu steigern. Darüber hinaus sind adäquate Methoden erforderlich, um die absolute Pose zu bestimmen (z. B. Kalibrierung mit einem übergeordneten Messgerät).

Oft reicht es jedoch nicht aus, nur die Wiederholgenauigkeit zu optimieren. In einem flexiblen, robotergestützten Messsystem ist eine schnelle Ausrichtung für einen neuen Messpunkt erforderlich. Ein vorher definierter Messpunkt (oder eine Pose) muss von dem Roboter angefahren werden. In diesem Fall wird die absolute Genauigkeit der Roboterbewegung wichtig. In der Regel ist diese erheblich schlechter als die Wiederholgenauigkeit und liegt in der Größenordnung von 1 bis 2 mm. Für viele Anwendungen ist dies nicht ausreichend, insbesondere bei der Nutzung des Roboters als Plattform für optische Messsensoren.

3 Genauigkeit Potential eines Photogrammetrische Lösung

Die begrenzte absolute Positioniergenauigkeit von Robotern ist seit längerer Zeit Gegenstand verschiedener Untersuchungen, die diesen Effekt zu verbessern versuchen. Durch externe physikalische Messungen konnten Verbesserungen erreicht werden [7–9].

Neuere Entwicklungen basieren auf Tracking-Konzepte für den Effektor am Roboter. Unterschiedliche Ansätze wurden vorgestellt oder sind Bestandteil kommerzieller Lösungen [10–13].

Eine Idee nutzt das Genauigkeitspotenzial des Laser-Trackers. Sie erweitert die Positions-Messung durch den Tracker mit einer optischen Lösung für die Orientierung. Dies wird erreicht, indem am zu beobachtende Objekt zusätzliche Referenzpunkte beobachtet werden. Wird ausschließlich mit einem photogrammetrischen Konzept gearbeitet, meistens bestehend aus zwei oder drei Kameras, dienen solche Referenzpunkte als alleinige Information für die Pose.

Beide Lösungen, Tracking und Photogrammetrie, erhöhen die Positioniergenauigkeit eines am Roboter Kopf montierten Werkzeugs. Allerdings ist die Trackinglösung durch die Schnittgeometrie und der Blickrichtung des Tracking-Systems begrenzt. Die Genauigkeiten beider Systeme ist außerdem nicht homogen über den Raum verteilt und der Effektor muss stets zur Kamera ausgerichtet sein, wodurch er nicht in jeder beliebigen Stellung beobachtet werden kann.

Aber im Allgemeinen haben photogrammetrische Lösungen das Potenzial für höchste Genauigkeit. Bereits sehr früh wurde gezeigt, dass entsprechend angeordnete Kameras geeignet sind ein Objekt zu beobachten [14]. Es gibt viele verschiedene Beispiele, in denen photogrammetrische Konzepte geeignet sind unterschiedlichste Probleme im industriellen Umfeld zu lösen [15–17].

Es ist daher logisch, die Idee eines allgemeinen photogrammetrischen Konzeptes zu erweitern, um einen am Roboterkopf montierten Effektor zu beobachten. Der Erfolg hängt dabei nur von einigen bekannten

Rahmenbedingungen ab, wie z.B. die präzise und stabile interne und äußere Orientierung der Kameras, einer geeigneten geometrischen Beziehung zwischen Objekt und Kameras, um die geforderten Genauigkeit einzuhalten und ein Messobjekt, das zuverlässig in jeder Position des Roboters beobachtet werden kann.

Ein wichtiges Merkmal von photogrammetrischen Lösungen ist deren Flexibilität und Anpassungsfähigkeit an das jeweilige Problem. Photogrammetrische Anwendungen besitzen viele Parameter, die für eine Optimierung der Genauigkeit, des Aufwands, der Robustheit und dem praktischen Rahmen entsprechend angepasst werden müssen. Folglich müssen jeweils mehrere Aspekte betrachtet werden, wie z. B. die Anzahl und Anordnung der Kameras, Blickfeld, Größe und Auflösung der Bildebene, Größe des Arbeitsbereiches etc. Diese große Anzahl an Einflussfaktoren kann nur durch numerische Simulationen optimiert werden. Auf Basis derer werden entsprechende Entscheidungen getroffen, die eventuelle Folgen für praktische und / oder wirtschaftliche Zwänge haben.

Der erste Prototyp des hier vorgestellten Systems wurde für einen Arbeitsbereich des Roboters von 4 m^3 entworfen (siehe Abb. 29.1). Alle wichtigen Parameter wie z. B. Anzahl und Position von Kameras etc. wurden in einer Simulation optimiert.

Alle Überlegungen wurden unter der Annahme getroffen, dass die absolute Genauigkeit der Effektor Raumposition nicht schlechter als 0,1 mm sein darf. Bei einem Abstand zwischen dem Messobjekt und dem Referenzkörper von 500 mm muss die Winkelgenauigkeit der Pose 0,2 mrad betragen.

Durch den geometrischen Aufbau des Systems kann die geforderte räumliche Positionsgenauigkeit für einen einzelnen Punkt nicht erreicht werden. Es ist daher eine größere Anzahl von Punkten notwendig, um die Roboter Position zu definieren. Dabei ist zu beachten, dass immer eine gewisse Anzahl von Punkten in jeder Stellung des Roboters sichtbar sein muss. Folglich wurde ein kugelförmiger Referenzobjekt entworfen, um alle Zielpunkte aufzunehmen.

Bezieht man alle diese Faktoren in einer Simulation ein, kann man eine theoretische Genauigkeit der Effektor-Pose von 0,06 mm (ein Sigma) erreichen. Dieses Ergebnis basiert auf der sehr konservativen Annahme für die Bildmessgenauigkeit von 1/10 Pixel, bei einer vier Kamera-Konfiguration. Die Genauigkeit ist im gesamten Arbeitsbereich stabil, wie in Abb. 29.2 gezeigt.

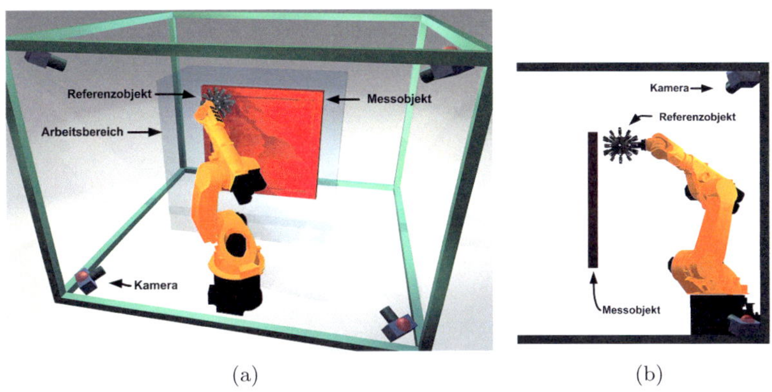

Abbildung 29.1: Schematischer Aufbau der Messzelle. (a) Rückansicht (b) Seitenansicht.

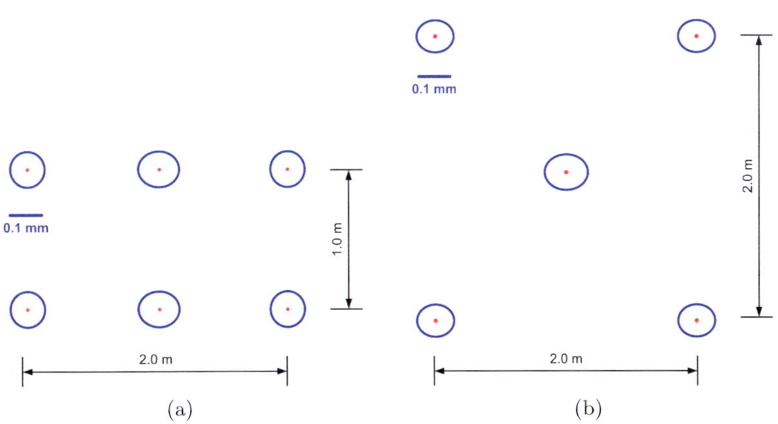

Abbildung 29.2: Fehler Ellipsen der theoretischen Genauigkeit für die Effektor Pose im Messvolumen. (a) Aufsicht (b) Frontansicht.

Die Simulation bestätigt, dass die gewünschte Genauigkeit vom theoretischen Standpunkt aus erreicht werden kann. Praktische Tests müssen dann den Nachweis erbringen, dass die zugrunde liegenden Annahmen nicht zu optimistisch gewesen sind und dass diese Qualität der Posenbestimmung in der Praxis erreicht werden kann (siehe Abschnitt 5).

4 Design einer Testinstallation

Wie bereits erläutert, nutzen wir in unserer vorgestellten Lösung mehrere Kameras, die das mit Zielmarken signalisiertes Referenzobjekt beobachten [18]. Durch die Verwendung einer photogrammetrischen Lösung kann die Konfiguration auf die Bedürfnisse der Anwendung und des Volumens individuell angepasst werden. Hierzu sind die Anzahl der Kameras und deren Verteilung im Raum entsprechend auszulegen. Die Kameras sind in einer Weise angeordnet, dass der am Roboterkopf installierte Referenzkörper von einer ausreichenden Zahl von Kameras in allen verwendeten Arbeitsstellungen zu sehen ist.

Der Referenzkörper wurde mit aktiven, d. h. selbst leuchtenden, homogen auf einer Kugel verteilten Zielmarken realisiert. Aktive Marken haben den Vorteil, dass sie einfach an- und aus geschaltet werden können, wodurch sich LEDs Punktkodierungen erzeugen lassen. Externe Lichteinflüsse können durch die Wahl der Wellenlänge (z.B. Infrarot) ebenfalls eliminiert werden, was weitgehend die Flexibilität des Systems erhöht. Für den eigentlichen Test-Aufbau wurde das Messvolumen von 1,0 m × 2,0 m × 2,0 m (Länge, Breite, Höhe) so gewählt, dass es der Reichweite eines typischen Roboters in der Automobilindustrie entspricht (siehe Abb. 29.1). Das Volumen wird von vier Kameras beobachtet, die an den Ecken eines vertikalen Rechtecks mit 4,0 × 3,0 m Kantenlänge, etwa zwei Meter hinter dem Messvolumen angeordnet sind. Um die gewünschte Auflösung in den Bildern zu gewährleisten wurden vier-MegaPixel Firewire Kameras verwendet. Jede Kamera ist mit einem Objektiv mit 12,5 mm Brennweite ausgestattet, was einem Blickwinkel von etwa 85°entspricht.

Abb. 29.3 zeigt die Realisierung des aktiven Referenzobjekts, das direkt am Roboterkopf montiert wird. Der Referenzkörper ist mit 54 aktiven Zielmarken bestückt und besteht aus zwei halben Aluminium Kugelschalen. Jeder einzelne Zielpunkt ist präzise auf der stabilen Trägerstruktur montiert und enthält je eine Infrarot-LED. Der integrier-

Abbildung 29.3: Referenzobjekt mit aktiven Zielmarken. Zoom auf eine einzelne LED.

te Diffusor sorgt zusammen mit der mechanischen Konstruktion für eine homogene Ausleuchtung. Durch die Verwendung aktiver im infraroten Spektrum leuchtenden Zielmarkierungen ist das System robuster gegenüber Schwankungen des Tageslichts und erfordert keine Einhausung der Messzelle.

5 Ergebnisse

Die praktischen Prüfungen konzentrieren sich auf die innere- und äußere Genauigkeit des Systems. Für die Tests der inneren Genauigkeit wurden 27 unterschiedliche Positionen im gesamten Arbeitsbereich angefahren. Für jede Position wurden zehn unabhängige Messungen durchgeführt. Aus diesen Wiederholungsmessungen ergab sich eine Standardabweichung der Lage von 0,035 mm (ein Sigma), mit einem Maximum von 0,100 mm.

Von größerem Interesse und Bedeutung für die tatsächliche Genauigkeit des Systems ist die äußere Genauigkeit, definiert in einem übergeordneten Referenz-Koordinatensystem (z. B. dem Messzellen System). Um den Testaufbau zu vereinfachen, nutzten wir das Bezugssystem der Messreferenz (Laser Tracker). Im Allgemeinen hat ein Laser Tracker eine sehr hohe Genauigkeit von etwa 0,02 mm für den einzelnen 3D-Punkt. Das ist um den Faktor 5 besser als unsere Bedürfnisse und damit ausreichend für eine Genauigkeitsnachweis. Im Test werden diverse Positionen angefahren, von Kameras und Tracker beobachtet und im Ergebnis verglichen. Die numerische Auswertung erfolgt auf Basis der Strecken zwischen den beobachteten Positionen. Dies macht die Einführung einer Datumstransformation unnötig.

In dem Test wurde der Roboterkopf an sechs unterschiedliche Positionen im Messvolumen bewegt und 3D Position mit beiden Systemen gemessen. Diese Sequenz wurde acht Mal durchgeführt. Für jede Sequenz wurden die Residuen zwischen der Referenzentfernung und der photogrammetrisch errechneten Wegstrecke bestimmt. Die Ergebnisse zeigen eine Standardabweichung über alle Unterschiede von 0,070 mm mit einer maximalen Differenz von 0,142 mm. In Anbetracht des Umstandes, dass der Abstand aus zwei Punkten bestimmt wird, ist die einzelne Koordinate um einen Faktor von 1,41 (ergibt sich aus der Fehlerfortpflanzung) besser. Daher liegt die absolute Qualität des photogrammetrischen Tracking Systems für eine einzelne Pose bei etwa 0,05 mm (ein Sigma), das ist um den Faktor 2 besser als die ursprünglich zu erzielende Genauigkeit.

6 Zusammenfassung

Es wurde gezeigt, dass eine photogrammetrische Lösung die absolute Positioniergenauigkeit eines Roboters um den Faktor 20 erhöhen kann. Dies eröffnet neue Möglichkeiten, Roboter als präzise Messeinheit zu nutzen oder eine hochgenaue Inline-Steuerung des Roboters während seiner Tätigkeit zu erreichen. Dies kann dann auch für den Einsatz verschiedener optischer Sensoren verwendet werden, wodurch sich unterschiedliche Aufnahmen exakt aufeinander registrieren lassen, ohne auf zusätzliche Referenzpunkte oder Optimierungsalgorithmen zurückgreifen zu müssen. Darüber hinaus ist dieses Konzept im Prinzip adaptierbar für andere Anwendungen und auch in Bezug auf die Größe eines Messvolumen oder die zu erreichende Genauigkeit skalierbar.

Danksagung

Diese Arbeit wurde von dem Bundesministeriums für Wirtschaft und Technologie (BMWi) unter dem Förderkennzeichen (FKZ) KF0069602SS6 gefördert, wofür sich die Autoren herzlich bedanken.

Literatur

1. A. Mansouri, A. Lathuiliere, F. Marzani, Y. Voisin und P. Gouton, „Toward a 3D multispectral scanner: An application to multimedia", *IEEE MultiMedia*, Vol. 14, Nr. 1, S. 40–47, 2007.

2. A. Weckenmann, X. Jiang, K.-D. Sommer, U. Neuschaefer-Rube, J. Seewig, L. Shaw und T. Estler, „Multisensor data fusion in dimensional metrology", *CIRP Annals - Manufacturing Technology*, Vol. 58, Nr. 2, S. 701–721, 2009.

3. L. Gottesfeld Brown, „A survey of image registration techniques", *ACM Computing Surveys*, Vol. 24, Nr. 4, S. 325–376, 1992.

4. B. Zitova und J. Flusser, „Image registration methods: a survey", *Image and Vision Computing*, Vol. 21, S. 977–1000, 2003.

5. P. J. Besl und N. D. McKay, „A method for registration of 3-D shapes", *IEEE Transactions on Pattern Analysis and Machine Intelligence*, Vol. 14, Nr. 2, S. 239–256, 1992.

6. F. Maes, A. Collignon, D. Vandermeulen, G. Marchal und P. Suetens, „Multimodality image registration by maximization of mutual information", *IEEE Transactions on Medical Imaging*, Vol. 16, Nr. 2, S. 187–98, Apr. 1997.

7. C. Gong, J. Yuan und J. Ni, „A self-calibration method for robotic measurement system", *Journal of manufacturing science and engineering*, Vol. 122, Nr. 1, S. 174–181, 2000.

8. U. Wiest, „Kinematische Kalibrierung von Industrierobotern", Dissertation, Universität Karlsruhe (TH) – Department of Computer Sciences, 2001. [Online]. Available: http://www.wiest-ag.com/system/files/kundendateien/dissertation.pdf

9. Isios Hobotics, May 2010. [Online]. Available: http://www.isios.de/produkte1.htm

10. Metris, „Metris k600", August 2010. [Online]. Available: http://de.metris.com/products

11. Steinbichler, „TSCAN 3", September 2010. [Online]. Available: http://www.steinbichler.de/de/main

12. R. Loser, „6DoF Technologie als Grundlage zur Automatisierung", *Oldenburger 3D-Tage*, Vol. 1, S. 244–254, 2009.

13. E. Richter und M. Hennes, „Ein neuartiges Verfahren zur 6DoF Bestimmung", *Oldenburger 3D-Tage*, Vol. 1, S. 254–262, 2009.

14. R. Loser und T. Luhmann, „The programmable optical measuring system POM - Applications and performance", *International Archives of Photogrammetry and Remote Sensing*, Vol. Part 5, S. 533–540, 1992.

15. A. H. Beyer, „Digital photogrammetry in industrial applications", *International Archives of Photogrammetry and Remote Sensing*, Vol. 30, Part 5W1, S. 373–378, 1995.

16. T. Luhmann, „Photogrammetrische Verfahren in der industriellen Messtechnik", *Publikationnen der DGPF*, Vol. Band 9, 2000.

17. W. Bösemann, „The optical tube measurement system OLM - Photogrammetric methods used for industrial automation and process control", *International Archives of Photogrammetry and Remote Sensing*, Vol. 1, Part 5, S. 55–58, 1996.

18. F. Boochs, R. Schütze und C. Raab, „A flexible multi-camera system for precise tracking of moving effectors", in *IASTED International Conference on Robotics and Applications*, 2009.

Stereobasierte Regularisierung des deflektometrischen Rekonstruktionsproblems

Stefan Werling[1] und Jürgen Beyerer[1,2]

[1] Fraunhofer-Institut für Optronik, Systemtechnik und Bildauswertung,
Fraunhoferstr. 1, D-76131 Karlsruhe
[2] Karlsruher Institut für Technologie (KIT), Institut für Anthropomatik,
Adenauerring 4, D-76131 Karlsruhe

Zusammenfassung Spiegelnde Oberflächen sind einem Beobachter nicht direkt zugänglich. Zur Inspektion werden daher Spiegelbilder bekannter Muster ausgewertet. Dadurch können nichtlineare Normalenfelder bestimmt werden, in denen das ganze durch Beobachtung zugängliche Wissen über spiegelnde Flächen enthalten ist. Zur Rekonstruktion der Prüffläche aus den Messdaten bedarf es Zusatzwissens, das aus einer zweiten Beobachtung gewonnen werden kann. Dieser Ansatz wird als deflektometrisches Stereo bezeichnet. In der vorliegenden Arbeit werden Möglichkeiten und Grenzen dieses Ansatzes aufgezeigt. Dabei wird ein neuartiger Ansatz zur Konstruktion von Flächen, die sich durch Beobachtung aus zwei unterschiedlichen Richtungen nicht unterscheiden lassen, präsentiert. Darauf aufbauend werden Flächenklassen benannt, für die der Stereoansatz zielführend ist. Anwendungsmöglichkeiten bei der Rekonstruktion komplexer Objekte werden aufgezeigt.

1 Einleitung

Die Oberflächen vieler industriell hergestellter Produkte wie z.B. Karosserieteile besitzen aus ästhetischen Gründen oft spiegelnde Eigenschaften. Die Inspektion dieser Oberflächen stellt besondere Anforderungen an die verwendete Technik: Einerseits sind die meisten Inspektionsverfahren zur Bestimmung von Gestaltmerkmalen, wie etwa die Triangulation, auf zumindest teilweise diffuse Reflexion angewiesen. Andererseits

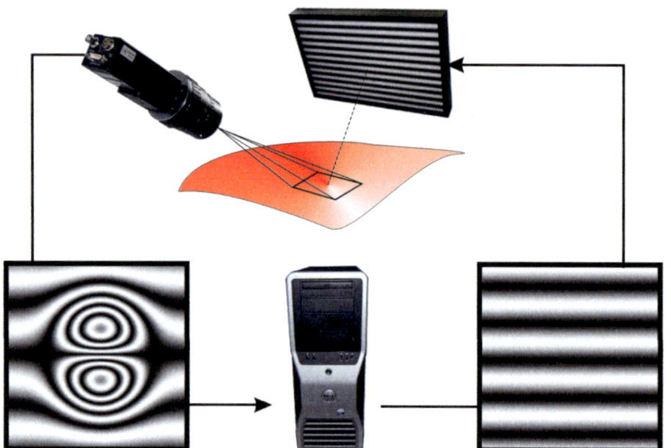

Abbildung 30.1: Grundprinzip der Deflektometrie.

können die Ergebnisse solcher Inspektionsverfahren nicht ohne Weiteres zur Bewertung spiegelnder Oberflächen verwendet werden, da der Kunde die Qualität anhand von Spiegelungen der Umgebung in der Oberfläche begutachtet. Deflektometrische Verfahren orientieren sich an der Vorgehensweise menschlicher Prüfer bzw. Kunden und sind deswegen zur Inspektion spiegelnder Flächen besonders geeignet. Diese Herangehensweise motiviert die folgende Definition der Deflektometrie:

Definition 1 (*Allgemeine Deflektometrie*) Mit   *Deflektometrie*[3] werden allgemein alle Verfahren zur Gewinnung von Gestaltinformationen spiegelnder Oberflächen durch automatische Auswertung von Spiegelbildern bekannter Szenen bezeichnet.

In Abb. 30.1 wird eine technische Umsetzung der Deflektometrie skizziert. Rechnergesteuert wird ein Muster auf einem Monitor dargestellt und nachfolgend von einer Kamera über die Prüffläche beobachtet. Durch Auswertung des aufgenommenen Spiegelbildes lassen sich dann Aussagen über die Oberfläche treffen. Diese reichen von einfachen Prüfentscheidungen „In-Ordnung" oder „Nicht-in-Ordnung" bis hin zu 3D-Rekonstruktionen des Prüfobjektes. In der vorliegenden Arbeit werden nachfolgend

---

[3] „Messung der Abweichung"; lat.: deflectere: abweichen, abbiegen und griech.: μετρική: Zählung, Messung

nur die Rekonstruktionsaspekte betrachtet.

Durch Auswertung einer auf dem Monitor dargestellten Bildserie (z. B. hierarchische Sinusmuster [1]) gelingt eine Zuordnung der Kamerasichtstrahlen (Kamerapixel) zu den Pixeln der Monitorebene. Diese Zuordnung wird als *deflektometrische Registrierung* bezeichnet.

Kennt man die geometrischen und optischen Parameter des Kamera/-Monitorsystems durch eine Systemkalibrierung, kann man den einzelnen Kamerasichtstrahlen und damit allen Punkten im Sichtbereich $\Omega \subset \mathbb{R}^3$ der betreffenden Kamera, nicht nur Monitorpixel sondern auch deren geometrischen Ort zuordnen und bezeichnet dies als *deflektometrische Messung*. Diese Messung induziert das *deflektometrische Normalenfeld*[4]

$$\hat{\boldsymbol{n}}_{\mathrm{m}} : \Omega \to \mathbb{R}^3 , \quad \boldsymbol{x} \mapsto \hat{\boldsymbol{n}}_{\mathrm{m}}(\boldsymbol{x}) . \tag{30.1}$$

Durch Beobachtung und Auswertung der Spiegelbilder einer Bildserie lässt sich also ein dreidimensionales Normalenfeld ableiten. In diesem Normalenfeld ist das vollständige, durch Beobachtung von Mustern zugängliche Wissen über spiegelnde Oberflächen enthalten.

Ist eine deflektometrische Messung und damit das Normalenfeld gegeben, dann wird die Frage nach der diese Messung erzeugenden Fläche als d*eflektometrisches Rekonstruktionsproblem* bezeichnet.

Die spiegelnde Fläche S kann durch den Graph einer Funktion $f : \mathbb{R}^2 \supset \Omega_{\mathrm{xy}} \to \mathbb{R}, (x, y)^\top \mapsto f(x, y)$ dargestellt werden als

$$S = \left\{ (x, y, z)^\top \in \Omega \,\middle|\, (x, y)^\top \in \Omega_{\mathrm{xy}} , z = f(x, y) \right\} . \tag{30.2}$$

Dabei bezeichnet Ω_{xy} die Projektion von $S \cap \Omega$ in die xy-Ebene. Das Normalenfeld auf S wird beschrieben durch

$$\hat{\boldsymbol{n}}(x, y) = \frac{1}{\sqrt{(\partial_x f)^2 + (\partial_y f)^2 + 1}} \begin{pmatrix} -\partial_x f \\ -\partial_y f \\ 1 \end{pmatrix} , \quad (x, y)^\top \in \Omega_{\mathrm{xy}} . \tag{30.3}$$

Für jeden Punkt $(x, y, f(x, y))^\top$ der Oberfläche müssen die Normal*richtungen* bezüglich der Messung mit denen der gesuchten Fläche übereinstimmen: $\hat{\boldsymbol{n}}(x, y) = \hat{\boldsymbol{n}}_{\mathrm{m}}(x, y, f(x, y))$. Dies führt mit

---

[4] Einheitsvektoren werden im Folgenden mittels Dach gekennzeichnet, es gilt also $\|\hat{\boldsymbol{x}}\| = 1$.

$\hat{\boldsymbol{n}}_{\mathrm{m}} = (\hat{n}_{\mathrm{m},1}, \hat{n}_{\mathrm{m},2}, \hat{n}_{\mathrm{m},3})^{\top}$ zur nichtlinearen partiellen Differentialgleichung (PDE[5])

$$-\nabla f(x,y) = \begin{pmatrix} \hat{n}_{\mathrm{m},1}/\hat{n}_{\mathrm{m},3} \\ \hat{n}_{\mathrm{m},2}/\hat{n}_{\mathrm{m},3} \end{pmatrix} =: \boldsymbol{q}(x,y,f) = \begin{pmatrix} q_1(x,y,f(x,y)) \\ q_2(x,y,f(x,y)) \end{pmatrix}. \quad (30.4)$$

Es zeigt sich, dass es unendlich viele Flächen gibt, die das durch die deflektometrische Messung induzierte Normalenfeld erfüllen[6]. Das Rekonstruktionsproblem (Gleichung (30.4)) bedarf zur eindeutigen Lösung Zusatzwissen, man spricht von einer Regularisierung des Problems [2]. Das deflektometrische Stereoverfahren liefert genau dieses Zusatzwissen durch Beobachtung der spiegelnden Fläche aus mindestens zwei unterschiedlichen Positionen.

2 Stereodeflektometrie

Das deflektometrische Stereoverfahren kann aufgrund der Vielzahl von Publikationen zum Thema als Standardansatz zur Inspektion und Rekonstruktion spiegelnder Oberflächen angesehen werden. Die Idee, Information über spiegelnde Flächen und deren Normalenfelder aus verschiedenen Ansichten zu gewinnen, geht mindestens zurück auf die Arbeiten von Ikeuchi [3]. Später haben, unter anderen, Blake und Brelstaff [4], Wang und Inokuschi [5], Bonfort et al. [6], Knauer et al. [7], Kickingereder und Donner [8], Petz und Tutsch [9] diesen Ansatz erfolgreich aufgegriffen.

Die grundlegende Idee ist dabei folgende: Eine deflektometrische Messung mit einer Kamera liefert ein dreidimensionales Normalenfeld $\hat{\boldsymbol{n}}_{\mathrm{m}}^{(1)}$: $\Omega^{(1)} \to \mathbb{R}^3$ im Sichtbereich $\Omega^{(1)}$ dieser Kamera. Eine zweite Kamera mit unterschiedlicher Sichtrichtung auf das Prüfobjekt liefert ebenso ein Normalenfeld $\hat{\boldsymbol{n}}_{\mathrm{m}}^{(2)}$ im Sichtbereich $\Omega^{(2)}$. Jedem Punkt $\boldsymbol{x}$ aus der Schnittmenge $\Omega^{(1,2)} = \Omega^{(1)} \cap \Omega^{(2)}$ können zwei Normalen zugeordnet werden. Auf der Prüffläche S müssen diese Normalen übereinstimmen $\hat{\boldsymbol{n}}_{\mathrm{m}}^{(1)}(\boldsymbol{x}) = \hat{\boldsymbol{n}}_{\mathrm{m}}^{(2)}(\boldsymbol{x}) \quad \forall \, \boldsymbol{x} \in S \cap \Omega^{(1,2)}$. Für Punkte außerhalb S beobachtet man in der Regel eine Abweichung der Normalenrichtungen, vgl. Abb. 30.2 rechts.

---

[5] engl.: partial differential equation
[6] Die Lösungsmannigfaltigkeit des deflektometrischen Rekonstruktionsproblems ist eindimensional [2].

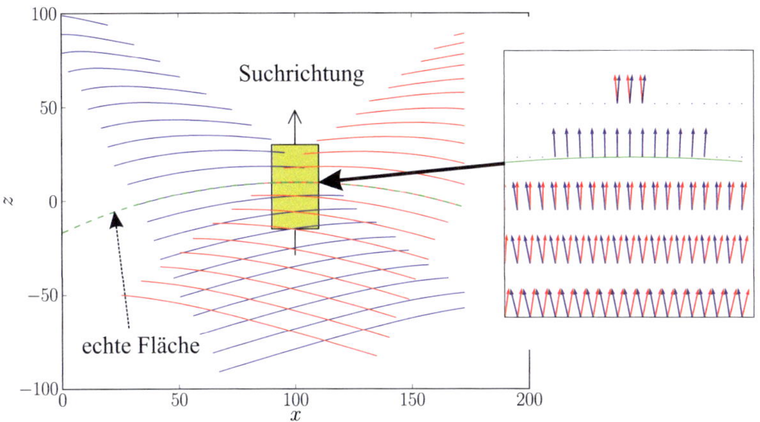

Abbildung 30.2: Grundprinzip der Stereodeflektometrie: Übereinstimmung der Normalenfelder zweier deflektometrischer Messungen (rot, blau) als Hinweis für die Lage und die Normalen der „echten" Fläche (gestrichelt). Dies entspricht der Übereinstimmung der jeweiligen Lösungsflächen aus beiden Lösungsräumen.

Dies führt zu dem Basisalgorithmus: Bestimme längs Suchrichtungen v_i durch $\Omega^{(j,k)}$ die Punkte, für die die beiden Normalenrichtungen bestmöglich übereinstimmen [10]. Diese Punkte sind mögliche Oberflächenpunkte und die so bestimmten Normalen sind die Oberflächennormalen. Ziel dieses Verfahrens ist die Selektion eines zweidimensionalen Unterraums aus den dreidimensionalen deflektometrischen Normalenfeldern. Dies kann als Linearisierung des deflektometrischen Rekonstruktionsproblems (Gleichung (30.4)) betrachtet werden.

2.1 Linearisierung durch Stereo

Das deflektometrische Stereoverfahren kann damit als implizite Regularisierung durch Auswahl der „richtigen" Normalen $\hat{\boldsymbol{n}}_{\mathrm{m,lin}}(x,y)$ aus dem deflektometrischen Normalenfeld $\hat{\boldsymbol{n}}_{\mathrm{m}}(x,y,z)$ gedeutet werden:

$$\hat{\boldsymbol{n}}_{\mathrm{m,lin}}(x_0,y_0) \in \{\hat{\boldsymbol{n}}_{\mathrm{m}}(x_0,y_0,z) \mid z \in \mathbb{R}\} \, . \tag{30.5}$$

Die Variable z beschreibt hierbei den Ort der minimalen Normalenabweichung der beiden Normalenfelder längs eines Suchstrahls durch (x_0, y_0). Aus dieser Normalenselektion folgt daher auch eine Schätzung der möglichen Oberfläche

$$\zeta : \mathbb{R}^2 \to \mathbb{R}, \quad z = \zeta(x, y) \tag{30.6}$$

durch

$$\hat{\boldsymbol{n}}_{\mathrm{m,lin}}(x, y) = \hat{\boldsymbol{n}}_{\mathrm{m}}(x, y, \zeta(x, y)). \tag{30.7}$$

Dies bedeutet eine Linearisierung des Rekonstruktionsproblems, da dadurch die Abhängigkeit des Gradientenfeldes $\boldsymbol{q}(x, y, f)$ von $f(x, y)$ eliminiert wird. Damit wird aus der nichtlinearen deflektometrischen PDE (Gleichung (30.4)) das lineare Problem

$$-\nabla f(x, y) = \boldsymbol{q}_{\mathrm{lin}}(x, y). \tag{30.8}$$

Dabei ist

$$\boldsymbol{q}_{\mathrm{lin}}(x, y) := \boldsymbol{q}(x, y, \zeta(x, y)) = \begin{pmatrix} \hat{n}_{\mathrm{m},1}(x, y, \zeta) / \hat{n}_{\mathrm{m},3}(x, y, \zeta) \\ \hat{n}_{\mathrm{m},2}(x, y, \zeta) / \hat{n}_{\mathrm{m},3}(x, y, \zeta) \end{pmatrix} \tag{30.9}$$

das durch Normalenselektion linearisierte Gradientenfeld.

Zu dieser linearen Problembeschreibung ist zu bemerken: Erstens, die rechte Seite $\boldsymbol{q}_{\mathrm{lin}}(x, y)$ von Gleichung (30.8) ist vollständig durch die Messung bestimmt. Zweitens, die Linearisierung des Problems genügt zur vollständigen Flächenrekonstruktion nicht, da zusätzliche Rand-/Anfangswerte benötigt werden und drittens, ist $\boldsymbol{q}_{\mathrm{lin}}(x, y)$ nicht notwendigerweise rotationsfrei, d.h. die Existenz eines Potentials $f(x, y)$ ist nicht gesichert, weswegen man nur approximative Lösungen erhalten kann.

Zwei Aspekte des deflektometrischen Stereos können also festgehalten werden: Bestimmung von zweidimensionalen Normalenfeldern $\hat{\boldsymbol{n}}_{\mathrm{m,lin}}(x, y)$ und direkte Bestimmung von Flächenpunkten $\zeta(x, y)$.

In [11, 12] werden beide Aspekte im Zusammenhang mit der geometrischen Prüfkonstellation betrachtet. Dort wird gezeigt, dass die Bestimmung von Normalen in gewissem Sinne komplementär zur Bestimmung von Flächenpunkten ist. Für beide Ansätze werden in den angeführten Arbeiten Designregeln benannt.

Im Folgenden wird der Frage nach der Eindeutigkeit der Bestimmung von Flächenpunkten zur Regularisierung des Rekonstruktionsproblems nachgegangen.

2.2 Eindeutigkeit der Positions- und Normalenbestimmung

Das Eindeutigkeitsproblem wird in dieser Arbeit durch Betrachtung der Lösungsmannigfaltigkeit des deflektometrischen Rekonstruktionsproblems behandelt. Betrachtet werden dazu zunächst Beispiele aus den Lösungsräumen für das Rekonstruktionsproblem eines sphärischen Spiegels S aus unterschiedlichen Aufnahmerichtungen, vgl. Abb. 30.2. Die Bestimmung von Normalen und Flächenpunkten mittels Stereoverfahren ist dabei nur in den überlappenden Bereichen der Sichtkegel der Kameras möglich. Diese Abbildung zeigt deutlich, dass sich die Lösungskurven im überlappenden Bereich schneiden und nur am Ort des sphärischen Spiegels übereinstimmen. Dies bedeutet, dass an jedem Punkt $x \in S_1 \subset \Omega^{(1)}$ auf einer beliebigen (außer der wahren) Fläche aus dem Lösungsbereich der Kamera 1

$$\hat{n}_{\mathrm{m}}^{(1)}(x) \neq \hat{n}_{\mathrm{m}}^{(2)}(x) \quad \forall x \in S_1 \quad \text{und} \quad S_1 \neq S \tag{30.10}$$

gilt, d.h. Gleichheit der Normalen an einem Punkt x würde Berührung einer Lösungsflächen aus dem Bereich der Kamera 1 mit einer Fläche aus dem Lösungsbereich der Kamera 2 an diesem Punkt bedeuten. Diese Beobachtung legt die Vermutung nahe, dass das Stereoverfahren für sphärische Flächen eindeutige Ergebnisse liefert. Gilt dies aber auch für beliebige Flächen?

In Abb. 30.3 ist ein Schnitt durch die Lösungsräume für zwei Kamerapositionen und einen sinusförmigen Spiegel (gestrichelt eingezeichnet) dargestellt. Längs den Suchrichtungen v_1 und v_2 berühren sich die Lösungsflächen außer für die echte Fläche noch in zwei anderen Orten, d. h. für diese sinusförmige Prüffläche und den zugrunde liegenden Stereoaufbau, existieren zumindest lokale Mehrdeutigkeiten, die sich ohne Zusatzwissen nur aufgrund der Betrachtung der Normalendisparitäten nicht auflösen lassen. Lokale Mehrdeutigkeiten zeigen also schon einfache Prüfgeometrien. Siehe dazu die Arbeit von Balzer [13].

Gibt es darüber hinaus auch Flächen, die sich global mittels Stereoansatz nicht voneinander unterscheiden lassen? Nachfolgend wird dazu ein neuer Algorithmus zur geometrischen Konstruktion von solchen Flächenpaaren angegeben.

Wählen wir o.B.d.A. irgendeinen Punkt im gemeinsamen Sichtbereich der Kameras. Dieser Punkt bildet zusammen mit den beiden Projektionszentren der Kameras eine Ebene, vgl. Abb. 30.4. Da der gesamte In-

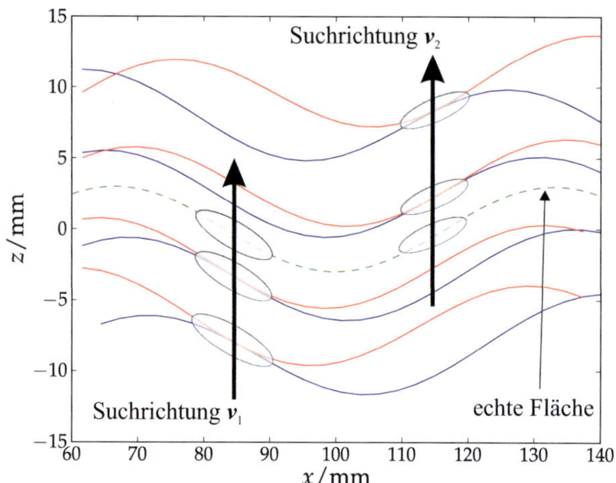

Abbildung 30.3: Mehrdeutigkeit bei der Bestimmung von Normalendisparitäten längs zweier Suchrichtungen durch die Lösungsräume bzw. deren Normalenfelder bei einer Stereoanordnung.

spektionsbereich durch eine Ebenenschar durch die Projektionszentren aufgespannt werden kann, genügt es, den Konstruktionsalgorithmus auf einer solchen Schnittebene zu beschreiben. Die Fortsetzung auf den gesamten Inspektionsbereich gelingt dann problemlos.

Wählen wir einen Startpunkt am rechten Rand des Inspektionsbereichs der Kamera 1, so dass dieser außerhalb des Sichtkegels der Kamera 2 liegt. Das Flächenstück A_1 wird nur von Kamera 1 gesehen, kann also beliebig vorgegeben werden, z. B. durch eine ebene Fläche. Dieses Flächenstück induziert im Teilbereich $\Omega_1^{(1)}$ ein Normalenfeld $\hat{\boldsymbol{n}}_{\mathrm{m},1}^{(1)}$, so dass alle weiteren möglichen Lösungsflächen in $\Omega_1^{(1)}$ dieses Normalenfeld erfüllen müssen. Durch Vorgabe eines Randpunktes wird eine Lösung B_1 aus der Lösungsmannigfaltigkeit des Rekonstruktionsproblems zu $\hat{\boldsymbol{n}}_{\mathrm{m},1}^{(1)}$ selektiert, wobei diese Lösungsfläche wiederum ein Normalenfeld $\hat{\boldsymbol{n}}_{\mathrm{m},1}^{(2)}$ im Bereich $\Omega_1^{(2)}$ induziert. Dadurch sind die Normalenfelder in den Bereichen $\Omega_1^{(1)}$ und $\Omega_1^{(2)}$ bestimmt. Das Normalenfeld $\hat{\boldsymbol{n}}_{\mathrm{m},1}^{(2)}$ in $\Omega_1^{(2)}$ legt jetzt

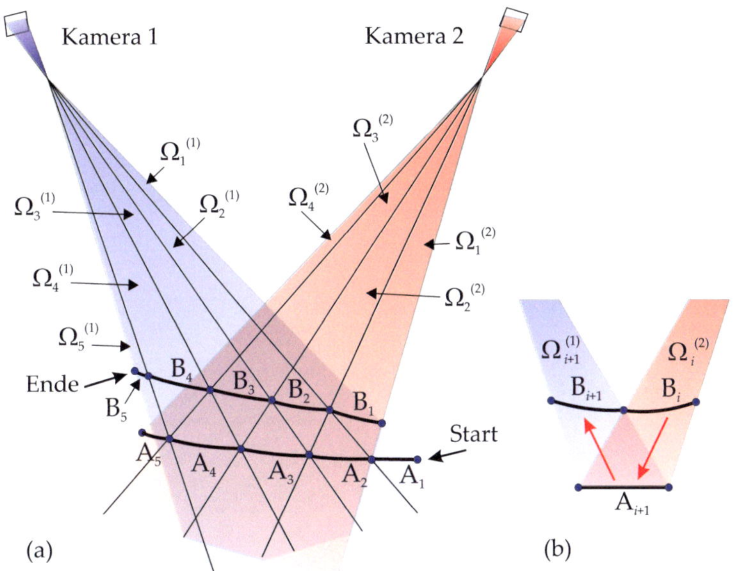

Abbildung 30.4: Zur Konstruktion von zwei spiegelnden Flächen $A = \{A_i\}$ und $B = \{B_i\}$, die für eine gegeben Stereokonstellation nicht unterscheidbar sind, Teilbild (a). Mögliche Reihenfolge der Konstruktion, Teilbild (b).

alle möglichen Lösungen in diesem Teilvolumen fest. Wählen wir A_2 aus dieser Lösungsmenge mit stetigem Anschluss an A_1. An dieser Stelle existieren nun zwei Teilflächen B_1 und $A_1 \cup A_2$, die sich bei der gewählten Stereogeometrie nicht unterscheiden lassen. Dieses Verfahren lässt sich iterativ fortsetzen, so dass $A_i \rightarrow B_i$ und $B_i \rightarrow A_{i+1}$ bedingt.

Die Grundidee des Algorithmus ist die Konstruktion der Teilflächen B_i, B_{i+1} in disjunkten Bereichen der durch die Fläche A_{i+1} aufgespannten Sichtkegel $\Omega_{i+1}^{(1)}$ und $\Omega_i^{(2)}$ (Abb. 30.4(b)). Stereoverfahren bedürfen unterschiedlicher Sichtrichtungen auf das Prüfobjekt, damit gilt $\Omega^{(1)} \neq \Omega^{(2)}$ und folglich lassen sich solche disjunkten Teilbereiche immer konstruieren. Im Algorithmus 30.1 wird das Verfahren zusammengefasst.

Dieser Algorithmus liefert zwei Flächen A und B, die sich durch Beobachtung von Spiegelbildern aus zwei unterschiedlichen Positionen global nicht unterscheiden lassen. Diese beiden Flächen sind stetig, aber nicht

---

Algorithmus 30.1 Flächenkonstruktion mit spekularer Stereoäquivalenz.

1: *Gegeben*: Stereoanordnung mit zwei Kamerasichtbereichen $\Omega^{(1)}$ und $\Omega^{(2)}$ mit $\Omega = \Omega^{(1)} \cap \Omega^{(2)} \neq \emptyset$ und $\Omega^{(1)} \neq \Omega^{(2)}$
2: *Ergebnis*: Flächen $A = \bigcup_i A_i$ und $B = \bigcup_i B_i$
3: Wähle Startfläche $A_1 \subset \Omega^{(1)}$ mit $A_1 \cap \Omega^{(2)} = \emptyset \longrightarrow \Omega_1^{(1)}$
4: Löse Rekonstruktionsproblem$(\Omega_1^{(1)}) \longrightarrow$ Lösungsmannigfaltigkeit $\mathcal{L}_1^{(1)}$
5: Wähle $B_1 \in \mathcal{L}_1^{(1)} \longrightarrow \Omega_1^{(2)}$
6: $i \leftarrow 0$
7: **repeat**
8:    $i \leftarrow i + 1$
9:    Löse Rekonstruktionsproblem$(\Omega_i^{(2)}) \longrightarrow \mathcal{L}_i^{(2)}$
10:    Wähle $A_{i+1} \in \mathcal{L}_i^{(2)}$ mit stetigem Anschluss an $A_i \longrightarrow \Omega_{i+1}^{(1)}$
11:    Löse Rekonstruktionsproblem$(\Omega_{i+1}^{(1)}) \longrightarrow \mathcal{L}_{i+1}^{(1)}$
12:    Wähle $B_{i+1} \in \mathcal{L}_{i+1}^{(1)}$ mit stetigem Anschluss an $B_i \longrightarrow \Omega_{i+1}^{(2)}$
13: **until** $\bigcup_i \Omega_i^{(1)} \geq \Omega^{(1)}$ oder $\bigcup_i \Omega_i^{(2)} \geq \Omega^{(2)}$

---

notwendigerweise glatt. Gelingt unter der Annahme einer glatten (stetig differenzierbaren) Fläche eine eindeutige Flächenrekonstruktion?

Durch die deflektometrische Messung ist für jeden Punkt P_0 auf einem Sichtstrahl s der korrespondierende Vektor l_0 zum Monitor bekannt. Damit ist der Winkel zwischen l_0 und s

$$\theta_L = \arccos \langle \hat{s} | \hat{l}_0 \rangle \tag{30.11}$$

ebenfalls bekannt. Anwendung des Tangens- und Winkelsummensatzes auf das Dreieck $\triangle(O_C, P_0, P_L)$ in Abb. 30.5 (a) liefert den Winkel

$$\alpha_0 = \frac{\pi - \theta_L}{2} + \arctan\left(\frac{l_0 - s_0}{l_0 + s_0} \cot \frac{\theta_L}{2} \right). \tag{30.12}$$

Analog gilt für das Dreieck $\triangle(O_C, P_1, P_L)$:

$$\alpha_1 = \frac{\pi - \theta_L}{2} + \arctan\left(\frac{l_0 - s_1}{l_0 + s_1} \cot \frac{\theta_L}{2} \right). \tag{30.13}$$

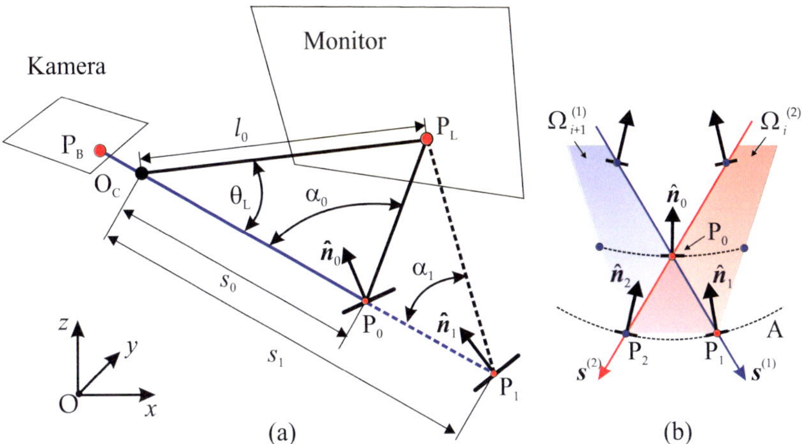

Abbildung 30.5: Zur Konstruktion von glatten und nicht unterscheidbaren Flächen: Teilbild (a) zeigt die Geometrie zur Bestimmung der Normalenänderung längs eines Sichtstrahls und Teilbild (b) die daraus folgenden Neigungseigenschaften der Konstruktionsflächen.

Damit ist die gesamte Winkeländerung der Normalen von s_0 nach s_1

$$\Delta\alpha = \frac{\alpha_0 - \alpha_1}{2} = \frac{1}{2}\left[\arctan\left(\frac{l_0 - s_0}{l_0 + s_0}\cot\frac{\theta_L}{2}\right) - \arctan\left(\frac{l_0 - s_1}{l_0 + s_1}\cot\frac{\theta_L}{2}\right)\right].$$

$$(30.14)$$

Der Winkel zwischen einer möglichen Oberflächennormalen und einem Sichtstrahl verkleinert sich für gegebenes l_0, s_0 und θ_L stetig und streng monoton mit wachsendem Abstand s_1 von der Kamera. Diese Winkeländerung in Abhängigkeit des Abstandes ist darüber hinaus auch stetig differenzierbar.

Betrachtet man nun in einer Stereokonfiguration nach Abb. 30.5 (b) einen Punkt P_0 und wählt dort o.B.d.A. eine senkrechte Normale $\hat{n}_0$, so müssen Lösungsflächen, die oberhalb oder unterhalb von P_0 verlaufen, aufgrund der Normalenänderungen längs der Sichtstrahlen $s^{(1)}$ und $s^{(2)}$ konkave Flächenanteile besitzen. Daraus folgt, dass für eine gegebene Stereokonfiguration sogar zwei stetig differenzierbare Flächen konstruierbar sind, die ohne Zusatzwissen mittels Stereoansatz nicht unterscheidbar sind. Diese Flächen besitzen konkave Flächenanteile. Ist im Umkehrschluss eine konvexe Prüffläche gegeben, so können mit dem hier präsentierten Algorithmus keine mehrdeutigen Flächen erzeugt werden.

Bemerkung: Es lassen sich mit dem angegebenen Konstruktionsprinzip auch lokal mehrdeutige Flächen für mehr als zwei Kamerapositionen konstruieren.

2.3 Rekonstruktion spiegelnder Oberflächen

Obige Überlegungen haben gezeigt, dass das deflektometrische Stereo bei konvexen Oberflächen eine eindeutige Bestimmung von Flächenpunkten und Normalen ermöglicht. Wie kann dieses Wissen zur Regularisierung des Flächenrekonstruktionsproblems genutzt werden?

Zunächst werden die möglichen Oberflächennormalen für die gesamte Prüffläche mittels Stereoansatz bestimmt. Dies führt zur linearen Gleichung (30.8). Sei $f(x,y)$ eine Lösung dieser Gleichung. Damit ist auch $f(x,y) + \text{konst}$ eine Lösung. Damit erhält man zwar die Gestalt der gesuchten Fläche, aber nicht deren Lage im Raum. Durch die Bestimmung von Flächenpunkten mittels Stereoansatz lässt sich die Lösung $f(x,y)$ im Raum fixieren. Dieses Vorgehen setzt jedoch die Suche nach den minimalen Normalenabweichungen längs allen Sichtstrahlen voraus.

In [11] wird ein iteratives Verfahren zur Lösung des nichtlinearen Rekonstruktionsproblems vorgeschlagen. Dabei erhält man durch Differenzieren der Gleichung (30.4) die nichtlineare Poissongleichung

$$-\Delta f(x,y) = \operatorname{div} \boldsymbol{q}(x,y,f(x,y))\,. \tag{30.15}$$

Diese Gleichung kann iterativ durch einen Fixpunktalgorithmus[7]

$$-\Delta f_i(x,y) = \operatorname{div} \boldsymbol{q}(x,y,f_{i-1}(x,y)) \tag{30.16}$$

gelöst werden. Die Startfläche f_0 kann dabei beliebig vorgegeben werden. Nach jedem Iterationsschritt wird die Lösung f_i so im Sichtstrahlenkegel projiziert, dass f_i den minimalen Abstand zu vorgegebenen Regularisierungspunkten im Kamerasichtbereich besitzt. Zur Lösung der linearen Poissongleichung können z.B. Finite-Elemente-Methoden (FEM) benutzt werden. In Abb. 30.6 werden die Rekonstruktionen für zwei

---

[7] Die Konvergenz des Verfahrens kann gezeigt werden und wird in einer weiteren Arbeit veröffentlicht.

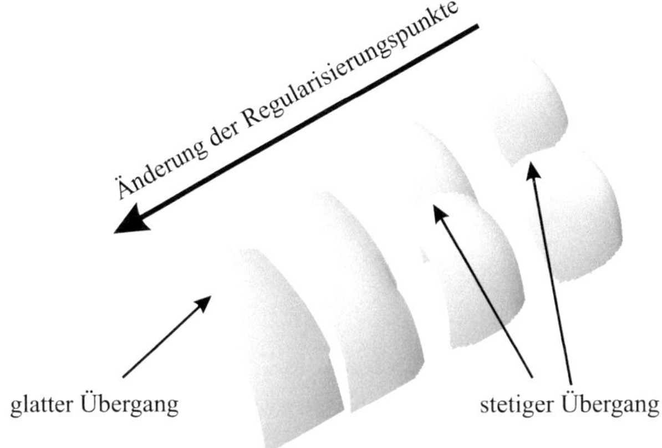

Abbildung 30.6: Fusion zweier Oberflächenpatches anhand von Regularisierungspunkten auf einer Kurve aus dem Schnittbereich der Messungen.

überlappende Kugelpatches gezeigt. Die Wahl je eines Regularisierungspunktes in den beiden Kamerasichtbereichen selektiert dort eine Lösung aus den Lösungsmannigfaltigkeiten der entsprechenden Rekonstruktionsprobleme. Man sieht hier deutlich, dass ein glatter Flächenübergang der beiden Teillösungen nur bei Wahl der „richtigen" Regularisierungspunkte erreicht werden kann. Die deflektometrische Stereomethode kann hierzu folgendermaßen angewandt werden:

- In Randbereichen können Flächenkurven selektiert werden [14]. Dies führt zu Dirichlet'schen Randbedingungen. In Abb. 30.7 ist die Rekonstruktion einer Kegelkugel mit diesem Ansatz dargestellt. In den überlappenden Randbereichen werden mittels deflektometrischem Stereo Flächenkurven bestimmt und nachfolgend für jeden Patch ein Dirichlet'sches Randwertproblem gelöst.

- Da durch die deflektometrische Messung Normalenfelder induziert werden, sind in den Randbereichen neben den Flächenpunkten auch die entsprechenden Normalen bekannt. Damit kann an Stelle des Dirichlet'schen Randwertproblems auch ein Robin'sches gelöst werden. Dadurch werden glatte Übergänge zwischen den Flächenpatches durch Vorgabe der Flächennormalen erzwungen.

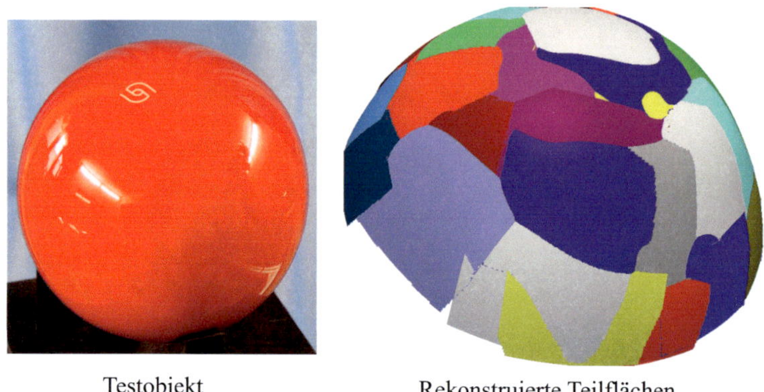

Testobjekt   Rekonstruierte Teilflächen

Abbildung 30.7: Rekonstruktion eines komplex geformten Objektes aus vielen jeweils am Rand überlappenden Teilmessungen.

- Der iterative Lösungsalgorithmus löst zur Flächenprojektion ein Optimierungsproblem bezüglich der Lage. Die dabei verwendeten Regularisierungspunkte können durch den Stereoansatz erzeugt werden. Diese Punkte müssen weder geschlossene Randkurven bilden noch am Rand liegen. Im Gegensatz zur Lösung des Dirichlet'schen oder Robin'schen Randwertproblems werden hierbei keine Randwerte erzwungen. Der Lösungsansatz mittels FEM liefert sogenannte schwache Lösungen. Dabei wird implizit ein Gradientenanpassungsproblem gelöst. Die Projektion der so erhaltenen Lösung, basierend auf dem minimalen Abstand von Regularisierungspunkten, kann infolgedessen als schwache Regularisierung bezeichnet werden. Die so erhaltene Rekonstruktion ist damit optimal hinsichtlich der Übereinstimmung der Gradienten und der Regularisierungspunkte.

3 Zusammenfassung

In der vorliegenden Arbeit wurde erstmalig die Konstruktion von Flächenpaaren gezeigt, die für eine gegebene Stereokonfiguration allein aus der Beobachtung von Spiegelbildern global nicht unterscheidbar sind. Stellt man Anforderungen an die Glattheit der Flächen, so müssen diese mehrdeutigen Flächen (lokal) konkav sein. Kann man als Vorwissen eine konvexe Oberfläche annehmen, so liefert das deflektometrische Stereo eindeutige Flächenrekonstruktionen. Zur Rekonstruktion lokaler Defekte auf spiegelnden Oberflächen kann dies im Allgemeinen nicht angenommen werden. Hier empfehlen sich Verfahren, die direkt das nichtlineare Rekonstruktionsproblem lösen und dabei das gesamte dreidimensionale Normalenfeld betrachten [11, 15].

Die Rekonstruktion komplex geformter Objekte basiert in der Regel auf vielen einzelnen Teilmessungen. Überlappen sich diese Messbereiche, so kann dort das deflektometrische Stereo zur Regularisierung des Rekonstruktionsproblems gewinnbringend eingesetzt werden.

Literatur

1. S. Kammel, „Deflektometrische Untersuchung spiegelnd reflektierender Freiformflächen", Dissertation, Universität Karlsruhe (TH), Universitätsverlag Karlsruhe, 2004.

2. J. Balzer, „Regularisierung des Deflektometrieproblems – Grundlagen und Anwendung", Dissertation, Universität Karlsruhe (TH), Universitätsverlag Karlsruhe, 2008.

3. K. Ikeuchi, „Determining surface orientations of specular surfaces by using the photometric stereo method", *IEEE Transactions on Pattern Analysis and Machine Intelligence*, Vol. 3, Nr. 6, S. 661–669, 1981.

4. A. Blake und G. Brelstaff, „Geometry from specularities", in *Proceedings of 2nd International Conference on Computer Vision*, 1988, S. 394–403.

5. Z. Wang und S. Inokuchi, „Determining shape of specular surfaces", in *The 8th Scandinavian Conference on Image Analysis, Tromso, Norway*, 1993, S. 1187–1194.

6. T. Bonfort und P. Sturm, „Voxel carving for specular surfaces", in *Proc. ICCV*, 2003, S. 591–596.

7. M. Knauer, J. Kaminski und G. Häusler, „Phase measuring deflectometry: a new approch to measure specular free-form surfaces", in *Optical Metrology in Production Engineering*, W. Osten und M. Takeda, Hrsg., Vol. 5457. Strasbourg, France: Proc. SPIE, 2004, S. 366–376.

8. R. Kickingereder und K. Donner, „Stereo vision on specular surfaces", in *Proceedings of IASTED Conference on Visualization, Imaging, and Image Processing*, 2004, S. 335–339.

9. M. Petz und R. Tutsch, „Rasterreflexions-Photogrammetrie zur Messung spiegelnder Oberflächen", *Technisches Messen*, Vol. 71, S. 389–397, 2004.

10. S. Werling, J. Balzer und J. Beyerer, „Initial value estimation for robust deflectometric reconstruction", in *Optical 3-D Measurement Techniques*, A. Grün und H. Kahmen, Hrsg., Vol. 2, Zürich, 2007, S. 386–392.

11. S. Werling, „Shape from Specular Reflection - Remarks on Shape Reconstruction and Experimental Design. Technischer Bericht: IES-2009-10", in *Proceedings of the 2009 Joint Workshop of Fraunhofer IOSB and Institute for Anthropomatics, Vision and Fusion Laboratory*, J. Beyerer und M. Huber, Hrsg.   KIT Scientific Publishing, 2009, S. 143–158.

12. J. Balzer, S. Werling und J. Beyerer, „Lineare Deflektometrie – Regularisierung und experimentelles Design", *eingereicht bei: Technisches Messen*, 2010.

13. J. Balzer, J. Dibbelt und J. Beyerer, „Über die Eindeutigkeit der stereo-regularisierten deflektometrischen Oberflächenrekonstruktion", in *Bildverarbeitung in der Mess- und Automatisierungstechnik, VDI-Berichte Nr. 1981*, F. Puente León und M. Heizmann, Hrsg., 2007, S. 91–100.

14. S. Werling, J. Balzer und J. Beyerer, „A new approach for specular surface reconstruction using deflectometric methods", in *INFORMATIK 2007, Informatik trifft Logistik, Band 1*, Ser. Lecture Notes in Informatics (LNI) - Proceedings, 109, R. Koschke, O. Herzog, K.-H. Rödiger und M. Ronthaler, Hrsg., 2007, S. 44–48.

15. J. Balzer und S. Werling, „A Newton-type algorithm for the integration of nonlinear normal fields", *eingereicht bei: IEEE Transactions on Pattern Analysis and Machine Intelligence*, 2010.

Discrete Steering: Eine statistisch orientierte Diskretisierung von dreidimensionalen Rekonstruktionen aus Röntgenaufnahmen

Anja Frost[1] und Michael Hötter[1]

Fachhochschule Hannover, Institut für Innovationstransfer
Ricklinger Stadtweg 120, D-30459 Hannover

Zusammenfassung Mittels der Computertomografie wird aus zweidimensionalen Röntgenbildern eines Werkstücks eine dreidimensionale Rekonstruktion berechnet. Die Rekonstruktion bildet innere Strukturen des Werkstücks ab und eignet sich für Messaufgaben und Materialprüfungen. Doch verschiedenste Störeffekte können die Rekonstruktion verfälschen. Hier ermöglicht eine statistische Methode die verfälschten Bereiche zu erkennen und weitgehend zu korrigieren: Für jedes Voxel im Rekonstruktionsvolumen wird die Wahrscheinlichkeit dafür bestimmt, dass ein vorgegebenes Material an der Voxelposition im Werkstück tatsächlich existiert. Vorgegeben werden (nacheinander) alle Materialien, aus denen das Werkstück besteht, so dass eine Wahrscheinlichkeitsverteilung aufgespannt wird. Die Berechnung eines Wahrscheinlichkeitswertes beruht auf einer Abfrage aller Röntgenstrahlen, die das Voxel durchqueren: Je mehr Strahlen ein Material unterstützen, desto größer wird der Wahrscheinlichkeitswert. Schließlich entspricht das Material mit dem höchsten Wahrscheinlichkeitswert am ehesten dem Original. Experimente haben gezeigt, dass die Abbildung des wahrscheinlichsten Materials – welche nunmehr eine Diskretisierung der ursprünglichen Rekonstruktion darstellt – eine erhebliche Verbesserung bedeutet und dank des eingebrachten a priori Wissens viele Störeffekte korrigiert. Bereiche, die nicht korrigiert werden konnten, sowie Objektteile, die aus einem unbekannten Material bestehen, lassen sich anhand ihres niedrigen Wahrscheinlichkeitswertes detektieren.

1 Einleitung

Die Computertomografie dient längst nicht mehr allein der medizinischen Diagnostik. In den letzten Jahren findet sie zunehmend auch in der Qualitätssicherung bei der Fertigung oder Wartung von Bauteilen Anwendung [1–4]. Sie gewährt (zerstörungsfrei) Einblick in innere Strukturen [5], macht beispielsweise Lunker im Gusseisen oder kalte Lötstellen auf Platinen sichtbar, und eignet sich für genaue Vermessungen der Bauteilform. Doch gerade der Einsatz in der Qualitätssicherung macht es erforderlich, mit originalgetreuen und hochpräzisen Rekonstruktionen zu arbeiten. Solche Rekonstruktionen lassen sich realisieren, wenn das Bauteil aus möglichst vielen verschiedenen Richtungen geröntgt wurde. Üblicherweise wird für die Aufnahme der einzelnen Röntgenbilder das Prüfobjekt in kleinen Abständen gedreht, bis eine 360°-Rotation vollzogen wurde. Aber nicht immer ist diese Anordnung möglich. Sperrige Bauteile lassen sich zwischen Röntgenröhre und Detektor nicht ausreichend drehen, oder sind zu groß, um komplett auf den Detektor projiziert werden zu können. In diesen Fällen liegen zu wenige Messdaten vor. Das Rekonstruktionsproblem ist – mathematisch ausgedrückt – unterbestimmt. Die rekonstruierten Bauteile erscheinen verzerrt (siehe Abbildung 31.1).

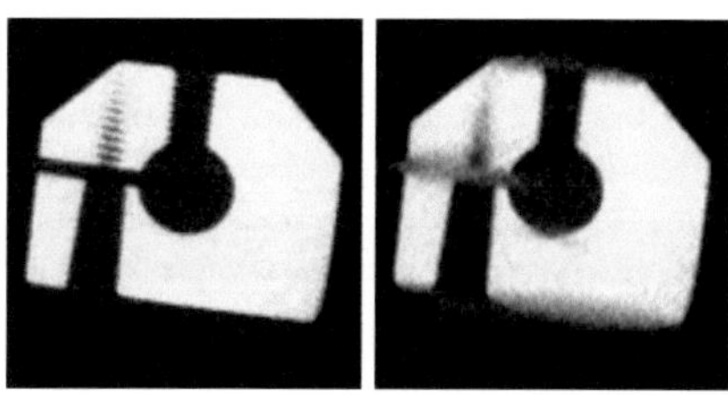

Abbildung 31.1: Schnittbild durch ein Rekonstruktionsvolumen aus einer Aufnahmereihe mit 360° (links) und 135° (rechts).

Ein unterbestimmtes Gleichungssystem lässt sich grundsätzlich nicht lösen, bestenfalls lässt es sich schätzen. Im Falle des unterbestimmten Rekonstruktionsproblems kann aber a priori Wissen, welches nicht aus der Röntgenaufnahme stammt, die Schätzung verbessern [6]. Als a priori Wissen kommt zum Beispiel die Kenntnis von den Materialien, aus denen ein Bauteil gefertigt wurde, in Frage, oder genauer gesagt, deren

Dichte. Die in dieser Arbeit behandelte Methode *Discrete Steering* stellt einen neuen Ansatz dar, der es dank eben jener eingebrachten Informationen über die Materialdichten ermöglicht, fehlerhafte Bereiche einer Rekonstruktion nachträglich zu korrigieren. Bereiche, die nicht korrigiert werden konnten, sowie Objektteile, die aus einem unbekannten Material bestehen, werden zuverlässig detektiert.

2 Die klassischen Rekonstruktionsverfahren (ohne Berücksichtigung von a priori Wissen)

Physikalisch betrachtet entspricht der vom Computertomografen ausgegebene Grauwert y_i eines Pixels i im Röntgenbild dem Linienintegral der Materialdichte $x(l)$ entlang des Strahlenweges l. Soll das Prüfobjekt in einem quantisierten Rekonstruktionsvolumen nachgebildet werden, geht das Integral in die Summe $\Sigma w_{in} x_n$ über, wobei x_n die zu rekonstruierende Dichte eines Voxels n bezeichnet, und w_{in} einen Wichtungskoeffizienten $\in [0, 1]$, der den Einfluss des i-ten Messwerts auf das n-te Voxel ausdrückt, d.h. der Interpolation dient [5]. Abbildung 31.2 veranschaulicht den Zusammenhang.

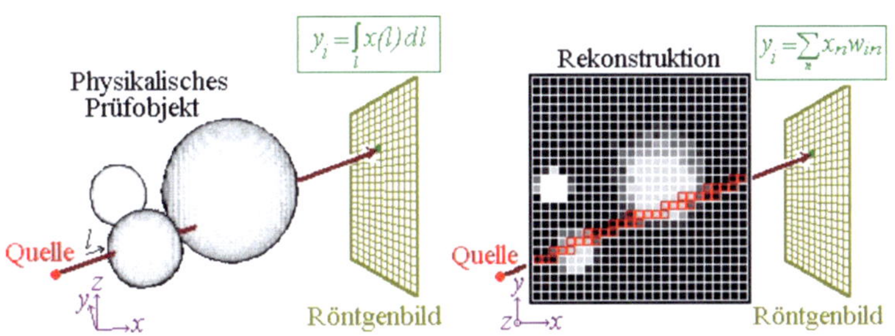

Abbildung 31.2: Prinzip der Röntgenaufnahme (links) und Rekonstruktion in einem quantisierten Volumen (rechts).

Zur Berechnung der Dichte x_n wurden seit der Einführung des ersten Computertomografen zahlreiche Verfahren entwickelt. Diese Verfahren lassen sich in zwei Kategorien einteilen: Einerseits gibt es analytische Ansätze, die bei der Rekonstruktion alle verfügbaren Röntgenbilder gleichzeitig berücksichtigen. Hierzu zählen vor allem [7–9]. Andererseits existieren iterative Methoden [10–12], die sich schrittweise der Lösung annähern, wobei in jedem Schritt nur ein Röntgenbild ausgewertet und eine Korrektur der vorangegangenen Lösung durchgeführt wird.

Die Korrekturgleichung aller iterativen Verfahren basiert auf der Minimierung einer Kostenfunktion (31.1) [13], wobei die verschiedensten Optimierungsalgorithmen zum Einsatz kommen.

$$e^2 = \sum_i \left(\sum_{n \in i} w_{in} x_n - y_i \right)^2 \tag{31.1}$$

3 Einbringen von a priori Wissen

Die gegenwärtigen Bemühungen, a priori Wissen in eine Rekonstruktion einzubringen, sind vielfältig. Einige Autoren führen (wie wir) zunächst eine klassische Rekonstruktion (nach Kapitel 2) durch, und bringen anschließend a priori Wissen ein. Im einfachsten Fall, beispielsweise bei [14], wird die Rekonstruktion anhand von Schwellen diskretisiert. Andere Autoren [15] verwenden eine eigene Theorie, indem sie die Kostenfunktion (31.1) um einen additiven Term H erweitern, der das a priori Wissen berücksichtigt (31.2).

$$e^2 = \sum_i \left(\sum_{n \in i} w_{in} x_n - y_i \right)^2 + H \left(\sum_n x_n \right) \tag{31.2}$$

Beim *Discrete Steering* wird eine ähnliche Strategie verfolgt: Für jedes Voxel j wird die rekonstruierte (und möglicherweise falsche) Dichte x_j nacheinander durch jede a priori bekannte Materialdichte m_d mit $d = \{1, 2, 3, ..., D\}$ ersetzt, wobei D der Anzahl der Materialien entspricht. Für jede Materialdichte m_d und für jeden Röntgenstrahl i, der das Voxel j durchquert, erfolgt die Berechnung der quadratischen Abweichung zwischen dem Messwert y_i und dem aktuell rekonstruierten Projektionswert $\Sigma w_{in} x_n$. Die Summe über die quadratischen Abweichungen aller Röntgenstrahlen, normiert auf ihre Anzahl I, wird als Dichtefehler $f_j(m_d)$ bezeichnet (31.3). Je stärker die Messungen eine Materialdichte m_d unterstützen, desto kleiner fällt der Dichtefehler aus.

$$f_j(m_d) = \sum_{i \in j} 1/I \cdot \left(\sum_{n \in i} w_{in} x_n - w_{ij} x_j + w_{ij} m_d - y_i \right)^2 \tag{31.3}$$

Auf Basis des Dichtefehlers könnte bereits für jedes Voxel diejenige Materialdichte m_d ausgewählt werden, welche am stärksten von der Messung unterstützt wird. Jedoch nicht immer bedeutet *am stärksten* auch *stark genug*. Um eine unsicher getroffene Auswahl zu erkennen, wird der Dichtefehler in eine Wahrscheinlichkeit $p_j(x_j = m_d)$ umgewandelt. Die Umwandlung berücksichtigt drei Randbedingungen: $p_j(f_j = 0) = 1$, $0 \leq p_j(f_j) \leq 1$ und $p_j(f_j)$ muss streng monoton fallen. Die Gaußsche Glockenkurve (31.4) erfüllt diese Bedingungen und ermöglicht darüber hinaus eine Anwendung von Verfahren der Wahrscheinlichkeitsrechnung.

$$p_j\left(f_j\right) = e^{-\pi \cdot f_j^2} \tag{31.4}$$

Die Ausgabewerte der Gleichung (31.4) beruhen auf den Messwerten y_i und sind folglich vom Wertebereich der Materialdichten abhängig. Sollen Rekonstruktionen verschiedener Prüfobjekte anhand der Wahrscheinlichkeitswerte verglichen werden, muss die Umrechungsformel um eine vierte Bedingung erweitert werden: Liefern zwei unterschiedliche Materialdichten, etwa m_d und m_{d+1}, zwei identische Dichtefehler $f_j(m_d)$ und $f_j(m_{d+1})$, dann sind beide Materialien gleichwahrscheinlich. In diesem Fall muss gelten $p_j\left(f_j = ((m_{d+1} - m_d)/2)^2)\right) = 0.5$. Die Einbeziehung dieser vierten Randbedingung führt zur Umrechungsformel (31.5).

$$p_j\left(f_j\right) = e^{-ln2 \cdot \left(f_j/((m_{d+1}-m_d)/2)^2\right)^2} \tag{31.5}$$

Die Wahrscheinlichkeit $p_j(m_d)$ für $d = \{1, 2, 3, ..., D\}$ kann als Verteilung aufgefasst werden. Für ein grundsätzlich *gut* rekonstruiertes Voxel wird genau die Materialdichte, die während der Röntgenaufnahme tatsächlich an der Position des Voxels im Prüfobjekt existierte, von den meisten Röntgenstrahlen unterstützt und mit einer hohen Wahrscheinlichkeit aus der Verteilung hervorstechen. Für ein ungenauer rekonstruiertes Voxel bevorzugen die einzelnen Röntgenstrahlen unterschiedliche Materialdichten, so dass die Wahrscheinlichkeit der tatsächlichen Dichte niedriger ausfällt. Sinkt sie auf $p_j(m_d) \leq 0.5$, so ist von der Diskretisierung grundsätzlich abzuraten.

Abbildung 31.3 zeigt exemplarisch die Verteilungen zweier Voxel in einem Rekonstruktionsvolumen. Voxel g befindet sich im Inneren der großen Kugel und ist offensichtlich *gut* rekonstruiert. Die Wahrscheinlichkeitsverteilung besitzt ein ausgeprägtes Maximum an der Kugeldichte m_2. Voxel s liegt nahe der Oberfläche. An dieser Position gestaltet

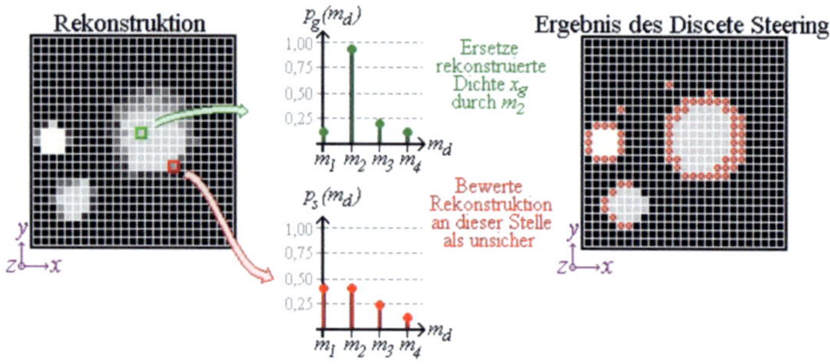

Abbildung 31.3: Ablauf des *Discrete Steering*.

sich die Rekonstruktion als schwierig, weil einige Röntgenstrahlen die Kugeldichte m_2 bevorzugen, und andere die Luftdichte m_1. Die Wahrscheinlichkeiten neigen zu einer Gleichverteilung.

Das Maximum der Verteilung $p_j(m_d)$ eignet sich hervorragend, um die Qualität von Rekonstruktionen auszudrücken. Unsere vorangegangene Arbeit [16] behandelt das Maximum als eigenständiges Gütemaß. Es trägt den Namen *Accuratio* $a_j = max\,(p_j(m_d))$.

4 Experimentelle Ergebnisse

In den nachfolgend dokumentierten Experimenten finden zweierlei Arten von Röntgenaufnahmen Anwendung: Erstens werden reale Röntgenbilder verwendet und auf diese Weise der Einfluss unterschiedlicher praxisrelevanter Störeffekte untersucht. Die Rekonstruktionsergebnisse lassen sich allerdings nur visuell auswerten, weil kein fehlerfreies Modell zum Vergleich verfügbar ist. Daher werden in einer zweiten Testreihe mit der Software Take [17] mathematisch generierte Röntgenbilder regelgeometrischer Prüfobjekte verarbeitet. Die Auswertung der Rekonstruktionsergebnisse erfolgt in diesem Fall quantitativ durch einen Vergleich mit dem mathematischen Prüfobjekt.

4.1 Reale Röntgenbilder

In Abbildung 31.4 ist die Geometrie zur Aufnahme der in diesem Abschnitt behandelten realen Röntgenbilder skizziert. Als Prüfobjekt dient ein Werkstück aus Aluminium ($m_2 = 0.0068$) mit mehreren Gewinde-bohrungen und Schrauben aus Stahl ($m_3 = 0.03$). In einer 360° Rotation werden 125 Röntgenbilder mit je 128^2 Pixeln aufgenommen. Später wird der Winkelbereich auf 140° beschränkt, um die Störeffekte zu verstärken. Die Rekonstruktion erfolgt zunächst mit der klassischen SART [18] d.h. ohne Berücksichtigung von a priori Wissen, in einem Volumen mit 128^3 Voxeln. Anschließend wird das Rekonstruktionsvolumen mit dem *Discrete Steering* und – zum Vergleich – mit einem einfachen Schwellwert-verfahren [14] nachverarbeitet.

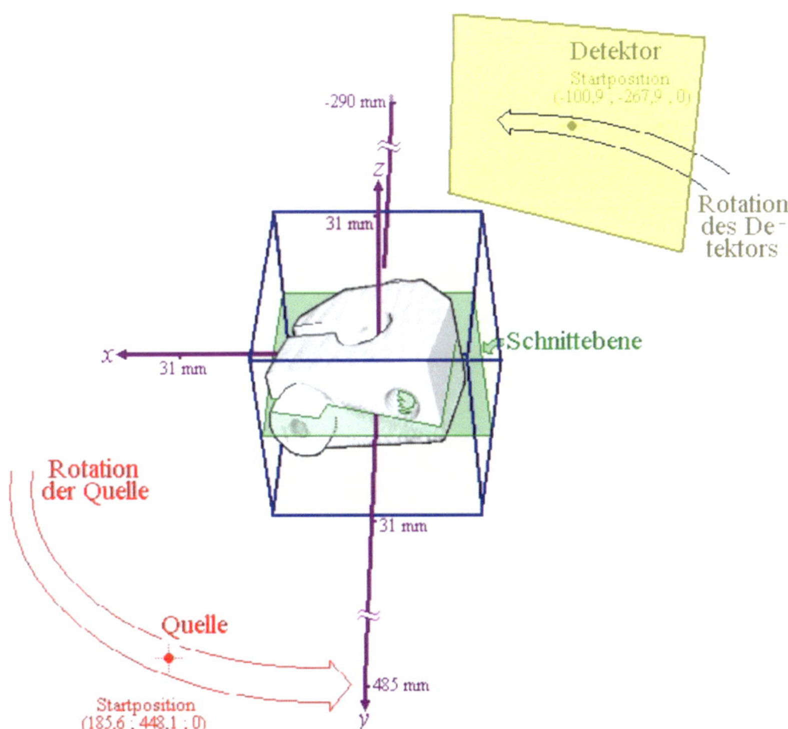

Abbildung 31.4: Reales Bauteil und Geometrie der Röntgenaufnahme.

Die Störeffekte der Röntgenaufnahmen führen in der klassischen Re-konstruktion zu sichtbaren Artefakten (siehe Abbildung 31.5 und 31.6 links). Das Schwellwertverfahren ist nicht imstande, die Störungen zu detektieren und setzt teilweise falsche Materialdichten ein, was sich vor allem im schraubennahen Luftbereich bemerkbar macht, da hier den Voxeln die Aluminiumdichte zugewiesen wird (Abbildung 31.5 und 31.6 Mitte). Das *Discrete Steering* erkennt die Artefakte anhand der widersprüchlichen Messungen. Die Voxel, deren maximale Wahrscheinlichkeit den Wert 0.5 nicht übersteigt, sind in den Abbildungen 31.5 und 31.6 (rechts) rot markiert. Die übrigen Voxel scheinen weitgehend die richtigen Materialdichten erhalten zu haben.

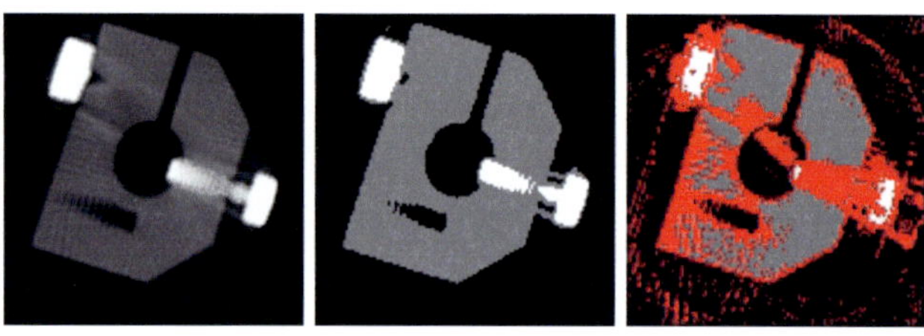

Abbildung 31.5: Verwendung der realen Röntgenbilder mit 360°-Rotation a priori Wissen: $m_1 = 0.0$, $m_2 = 0.0068$, $m_3 = 0.03$.

Abbildung 31.6: Verwendung der realen Röntgenbilder mit 140°-Rotation a priori Wissen: $m_1 = 0.0$, $m_2 = 0.0068$, $m_3 = 0.03$.

Nicht immer sind dem Anwender alle Materialien, aus denen ein Prüfobjekt besteht, bekannt. Dieser Umstand soll in Abbildung 31.7 analysiert werden. Die Schraubendichte sei als unbekannt angenommen. Das Schwellwertverfahren setzt für alle Voxel, die eigentlich die Schrauben abbilden, die Aluminiumdichte ein. Das *Discrete Steering* kann diesen Voxeln zwar auch keine Dichte zuweisen, erkennt allerdings, dass hier Unwissen vorherrscht.

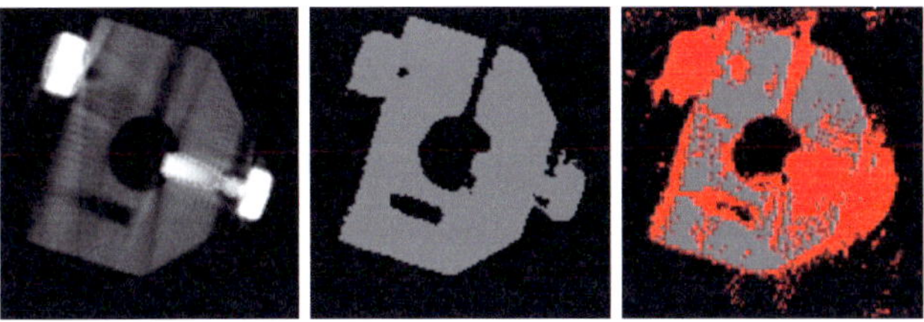

Abbildung 31.7: Verwendung der realen Röntgenbilder mit 140°-Rotation a priori Wissen: $m_1 = 0.0$, $m_2 = 0.0068$.

Das *Discrete Steering* liefert ganz offensichtlich zuverlässige Ergebnisse, selbst bei gestörten Messdaten.

4.2 Künstliche Röntgenbilder

Das in Abbildung 31.8 skizzierte mathematisch definierte Prüfobjekt besteht aus vier Würfeln unterschiedlicher Größe und Materialdichte. In einer 360° Rotation erfolgt die Berechnung von insgesamt 64 Röntgenbildern mit je 64^2 Pixeln. Das Rekonstruktionsvolumen besitzt eine Auflösung von 64^3 Voxeln.

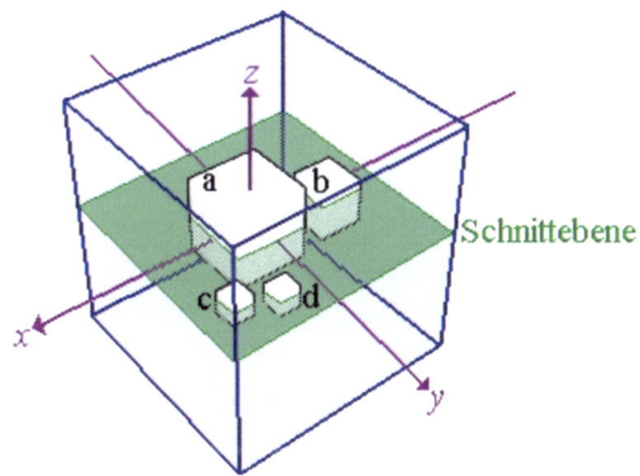

Abbildung 31.8: Künstliches Prüfobjekt.

An dem Prüfobjekt werden die Simulationen aus Abschnitt 4.1 wiederholt und jeweils die Anzahl der falsch diskretisierten Voxel ermittelt.

Die Tabellen 31.1 und 31.2 listen die Ergebnisse auf.

| Test | Würfeldichte | | | | Winkel- | Anzahl falsch diskretisierter Voxel | |
Nr.	a	b	c	d	bereich	Schwellwertverf.	*Discrete Steering*
1	0.9	0.9	0.9	0.9	360°	0	0
2	0.9	0.9	0.9	0.9	140°	82	34
3	0.9	1.8	2.7	0.9	360°	82	10
4	0.9	1.8	2.7	0.9	140°	586	348

Tabelle 31.1: Diskretisierung mit vollständigem a priori Wissen.

| Test | Würfeldichte | | | | Winkel- | Anzahl falsch diskretisierter Voxel | |
Nr.	a	b	c	d	bereich	Schwellwertverf.	*Discrete Steering*
5	0.9	1.8	2.7	0.9	140°	6262	178

Tabelle 31.2: Diskretisierung mit unvollständigem a priori Wissen (Materialdichte 0.9 sei unbekannt).

Die Zahlenwerte bestätigen den optischen Eindruck, der aus den Schnittbildern in Abbildung 31.5 bis 31.7 gewonnen werden konnte. Die Anzahl der falsch diskretisierten Voxel ist – gegenüber der Menge der Voxel im Rekonstruktionsvolumen – beim *Discrete Steering* sehr gering. Die Fehldetektionsrate liegt hier stets unter 1 % und auch unter der Fehldetektionsrate des Schwellwertverfahrens. Der große Vorteil des *Discrete Steering* zeigt sich jedoch in Tabelle 31.2, da hier eine Materialdichte als unbekannt angenommen wurde. Die Fehldetektionsrate des Schwellwertverfahrens übersteigt die des *Discrete Steering* um das 35-fache.

Weder ein Mangel an Messdaten, noch ein Mangel an a priori Wissen, führt zu hohen Fehldetektionsraten beim *Discrete Steering*.

5 Zusammenfassung

In dieser Arbeit wurde eine Methode vorgestellt, die es ermöglicht, für jedes Voxel im Rekonstruktionsvolumen eine diskrete Wahrscheinlichkeitsverteilung über die Materialdichte aufzuspannen. Das Maximum dieser Verteilung markiert jeweils diejenige Materialdichte, die von den meisten Röntgenstrahlen unterstützt wird und folglich – mit größter Wahrscheinlichkeit – im Prüfobjekt an der Position des Voxels existierte, als die Röntgenbilder aufgenommen wurden.

Die experimentellen Ergebnisse zeigen, dass die Darstellung der wahrscheinlichsten Materialdichte das Prüfobjekt originalgetreu wiedergibt. Dank des zusätzlich eingebrachten a priori Wissens werden Artefakte, die die ursprüngliche Rekonstruktion beeinträchtigten, entweder korrigiert oder zumindest als *nicht korrigierbar* erkannt, ganz gleich, ob sie aus verfälschten (d.h. verrauschten) Messdaten stammen, oder durch mangelnde Messdaten verursacht wurden. Sogar ein unvollständiges a priori Wissen behindert das Verfahren nicht. Objektteile, die aus einem unbekannten Material bestehen, werden als *nicht korrigierbar* definiert und üben keinerlei Einfluss auf die Diskretisierung der übrigen Objektteile aus. Mit einer Fehldetektionsrate von unter 1% kann die vorgestellte Methode als äußerst zuverlässig bezeichnet werden.

Literatur

1. Y. Censor und G. Herman, „On some optimization techniques in image reconstruction from projections", *Appl. Numerical Math.*, Vol. 3, S. 365 – 391, 1987.

2. D. Shaw, S.-C. Kao und S.-L. Chen, „Methods of improving the quality of x-ray image reconstruction with limited projection data", *IMPACT 2008 (IEEE Conference)*, S. 212 – 215, 2008.

3. K. Batenburg und J. Sijberg, „Dart: A fast heuristic algebraic reconstruction algorithm for discrete tomography", *Proc. of ICIP 2007 (IEEE Conference on Image Processing)*, Vol. 4, S. 133 – 136, 2007.

4. K. Batenburg, „A network flow algorithm for reconstructing binary images from discrete x-rays", *J. Math. Imaging Vision*, Vol. 27(2), S. 175 – 191, 2006.

5. A. Kak und M. Slaney, *Principles of Computerized Tomographic Imaging.* New York: IEEE Press, 1988.

6. G. Herman und A. Kuba, *Advances in Discrete Tomography and Its Applications.* Bosten, Brüssel, Berlin: Birkhäuser, 2007.

7. R. Bracewell und A. Riddle, „Inversion of fan-beam scans in radio astronomy", *Astrophysics Journal*, Vol. 150, S. 427 – 434, 1967.

8. G. Ramachandran und A. Lakshminarayanan, „Three-dimensional reconstruction from radiographs and electron micrographs: Application of con-

volution instead of fourier transforms", *Proc Nat. Acad. Sci.*, Vol. 68, S. 2236 – 2240, 1971.

9. L. Feldkamp, L. David und J. Kress, „Practical cone-beam algorithm", *Journal of the Optical Society of America*, Vol. 1(6), S. 612 – 619, 1984.

10. R. Gordon, R. Bender und G. Herman, „Algebraic reconstruction techniques (art) for three-dimensional electron microscopy and x-ray photography", *Theoretical Biology*, Vol. 29, S. 471 – 481, 1970.

11. A. De Pierro, „Multiplicative iterative methods in computed tomography", *Mathematical Methods in Tomography (Lecture Notes in Mathematics)*, Vol. 1497, S. 167–186, 1991.

12. L. Shepp und Y. Vardi, „Maximum likelihood reconstruction for emission tomography", *IEEE Transactions on Medical Imaging*, Vol. 1(2), S. 113 – 122, 1982.

13. H. Kunze, *Iterative Rekonstruktion in der Medizinischen Bildverarbeitung.* Universität Erlangen-Nürnberg: Shaker Verlag, 2007.

14. Y. Censor, „Binary steering in discrete tomography reconstruction with sequential and simultaneous iterative algorithms", *Linear Algebra and its Applications*, Vol. 339, S. 111 – 124, 2001.

15. A. Kuba, L. Ruskó, L. Rodek und Z. Kiss, „Preliminary studies of discrete tomography in neutron imaging", *IEEE transactions on nuclear science*, Vol. 52(2), S. 380 – 385, 2005.

16. A. Frost und M. Hötter, „Valuation of three-dimensional reconstructions from x-ray images", Electronic Letters on Computer Vision and Image Analysis (ELCVIA), 2010.

17. J. Müller-Merbach, *Simulation Of X-Ray Projections For Experimental 3D Tomography*, Schweden, 1996.

18. K. Müller, *Fast and Accurate Three-Dimensional Reconstruction from Cone-Beam Projection Data Using Algebraic Methods.* The Ohio State University, 1998.

Bildbasierte dreidimensionale Verfolgung von Elektrophysiologie-Kathetern aus biplanaren Echtzeitröntgenbildsequenzen

Marcel Schenderlein[1], Volker Rasche[2] und Klaus Dietmayer[1]

[1] Universität Ulm, Institut für Mess-, Regel- und Mikrotechnik,
Albert Einstein Allee 41, 89081 Ulm
[2] Universitätsklinikum Ulm, Klinik für Innere Medizin II,
Albert-Einstein-Allee 23, 89081 Ulm

Zusammenfassung Bei der Katheterablation zur Behandlung von Herzrhythmusstörungen werden zur Navigation im Herzen parallel zwei Röntgenbildsequenzen aus unterschiedlichen Orientierungen aufgenommen. Die Motivation für den vorgestellten Ansatz ist eine automatische dreidimensionale Rekonstruktion der in den Bildern sichtbaren Katheter mit dem Ziel der Unterstützung des Eingriffs. Dazu werden Raumkurven auf Basis aktiver Konturen verformt. Als Bildmerkmal dient ein Maß für die Linienhaftigkeit der Pixelumgebung. Außerdem wird die Kurvenspitze mittels Template-Matching mit der Katheterspitze in Deckung gebracht und der zeitliche Versatz der Bildsequenzen mit einer linearen Interpolation der Bildkräfte und Positionen behandelt. Der Gesamtalgorithmus ermöglicht damit die Katheterverfolgung mit einer Genauigkeit, die den klinischen Anforderungen entspricht.

1 Einleitung

Die Katheterablation ist ein medizinischer Standardeingriff zur elektrophysiologischen Behandlung von Herzrhythmusstörungen. Mit sogenannten Elektrophysiologie-Kathetern (EP-Katheter), die an ihrer Spitze mit Elektroden besetzt sind, werden in den Herzkammern elektrische Aktivierungen abgeleitet und bestimmte Geweberegionen als Ursache für Fehlfunktionen identifiziert. Mittels eines speziellen EP-Katheters, dem Ablationskatheter, wird anschließend das betroffene Gewebe zerstört.

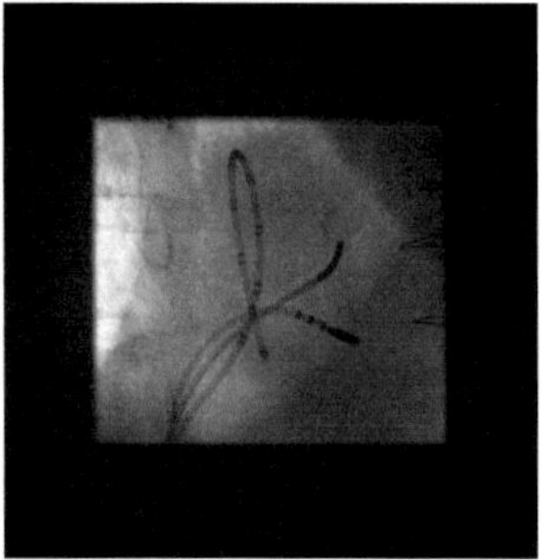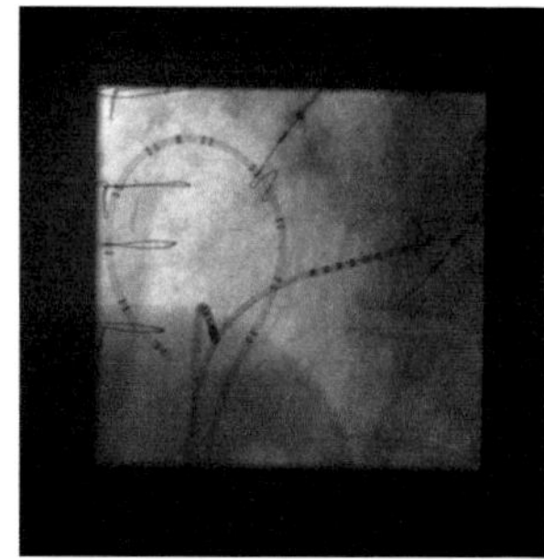

Abbildung 32.1: Zwei Fluoroskopiebilder der Herzregion aus unterschiedlicher Orientierung mit sichtbaren Kathetern. Außerdem sind Oberflächenelektroden (S-förmige Spitze), Sternumdrähte, die Wirbelsäule und die Leber (dunkler Bereich in der unteren Bildhälfte) zu erkennen. Der schwarze Bereich am Bildrand wird verursacht durch die Blende.

Dieser minimalinvasive Eingriff – die Katheter werden über eine Schleuse in der Leiste in den Körper eingeführt – wird unter Überwachung durch Echtzeitröntgenbildsequenzen durchgeführt. Da die Navigation in den Herzkammern eine dreidimensionale (3D) Herausforderung darstellt, werden oftmals parallel zwei Sequenzen aus unterschiedlichen Blickwinkeln aufgenommen. Die mentale Rekonstruktion der räumlichen Katheterverläufe ist aber dennoch nicht trivial. Somit nimmt die Positionierung der Katheter viel Zeit in Anspruch und ist meist erfahrenen Ärzten vorbehalten. Der hier vorgestellte Algorithmus soll genau diese Aufgabe übernehmen und die Katheterlage und deren Änderung über die Zeit automatisch rekonstruieren.

Kommerzielle Systeme, die eine 3D Katheternavigation basierend auf elektro-magnetischen oder kapazitiven Messprinzipien ermöglichen, benötigen zusätzliche Hardware und sind dadurch oft teure Ergänzungen zum Standardequipment. Unser Ansatz bietet eine alternative 3D Katheterrekonstruktion nur auf Basis der während des Eingriffs vorhandenen Röntgenbildsequenzen.

Relevante Arbeiten aus dem Bereich der medizinischen Bildverarbeitung behandeln die räumliche Verfolgung u.a. von kontrastmittelgefüllten Gefäßen und Gefäßbäumen [1] und von Katheter-Führungsdrähten [2–4]. Beides sind längliche Objekte und stellen sich als homogen dunkle Linien im Bild dar. Katheter [5,6] hingegen besitzen meist einen weniger homogenen Kontrast. In Arbeiten zur EP-Katheter-Detektion und -Rekonstruktion sind außerdem die Katheterelektroden von Interesse [7–9]. Diese zeichnen sich aber nicht immer sauber im Bild ab. In [10] wird nur die Katheterspitze mittels Template-Matching und Kalmanfilter verfolgt.

Die folgenden Abschnitte stellen unseren bisherigen Ansatz vor, in dem wir nicht nur die Katheterspitze, sondern längere Abschnitte des Katheters verfolgen [11,12]. Dabei liegt der Fokus außerdem auf einer Behandlung der besonderen Aufnahmesituation mit zeitlich versetzten Bildsequenzen. Dieser Algorithmus dient zunächst zur retrospektiven Evaluierung der Sequenz ausgehend von einer bekannten Initialisierung mit dem Anwendungsziel der Dokumentation. Er stellt aber gleichzeitig auch die Grundlage für zukünftige Untersuchungen zur Online-Katheternavigation dar.

2 Material und Methoden

2.1 Bilddaten und Aufnahmegeometrie

Echtzeitröntgenbilder, auch Fluoroskopien genannt, werden als Videosequenz aufgenommen. Im Gegensatz zur Erscheinung allgemein bekannter Röntgenbilder von Knochenstrukturen, sind auf den Fluoroskopien für Röntgenstrahlung undurchlässige Strukturen als dunkle Objekte vor einem helleren Hintergrund zu sehen (siehe Abb. 32.1). Die meist ein bis vier Katheter im Bild heben sich durch ihre metallischen, zylinderförmigen Elektroden und den radiopaken Katheterkörper vom Hintergrund ab. Weiterhin zeichnen sich typischerweise Oberflächenelektroden, die Wirbelsäule und die Leber ab. Die Bilder sind außerdem von einem schwarzen Rahmen umgeben, der durch die Blende verursacht wird. Diese gewährleistet, dass nur die relevante Körperregion bestrahlt wird.

Eine biplanare Röntgenanlage besteht aus zwei sogenannten C-Armen, die frei um ein gemeinsames Isozentrum orientiert werden können. Diese C-Arme stellen jeweils einen Aufnahmekanal dar, der aus einer Röntgenquelle und einer bildgebenden Einheit besteht. Im hier vorgestellten Fall ist die bildgebende Einheit ein Röntgenbildverstärker, der Bilder mit einer Auflösung von 512×512 Pixel und einer Pixelgröße von etwa $0,36$ mm liefert. Die Brennweite schwankt je nach patientenabhängiger Einstellung zwischen 890 mm und 1290 mm. Durch die zwei Aufnahme-

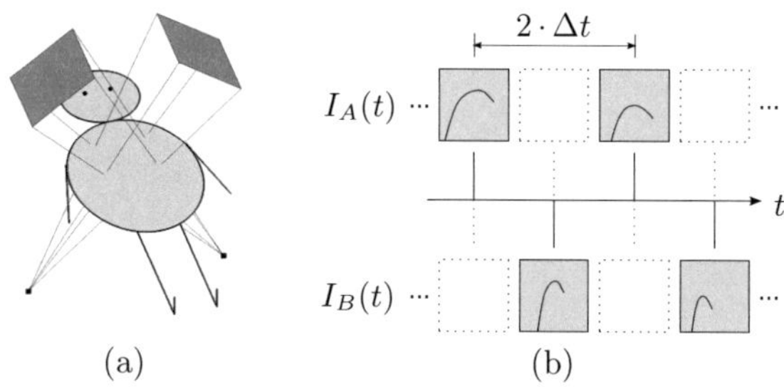

Abbildung 32.2: (a) Die Stereogeometrie mit beiden Aufnahmekanälen in Relation zum Patienten. (b) Die Aufnahmesituation mit den versetzten Fluoroskopiesequenzen $I_A(t)$ und $I_B(t)$ des biplanaren Röntgensystems über die Zeit t. Die gestrichelten Rahmen entsprechen den nicht vorhandenen synchronen Bildern.

kanäle ergibt sich eine Stereogeometrie mit zwei Bildebenen A und B (siehe Abb. 32.2(a)).

Anders als bei herkömmlichen Stereokameras sind die Aufnahmekanäle aber stark zueinander verdreht und die Brennpunkte sehr weit voneinander entfernt. Der Winkel beträgt anwendungsbedingt $70°$. Außerdem werden die Bildsequenzen nicht synchron, sondern zeitlich versetzt aufgenommen (siehe Abb. 32.2(b)). Das bedeutet, ein C-Arm liefert seine Bilder um $40\,\mathrm{ms}$ versetzt, wobei beide C-Arme mit $12,5$ fps arbeiten. Der Versatz liegt in dem Vermeiden von Streustrahlung begründet.

2.2 Kurvenrepräsentation

Elektrophysiologie-Katheter sind schmale, schlauchförmige Objekte und stellen sich in den Fluoroskopien als linienförmige Strukturen dar. Aus diesem Grund wird der einzelne Katheter für die Verfolgung als offene parametrische Raumkurve $\mathbf{c}(s) = (x(s), y(s), z(s))$ mit $s = [0..1]$ als normierte Bogenlänge definiert. Ein weiteres Merkmal ist die Position hinter der letzten Elektrode als Bogenlänge s_G.

2.3 Kurvendeformation zur Kathetermittellinie

Ziel des Algorithmus ist es, die Kurve $\mathbf{c}(s)$ zu jedem Zeitpunkt so zu deformieren, dass ihre Projektionen in die beiden Bildebenen $\mathbf{c}^A$ und $\mathbf{c}^B$

die Erscheinung der Katheter in den Bildern bestmöglich abbilden. Dazu wird zum Zweck der Anpassung der Kurvengestalt eine Energieoptimierung auf Basis aktiver Konturen nach [13] verwendet. Die Kurvenenergie (der Einfachheit halber werden die von der Kurve abhängigen Energien $E(\mathbf{c}(s))$ ohne Parameter als E geschrieben) lässt sich als

$$E = \int_s \left(E_{\mathrm{Kurve}} + E_{\mathrm{Länge}} + E_{\mathrm{Bild}} \right) ds \tag{32.1}$$

definieren. Dabei ist $E_{\mathrm{Kurve}} = \beta(s) \cdot |\mathbf{c}_{ss}(s)|^2$ die kurveninterne Energie, die die Krümmung der Kurve beschränkt. Auf Grund der Tatsache, dass bei den Kathetern der Teil, welcher mit Elektroden besetzt ist, meist wesentlich steifer und der restliche Katheter ohne Elektroden wesentlich biegsamer ist, wird beim Wichtungsparameter $\beta(s)$ folgende Fallunterscheidung getroffen:

$$\beta(s) = \begin{cases} \beta_{Elektroden}, & \text{wenn } 0 \leq s \leq s_G \\ \beta_{Rest}, & \text{wenn } s_G < s \leq 1 \end{cases} \text{ mit } \beta_{Elektroden} > \beta_{Rest}. \tag{32.2}$$

Der Algorithmus ermöglicht somit kaum Krümmung im vorderen Teil und eine stärkere Krümmung im hinteren Teil des Katheters, was dem tatsächlichen physikalischen Verhalten der Katheter entspricht. Der Term $E_{\mathrm{Länge}} = \omega \cdot ||\mathbf{c}_s(s)|^2 - d^2|^2$ stellt sicher, dass ein bestimmtes Δs an jeder Stelle entlang der Kurve immer ein gleichlanges Kurvenstück beschreibt [14]. Damit wird die Kurve fortwährend auf eine Gesamtlänge d deformiert. Der Parameter ω wichtet den Beitrag hinsichtlich der Gesamtenergie. Die Bildenergie E_{Bild} steuert die Deformation der Kurve in Richtung der Mittellinie der sichtbaren Katheter im Bild. Auf sie wird im nächsten Kapitel genauer eingegangen. Implementiert wurde die Raumkurve als ein 3D B-Spline [15]. Aus der Minimierung der Energie E ergeben sich nach [13] letztlich Gleichungen zur iterative Deformation der Kurve.

2.4 Bildmerkmal für die Bildenergie

Damit sich die Raumkurve an die Katheterprojektionen anpasst, muss die Bildenergie E_{Bild} an Positionen, wo der Katheter im Bild zu sehen ist, gering sein. Die Berechnung eines Maßes für die Linienhaftigkeit für jeden Pixel [8] stellt ein entsprechendes Bildmerkmal dar, da der Katheter in

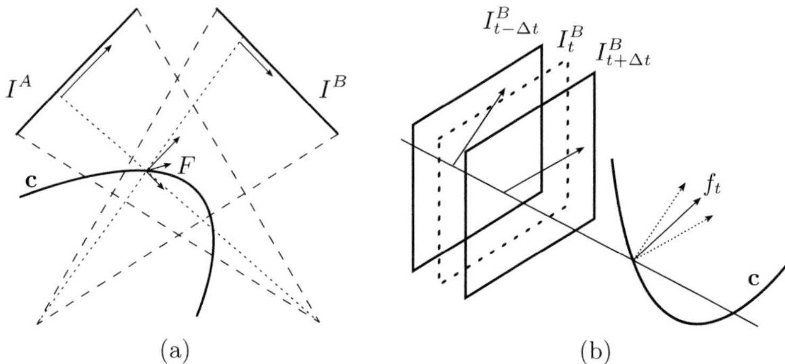

Abbildung 32.3: (a) Die Rekonstruktion eines 3D Bildkraftvectors F. (b) Das Schema für die Ermittelung eines 2D Bildkraftvektor f_t aus zeitversetzen Bildsequenzen.

den Bildern als linienhafte Struktur erscheint (siehe Abb. 32.4(d)). Die jeweilige Bildenergie $E_{\mathrm{Bild}}^{A/B}$ für ein einzelnes 2D Bild wird auf Grund der Energieminimierung somit als negative Linienhafigkeit definiert.

Der Algorithmus beschreibt allerdings eine Deformation einer 3D Kurve. Deshalb muss die 2D Bildenergie in eine 3D Beschreibung überführt werden. Da letztlich in die Deformationsformeln nicht die Energie, sondern die räumliche Ableitung selbiger eingeht, ist es naheliegend, nicht E_{Bild}, sondern direkt die Gradienten $\partial E_{\mathrm{Bild}}/\partial \mathbf{c}$ zu bestimmen. Eine skalierte Approximation dieser Gradienten, die auch als Bildkräfte bezeichnet werden, ergibt sich aus der jeweiligen Mittelung der aus beiden Bildebenen A und B an die Kurve rückprojizierten 2D Bildmerkmalsgradienten (siehe Abb. 32.3(a)). Um den Einzugsbereich der 2D Bildkräfte zu erhöhen, wird eine Kombination aus Gradienten der Distanztransformation und dem Gradient-Vector-Flow-Algorithmus benutzt [11].

Auf Grund der versetzten Bildaufnahme fehlt aber zu jedem Zeitpunkt jeweils ein Bild des eigentlichen Stereobildpaares und somit existieren zunächst nur die Merkmalsgradienten aus einer Bildebene. Wir haben zur Lösung folgendes Schema vorgeschlagen (siehe Abb. 32.3(b)). Es sei I_t^A das Bild zum aktuellen Zeitpunkt in der Bildebene A. Weiterhin sind $I_{t-\Delta t}^B$ und $I_{t+\Delta t}^B$ die beiden Bilder in der Bildebene B, die das nicht vorhandene Bild I_t^B zeitlich umschließen. Zunächst wird die Raumkurve in die Bildebene B als $\mathbf{c}_t^B$ projiziert. Entlang der Projektion $\mathbf{c}_t^B$ werden nun aber in den Bildern $I_{t-\Delta t}^B$ und $I_{t+\Delta t}^B$ die Gradienten ausgewertet und für den Zeitpunkt t linear interpoliert. Die Motivation für die lineare Interpolation entstammt der Annahme, dass die Bewegung zwischen zwei Aufnahmezeitpunkten eines Aufnahmekanals annähernd linear ist. Die Rekonstruktion der 3D Bildkräfte erfolgt dann wie schon aufgezeigt aus den 2D Bildkräften beider Bildebenen. Analog werden die Bildkräfte rekonstruiert, wenn I_t^A fehlt. Ein Nachteil dieser Vorgehensweise ist der Verzug um einen Bildwechsel bezogen auf beide Sequenzen um 40 ms.

2.5 Kurvendeformation zur Katheterspitze

Eine Kurvendeformation zur Kathetermittellinie hin reicht nicht aus, um EP-Katheter zuverlässig zu verfolgen. Bei starken Bewegungen des Katheters näherungsweise entlang seiner Mittellinie ist nicht sichergestellt, dass die bisher beschriebene Kurvendeformation auch die Kurvenspitze mit der Katheterspitze in Deckung bringt. Es ist somit notwendig, auch die Position des verfolgten Kurvensegments entlang der Kathetermittellinie zu bestimmen. Diese Verankerung lässt sich gut mit der Katheterspitze realisieren. Um die Katheterspitze zu detektieren, werden zunächst Templates der Katheterspitze für beiden Bildebenen erzeugt, welche der Orientierung der bis dahin konvergierten Kurve entsprechen (siehe Abb. 32.4(b)). Mittels normierter Kreuzkorrelation wird dann die Katheterspitze als Maximum der Korrelationen in beiden Bildebenen bestimmt (siehe Abb. 32.4(a,c)) und dreidimensional rekonstruiert. Dabei wird wiederum auf Grund der versetzten Bildsequenz in einer Bildebene die Position linear interpoliert. Mit einem zusätzlichen Energieterm E_{Anker} in Formel 32.1 wird dann die Kurvendeformation erneut ausgeführt. Die Energie E_{Anker} ist als euklidische Distanz zwischen einem Kurvenpunkt und einem Raumpunkt definiert. Dieser Raumpunkt ist die detektierte Katheterspitze und somit wird die Kurvenspitze zur Katheterspitze hin deformiert.

Die Auftrennung in zwei Deformationsschritte hat sich als notwendig erwiesen, um Templates zu erzeugen, die eine gute Approximation der tatsächlichen Katheterorientierung abbilden. Beide Schritte werden für jeden Zeitschritt bis zur Konvergenz wiederholt und damit die Lage des Katheters im Raum verfolgt. Die Raumkurve muss außerdem einmalig manuell oder durch einen erweiterten Detektionsschritt [16] vor der ersten

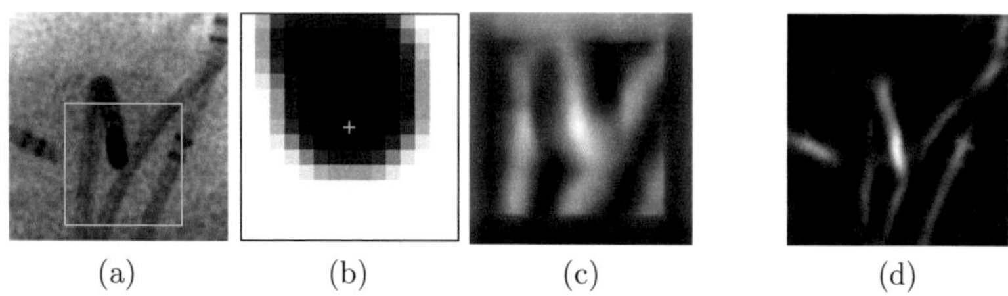

Abbildung 32.4: (a) Ausschnitt aus einer Fluoroskopie mit Suchregion (grünes Rechteck). (b) Erzeugtes Spitzen-Template. (c) Entsprechendes Korrelationsgebirge für das Suchfenster, wobei die weiße Farbe eine hohe Korrelation darstellt. (d) Ergebnis der Berechnung der Linienhaftigkeit auf dem Ausschnitt aus (a).

Deformation initialisiert werden.

3 Ergebnisse und Diskussion

In [11] haben wir gezeigt, dass trotz der versetzen Bildaufnahme eine Rekonstruktionsgenauigkeit der Kurvendeformation von unter $1,5$ mm möglich ist. Außerdem haben wir in [12] gezeigt, dass die Kombination aus Kurvendeformation und expliziter Spitzenerkennung mittels Template Matching nötig ist, um eine robuste Katheterverfolgung zu ermöglichen. Eine Spitzenpositionsmessung im Bereich um $1,0$ mm Abweichung bzgl. der manuell gelabelten Ground-Truth-Daten wurde erreicht. Die klinische Anforderung an die Genauigkeit liegt im Bereich von $2-3$ mm.

Nach wie vor kann es aber dazu kommen, dass sich die Kurve auf Störobjekte anpasst. Diese sind meist die anderen Katheter im Bild, aber seltener auch die Oberflächenelektroden. Ein Verfolgen der Katheter in über 90 % der Bildwechsel ist dennoch auch in der hier vorgestellten Form des Algorithmus schon möglich [11,12]. Abbildung 32.5 zeigt beispielhaft einzelne Zeitschritte einer Sequenz.

Um die Robustheit weiter zu erhöhen, befassen sich aktuelle Untersuchungen mit der Möglichkeit der Vortransformation der Raumkurve. Somit wäre die Kurvendeformation hauptsächlich für die genaue Anpassung der Kurve verantwortlich, nicht aber für die eigentliche Detektion des Katheters. Denkbar sind hier der Einsatz von Zustandsfiltern und

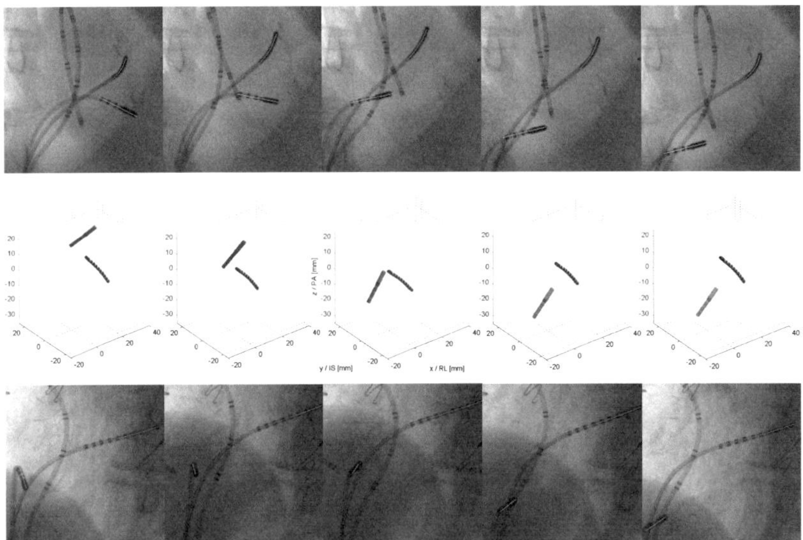

Abbildung 32.5: Einzelne Zeitschritte aus einer Sequenz. Die obere und untere Zeile zeigt Bildausschnitte aus der Fluoroskopiesequenz überlagert mit den Projektionen der Raumkurven für zwei Katheter. Dabei stellt die obere Zeile jeweils nur eines der beiden zur Bildkraftinterpolation benutzten Bilder dar. Die mittlere Zeile zeigt die 3D Rekonstruktion dieser Katheter, wie sie über die Zeit verfolgt wird.

die Auswertung mehrerer Detektionshypothesen.

Die Implementierung des Algorithmus erfolgte in Matlab und ist in dieser Form nicht echtzeitfähig. Daher ist auch die Echtzeitimplementierung in C++ auf einem Prototypsystem eine aktuell bearbeitete Aufgabenstellung.

4 Zusammenfassung

Dargestellt wurde ein Ansatz zur dreidimensionalen bildbasierten Verfolgung von Elektrophysiologie-Kathetern. Er basiert auf einer Kurvendeformation mittels aktiver offener Kontur, die wiederum Merkmalsbilder nutzt, die linienhafte Objekte hervorheben. Dabei wird die Raumkurve anhand von zwei 2D Echtzeitröntgenbildsequenzen in Stereogeometrie verformt. Außerdem wird die Kurvenspitze mittels Template-Korrelation mit der Katheterspitze in Deckung gebracht. Dem zeitlichen Versatz der Bildsequenzen wird durch eine lineare Interpolation der Bildkräfte und Positionen Rechnung getragen.

Der hier vorgestellte Ansatz bietet das Potential zur Unterstützung des klinischen Eingriffs, da seine Rekonstruktionsgenauigkeit der Anwendungsanforderung entspricht. Um aber einen weitreichenden Einsatz zu ermöglichen, ist es Ziel zukünftiger Untersuchungen die Robustheit gegenüber Störobjekten in den Bildern weiter zu erhöhen.

Literatur

1. L. Sarry und J.-Y. Boire, „Three-dimensional tracking of coronary arteries from biplane angiographic sequences using parametrically deformable models", *IEEE Trans. Med. Imaging*, Vol. 20, Nr. 12, S. 1341–1351, 2001.

2. S. Baert, E. van de Kraats, T. van Walsum, M. Viergever und W. Niessen, „Three-dimensional guide-wire reconstruction from biplane image sequences for integrated display in 3-d vasculature", *IEEE Trans. Med. Imaging*, Vol. 22, Nr. 10, S. 1252– 1258, 2003.

3. G. Slabaugh, K. Kong, G. Unal und T. Fang, „Variational guidewire tracking using phase congruency", in *Proc. Medical Image Computing and Computer-Assisted Intervention*, 2007, S. 612–619.

4. M. Spiegel, M. Pfister, D. Hahn, V. Daum, J. Hornegger, T. Struffert und A. Dörfler, „Towards real-time guidewire detection and tracking in the field of neuroradiology", in *Proc. SPIE Medical Imaging*, Vol. 7261, Nr. 1, 2009, S. 726105.

5. M. C. Molina, G. P. M. Prause, P. Radeva und M. Sonka, „3d catheter path reconstruction from biplane angiograms", in *Proc. SPIE Medical Imaging*, Vol. 3338, Nr. 1, 1998, S. 504–512.

6. H. J. Bender, R. Männer, C. Poliwoda, S. Roth und M. Walz, „Reconstruction of 3d catheter paths from 2d x-ray projections", in *Proc. Medical Image Computing and Computer-Assisted Intervention*, 1999, S. 981–989.

7. G. Sierra, A. LeBlanc, M. Leonard, R. Nadeau und P. Savard, „Prototype of a fluoroscopic navigation system to guide the catheter ablation of cardiac arrhythmias", in *Proc. IEEE Engineering in Medicine and Biology Society*, Vol. 1, 2003, S. 138–141.

8. E. Franken, P. Rongen, M. van Almsick und B. ter Haar Romeny, „Detection of electrophysiology catheters in noisy fluoroscopy images", in *Proc. Medical Image Computing and Computer-Assisted Intervention*, 2006, S. 25–32.

9. P. Fallavollita, „3d/2d registration of mapping catheter images for arrhythmia interventional assistance", *Int. J. Comput. Sci. Issues*, Vol. 4, Nr. 2, S. 10–19, 2009.

10. S. D. Buck, J. Ector, A. L. Gerche, F. Maes und H. Heidbüchel, „Toward image-based catheter tip tracking for treatment of atrial fibrillation", in *CI2BM09 - MICCAI Workshop on Cardiovascular Interventional Imaging and Biophysical Modelling*, 2009.

11. M. Schenderlein, S. Stierlin, R. Manzke, V. Rasche und K. Dietmayer, „Catheter tracking in asynchronous biplane fluoroscopy images by 3d b-snakes", in *Proc. SPIE Medical Imaging*, 2010, S. 76251U.

12. M. Schenderlein, V. Rasche und K. Dietmayer, „Image-based catheter tip tracking during cardiac ablation therapy", in *Proc. Medical Image Understanding and Analysis*, 2010, S. 65–69.

13. S. Menet, P. Saint Marc und G. Medioni, „B-snakes: Implementation and application to stereo", in *Proc. Image Understanding Workshop*, 1990, S. 720–726.

14. M. Jacob, T. Blu und M. Unser, „Efficient energies and algorithms for parametric snakes", *IEEE Trans. Image Process.*, Vol. 13, Nr. 9, S. 1231–1244, 2004.

15. L. Piegl und W. Tiller, *The NURBS book (2nd ed.)*. New York, NY, USA: Springer-Verlag New York, Inc., 1997.

16. M. Schenderlein, G. Grossmann, V. Rasche und K. Dietmayer, „Pose determination of ep catheters from biplane fluoroscopy images", in *Int. J. Comput. Assisted Radiol. Surg. - Suppl. 1 (Proc. CARS)*, Vol. 4, 2009, S. 47–49.

Optische Lokalisierung, Klassifizierung und automatische Behebung von Fehlern am Beispiel von Agrarprodukten

Michael Weyrich, Philipp Klein und Martin Laurowski

Universität Siegen, Institut für Fertigungstechnik, Lehrstuhl für
Fertigungsautomatisierung und Montage,
Paul-Bonatz-Straße 9-11, D-57068 Siegen

Zusammenfassung Die Vermeidung von Verschwendung der
eingesetzten Agrarprodukte bietet in der Lebensmittel verarbeitenden Industrie ein großes Einsparpotential. Eine gezielte Behebung von Fehlstellen auf den Ausgangsprodukten gewinnt daher
zunehmend an Bedeutung. Im vorliegenden Artikel soll eine systematische Vorgehensweise zur Lokalisierung und Klassifizierung
von Fehlstellen dargestellt werden. Zum Abschluss werden noch
exemplarisch Methoden vorgestellt, mit denen eine gezielte Behebung realisiert werden kann.

1 Einleitung

Bei der industriellen Verarbeitung von Agrarprodukten zu Lebensmitteln ist die Qualität der Endprodukte ein wichtiger Erfolgsfaktor. Neben
der Vermeidung einer Gesundheitsgefährdung der Endverbraucher sollen
die Lebensmittel optisch einwandfrei und ansprechend sein. Die Kontrolle der eingesetzten Agrarprodukte findet allerdings aufgrund der variierenden Produkteigenschaften, der Unregelmäßigkeit der Geometrie sowie
der verschiedenen Fehlerklassen bisher meist manuell statt. Neben den
mikrobiologischen Untersuchungen kommt auch die Bildverarbeitung in
der Qualitätskontrolle von Agrarprodukten immer mehr zum Einsatz.
Außerdem werden durch eine optische Kontrolle unkritische, aber nicht
erwünschte Beschädigungen ebenfalls detektiert.

Automatische Prüfsysteme für Lebensmittel, die am Markt erhältlich
sind, sortieren fehlerbehaftete Objekte ganz aus. Eine gezielte Behebung

von Fehlstellen an Agrarprodukten aufgrund von Prüfbefunden findet bei den betrachteten Beispielen bisher nicht statt. Schadhafte Objekte werden derzeit entweder entsorgt oder vollständig zu qualitativ minderwertigeren Produkten verarbeitet. Damit sind Kosten oder Mindereinnahmen für den Erzeuger oder das verarbeitende Unternehmen verbunden. Die gezielte Behebung von Schadstellen trägt also nicht nur zu einer Sicherstellung der Qualität bei, sondern sie optimiert auch die effiziente Nutzung der eingesetzten Lebensmittel. Dies ist vor allem für die Bereiche interessant, in denen Lebensmittel direkt zu Endprodukten weiterverarbeitet werden. Im Folgenden soll das Vorgehen zur Auswahl geeigneter Bildverarbeitungsstrategien vorgestellt und anhand ausgewählter Beispiele erläutert werden.

2 Stand der Technik

Für Beschädigungen an Agrarprodukten gibt es eine Vielzahl an Ursachen [1]. Diese lassen sich in die Kategorien äußere Einflüsse, Pflanzen und Tiere unterteilen. Viele Beschädigungen lassen sich durch äußerliche Symptome, wie bspw. Verfärbungen, Formveränderungen und mechanische Beschädigungen oder eine Kombination aus mehreren dieser Symptome erkennen. Die verschiedenen Beschädigungen sind in der entsprechenden Literatur beschrieben [2].

Eine Recherche zu den Verfahren der Qualitätsprüfung von Agrarprodukten ergab, dass die bisher umgesetzten Systeme schadhafte Produkte aussortieren [3]. Die beschriebenen Systeme prüfen die Agrarprodukte vor, nach oder auch während der Verarbeitung. Zudem ergab die Recherche, dass zur optischen Qualitätsprüfung an Lebensmitteln verschiedene bildgebende Verfahren eingesetzt werden. LU & PARK beschreiben den Einsatz der Multispektralanalyse zur Qualitäts- und Sicherheitsüberprüfung von Lebensmitteln [4]. Die Thermographie, die Computertomographie (CT) und die Magnetresonanztomographie (MRT) werden ebenso als Verfahren zur Qualitätsprüfung in der Lebensmittel verarbeitenden Industrie eingesetzt [5]. Die Auswertung der Bildinformation ist von BROSNAN beschrieben [6]. Aufgrund der angeführten Symptome eignen sich Farb- bzw. Gestaltmerkmale für die Auswertung der Fehlstellen [7, 8]. Die Prüfobjekte werden danach anhand der ermittelten Merkmalsausprägung einer Ergebnisklasse zugewiesen. Als Klassifi-

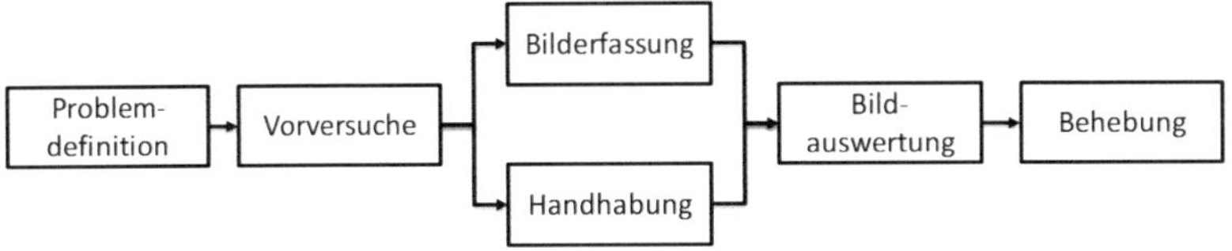

Abbildung 33.1: Vorgehen zur Eingrenzung der Prüfaufgabe.

zierungsverfahren kommen Entscheidungsbaum, Support Vector Machine
(SVM), Neuronale Netze und k-nächster-Nachbar in Frage. Nach einer
Untersuchung von KISSING [9] erweist sich eine Kombination der Verfahren k-nächster-Nachbar mit Support Vector Machine für die Oberflächeninspektion als empfehlenswert. Zudem wurden Verfahren recher-
chiert, die eine Lokalisierung des detektierten Fehlers ermöglichen. Eine Lösung, um die Geometrie nach dem Lasertriangulationsverfahren
zu erfassen, beschreibt SCARPIN [10]. Basierend auf der von BESL
beschriebenen „Time of flight" Technologie [11] lässt sich ebenso die
Geometrie eines Objektes erfassen. Weitere betrachtete Verfahren sind
„Stereo-Vision" [12] und „Shape from shading" [13]. Eine Einordnung
der Schneidverfahren zur Behebung von Fehlstellen an Agrarprodukten
ist bei LIGOCKI beschrieben [14].

3 Ansatz und Vorgehensweise

Das allgemeine Vorgehen um Lösungen für eine gezielte Behebung von
Fehlstellen auf Prüfobjekten einzugrenzen, ist in Abb. 33.1 dargestellt.
Nachdem die relevanten Fehlerarten, der Materialstrom, die Genauigkeitsanforderungen sowie die Rahmenbedingungen der Prüfung im Rahmen der Problemstellung definiert sind, werden mögliche Verfahren zur
Bildaufnahme, Behebung und Handhabung in Vorversuchen eingegrenzt.
Die Strategien zur Bilderfassung und zur Handhabung werden parallel
ausgearbeitet bevor die bestehenden Algorithmen der Bildauswertung
angepasst und ggf. ergänzt werden. Abschließend werden auf Basis der
ausgewerteten Bilder Behebungsstrategien entwickelt.

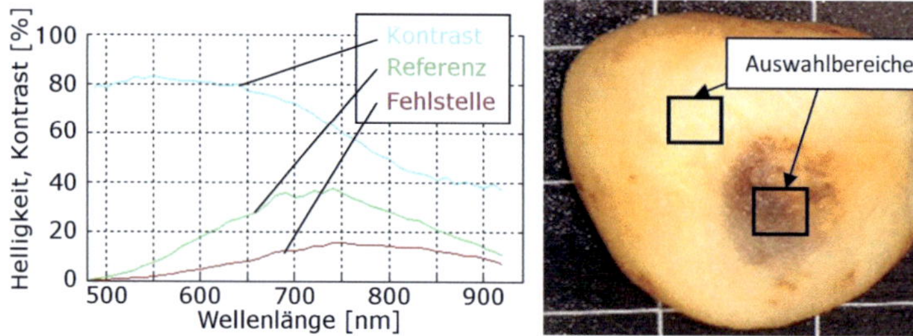

Abbildung 33.2: Kontrastverlauf zwischen einem fehlerbehafteten und fehlerfreien Bereich (links), Probe mit dunkler Fehlstelle (rechts).

3.1 Problemdefinition

Die Fehlstellen an Agrarprodukten können sowohl Beschädigungen im biologischen Sinne als auch eine optische oder geschmackliche Beeinträchtigung des Endprodukts durch einen natürlichen Prozess sein. Welche Fehlstelle gezielt behoben werden soll, muss daher definiert werden. Für die Auslegung der späteren Anlage müssen zudem der Materialstrom abgeschätzt und die Anforderungen an die Genauigkeit der Erkennung und der Fehlerbehebung bestimmt werden. Saisonale Schwankungen in der Qualität der Agrarprodukte sowie mögliche Schäden durch Lagerung müssen bei der Aufnahme der Fehler berücksichtigt werden.

3.2 Vorversuche

Zur Eingrenzung auf ein oder mehrere geeignete Verfahren wurden in einem ersten Schritt verschiedene Spektralbereiche der elektromagnetischen Strahlung untersucht. Dabei wurden verschiedene Strahlungsbänder von der Röntgenstrahlung bis hin zur Wärmestrahlung in praktischen Versuchen sowie die Auswirkung auf die Kontrastierung im Bild erprobt. Zur Bestimmung des Kontrastes zwischen einer fehlerhaften und einer fehlerfreien Stelle wurden zwei entsprechende Bereiche auf dem Prüfobjekt ausgewählt und der Verlauf der gemittelten Helligkeitswerte in Abhängigkeit der Lichtwellenlänge ermittelt (s. Abb. 33.2).

Multispektralanalyse Im ersten Schritt wurde eine Analyse der Proben mit einer Multispektralkamera vorgenommen. Die eingesetzte Multispek-

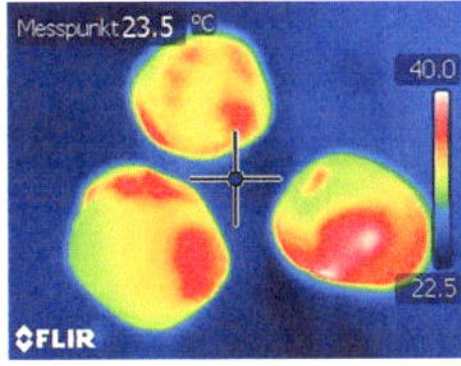

Abbildung 33.3: Thermographische Aufnahme von Kartoffelknollen (links), Computertomographie (Mitte), Magnetresonanztomographie (rechts).

tralkamera erlaubt Bildaufnahmen in einem Wellenlängenbereich von 450 bis 950 nm. Es wurden selektive Spektralaufnahmen mit einer Bandbreite von 10 nm aufgenommen. Die eingesetzte Lichtquelle hat eine breite spektrale Charakteristik, die mit dem zu untersuchenden Spektralbereich korrespondiert. Je nach Produkt- und Fehlertyp konnten geeignete Spektralbereiche zur Fehlerkontrastierung gefunden werden. In Abb. 33.2 ist eine Auswertung am Beispiel einer Kartoffelknolle gezeigt. Für alle untersuchten Proben zeigt sich, dass der Infrarotbereich geeignet ist, um größere unterhalb der Oberfläche liegende Fehler hervorzuheben.

Thermographie Die Untersuchungen der Proben nach dem Prinzip der passiven Thermographie wiesen keine nennenswerten Besonderheiten auf, da die Proben relativ geringe Temperaturunterschiede in Bezug auf die Raumtemperatur besaßen. Für die Untersuchungen mit aktiver Thermographie wurden die Proben in einem Versuch mit thermischer Infrarotstrahlung (TIR) in einer Durchlaufstrecke innerhalb von 20 Sekunden und in einem weiteren Versuch durch Mikrowellenstrahlen (Wellenlänge 12 cm) innerhalb von ca. 15 Sekunden jeweils auf eine Oberflächentemperatur von ca. 40°C erwärmt. Während der Abkühlphase wurden mehrere Bildaufnahmen in Abständen von wenigen Sekunden erstellt. Eine ungleichmäßige Erwärmung der Probenoberfläche und somit eine abweichende lokale Oberflächentemperatur bewirkt dabei Erscheinungen, die sich im gewonnenen Bild nicht eindeutig von den Oberflächenfehlern unterscheiden lassen. Unterschiede in der Gewebe- und Oberflächenstruktur zwischen beschädigten und unbeschädigten Bereichen der Agrarprodukte lassen sich durch die thermische Reaktion bei Erwärmung darstellen (Abb. 33.3).

Computer- und Magnetresonanztomographie Das Ergebnis der Versuche mit Computertomographie und der Magnetresonanztomographie ist in Abb. 33.3 dargestellt. In beiden Systemen wurden mehrere Proben gleichzeitig untersucht. In diesen schnittbildgebenden Verfahren werden neben den äußeren Beschädigungen auch innere Beschädigungen wie beispielsweise durch äußere Einflüsse bedingte Wachstumsstörungen erkannt. Da beide Verfahren relativ viel Zeit in Anspruch nehmen, sind sie für den Einsatz im laufenden Produktionsprozess ungeeignet.

Zusammenfassung Die durchgeführten Versuche führen bei den Proben zu differenzierten Ergebnissen. Aus Sicht der Kontrastierung sind in die Tiefe der Proben ausgedehnte Fehlstellen mit den Verfahren der Computer- bzw. Magnetresonanztomographie darstellbar. Die Thermographie liefert in vereinzelten Fällen brauchbare Ergebnisse, weil die thermische Anregung der Oberfläche nicht hinreichend gleichmäßig erfolgen konnte. Oberflächliche Fehlstellen, wie Verfärbungen lassen sich mit Mitteln der Spektralanalyse erfassen. Hierzu sind fallspezifische Konfigurationen des Abbildungssystems notwendig. Die Helligkeitsinformation und die Abmessungen des Fehlers charakterisieren einen Fehlertyp und dienen somit als Merkmale zur Definition von Fehlerklassen.

Einige Fehlertypen wiesen bei der Spektralanalyse Besonderheiten auf. Im infraroten Bereich können im Allgemeinen größere und unterhalb der Oberfläche liegende Fehlstellen gut kontrastiert werden. In Abb. 33.4 ist eine Kartoffelknolle dargestellt bei der im Spektralbereich 530-540 nm Verfärbungen besonders gut sichtbar sind. Die meisten dieser Verfärbungen haben einen oberflächlichen Charakter mit einer Tiefe von bis ca. 0,3 Millimeter. In der Bildaufnahme im Bereich 900-910 nm sind tiefer liegende und tief gehende Oberflächenfehler erkennbar. Oberflächenfehler mit einer geringen Tiefenausdehnung sowie Verfärbungen der Oberfläche werden hingegen im Infrarotbild unterdrückt. Besonders nützlich kann dieser Effekt für Detektion von Fehlstellen auf Früchten mit unregelmäßigen Schalenfarben wie beispielsweise auf Äpfeln sein.

Da die Rahmenbedingungen sowie die Anforderungen an die Prüfungen variieren, müssen die Bildaufnahmesysteme entsprechend konzipiert und konfiguriert werden. Zur Spezifikation der Anforderungen an das Bildverarbeitungssystem werden die Prüfobjekte mit einer mobilen Bildaufnahmeeinheit (s. Abb. 33.4) vor Ort aufgenommen. In Voruntersuchun-

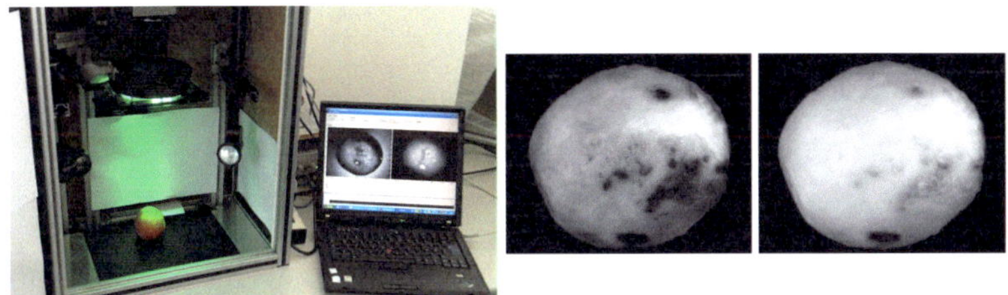

Abbildung 33.4: Mobile Bildaufnahmeeinheit zur Charakterisierung von Materialproben (links), Aufnahme einer Kartoffelknolle mit 530–540 nm (mitte) und 900–910 nm (rechts).

gen können so mögliche Systeme eingegrenzt und unter vergleichbaren Bedingungen getestet werden. Sind die geeigneten Spektralbereiche zur Kontrastierung der Fehlerklassen definiert, müssen für eine gezielte Behebung die Fehlstellen lokalisiert sowie ein robustes Inspektionssystem entwickelt werden.

3.3 Bilderfassung

Die Bilderfassung der Inspektion von Agrarprodukten zur gezielten Behebung von Fehlstellen unterteilt sich in die Geometrie- und die Oberflächenerfassung. Einige Verfahren zur Bilderfassung wurden bereits im Kapitel Vorversuche beschrieben. Wichtige Voraussetzung für diese räumliche Zuordnung ist die Führung oder die Prognose der Lage des Prüfobjekts. Alternativ ist eine unmittelbare Bearbeitung der Fehlstelle denkbar. Im Folgenden sollen einige Verfahren zur Geometrieerfassung vorgestellt werden:

Räumliche Zuordnung von Fehlstellen Ein Verfahren zur dreidimensionalen Darstellung eines Agrarproduktes ist die Lasertriangulation. Um mit diesem Verfahren die Topologie des Körpers zu erfassen, ist eine Relativbewegung zwischen Bildverarbeitungssystem und Objekt notwendig. Abb. 33.5 zeigt einen einfachen Aufbau zur Erfassung der 3D-Information des Prüfobjektes. Dem Problem der Abschattung kann bei rein translatorischer Bewegung mit mehreren Kamerasystemen oder durch Rotation von Objekt oder Kamera begegnet werden. Abb. 33.5 zeigt eine

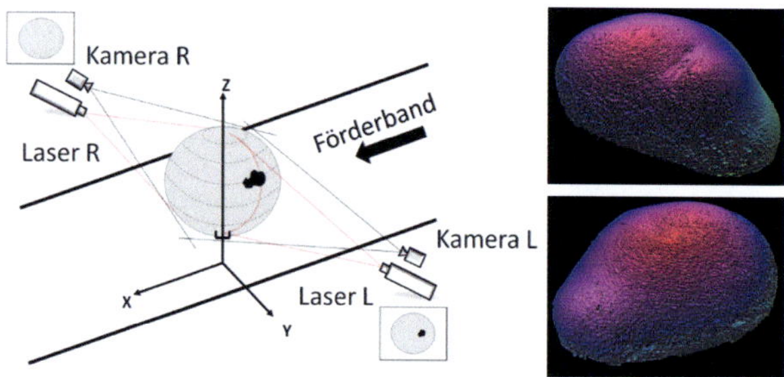

Abbildung 33.5: Bildverarbeitungssystem zur Geometrieerfassung über Lasertriangulation (links), 3D Rekonstruktionen eines Prüfobjektes (rechts).

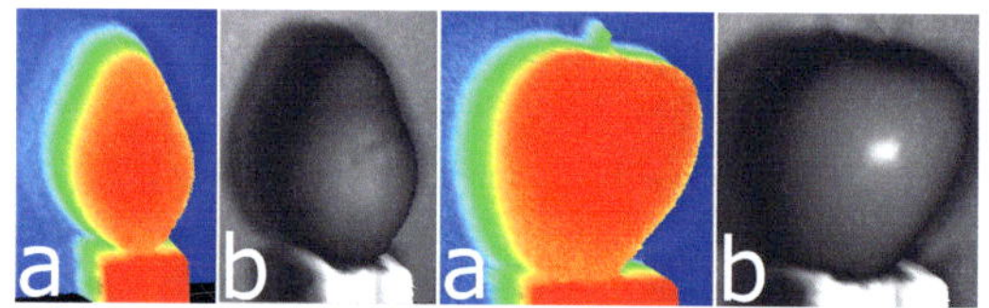

Abbildung 33.6: Bildaufnahmen mit dem TOF-Verfahren: a) Tiefendarstellung in Falschfarben, b) Modulationsbild.

3D-Rekonstruktion der Objektgeometrie, die mit zwei Lasertriangulationssystemen erfolgt ist. Die beiden erfassten Objektbereiche werden zur Lokalisierung der Fehlstellen zu einem Raummodell des Objektes zusammengefügt.

Im Gegensatz zu Laserscanner bieten „Time of flight"-Verfahren (TOF) den Vorteil das ganze Objekt auf einmal und ohne kontinuierliche Abtastung erfassen zu können. Allerdings sind die mit dem aktuellen Stand der Technik erzielbaren Auflösungen vergleichsweise gering (lateral: 200×200 Pixel; Tiefenauflösung: ca. 1 cm). Die mit diesem Verfahren aufgenommenen Bilder sind in Abbildung 33.6 dargestellt.

Zusammenfassung   Die Auswahl eines Abbildungssystems richtet sich nach den Anforderungen der Prüfaufgabe. Hierzu zählen insbesondere die Spezifikation der zu detektierenden Merkmale sowie die Rahmenbedingungen. Sollen Gestaltmerkmale oder helligkeitsbasierte Merkmale eines Objektes erfasst werden, so reicht für die Abbildung meist eine monochrome Kamera aus. Dabei werden die Objektmerkmale mit geeigneten Beleuchtungen und optischen Filtern hervorgehoben. Für die Prüfung von Agrarprodukten sind in vielen Fällen Aufnahmen im infraroten Bereich von Interesse. Sie erlauben die Farbmerkmale der Schale zu unterdrücken und die tiefer liegenden Oberflächenerscheinungen hervorzuheben. Soll hingegen die Beurteilung des Reifegrads eines Agrarproduktes erfolgen, sind farbkamerabasierte Systeme erforderlich.

Für geometrisch einfache Objekte sowie geringe Genauigkeitsanforderungen reicht die Lasertriangulation zur Lokalisierung mit zwei Kameras aus. Deutliche Oberflächenfehler können mit Multi-Scan Zeilenkameras sogar ohne zusätzliche Kamerasysteme erkannt werden. Mechanische Defekte können teilweise sogar direkt in der 3D-Rekonstruktion erkannt werden. Für geometrisch komplexe Prüfobjekte sind eine Kombination mehrerer Kamerasysteme und eine gesonderte Fehlstellenerkennung nötig. Die Rekonstruktion einer Stereo-Aufnahme ist eine weitere Methode zur Erfassung von 3D-Informationen eines Prüfobjektes. Die aufgenommenen Bilder können sowohl zur Fehlerlokalisierung als auch zur Fehlererkennung genutzt werden. Eine exakte Rekonstruktion der 3D-Geometrie ist damit aufgrund des resultierenden Schattenwurfs bei natürlichen Unregelmäßigkeiten der Agrarprodukte komplex. Das Verfahren „Shape from Shading" eignet sich grundsätzlich für eine schnelle und kostengünstige Lösung mit geringen Anforderungen an die Genauigkeit, kommt aber wegen einer unzureichenden Unterscheidbarkeit zwischen Fehlstelle und Abschattung nur bedingt in Betracht.

Eine möglichst exakte Kenntnis der Tiefe der Fehlstelle ist für eine gezielte und effiziente Behebung notwendig. Die Tiefe der Fehler kann über schnittbildgebende Verfahren bestimmt werden. Diese Verfahren kommen aber auf Grund der Verarbeitungszeit für industrielle Verarbeitungsprozesse nicht oder nur bedingt in Frage. Transmissive Untersuchungsverfahren ergeben bei unverarbeiteten Produkten keine eindeutige Information über die Lokalisierung der Fehlstelle.

3.4 Handhabung

Die Führung der Prüfobjekte ist für die räumliche Zuordnung der Fehlstelle eine wichtige Bedingung. Inhomogene Oberflächen, unterschiedliche Größen und Formen sind Herausforderungen bei der Handhabung von Agrarprodukten. Die Prüfobjekte durch ein Einstechen mehrerer Dorne zu fixieren, ist eine sichere aber aufgrund der Beschädigung des Objekts nicht immer gewünschte Methode. Ein weiteres Problem, das agrarwirtschaftliche Güter und ihre Verarbeitung mit sich bringen, ist die feuchte Oberfläche und die variierende Konsistenz. Dadurch sind diese Produkte schwer zu greifen oder zu befördern. Die eingesetzten Methoden müssen eine zuverlässige Greiftechnik bzw. Fixierung sicherstellen und gegen die äußeren Einflüsse resistent sein.

3.5 Bildauswertung

Die Güte der Klassifikation, als letzter Schritt der Bildauswertung, hängt neben der Wahl des Verfahrens auch von dem Informationsgehalt der festgelegten Merkmale ab. Die Klassifizierung von Fehlstellen an naturgewachsenen Produkten stellt besondere Anforderungen an die Flexibilität und Anpassungsfähigkeit des Schrittes der Klassifikation. Die erforderliche Anpassungsfähigkeit wird durch die Einbindung von maschinellen Lernverfahren in den Klassifikationsvorgang erreicht. In Versuchen wurden unterschiedliche Klassifikationsansätze erprobt. Der Klassifikationsansatz nach dem Prinzip des k-nächsten-Nachbars hat sich als besonders geeignet gezeigt. Er zeigt den Vorteil darin, dass beliebige und nichtlineare Klassengrenzen erzeugt werden können. Mit zunehmender Größe der Stichprobe werden die Klassengrenzen präziser bestimmt.

3.6 Behebung

Um die Fehlstellen effizient beheben zu können, sind verschiedene Verfahren notwendig. Allgemein können die Beschädigungsarten in punktuelle, oberflächliche oder räumliche Fehler unterteilt werden. Eine geeignete Positionierung spielt für die gezielte Behebung eine besondere Rolle, da die Lage des Fehlers für die Behebung bekannt sein muss. Mögliche Verfahren zur gezielten Behebung von Fehlstellen sind Wasserstrahlschneiden und mechanisches Schneiden (Fräswerkzeuge etc.). Je nach Fehlerklasse müssen ganze Sektionen abgetrennt oder nur Punkte gezielt bearbeitet werden. Daher müssen häufig mehrere Behebungsverfahren eingesetzt werden. Abb. 33.7 zeigt sowohl einen mit einem Wasserstrahl sektionell bearbeiteten Apfel als auch eine Kartoffel. Die homogene Struktur der Kartoffel wird problemlos bearbeitet. Im Gegensatz dazu wird durch die inhomogene Struktur des Apfels bzw. der Paprika der Wasserstrahl

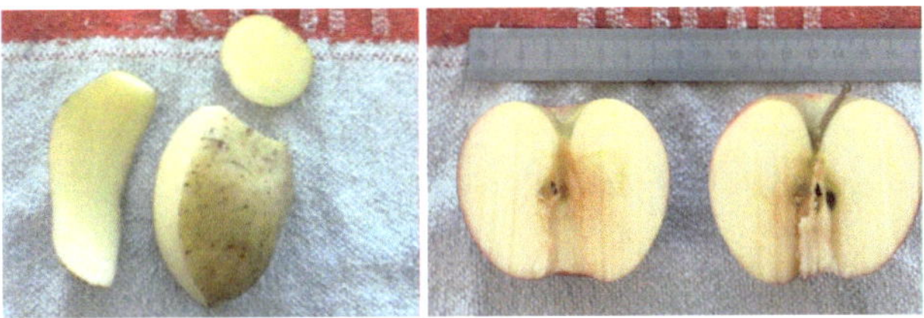

Abbildung 33.7: Sektionelle Behebung einer Kartoffel (links) und eines Apfels (rechts) mit einem Wasserstrahl.

aufgefächert. Dadurch entstehen im Schnitt Riefen.

4 Fazit

Durch die beschriebene systematische Klassifizierung von Fehlstellen an Agrarprodukten können relevante Verfahren der Bildverarbeitung schnell eingegrenzt werden. Aufgrund der saisonalen Schwankungen, der variierenden Sorten und der unterschiedlichen Rahmenbedingungen und Anforderungen an die Prüfung ist eine Übertragbarkeit von Lösungen aber nur bedingt gegeben. Die gezielte Behebung konkurriert wirtschaftlich gegen ungezielte Behebungsverfahren wie bspw. Nachschälen. Dabei spricht die ressourceneffiziente Nutzung hochwertiger Agrarprodukte bei gleichbleibenden oder steigenden Qualitätsansprüchen für die gezielte Behebung.

Literatur

1. H. Börner, J. Aumann und K. Schlüter, *Pflanzenkrankheiten und Pflanzenschutz*, 8. Aufl. Berlin, Heidelberg: Springer, 2009.

2. W. R. Stevenson, *Compendium of Potato Diseases*, 2. Aufl., Ser. The disease compendium series of the American Phytopathological Society. St. Paul, Minn.: APS Press, 2009.

3. J. C. Noordam, G. W. Otten, A. J. M. Timmermans und B. H. van Zwol, „High speed potato grading and quality inspection based on a color vision system", in *Proceedings of SPIE*, Vol. 3966, San Jose, CA, USA, 2000, S. 206–219.

4. R. Lu und B. Park, „Hyperspectral and multispectral imaging for food quality and safety", *Sensing and Instrumentation for Food Quality and Safety*, Vol. 2, S. 131–132, 2008.

5. D.-W. Sun, Hrsg., *Computer Vision Technology for Food Quality Evaluation*, Ser. Food science and technology.   Amsterdam: Elsevier Science & Technology, 2008.

6. T. Brosnan und D.-W. Sun, „Inspection and grading of agricultural and food products by computer vision systems–a review", *Computers and Electronics in Agriculture*, Vol. 36, Nr. 2-3, S. 193–213, 2002.

7. R. Langenbach, *Methoden der Farbbildverarbeitung für die automatische Oberflächeninspektion*, Ser. Forschungsberichte aus den Ingenieurwissenschaften.   Berlin: Mensch-und-Buch-Verlag, 2002.

8. A. Ohl, *Modellierung von Gestaltmerkmalen für die industrielle Oberflächeninspektion: Univ., Diss.–Siegen, 2005.*, Ser. ZESS-Forschungsberichte.   Aachen: Shaker, 2005, Vol. 22.

9. O. Kissing, *Ein Beitrag zur Gestaltung einer lernfähigen Klassifikation in der automatischen Oberflächeninspektion: Diss. Universität Siegen*, 2010.

10. D. Scarpin und J. Wahrburg, „Entwicklung eines robotergeführten Lichtschnittsensors für die berührungslose Erfassung anatomischer Strukturen", in *CORAC*, 2010.

11. P. Besl, „Active optical range imaging sensors", in *Machine Vision and Applications*.   Springer, 1998, Vol. 1, S. 127–152.

12. N. Lazaros, G. C. Sirakoulis und A. Gasteratos, „Review of stereo vision algorithms: From software to hardware", *International Journal of Optomechatronics*, Vol. 2, Nr. 4, S. 435–462, 2008.

13. R. Zhang, P.-S. Tsai, J. E. Cryer und M. Shah, „Shape from shading: A survey", *IEEE Transactions on Pattern Analysis and Machine Intelligence*, Vol. 21, S. 690–706, 1999.

14. A. Ligocki, *Schneiden landwirtschaftlicher Güter mit Hochdruckwasserstrahl: Techn. Univ., Diss.–Braunschweig, 2005.*, Ser. Forschungsberichte des Instituts für Landmaschinen und Fluidtechnik.   Aachen: Shaker, 2005.

Kameragestützte Lahmheitsbewertung bei Milchkühen

Kristin Pils[1], Jörg Hoffmann[2], Stefan Patzelt[1] und Gert Goch[1]

[1] Universität Bremen, Bremer Institut für Messtechnik, Automatisierung und Qualitätswissenschaft (BIMAQ), Linzer Straße 13, D-28359 Bremen
[2] Hochschule Osnabrück, Fakultät Ingenieurwissenschaften und Informatik, Albrechtstraße 30, D-49076 Osnabrück

Zusammenfassung Die Wirtschaftlichkeit Milch erzeugender Betriebe hängt unmittelbar vom Gesundheitszustand der Milchkühe ab. Erkrankungen führen zu Ertragsverlusten sowie Kosten für tierärztliche Behandlungen und Medikamente. Zudem verzögert sich die Fortpflanzung. Im Extremfall kann eine Kuh nicht mehr zur Milchproduktion eingesetzt werden. Um Schmerzen der Tiere und damit einhergehende Ertragsverluste weitgehend zu vermeiden, ist es erforderlich, Krankheiten früh zu erkennen. Bei Milchkühen häufig auftretende Erkrankungen der Gliedmaßen führen letztlich zu Lahmheit. Betroffene Tiere sind in der Bewegung eingeschränkt, nehmen weniger Futter auf und produzieren geringere Milchmengen. Lahmheit kann bereits im Frühstadium, d.h. bevor die Kuh offensichtlich lahmt, an der Kombination aus der Rückenhaltung im Stehen und beim Laufen erkannt werden. Ein neuer Ansatz für eine objektive Klassifizierung der Lahmheit von Milchkühen beruht darauf, die Geometrie der Rückenlinie anhand von Fotos einer digitalen CMOS-Kamera mittels Bildverarbeitung zu erkennen und zu bewerten.

1 Einleitung

Der Melkbetrieb stellt insgesamt hohe körperliche Anforderungen an die Milchkühe. Dadurch entstehen gesundheitliche Probleme, welche der Milchleistung und damit der Wirtschaftlichkeit entgegenwirken. Im Krankheitsfall entstehen Arbeitsaufwand und Kosten aufgrund geringerer Milchmengen, Behandlungen durch den Tierarzt und den Einsatz von Medikamenten. Letztlich kann es dazu führen, dass eine Kuh unter wirtschaftlichen Aspekten nicht mehr für die Milchproduktion geeignet ist. Eine häufig auftretende Folge von Krankheiten ist Lahmheit. Die erkrankte Kuh belastet aufgrund von Schmerzen betroffene Gliedmaßen nicht mehr vollständig. Daraus resultieren eine Gewichtsverlagerung und eine fehlerhafte Körperhaltung, die zunächst ausschließlich am Rückenprofil der Kuh erkennbar ist. Erst wenn die Lahmheit einen gewissen Schweregrad erreicht, ist die Entlastung an den Gliedmaßen selbst zu erkennen. Lahmheit kann die Milchleistung von Kühen erheblich beeinträchtigen. Die eingeschränkte Beweglichkeit reduziert den Bewegungsdrang. Die Kühe gehen seltener zur Futterstelle, nehmen weniger Nahrung auf und produzieren dadurch im Extremfall bis zu 36 % weniger Milch. Zu den Ursachen von Lahmheit zählen eine falsche oder mangelhafte Ernährung, die Haltungsbedingungen, infektiöse Krankheiten und Stoffwechselstörungen. Um die Verluste in engen Grenzen zu halten, ist es erforderlich, der Lahmheit durch regelmäßige Klauenpflege vorzubeugen und gegebenenfalls schnellstmöglich zu erkennen und zu behandeln.

Lahmheit lässt sich mit Hilfe eines Bewertungsschema gemäß [1–3] diagnostizieren und klassifizieren. In regelmäßigen Zeitabständen beobachtet jeweils derselbe Fachmann, in der Regel der Landwirt, die Tiere, während diese auf einer ebenen Fläche stehen bzw. laufen. Dabei werden die Rückenhaltung und der Gang bewertet und fünf Klassen von „normal" bis „schwer lahm" zugeordnet (Abb. 34.1a–e). Eine Kuh mit der Bewegungsnote 1 hat sowohl im Stehen als auch beim Laufen einen geraden Rücken. Ihre Schritte sind lang und sicher. Die Bewegungsnote 2 bedeutet, dass der Rücken des Tieres im Stehen gerade, beim Laufen jedoch gekrümmt ist. Der Gang ist leicht abnormal. Die Bewegungsnote 3 beschreibt eine Kuh mit einem gekrümmten Rücken sowohl im Stehen als auch beim Laufen. Die Schritte eines oder mehrerer Beine sind kürzer. Der Milchverlust beträgt täglich 5 %. Wenn in diesem Stadium keine Klauenpflege erfolgt, dann besteht die vierfache Wahrscheinlichkeit dafür, dass sich die Bewegungsnote der Kuh innerhalb eines Monats auf 4 oder 5 verschlechtert anstatt sich auf 2 zu verbessern. Ab der Note 3 besteht ein höheres Risiko für verspätete Erstbesamungen, eine längere Zeit bis zur Trächtigkeit, mehr Besamungen bis zur Trächtigkeit und Abgang aus der Herde. Der Rücken einer Kuh mit der Bewegungsnote 4 ist im Stehen und beim Laufen gekrümmt. Die Kuh tritt mit einem oder mehreren Beinen nur noch teilweise auf. Der Milchverlust beträgt

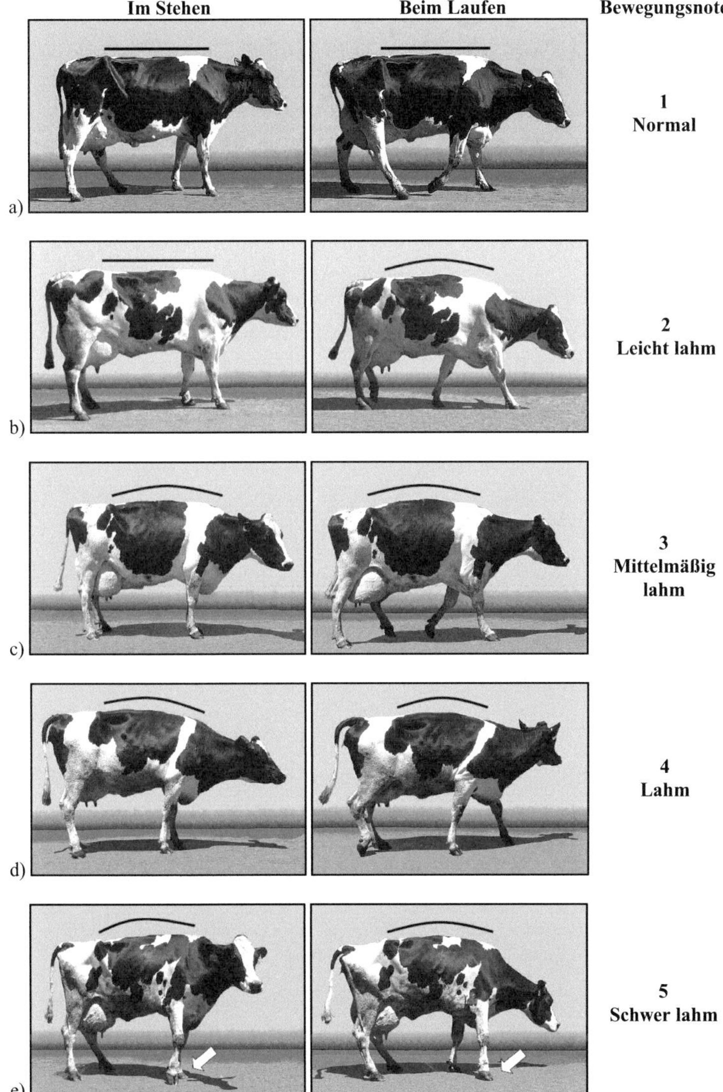

Abbildung 34.1: Bewertungsschema für die Lahmheit bei Kühen, modifiziert nach [1, 2].

täglich etwa 17 %. Bei einer Kuh mit der Note 5 ist der Rücken sowohl im Stehen und beim Laufen gekrümmt. Das Lahmheit verursachende Bein wird nahezu vollständig entlastet. Der Milchverlust beträgt täglich etwa 36 %. Ein neuer Ansatz, Lahmheit frühzeitig und sicher zu erkennen, besteht darin, die Rückenhaltung und den Gang der Tiere mit Hilfe eines Bildaufnahme- und Bildverarbeitungssystems objektiv zu bewerten. Dadurch ist es möglich, alle Tiere mehrmals täglich automatisiert zu klassifizieren. Änderungen der Körperhaltung und des Bewegungsablaufes werden deutlich früher erkannt, als dies bei gelegentlichen Beobachtungen der Tiere durch einen Fachmann (Landwirt, Veterinär, Klauenpfleger) möglich ist. Im Folgenden werden der Aufbau des Bilderfassungssystems und die besonderen Anforderungen an die Messumgebung im Melkbetrieb beschrieben. Alle Bilder werden unmittelbar digital verarbeitet und im Hinblick auf die Rückenhaltung ausgewertet. Die resultierende Haltungsnote entspricht dem Bewertungsschema gemäß Abb. 34.1. Um die Messergebnisse zu verifizieren, werden sie von Fachleuten visuell ermittelten Bewegungsnoten gegenübergestellt.

2 Bilderfassung im laufenden Melkbetrieb

Die Bildaufnahmen erfolgen in einem landwirtschaftlichen Betrieb, der auf die Milchproduktion und die Zucht von schwarzbunten Holstein-Friesian Rindern spezialisiert ist. Der laufende Melkbetrieb umfasst 72 Kühe. Die Aufgabe, den Gesundheitszustand aller Kühe fortlaufend zu dokumentieren und vergleichend zu prüfen, stellt bestimmte Anforderung an den Ort der Bilderfassung. Dieser Ort muss den Tieren ein sicheres Stehen bzw. Laufen auf einer ebenen Fläche ermöglichen. Die Kühe sollen dabei eine gleich bleibende Position und Haltung bewahren. Zudem sollen alle Tiere diesen Ort mehrmals am Tag aufsuchen. Der Melkroboter des Landwirtschaftsbetriebes gewährt die gleich bleibende Position der Kühe beim Melken auf einer ebenen Fläche mit wenigen Bewegungsmöglichkeiten. Die Kühe bekommen während des Melkvorganges Kraftfutter und nehmen dadurch beim Fressen eine einheitliche Haltung ein. Die Bilder beim Laufen entstehen am Ausgang des Roboters. Die Kühe suchen den Melkroboter durchschnittlich dreimal täglich auf, sodass regelmäßige Bildaufnahmen der Kühe in kurzen Zeitabständen möglich sind. Die Bilderfassung erfolgt mit einer digitalen

CMOS-Kamera, welche an der Balkenkonstruktion des Boxenlaufstalles befestigt ist (Abb. 34.2, rechts). Der Beobachtungswinkel der Kamera ist um ca. 10° gegen die Horizontale geneigt. Aus dieser Perspektive sind die Rückenlinien der Kühe jeweils gut zu erkennen. Die Bildaufnahmen erfolgen vor einem definierten Hintergrund, um bei der anschließenden Bildverarbeitung den Verlauf der Rückenlinien der Kühe einfacher ermitteln zu können. Die Oberfläche der verwendeten Kunststoffplatten ist fein strukturiert, sodass die Kamera diffuses Streulicht ohne störende Reflexionen erfasst. Die blaue Oberflächenfarbe ist so gewählt, dass sich schwarzbunte Kühe und Fleckvieh (rotbunt) in einem Graustufenbild mit ausreichendem Kontrast vom Hintergrund abheben. Die Aufnahme der Kühe beim Laufen erfolgt vor weiteren Kunststoffplatten, die auf einer Holzwand angebracht werden (Abb. 34.2, links).

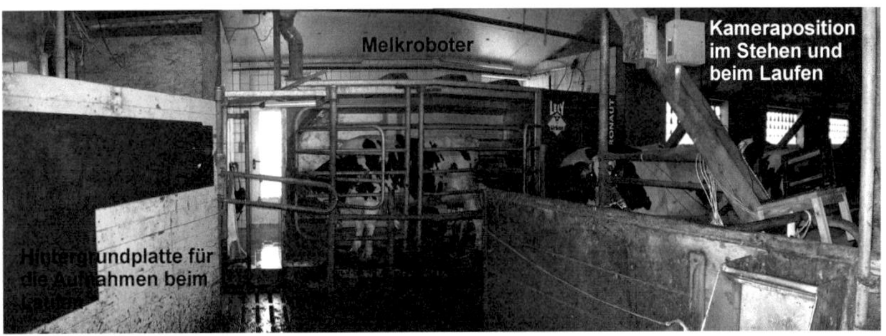

Abbildung 34.2: Messanordnung für Bildaufnahmen stehender Kühe im Melkroboter (hinten) und laufender Kühe vor einer Wand (links).

Die Bildaufnahmen von stehenden Kühen erfolgen während des Melkvorganges. Während dessen nimmt die Kamera pro Minute ein Bild auf, die Auslösung der Bildaufnahme erfolgt manuell. Anhand dieser Bilder wird der Mittelwert der Krümmungsgrade der Rückenlinie ermittelt.

3 Bildbearbeitung

Im Vorfeld der Bildauswertung werden die erfassten Bilder mit dem Programm „Vision Builder" von National Instruments bearbeitet. Eine Modifizierung des Bildes lässt den Kuhrücken sich deutlich vom Hintergrund

abheben. Es folgt eine Aufhellung des Bildes und Extraktion des Hellig-
keitsanteils der grünen Farbebene. In dieser Ebene unterscheidet sich
die Kuh am stärksten vom Hintergrund. Ein weiterer Filter erzeugt die
Grauwertdarstellung eines rechteckigen Bildausschnittes um die gesuchte
Rückenlinie herum, der nach unten von der obersten Gatterstange des
Melkroboters begrenzt ist. Dieses Grauwertbild wird schließlich in ein
binäres Schwarz-Weiß-Bild umgewandelt (Abb. 34.3). In Abhängigkeit
von der Wahl des Schwellwertes für den Übergang zwischen schwarz und
weiß ist die Rückenlinie in diesem Bild klar erkennbar. Allerdings treten
auch unerwünschte Schwarz-Weiß-Übergänge auf, wie beispielsweise an
den senkrechten Gatterstangen und an den zugehörigen Schatten.

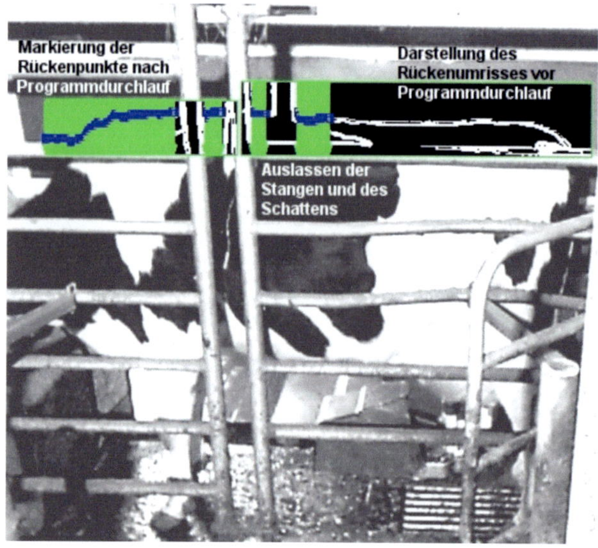

Abbildung 34.3: Ermittlung der Koordinaten der Rückenlinie.

4 Bildauswertung

Anhand des gefilterten Bildausschnittes erfolgt die Ermittlung der einzelnen Punkte der Rückenlinie. Von links beginnend wird für die erste Pixelspalte des Bildausschnittes die Position des obersten Schwarz-

Weiß-Überganges bestimmt. Liegt der gefundene Bildpunkt oberhalb der obersten Querstange des Melkroboters, speichert das Programm die zugehörige Pixelposition in einer Comma-Separated Value Datei (CSV-Datei). Alle weiteren Punkte der Rückenlinie innerhalb des gefilterten Bildausschnittes kommen auf dieselbe Art zustande. Jeder Punkt wird daraufhin geprüft, ob er oberhalb der Querstange des Melkroboters liegt. Zudem darf der Ordinatenwert des Bildpunktes höchstens um einen festgelegten Wert von demjenigen seines linken Nachbarn abweichen. Wenn beide Bedingungen erfüllt sind, dann handelt es sich um einen gültigen Rückenlinienpunkt, dessen Koordinaten in die CSV-Datei eingetragen werden. Ein festgelegter Sprung des Abszissenwertes spart die Stangen und den Schatten aus. Die ermittelte Rückenlinie besteht je nach Größe der Kuh aus 290 bis 390 Bildpunkten. Bei einer Rückenlänge von etwa 1,50 m bis 1,90 m repräsentiert jeder Punkt somit einen Ausschnitt der Rückenlinie mit einer Länge von 0,5 cm.

5 Auswertung der Rückenlinie

Das Bewertungsschema gemäß [3] betrachtet nicht die gesamte Rückenlinie, sondern einen Bereich von der Schulter bis zur Lende. Um diesen Bereich einzugrenzen, erfolgt anhand der Bilder, auf denen der Hüfthöcker der Kuh deutlich zu erkennen ist, eine Bestimmung der Hüfthöckerposition in Prozent der Rückenlinienpunkte (Abb. 34.4). Die Position des Hüfthöckers wird anhand des ersten, des letzten Punktes des Rückens und des höchsten Punktes des Hüfthöckers aus den gespeicherten Daten ermittelt. Das Ergebnis der Auswertung von 89 Bildern von 34 Kühen ist ein durchschnittlicher Wert von 71,8 % der Länge der Rückenlinie für die Position der Höckerspitze. Der geringste Prozentsatz beträgt 67,7 %. Um den Rückenlinienbereich des Hüfthöckers mit Sicherheit aus den weiteren Berechnungen auszuschließen, legt ein Wert von 60 % der Anzahl der Linienpunkte die rechte Grenze des Auswertebereiches der Rückenlinie fest. Die Schulter befindet sich bei ca. 15 % der Anzahl der ermittelten Rückenpunkte und bestimmt damit die linke Grenze des auszuwertenden Rückenlinienausschnittes. MS-Excel stellt die Rückenpunkt-Koordinaten in einem x-y-Punktediagramm dar (Abb. 34.5, gespiegelte Darstellung, Programm abhängig). Die gemessene Rückenlinie ist teilweise unterbrochen. Für diese Stellen konnten aufgrund von Stangen oder Schatten

Abbildung 34.4: Projizierte Länge der Rückenlinie in Prozent mit Markierungen der Schulter (15 %), der rechten Grenze des Auswertebereichs (60 %) und des Hüfthöckers (71,8 %).

im Bild keine Koordinaten der Rückenlinie ermittelt werden. Bei einigen Kurvenverläufen ist der Hüfthöcker der Kuh deutlich erkennbar. Um diese Lücken mittels Interpolation zu schließen bzw. den Kurvenverlauf zu glätten, approximiert ein Polynom 6. Grades die Rückenlinie (Abb. 34.5). Abbildung 34.6a zeigt die Überlagerung des Ausgleichspolynoms mit dem Kuhrücken.

Der Krümmungsgrad des Rückens folgt aus der ersten Ableitung dieses Polynoms. Für jeden Abszissenwert des Auswertebereiches zwischen der linken Grenze (15 %) und der rechten Grenze (60 %) wird die lokale Kurvensteigung in Grad bestimmt. Die Differenz des maximalen positiven Steigungswinkels und des minimalen negativen Steigungswinkels ist ein Maß für die Krümmung des Rückens (Abb. 34.6b).

Die Aufnahmen der Kühe beim Laufen fließen nicht mit in die Lahmheitsbewertung ein, da aufgrund von örtlichen Gegebenheiten Abweichungen der Laufrichtung entstehen. Dies beeinflusst die Ergebnisse.

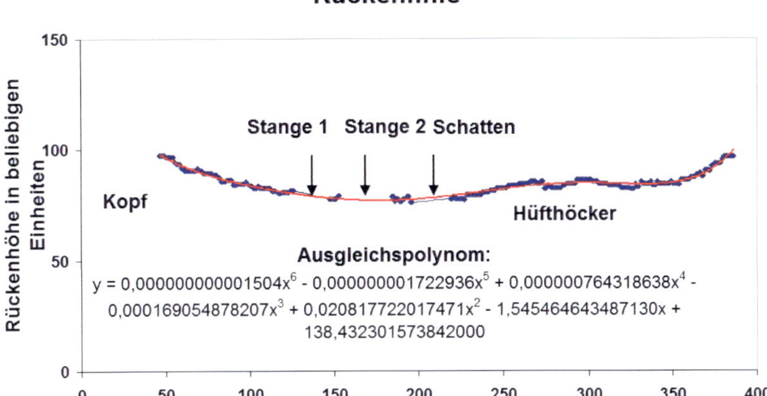

Abbildung 34.5: Diagramm der ermittelten Rückenpunkt-Koordinaten.

6 Ergebnisse

Um die gemessenen Krümmungsgrade zu verifizieren, werden sie subjektiven Lahmheitsbewertungen von drei Fachleuten gegenübergestellt. Tabelle 1.1 stellt für jedes Tier den Mittelwert der Bewegungsnoten der drei Experten und den mittleren Krümmungsmesswert der stehenden Kuh gegenüber. Die Tiere mit der mittleren Bewegungsnote 1 weisen einen Krümmungsgrad von minimal 2,55° und maximal 11,35° auf. Die mittlere Bewegungsnote 2 entspricht Krümmungsgraden zwischen 5,94° und 11,39°. Die Bewegungsnote 3 wird durch Krümmungswerte zwischen 9,68° und 21,82° repräsentiert. Die Note 4 ist nur einmal vergeben. Für dieses Tier wird der Krümmungswert 15,18° gemessen. Eine Kuh mit der Note 5 tritt aufgrund der allgemein guten Klauengesundheit der Rinder im Melkbetrieb nicht auf.

Zieht man zwischen den Noten 1 und 2 eine Grenze bei dem Krümmungswert 9°, zwischen Note 2 und 3 bei 12° und zwischen Note 3 und 4 bei 15°, so korrelieren die Messwerte bei 34 von 40 Kühen mit den Bewegungsnoten der Experten. Dies entspricht einer Übereinstimmung

Abbildung 34.6: Kuh im Melkroboter mit a) approximiertem Kurvenverlauf und b) maximal positivem und negativem Steigungswinkel der Rückenlinie.

subjektiver und gemessener Werte von 85 %. Von den sechs Kühen, die nicht in dieses Schema passen, stimmt bei vier Kühen die messtechnisch ermittelte Note mit der Note eines Experten überein. Eine weitere Kuh zeigt trotz intensiver Behandlung keine Veränderung des Gesundheitszustandes. Lediglich eine Kuh lässt sich nicht in dieses Schema einordnen.

7 Zusammenfassung und Ausblick

Die Gesundheit des Tierbestandes ist maßgebend für die Wirtschaftlichkeit eines Milchproduktionsbetriebes. Lahmheit als Folge von erkrankten Gliedmaßen frühzeitig zu erkennen, trägt entscheidend dazu bei, Ertragsverluste und zusätzliche Kosten zu vermeiden. Moderne Messtechnik auf der Basis von Bildverarbeitung gewährleistet im laufenden Melkbetrieb eine regelmäßige und häufige Lahmheitsbewertung für jede Kuh. Die beschriebenen Arbeiten zeigen, dass die Bewertung der Rückenhaltung stehender Kühe anhand von Bildern einer digitalen CMOS-Kamera Aufschluss über den Schweregrad der Lahmheit gibt. Dazu wird die Rückenlinie des Tieres im Bild detektiert und durch ein Ausgleichspolynom beschrieben. Die Grenzen des zu bewertenden Rückenabschnittes werden ermittelt. Die erste Ableitung der Ausgleichskurve führt zu maximalen positiven und minimalen negativen Neigungswinkeln innerhalb der Auswertelänge der Rückenlinie. Die Differenz dieser Winkel charakterisiert den Krümmungsgrad des Rückens. Die Übereinstimmung von

Tabelle 34.1: Gruppierung der Milchkühe gemäß den Bewegungsnoten.

Bewegungsnote 1			Bewegungsnote 2			Bewegungsnote 3			Bewegungsnote 4		
Kuh Nr.	Note ⊘	Grad ⊘	Kuh Nr.	Note ⊘	Grad ⊘	Kuh Nr.	Note ⊘	Grad ⊘	Kuh Nr.	Note ⊘	Grad ⊘
1	1	5,13	11	2,33	10,66	6	3	14,00	74	4,33	15,18
5	1	4,50	14	1,67	10,18	10	3,33	21,82			
8	1	3,46	24	2	6,73	23	3,33	9,68			
12	1	6,06	30	1,67	10,33	37	3,33	12,21			
13	1,33	4,76	31	1,67	9,47	42	2,67	12,24			
21	1,33	5,85	43	2	10,76	61	2,67	10,59			
34	1,33	3,44	45	1,67	9,03	80	2,67	13,09			
35	1	5,99	60	1,67	10,61	89	3	14,61			
39	1	4,64	63	2,33	10,67	90	3	12,29			
41	1,33	8,75	72	2,33	11,39						
48	1	8,92	88	2	5,94						
49	1,33	6,58									
55	1,33	8,73									
57	1,33	11,35									
70	1,33	8,52									
78	1,33	8,41									
82	1,33	8,70									
84	1,33	8,70									
85	1	2,55									

fachmännischer Bewertung und messtechnisch an stehenden Kühen ermittelten Krümmungsgraden beträgt 85 %. Ein wesentlicher Vorteil der automatischen Lahmheitsbewertung besteht darin, eine aufkommende Lahmheit unmittelbar zu erkennen und den Krankheitsverlauf beobachten zu können. Jedes Tier wird täglich durchschnittlich dreimal gemessen. Dadurch lassen sich erste Anzeichen von Lahmheit mit sehr hoher Wahrscheinlichkeit deutlich früher erkennen, als dies einem Menschen aufgrund bloßer Beobachtung der Tiere möglich ist. Weichen Messwerte wiederholt von einem für jede Kuh individuellen Normalwert ab, kann unverzüglich eingegriffen werden. Die Untersuchungsergebnisse erlauben den Schluss, dass die automatische Lahmheitsbewertung von Milchkühen auf der Basis digitaler Bildverarbeitung möglich ist. Sie kann den Landwirt bei seinen Beobachtungen unterstützen, Arbeitszeit einsparen und Kosten reduzieren. Um ein solches Messsystem zu entwickeln, sind weitere Arbeiten erforderlich. Krankheitsbedingt entlastete Gliedmaßen der Kühe müssen erkannt werden, um die Bewegungsnoten 4 und 5 zuordnen zu können. Dies kann beispielsweise mit Hilfe der Auswertung von Messwertereihen der vier Wiegeplatten in der Melkbox erfolgen, wenn die Schnittstelle vom Hersteller des Melkroboters freigegeben wird. Des Weiteren sind die Bildverarbeitungsalgorithmen zu erweitern, um ungültige Messwerte automatisch zu erkennen und zu verwerfen, und um die Messung bei Bedarf zu wiederholen. Darüber hinaus sind weitere Einflussparameter, die sich auf Grund der besonderen Situation in einem Boxenlaufstall ergeben, zu berücksichtigen [4]. Ein entsprechendes Messsystem kann eine Beobachtung der Tiere durch den Landwirt sinnvoll unterstützen, mittelfristig jedoch nicht ersetzen.

Danksagung

Die beschriebenen Arbeiten wurden im Rahmen einer Diplomarbeit [5] auf dem landwirtschaftlichen Betrieb von Bernd Pils durchgeführt. Die Autorin dankt dem Landwirt für die Unterstützung der Arbeit.

Literatur

1. J. Hulsen, *Kuhsignale – Krankheiten und Störungen früher erkennen.* Zutphen, Niederlande: Verlag Roodbont, 2004.

2. C. Rapp, „Aufrecht durchs Leben", *dlz agrarmagazin – Gesunde Klauen tragen die Milch*, Vol. Sonderheft 21, S. 10–11, 2008.

3. D. J. Sprecher, D. E. Hostetler und J. B. Kaneene, „A lameness scoring system that uses posture and gait to predict dairy cattle reproductive performance", *Theriogenologie*, 1997.

4. K. Pils und J. Hoffmann, „Kameragestützte Lahmheitsbewertung bei Milchkühen", *Vortrag auf dem 16. Workshop "Computerbildanalyse in der Landwirtschaft", Braunschweig*, Vol. Bornimer Agrartechnische Berichte, Heft 73, Nr. ISSN 0947-7314, S. 40–53, 4. Mai 2010.

5. K. Pils, „Kameragestützte Untersuchung zur Gesundheitsbestimmung von Milchkühen", *Diplomarbeit, erarbeitet an der Hochschule Osnabrück*, 2010.